I0064562

TECHNISCHES SCHAFFEN GEISTESKRANKER

VON

M. TRAMER

Dr. phil. et med., Priv.-Doz. der Univ. Bern,
Direktor der kant. Heil- und Pflegeanstalt
Rosegg, Solothurn

MIT 58 ABBILDUNGEN

MÜNCHEN UND BERLIN 1926
DRUCK UND VERLAG VON R. OLDENBOURG

Alle Rechte, einschließlich des Übersetzungsrechtes, vorbehalten

Copyright 1926 by R. Oldenbourg, München

Dr. Franziska Baumgarten-Tramer

zugeeignet

Vorwort.

In den Begriff »technisches Schaffen« sollen in der vorliegenden Untersuchung nicht nur das technische Neuschaffen und echte technische Erfinden, sowie die technischen Konstruktionen einbezogen werden, sondern auch jegliche psychische und psychophysische zur Technik zu zählende Leistung. Und unter Technik verstehen wir die Veränderungen, die der Mensch an und mit der Natur vornimmt oder vorzunehmen beabsichtigt, um bestimmte Zwecke zu verwirklichen, welche letzten Endes der Befriedigung menschlicher Bedürfnisse dienen.

Eine systematische Untersuchung dieses technischen Schaffens Geisteskranker liegt meines Wissens bisher nicht vor. Was man in den gangbaren Lehrbüchern der Psychiatrie und Psychopathologie findet, beschränkt sich auf einige wenige allgemeine Bemerkungen, etwa über das längere Erhaltenbleiben technischer Fertigkeiten bei dementiven Prozessen oder über die Existenz eines Erfinderwahns. An Spezialarbeiten fand ich ebenfalls sehr wenig vor. In der allgemeinen Fassung, in der die Aufgabe hier behandelt werden soll, ist sie überhaupt noch nicht in Angriff genommen worden. Die theoretisch-wissenschaftliche Fragestellung wurde bei der Behandlung in den Vordergrund gerückt, doch wurden auch sich anschließende praktisch-psychiatrische und allgemeine Probleme in die Betrachtung einbezogen. Es ist natürlich, daß diese erste systematische Darstellung eines weiteren Ausbaues, der durch eigene oder ev. fremde Arbeit geliefert werden soll, bedürftig bleibt.

Die Untersuchung greift in zwei Gebiete hinein, in das der Technik und der technischen Wissenschaft einerseits und in das der Psychiatrie und Psychopathologie anderseits. Sie will ihren gegenseitigen Beziehungen und Einflüssen nachgehen. Diese können natürlich grundsätzlich in zweierlei Richtung verlaufen, in der Richtung von der Technik zur Psychopathologie und umgekehrt. Da die Technik einen Bestandteil der Kultur darstellt, muß unsere Untersuchung auch die Beziehungen von Psychopathologie und Kultur berühren, sie gehört demnach insoferne auch als Teilgebiet, einer allgemeinen, die Beziehung von Psychopathologie und Kultur erforschenden Wissenschaft an[1].

---

[1] Vgl. Birnbaum, Kulturpsychopathologie, Heft 116 der *Grenzfragen des Nerven- und Seelenlebens*, J. F. Bergmann, 1924.

Für eine erfolgversprechende Bearbeitung unseres Problems ist, wie leicht ersichtlich, eine eingehendere Kenntnis der Technik und ihrer Hilfswissenschaften in einem gewissen Umfange erforderlich. Weil es nicht selbstverständlich sein dürfte, daß ein Psychiater diese Vorbedingung erfüllt, so sei es mir gestattet, darauf hinzuweisen, daß ich infolge besonderer Umstände Gelegenheit hatte, mir in das praktisch- und theoretisch-technische Gebiet näheren Einblick zu verschaffen.

Für die Beurteilung des technischen Schaffens Geisteskranker ist es nötig, eine Vergleichsgrundlage, gleichsam einen Maßstab aus dem normalen technischen Schaffen bzw. dem technischen Schaffen geistig Gesunder, zu liefern.

Es ergab sich somit folgender Aufbau des Buches: Auf ein erstes, der Methodik gewidmetes Kapitel, folgt ein zweites, das in der Hauptsache die eben genannte Verständnis- und Vergleichsgrundlage geben will. Daran darf sich dann im dritten Kapitel die Vorführung der Beobachtungen an Geisteskranken anschließen. Für das vierte Kapitel verbleiben die allgemeinen Ergebnisse und die Schlußfolgerungen.

Solothurn, im Januar 1926.

Der Verfasser.

Inhalt.

I. Methodisches.

Den Ausgangspunkt bilden, neben der im Vorwort erwähnten eigenen technischen Erfahrung und Literatur über das technische Schaffen geistig Gesunder, die ca. 2 Jahre umfassenden Beobachtungen und Untersuchungen an technisch schaffenden Geisteskranken der unter der Leitung des Verfassers stehenden Irrenanstalt. Außer zweien, die ich aus ihren Druckschriften kennengelernt habe, beschränke ich mich absichtlich auf solche Fälle. Die Heranziehung von technisch schaffenden Geisteskranken anderer Anstalten unterließ ich, weil ich diese Beschränkung für eine ersprießliche und einigermaßen sicher fundierte Bearbeitung als zweckmäßiger erachtete. Außer der täglichen Beobachtung, dem Studium ihrer Zeichnungen und Schriften und der sich daran anschließenden Einzeluntersuchungen wandte ich auch experimentelle Methoden an. Die betreffenden Patienten wurden aufgefordert, ihre Erfindungen in Modellen zu verwirklichen, soweit das in einem Irrenanstaltsbetriebe geht, oder wenn sie es spontan wünschten, wurde es ihnen, nach Tunlichkeit, ermöglicht. Andere wurden veranlaßt, technische Arbeiten auszuführen, die sie bis dahin nicht oder nur wenig betrieben hatten, um ihre Lern- und Anpassungsfähigkeit zu prüfen. Ferner wurden psychologische Experimente ausgeführt, unter Einschluß sog. gerichteter Beobachtung, die, bis zu einem gewissen Grade, die Vorteile des Experimentes, bestehend in der willkürlichen Schaffung bestimmter, im voraus bekannter Bedingungen, mit jenen der Beobachtung, die in der Beibehaltung der dem Individuum schon gewohnten Situationen enthalten ist, vereinigt, indem z. B. gewisse vorher überlegte Fragen und andere »Reize« gelegentlich einer Unterhaltung bei der Arbeit, sei es am Zeichentisch, sei es an der Werkbank, dargeboten und die Reaktionen festgehalten wurden.

Das so gewonnene Material wurde dann einer systematischen Bearbeitung unterworfen, wobei ich mich bestrebte, dem »Objekte« möglichst gerecht zu werden und mich nicht von vornherein auf bestimmte Theorien festzulegen. Die möglichst eingehende Analyse der Einzelfälle, unter den in der Psychiatrie und Psychopathologie bekannten Gesichtspunkten, war die zunächst zu erledigende Hauptaufgabe. Leitend war dabei die, durch die eigenen Worte und nach Möglichkeit auch Zeichnungen, belegte Erfahrung an den einzelnen Patienten und die aus ihr ableitbaren Schlüsse in den Vordergrund zu stellen, die hypothetischen Deutungen an die ihnen, im Zusammenhange dieser Arbeit, gebührende zweite Stelle zu verweisen.

Was insonderheit die psychoanalytische Forschungsrichtung und Deutung im engeren Sinne (Freud und seine Schule) betrifft, so lehne ich sie nicht einfach ab, erachte aber ihre Gesichtspunkte, für den Gegenstand dieser Arbeit im besonderen, als zu eng. Es soll dieser Standpunkt an Hand einer speziellen psychoanalytischen Arbeit, die sich mit unserem Gegenstand beschäftigt, kurz erläutert werden.

Kielholz gelangt in seiner Arbeit zur »Genese und Dynamik des Erfinderwahns«[1]), aus der psychoanalytischen Betrachtung von sieben schizophrenen Erfindern (4 männlichen und 3 weiblichen), zu dem Ergebnis, daß der aktive Erfinder das schaffen möchte, was der mehr passive Mystiker — er nennt Jakob Böhme — zu schauen begehrt: »Die Genitalien seiner Erzeuger in allmächtiger Tätigkeit begriffen.« Ferner findet er, daß »die Produkte der schizophrenen Erfinder sich als Teile ihres Wahnsystems erweisen, die wie dieses auf unerledigten psychosexuellen Konflikten basieren«. »Die Gestalt und Funktion des väterlichen Genitales sind bevorzugtes Objekt. Gewisse Einzelheiten verraten verstärkte analerotische Interessen.« Kielholz behauptet weiter, daß auch bei der »sog. normalen Erfindertätigkeit« die an seinen Wahnkranken festgestellten Mechanismen »unzweifelhaft Geltung haben«. Den Beweis für diese Verallgemeinerung bleibt er schuldig. Der Hinweis auf »Zeppelins starren und Parsevals halbstarren Lenkballon«, sowie darauf, daß bei gelungenen Erfindungen die innige Verbindung mit den übrigen Ideenkomplexen (den psychosexuellen) ihrer Schöpfer am Ende nicht mehr nachweisbar sei, wie bei denen der paranoiden Gehirne, genügt nicht als Ersatz für den fehlenden Beweis.

In methodologischer Hinsicht können wir hier, ohne das Nachfolgende vorwegzunehmen, allgemein folgendes sagen: Man kann psychosexuelle Einflüsse, wo es um Psychisches geht, niemals absolut ausschließen, denn die menschliche Seele bedeutet eine Einheit, eine Struktur, in der mehr oder weniger enge Beziehungen nach allen Richtungen bestehen und sie ist ohne Psychosexualität in der einen oder anderen Manifestationsform nicht zu finden. Es kann daher nicht ausbleiben, daß man letzten Endes immer auf solche Beziehungen zur Psychosexualität stoßen kann. Damit ist jedoch über ihre Bedeutung für die jeweilige individuelle Beziehung noch nichts ausgemacht. Diese festzustellen vermag nur geduldig fortgesetzte, möglichst vorurteilsfreie Einzeluntersuchung.

---

[1]) Internationale Zeitschrift für Psychoanalyse IX, Heft 4, 1923.

Aber selbst angenommen, es sei gelungen, einen solchen Mechanismus aufzuweisen, so ist doch damit nur eine enge Teilfrage des Erfindens beantwortet. Denn dieser psychosexuelle Mechanismus reicht nicht aus, um jemanden zum technischen Erfinder zu machen, ansonst hätten wir, bei seiner großen Verbreitung nach Ansicht der Psychoanalytiker, sehr viel mehr technische Erfinder unter den Schizophrenen überhaupt und auch unter den paranoiden Schizophrenen im besonderen. Dieser psychosexuelle Mechanismus wäre im besten Falle ein »notweniger«, aber kein »hinreichender Grund« für das Erfinden. Es gehört noch manches andere dazu und dieses ist mit dem genannten Mechanismus nicht gegeben.

Wie es sich bei den von mir untersuchten Fällen mit diesem psychosexuellen Mechanismus, den Kielholz, gefunden haben will, verhält, darauf werde ich bei der Besprechung derselben eintreten.

Gegenüber der Untersuchung der Kunst oder, um den vorsichtigeren Ausdruck Prinzhorns[1]) zu gebrauchen, der »Bildnerei« bei Geisteskranken, hat die Erforschung ihres technischen Schaffens mit methodischen Besonderheiten zu rechnen, die auch Schwierigkeiten in sich schließen.

Zunächst besteht der grundsätzliche Unterschied, daß bei der Bildnerei, neben psychopathologischen, Methoden und Anschauungen der Kunstwissenschaft und ihrer Hilfsdisziplinen, beim technischen Schaffen die Methoden und Inhalte der Technik zur Anwendung kommen.

Während die unmittelbare Betrachtung der Bildwerke bereits mancherlei wichtige Ergebnisse, wie z. B. formalästhetische, liefert und ein weiteres durch »Einfühlung« gewonnen wird, ist es beim technischen Werk anders. Wohl hat hier auch das Formale seine Bedeutung, es tritt aber, besonders beim technischen Werk des Geisteskranken gegenüber dem technischen Gedanken, den es verwirklichen will, zurück. Diesen aber kann man auf den genannten beiden Wegen nicht finden, höchstens hie und da erraten. Es bedarf hier der näheren Analyse an Hand der verschiedenen anderen Kundgaben des Geisteskranken, neben der technischen Zeichnung und ev. dem Modell.

Der Vergleich mit kindlichem und primitivem technischen Werk leistet merklich weniger, als bei den entsprechenden Produkten der Bildner. Wenn etwa ein Geisteskranker primitive technische Methoden verwendet, z. B. einen Dolch aus Knochen mittels scharfkantiger Steine, die er auf dem Felde oder im Garten findet, herstellt, so geschieht es, soweit ich beobachten konnte, nicht so sehr aus einem spontanen Drang dazu, sondern weil ihm andere Herstellungsmittel — im heran-

[1]) Prinzhorn, Bildnerei der Geisteskranken, 2. Aufl., 1922, Verlag J. Springer.

1*

gezogenen Beispiel Meißel, Hammer und Feile — nicht zur Verfügung gestellt werden.

Es ergibt sich daraus, daß uns eine Nebeneinanderstellung vieler
technischer Erzeugnisse von Geisteskranken, so interessant sie an sich
wäre, zunächst nicht viel weiter brächte, und daß als Ziel die Analyse
ihres technischen Denkens zu gelten hat. Daraus wird die obengenannte
Beschränkung auf möglichst selbst untersuchte und selbst beobachtete
Fälle verständlich.

Weil es das technische Denken und damit das Denken ist, das hier
so bedeutungsvoll wird, bedürfen wir ferner als besonderer psychologischer Hilfsdisziplin der Denkpsychologie.

II. Grundlagen.

1. Technisches Denken.

Es bedarf keiner weiteren Begründung, daß im technischen Denken die gleichen logischen und denkpsychologischen Prinzipien und Gesetze herrschen, wie in jedem anderen menschlichen Denken. Worin es sich demnach von » anderem « Denken unterscheiden wird, das sind im wesentlichen seine besonderen Inhalte, die »eigenartige Gedankenwelt«, in welcher der Techniker lebt. Diese rechtfertigen es, von »technischem Denken« zu sprechen[1]).

Es geht nun weder an, noch ist es für unseren Zweck erforderlich, hier alle diese besonderen Inhalte, diese »eigenartige Gedankenwelt« vorzuführen. Wir beschränken uns auf das für unser Thema Notwendigste, das vorauszuschicken ist und betrachten es vornehmlich in Rücksicht auf die Anwendungen in dieser Arbeit. Technische Denkelemente stehen daher im Vordergrunde unseres Interesses.

a) Der Hebel. Er ist nicht nur in der Technik überhaupt, sondern auch innerhalb unseres Themas, eines der wichtigsten technischen Elemente. Deswegen werden wir ihm auch eine etwas ausführlichere Darstellung widmen, ohne uns aber, im Sinne des eben Gesagten, mit seinen außerordentlich mannigfachen technischen Formen näher zu beschäftigen.

Im gewöhnlichen (nicht theoretisch physikalisch eingestellten) Denken meint man, wenn man von einem Hebel spricht, zunächst jenen, mit dem man »Kraft gewinnt«, d. h. den »ungleicharmigen Hebel«, wie er z. B. in den alten Ziehbrunnen praktisch verwirklicht wurde: Eine Stange, die über einem Querholz drehbar gelagert ist, an deren einem Ende, mit dem kürzeren »Arm« der Wassereimer hängt, an deren anderem mit dem langen »Arm« der Mensch zieht und so den Eimer hochhebt. Je länger der »längere Arm« im Verhältnis zum »kürzeren« ist, einen desto größeren Wassereimer kann der gleiche Mann (unter sonst gleichen Verhältnissen, müßten wir, an das naturwissenschaftlich ex-

---

[1]) Vgl. Hanffstaengel, Technisches Denken und Schaffen 2. Aufl., Springer, Berlin 1920.

perimentelle Denken Gewöhnten, sagen) heben. Diese primitive Vorstellung des Hebels als eines Etwas, mit dem man »Kraft gewinnt«,
spielt bei den nicht durch eine technische Schulung hindurchgegangenen
gesunden und kranken Menschen eine Hauptrolle. Die Vorstellung
ist je nach ihrem sonstigen Intelligenzgrade eine mehr oder weniger
klare. In ihren primitivsten Formen stellt sie eine Art »Fühlvorstellung
oder Fühlgedanken« dar. Man kann dann aus den Ausdrucksbewegungen
(mit Händen, Armen und dem Körper), die der Erklärer vornimmt, um
uns mitzuteilen, was er damit meint, nachfühlend oder einfühlend
schließen, wie er sich durch eine Art Fühlen der Betätigung und damit
Kraftentfaltung des »Hebels« sein Wissen von dem »Kraftgewinn« holt.

Außer der Hebelstange, an deren beiden Enden (den Enden der
Hebelarme) die Kraft und die Last »angreifen«, ist die Querstange
oder die »Achse« von Bedeutung, welche die Hebelstange »stützt«
und auf der sie sich hin und her bewegt (dreht). Das weiß auch der primitiv denkende Techniker. Er weiß aus Erfahrung, daß sie eine bestimmte
Stärke und Bauart haben muß, damit sie nicht beim Heben der Last
bricht. Er stellt sich vor, er hätte z. B. auf seiner Schulter den Druck
der Hebelstange auszuhalten und »fühlt« sich in die Gegenkraft ein,
die er ihrem Drucke entgegensetzen müßte. Auch v. Hanffstaengel[1])
sagt, um nachzuweisen, daß (ziehende) Kraft und (zu hebende) Last
nicht die einzigen Kräfte sind, die auf den Hebel wirken: »Denn stellen

Fig. 1.

Fig. 2.

wir uns vor, daß sich bei C in
Abb. 3 (Fig. 1) nicht ein festes
Auflager befände, sondern daß,
wie in Abb. 4 (Fig. 2) dargestellt,
an dieser Stelle ein Mann stände,
über dessen Schulter der Hebel
gelegt ist, so sagt uns das natürliche Gefühl[2]), daß dieser Mann sich
ganz gehörig nach oben stemmen muß, um den Hebel zu halten.« Wir
wissen wohl, daß v. Hanffstaengel hier diese Erklärung gibt, weil er
für sein Buch nicht nur mit physikalischem Denken vertraute Leser
voraussetzt und darum zum Beweise die »Anschauung« heranziehen muß,
aber wir wissen auch, daß das technische Denken der Großzahl der
technisch Schaffenden sich in diesen anschaulichen, fühldenkartigen
Formen bewegt. Wir werden für unsere Fälle von Geisteskranken das
später noch im einzelnen belegen.

Das begriffliche Schema des Hebels, für das wir in Fig. 1 die »schematische Skizze« reproduziert haben, ist eine Abstraktion, deren Form
durch den wirklichen Hebel eindeutig nahegelegt erscheint.

Es gibt nun aber technische Objekte, wie Brücken, Häuser, Türme
u. a., bei denen wir einen solchen eindeutig erscheinenden Weg, der uns

---

.[1]) l. c. S. 2.
[2]) Vom Verfasser gesperrt.

die gedankliche Zurückführung auf ein oder mehrere einfache technische Elemente erlaubte, nicht ohne weiteres sehen. Diese Zurückführung ist jedoch für den konstruierenden Techniker zum Zwecke der Berechnung und damit Bemessung der einzelnen Teile von großer Bedeutung. Er kann sich nicht auf das »Einfühlen« in die als wirksam vorzustellenden Kräfte und Lasten verlassen, weil er zu unsicher und zu unwirtschaftlich konstruieren würde, im Gegensatz zur modernen Technik, die für ihre Konstruktionen in erster Linie Sicherheit und Wirtschaftlichkeit verlangt. Es erhebt sich daher die allgemeine Frage, welche leitenden Gedanken dem Techniker hiebei zur Verfügung stehen. Jeder, der mit der Technik theoretisch und praktisch zu tun hatte, weiß, daß einer dieser Wege darin besteht, das technische Objekt zu einem solchen einfachen Element im Denken »umzuformen«.

Was damit gemeint ist, sei an zwei Beispielen erläutert:

1. Eine eiserne Eisenbahnbrücke z. B. ist, wie jedermann aus eigener Beobachtung weiß, ein mehr oder weniger kompliziertes Gebilde. Lassen wir zunächst in der Vorstellung alle die, in verschiedenen Richtungen verlaufenden Balken und Streben fort und ersetzen wir sie durch einen einfachen, breiten und flachen Holzbalken, der die wesentliche Funktion, nämlich das Tragen des darüber fahrenden Eisenbahnzuges besorgen könnte. Die Brücke ist dann zu einem einfachen Träger in der Vorstellung umgeformt. Sie ruht auf Pfeilern von verschiedener Bauart. Deren wesentliche Funktion ist, der Brücke als Stütze zu dienen. Diese Stützen formen wir ebenfalls in eine einfachste Form um, etwa in zwei dreikantige feste Gebilde, auf deren einer Kante der Träger ruht. Für die Gewichtsbelastung des Trägers ist es gleichgültig, ob der Eisenbahnzug so oder anders beschaffen ist, wesentlich ist nur sein Gewicht, das in Betracht fällt. Wir denken uns daher dasselbe einfach durch einen rechteckigen Klotz von gleichem Gewichte ersetzt. So erhalten wir in der senkrechten Projektion auf das Zeichenblatt ein Bild, wie es uns Fig. 3. zeigt. Denken wir uns nun noch den rechten Pfeiler P weggenommen, so müßten wir mit einer gewissen Kraft nach oben drücken, damit die Brücke nicht, mit ihrem rechten Ende voran, nach unten

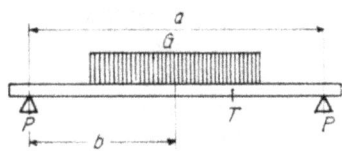

Fig. 3.

stürzt, wobei sie sich um P drehen würde. Wir haben dann einen einfachen einarmigen Hebel vor uns mit dem Drehpunkte in P (links) und es muß nach dem Hebelgesetz die Gleichung gelten $A' \cdot a = G \cdot b$, woraus dann A', der »Auflagerdruck« auf den rechten Pfeiler P leicht zu berechnen ist (siehe auch das folgende Beispiel).

2. Etwas komplizierter gestaltet sich die Umformung im folgenden Beispiele, das wir im Anschlusse an v. Hanffstaengel (S. 8 u. f.) ent-

wickeln: Für einen freistehenden, vierseitigen Turm, dessen Außenwände, wie es gewöhnlich der Fall ist, unter rechten Winkeln zusammenstoßen, soll die Größe der vier Fundamentblöcke aus Mauerwerk, auf denen er ruhen soll, bestimmt werden. Ihre Ausmaße müssen so beschaffen sein, daß der Turm, eine richtige Verankerung mit ihnen vorausgesetzt, sicher auf ihnen ruht, d. h. Kräften, die ihn zum Umkippen bringen möchten, hinreichender Widerstand entgegengesetzt wird. Der Turm soll eine quadratische Grundfläche von der Seitenlänge 2 m und eine Höhe von 8 m haben. Die Fundamentblöcke werden in den vier Ecken des Turmes projektiert (siehe Fig. 4).

Die wichtigste Kraft, die ein solches Umkippen bewirken könnte, ist der Winddruck. Für die stärksten Winde nimmt man an, daß dieselben (Fig. 4a) auf jeden Quadratmeter Fläche einen Druck von 125 kg ausüben. Bei unserem Turm drückt er auf eine Fläche von $8 \times 2 = 16$ qm Fläche. Statt des Druckes auf jeden Quadratmeter (kleine Pfeile Fig. 4b) kann man, weil es in der Wirkung auf das gleiche herauskommt, den Gesamtdruck auf die ganze Seitenwand nehmen und diesen im geometrischen Mittelpunkte derselben wirkend, bzw. »angreifend«, denken. Derselbe beträgt für unseren Turm $16 \times 125 = 2000$ kg ($D = 2000$ kg). Diese Kraft — wir nehmen, um einen bestimmten Fall zu haben, an, der Wind blase von links nach rechts — sucht den Turm um die Kante AA' nach rechts hinüber umzukippen.

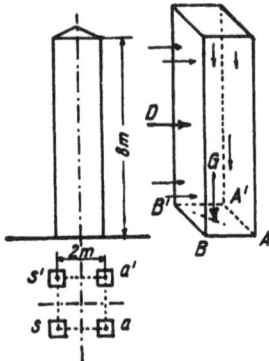

Fig. 4a.   Fig. 4b.

Diesem Kippen leisten Widerstand: Das Gewicht des Turmes G (Fig. 4b) und die Fundamentblöcke S und S', ebenfalls durch ihre Gewichte (als bei dem Kippen zu hebende Lasten), die den Turm nach links hinüber zurückhalten. Damit Gleichgewicht bestehe und der Turm sich nicht bewege, müssen die nach rechts und links drehenden Kipp-»momente« gleich sein.

Durch diese Auseinandersetzungen wird bereits die Vorstellung rege, daß das Ganze, für die vorliegende Betrachtung wenigstens, wie ein Hebel aufgefaßt werden könnte, der seine Drehachse in AA' hätte, an dessen einem Hebelarm der Winddruck D nach rechts und am anderen das Turmgewicht G und die Blockgewichte f_2 (von S) und f_4 (von S')nach links drücken.

Da der Winddruck sich bei unserem Turm unvermindert auf die gegenüberliegende, durch die Bodenkante AA' gehende Wand, überträgt, können wir ihn für dieses Kippen auch in dieser angreifend denken. Das Turmgewicht G können wir nach einem bekannten Satze der Mechanik über die Verschiebbarkeit des Angriffspunktes in der Richtung der

Kraft, auch im Mittelpunkte der Bodenfläche wirkend annehmen. Wir hätten dann für unsere Berechnungsfrage jenes technische Gebilde, das uns hiefür den Turm ersetzen, oder anders ausgedrückt, als welches wir ihn für diesen Zweck auffassen können, vor uns, welches in Fig. 5 a abgebildet ist. Im Aufriß zeigt es die Fig. 5 b. Das sieht aber aus wie ein zweiarmiger Hebel mit dem Drehpunkt in A und den beiden Hebelarmen AE und AB, die senkrecht zueinander stehen, welch letzteres bekanntlich für die Beziehung von Kraft- und Lastwirkung beim Hebel ohne Belang ist.

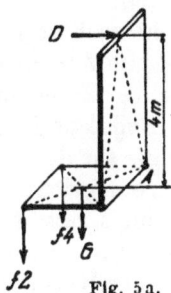 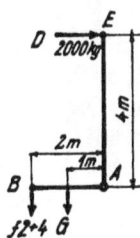

Fig. 5a. Fig. 5b.

Zu einem solchen Hebel können wir uns nun, für die uns interessierende Berechnung, den ganzen Turm mit den Fundamentblöcken »umgeformt denken«, und diese ist dann leicht auszuführen.

Wir erwähnen hierzu noch den Begriff des Drehmomentes aus der Mechanik. Dasselbe wird definiert durch das Produkt aus Kraftgröße und Abstand der Kraft vom Drehpunkte in einer zur ersteren senkrecht genommenen Richtung. Setzen wir noch das Turmgewicht G mit 5000 kg ein, so ergibt sich: Das Kippmoment des Winddruckes, das seinem Drehmoment gleich ist, beträgt $2000 \cdot 4 = 8000$ mkg (dreht nach rechts). Das Drehmoment des Turmgewichtes ist $5000 \cdot 1 = 5000$ mkg (dreht nach links). Es ist also um $8000 - 5000 = 3000$ mkg zu klein, um dem Kippmoment des Winddruckes standzuhalten. Dieses Drehmoment müssen nun noch die beiden Fundamentblöcke mit den Gewichten f_1 und f_2 oder zusammen $f_1 + f_2$ liefern. Ihr Hebelarm ist 2 m, also muß ihr Gewicht 1500 kg sein, denn $1500 \cdot 2 = 3000$. Da sie beide gleich groß sind, muß jeder 750 kg wiegen.

Diese Berechnung ist für uns unwesentlich, wir haben sie nur der Vollständigkeit halber angefügt. Wesentlich sind für uns die »Umformungen im Denken«, die vorgenommen wurden, bis sich der Turm zu dem »Schema« eines zweiarmigen Hebels vereinfachte.

Solche technische Umformungen vollzieht das naive oder primitive technische Denken mehr gefühlsmäßig, geleitet durch zufällige Beobachtungen und Erfahrungen am eigenen Körper, welch letztere es dann in die Objekte hinein»projiziert«.

Noch primitiver ist der Vorgang, wenn sich der Mensch das Objekt gleichsam wie einen Körper vorstellt und sich in dieses biologisierte Objekt einfühlt.

Das theoretisch geschulte technische Denken macht sich die Etappen der Umformung soweit möglich klar bewußt. Je größer die »Übung«, d. h. je mehr solcher Umformungen erfolgreich durchgeführt wurden, desto leichter und sicherer gehen sie vor sich. Schließlich automatisiert sich der Vorgang, zumindest in einzelnen seiner Teile, denn neue Objekte erfordern stets auch wieder neue Umformungswege. Alles läßt sich daran nicht lehren und das wissen die Anfänger am besten und noch mehr jene, die keine genügende technisch theoretische »Begabung« in dieser Richtung haben, denen also die hier erforderliche »Vorstellungskraft« (v. Hanffstaengel) fehlt.

Psychologisch betrachtet besteht dieses »Umformen«, wie man an den Beispielen sieht, im Absehen von allen für den vorliegenden Zweck, nämlich die gesuchte Berechnung, unwesentlichen Beschaffenheiten des Objektes und Reduktion auf ein »Schema«, das einem einfachen technischen Elemente (in den Beispielen dem Hebel), mit den an ihm wirkenden Kräften entspricht.

Im Gesamtergebnis erscheint die Umformung »willkürlich«. Die Eisenbahnbrücke ist kein Hebel, sondern eine Eisenbahnbrücke, und der Turm ist auch kein Hebel, sondern ein Turm. Für den gerade vorliegenden Zweck werden sie nur als solche genommen. Diese »Willkür« kann bei komplizierteren Fällen noch größer erscheinen und sie zeigt sich auch darin, daß man die gleiche Aufgabe lösen kann, indem man verschiedene Umformungswege einschlägt und dann auch verschiedene »einfache Schemata« erhält. Es ergibt sich daraus auch zumindest die Denkmöglichkeit, daß man zu verschiedenen Berechnungen und damit Bemessungen gelangt, die technisch richtig sein können. Die Erfahrung, d. h. die Richtigkeit der auf die Berechnung gegründeten Voraussicht über das technische Objekt, muß das Maß für die Beurteilung abgeben. Dieses Maß wird ein um so eindeutigeres, je genauer alle Elemente, wie Festigkeit und sonstige Beschaffenheit des verwendeten Baumaterials bekannt sind, um die Nachprüfung sicher zu ermöglichen. Wir wollen auf diese Dinge hier nicht weiter eingehen.

Eine weitere Begrenzung findet diese »Willkür« in den gegebenen einfachen technischen Elementen, den Schemata.

Wichtig ist für uns die psychologische Tatsache, daß jedenfalls keine ein für allemal gegebene Vorschrift, eine Denkgebundenheit, für dieses Umformen gegeben ist. Dies hat zur Folge, daß Irrtümer und Fehler leicht möglich sind, und besonders, daß falsches technisches Denken, unrichtige und ungenaue Beobachtungen, mit, wenigstens, subjektiver Begründetheit und Anspruch auf Gültigkeit sich in die Umformungen einschleichen können.

Bei Berechnung der Fundamentblöcke des Turmes hatten wir den Winddruck zu berücksichtigen. Wir ersetzten ihn letzten Endes durch eine im Mittelpunkte der Seitenwand, auf die er trifft, wirkende lineare Kraft von bestimmter Größe. Nachdem das geschehen war, konnten wir vom Winde, d. h. der bewegten Luft, die das Wort bezeichnet, absehen, wir brauchten uns nur noch an diese Kraft zu halten und konnten ihn bei den Umformungen in seiner sinnlichen Gegebenheit außer Betracht lassen. Die Kraft, die eigentlich in ihm steckt und die nur ist, wenn er ist, existiert nun scheinbar ohne ihn, der sie trägt. Sie hat sich verselbständigt, der lineare Kraftbegriff hat scheinbar eine vom wirkenden Stoff unabhängige Geltung erhalten. Letzten Endes ist das aber auch nur eine »Umformung im Denken« in ein einfaches Schema.

Diese Verselbständigung der Kraft, die wir hier an dem uns nahegelegten Beispiel illustrierten, birgt ebenfalls Gefahren für das technische Denken, sie kann zu falschen Schlüssen und Erfindungen führen, wofür wir noch in diesem und im folgenden Kapitel Belege vorführen werden (s. S. 24 u. f.).

Als Zwischenstufe zwischen dem wirklichen technischen Objekte und dem einfachen Schema, der »reinen Abstraktion«, das sich bildlich als geometrische Figur darstellt, liegt das Modell eines technischen Objektes. Das machen wir uns beim Beispiele des Turmes deutlich. Durch eine einfache Ergänzung des in Fig. 5 a dargestellten Objektes erhalten wir für den in dem Beispiele verfolgten Zweck ein solches Modell (Fig. 6). Die Bodenfläche wäre darin eine quadratische, die Vertikalfläche eine rechteckige Platte mit Ausmaßen in einem Maßstab von z. B. 1:10 des wirklichen Turmes; die Gewichte erhielten ebenfalls Verkleinerungen in bestimmtem Verhältnis (z. B. wenn G gleich 10 kg wäre, müßte $W = 25$ kg sein). Die Druckkraft D des Windes würde durch ein über eine Rolle wirkendes Gewicht ersetzt. Wir könnten an einem solchen Modell die Gewichte der Fundamentalblöcke bestimmen, indem wir in F_1 und F_2

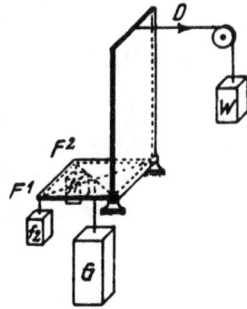

Fig. 6.

so lange zwei gleiche Gewichte anhängen würden, bis das ganze System im »Gleichgewicht« bliebe, d. h. keine Drehung (Kippen) nach der einen oder anderen Seite erfolgte.

Neben dieser Art des Modells, die nicht nur eine räumlich verkleinerte und schematisierte Repräsentation des wirklichen technischen Objektes für bloß einen bestimmten Zweck darstellt, gibt es noch eine andere, nämlich jene, welche viele bis alle Teile des wirklichen Objektes in verkleinerter Form und ev. in einfacherer Ausführung enthält. Es dient dann zur Vertretung des technischen Objektes in vielen bis allen Beziehungen. Seine Verwendung zum Ausprobieren neuer technischer Konstruktionen oder Erfindungen ist bekannt. Zwischen diesen beiden Arten von Modellen gibt es Übergänge.

b) Keil, schiefe Ebene, Schraube, Rolle. Diese technischen Elemente oder »Maschinenelemente«, wie sie der Techniker bezeichnet, werden auch vom primitiven technischen Denken vielfach verwendet. Keil und schiefe Ebene stehen dabei voran. Sie begegnen der zufälligen Beobachtung häufiger und in der primitiven vormaschinellen Technik

wurden sie auch schon absichtlich benutzt[1]). Sie bieten der fühldenkartigen Behandlung keine Schwierigkeit. Schraube und Rolle, obwohl
erstere theoretisch auf die schiefe Ebene, letztere auf den Hebel zurück-
führbar sind, liegen dieser Behandlung nicht mehr so nahe, hier spielen
schon spezielle Beobachtungen und daraus angesammelte Erfahrungen
eine größere Rolle.

Die Verteilung der an diesen Maschinenelementen wirksamen
Kräfte untersteht theoretisch dem Satze vom Kräfteparallelogramm[2])
und Kräftedreieck. Er wird heute schon an den Schulen mittlerer Stufe,
auch den nichttechnischen, gelehrt. An das begriffliche Denken stellt
er höhere Anforderungen, als die sog. Hebelgesetze, seine Erfassung
und nachherige klare, selbständige Verwendung stößt daher auf größere
Schwierigkeit. Wir werden uns darum nicht verwundern, daß er beim
primitiven Techniker als klar zur Verwendung stehendes begriffliches
Gebilde nicht angetroffen wird. Bei jenen Geisteskranken, die eine entsprechende, insbesondere technische Schulung genossen und demnach den
Satz in Anwendungen eingeübt hatten, werden wir zu entscheiden haben,
ob er erst sekundär, durch die Auswirkung der Geisteskrankheit, aus
dem Begriffsschatz ausgeschieden ist. Übrigens gilt, was wir hier an-
fügen möchten, das gleiche von anderen begrifflichen Formulierungen,
wie z. B. der Beschleunigung.

Wir haben beim Hebel hervorgehoben, wie die Vorstellung eines
»Kraftgewinnes« den primitiven Techniker besonders anzieht. Der
Flaschenzug als Kombination von Rollen und die Winde als Kombination
von Rädern wird auch in diesem Sinne verwendet.

Bezeichnend für die subjektive, interessen- und damit gefühls-
betonte, d. h. wertende Einstellung des primitiven Technikers zu diesem
Kraftgewinn ist, daß er an den dadurch erforderlichen längeren Weg,
d. h. die Gleichheit der Arbeit (berechnet aus Kraft und Weg in der
Kraftrichtung) vielfach nicht weiter denkt, diesen Umstand gerne ver-
nachlässigt. Es erscheint ihm das gegenüber dem »Kraftgewinn« als
etwas Nebensächliches, was uns daraus, daß auch dem Primitiven, wie
dem Kinde, die Bedeutung des Zeitfaktors noch nicht recht zum Bewußtsein kommt, verständlich wird.

c) Die »Umformung«, von der wir oben ausführlicher sprachen,
lernen wir bei der Berechnung von Maschinen, wie Dampfmaschinen,
Dampfturbinen u. a. noch in einer speziellen Form kennen. Eine Dampf-

---

[1]) F. M. Feldhaus, Ruhmesblätter der Technik. I. Bd., 2. Aufl., 1924.
Verlag Friedrich Brandstetter, Leipzig.

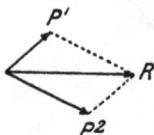

[2]) Er lautet bekanntlich: Die Resultante (R) zweier in einer
Ebene liegenden, unter einem Winkel zueinander wirkenden und
im gleichen Punkte angreifenden Kräfte (P_1 und P_2) ist gleich
der Diagonale des aus den Kraftlinien gebildeten Parallelo-
gramms.

maschine ist ein kompliziertes Gebilde, sie besteht bekanntlich aus
Zylinder mit Dampfschiebern oder Ventilen, Kolben, Kolbenstangen,
Kreuzkopf, Schubstange, Kurbel auf der Kurbelwelle, die in Lagern
ruht[1]). Für die Projektierung der Dampfmaschine als Ganzes inte-
tessieren aber den Techniker zunächst nur die Arbeitsvorgänge in derselben als solche, d. h. die Energie, die der Dampf an sie abgibt und die
an der Kurbelwelle zur Weiterverwendung zur Verfügung steht. Für
diesen Zweck wird von den »Zwischengliedern« (Kolbenstange, Kreuzkopf usw.) abgesehen. Man stellt sich gleichsam nur den auf den Kolben
Energie abgebenden Dampf und die Energieabnahme am anderen Ende,
der Kurbelwelle vor. Man hat die Dampfmaschine auf diese Weise
vereinfacht, schematisiert, für die Berechnung der Energievorgänge
übersichtlicher gemacht. Diese beiden Energiequantitäten müssen
dann, unter vorläufiger Vernachlässigung der Reibungsverluste, einander
gleich sein. Von da aus kann man weiter berechnen, wie viel Arbeits-
maschinen (Drehbänke, Bohrmaschinen usw.) von gegebenen Ausmaßen,
mit dieser Dampfmaschine betrieben werden können. Das Naturgesetz,
welches diese Energievorgänge beherrscht, ist der » Satz von der Erhaltung
der Energie«. Über diesen werden wir in einem der nächsten Abschnitte
des Näheren zu sprechen haben.

Der Vorstellung bzw. dem Gedanken der Ausschaltung der Zwischenglieder, begegnen wir auch bei den geisteskranken technisch Schaffenden. Die eigentliche Berechnung tritt bei ihnen, aus Gründen, die wir
noch zu untersuchen haben werden, zurück, ein Mangel, der einem Teil
von ihnen deutlich bewußt ist (s. das Nähere S. 214).

Die »theoretischen Überlegungen« für diese jetzt besprochene Art
der Schemabildung bergen die Gefahr von Fehlern ebenfalls in sich.
Die Zwischenglieder nämlich, ermöglichen erst die reale Möglichkeit
des Vorganges der Arbeits- oder Energieübertragung. Haben wir z. B. [2])
eine Dampfmaschine zu berechnen, die einen Lastkran zu betreiben hat,
so würden wir auf Grund des »Schemas« eine bestimmen, die soviel
Pferdekräfte (PS) liefert, als für die Hebung der Maximallast am Kran
nötig ist. Ist das geschehen, so sollte der Kran seine Hebearbeit leisten
und doch würde es nicht gehen. Denn: die Energie, welche die Dampfmaschine liefert, ist nicht immer gleich, indem bei einer halben Umdrehung der Kurbelwelle, was einem Hingang des Kolbens entspricht,
die verfügbare Energie von Null bis zu einem Maximum zunimmt
und umgekehrt nimmt sie bei der folgenden halben Umdrehung bzw. dem
Hergang des Kolbens vom Max. bis 0 ab. Die Arbeit, die der Kran leisten
soll, ist aber eine über die Zeit gleichmäßig verteilte, kontinuierliche.

[1]) Zu erwähnen wären noch die Exzenter zum Antrieb der Schieber u. a.
[2]) Das Beispiel ist dem schon genannten Buche v. Hanffstaengels entnommen.

Man muß also ein Maschinenglied einschalten, das die Energie-
verteilung gleichmäßig gestaltet, das also Energie aufspeichert, wenn
die Dampfmaschine zu viel und sie abgibt, wenn sie zu wenig liefert.
Dieses Zwischenglied ist das Schwungrad, das imstande ist, den Kolben
durch seine Wucht, seine lebendige Kraft über solche Strecken hinweg-
zubefördern, auf denen der Dampfdruck nicht ausreicht.

Aus diesem Tatbestande schließt v. Hanffstaengel (S. 42 l. c.):
»Der Fall lehrt, wie bedenklich es ist, irgendein technisches Problem an-
zugreifen, ohne daß die theoretischen Überlegungen beständig durch
eine lebhafte Vorstellung der Wirklichkeit nachgeprüft werden. Vor-
stellungsfehler sind weit häufiger und folgenschwerer als eigentliche
Rechenfehler. Letztere kommen durch die vielfachen Kontrollen noch
rechtzeitig zutage, die ersteren erst, wenn sie die Ausführung der Maschine
selber kontrolliert. «

Ist dies bereits beim normalen technischen Denken so, dann wird
die Gefahr beim technischen Denken Geisteskranker im allgemeinen
noch größer anzunehmen sein.

d) Die mechanische Energie als »Wucht«, als »lebendige Kraft«
spielt in den Vorstellungen des »primitiven« technischen Denkens, in
der anschaulichen Form, wie sie das »natürliche Gefühl« ergibt, begreiflicherweise eine große Rolle. Sie kann eben mit dem Fühlvorstellen
oder Fühldenken zumindest ungefähr erfaßt werden und der Anreiz
zum »Nachfühlen« der Vorgänge liegt hier nahe. Erlebnisse wie die Wucht
des Anpralles beim Herunterfallen von größerer Höhe, die Kraftaufwendung, die erforderlich ist, um nach schnellem Lauf plötzlich still-
zustehen, die Anstrengung, die man machen muß, um einen herab-
stürzenden, schwereren Gegenstand aufzufangen und der Anprall, den
man dabei empfindet usw. sind Gelegenheiten genug, um ein solches
verstehendes Nachfühlen oder auch ein Sichhineinversetzen zu ermöglichen, oder wenigstens eine Erinnerung davon zu haben. Auf diese
Weise kann man auch die Schwungradwirkung verstehen.

In diesen Beispielen haben wir eine Umwandlung »der mechanischen
Arbeit eines Gewichtes oder überhaupt einer Kraft in lebendige Kraft
oder Wucht eines bewegten Gegenstandes«. Sie imponiert dem naiven
Geist. Ganz besonders die mechanische Arbeit des Gewichtes, oder besser
des schweren Körpers, die ja beliebig beschaffbar und auch der einfachsten Erfahrung gegeben ist, steht an erster Stelle. Der Satz der Mechanik,
daß mechanische Arbeit und lebendige Kraft nur zwei verschiedene
Formen von Arbeitsenergie sind[1]), wird hier anschaulich erlebt oder
nachgefühlt. Dieses »anschauliche Erleben« und Nachfühlen von Energie-
produktionen und Umwandlungen spielt bei deren Verwendung für

---

[1]) Daß sie sich deshalb mit einem gemeinsamen Maß, nämlich in Meterkilogramm messen lassen, interessiert an dieser Stelle nicht weiter.

technische Erfindungen eine größere Rolle, als man annehmen möchte. Besonders bei der Verwendung chemischer Energien, wie sie in den Explosionsmotoren in Erscheinung tritt, liegt es für gewisse Typen von Menschen nahe[1]).

2. Erfindungen und Erfinder.

Der moderne technische Produktionsprozeß ist ein »organisiertes Schaffen«. Es sind in ihm viele nach einheitlichem System an einem Objekte tätig. Die »Haupttypen« dieser Prozesse, die »wir mehr oder weniger rein hervortreten sehen« sind: »der Erfinder, der Unternehmer, der Arbeitsleiter, der Rechner, der Zeichner, der Maschinenarbeiter und der Handarbeiter«[2]). Es können und werden selbstverständlich Vertreter jedes dieser Haupttypen geisteskrank.

Dem Wirken als Unternehmer und Arbeitsleiter macht die Anstaltsversorgung ein Ende und sie ist manchmal die Maßnahme, welche einsetzt, gerade um dieses Wirken, weil es für seinen Träger und dessen Umgebung gefährlich wird, zu beenden. Eine Fortsetzung in der Anstalt ist ausgeschlossen, es fehlt das erforderliche Objekt. In den Wahnideen, dem Wahnsystem und den Halluzinationen des Kranken können sich die ihm für diese Tätigkeit gegebenen psychischen Kräfte weiter auswirken. Mit solchen Kranken werden wir uns aber im Folgenden nicht beschäftigen.

Rechner sind unter unserem Material auch nicht vorhanden. Sie könnten sich in der Anstalt, solange sie geisteskrank sind, auch nur im gleichen Geleise auswirken, wie die eben genannten zwei Haupttypen. Zeichner werden wir finden, aber sie zeichnen nicht nach Anweisung anderer, wie der technische Zeichner im organisierten Betriebe, sondern an ihren eigenen geistigen Produkten, ihren Erfindungen und Konstruktionen. Es bleiben daher nur die Erfinder, die Maschinenarbeiter und Handarbeiter. Für die Maschinenarbeit von Geisteskranken sind nur beschränkte Möglichkeiten in einer Anstalt vorhanden und so weit sie da sind, sind die betreffenden Menschen nur zu einem geringen Teile einem organisierten technischen Schaffen eingegliedert. Der Gedanke, solche Einrichtungen zu schaffen, liegt unseren Irrenanstaltsbetrieben noch fern. Wir werden noch untersuchen, ob mit Recht oder nicht. Es bleiben demnach im wesentlichen der Erfinder und der Handarbeiter. Mit dem letzteren werden wir uns in einem besonderen Abschnitt bald beschäftigen.

Dem Erfinder ist es um Erfindungen zu tun. Wir stellen daher fest, was unter einer technischen Erfindung zu verstehen ist. Eine Erfindung stellt etwas Neues für die Technik oder die technische Wissen-

---

[1]) Vgl. Kap. III.
[2]) Zschimmer, Philosophie der Technik, Verlag Jenaer Volksbuchhandlung, Jena, 2. Aufl., 1919.

schaft dar. Der Techniker will von einer Erfindung nur sprechen, wenn sie etwas in diesem Sinne objektiv Neues darstellt. Zschimmer[1]) legt auf dieses »objektiv« einen Nachdruck und will darunter etwas verstehen, was für die bestehende technologische Wissenschaft neu ist, ohne Rücksicht darauf, ob dem erfindenden Subjekt, dem Erfinder, diese technologische Wissenschaft in ihrer Ganzheit bekannt ist oder nicht.

Für unsere Betrachtung ist jedoch die psychologische, die subjektive Seite der Erfindung ebenso wichtig, wie die technologisch-objektive. Wir wollen daher von einer echten Erfindung auch dann sprechen, wenn es sich um einen subjektiv, d. h. für den Erfinder neuen Gedanken handelt, den er nachweislich nirgends gelesen, noch gehört, sondern selber gefunden hat. Daß dieser Nachweis oft, wenn nicht meist, sehr schwierig sein wird, ist klar. Aber für unsere Betrachtung ist es wertvoll, im einzelnen Falle diese Frage aufzuwerfen, da es sich uns darum handelt, aufzudecken, ob und inwieweit ein Geisteskranker neue, insbesondere richtige Gedanken selbst finden kann und welcher Art sie sind.

Wir unterscheiden daher zwei Klassen von Erfindungen:

1. die subjektive technische Erfindung, die nicht etwas Neues für die technologische Wissenschaft, wohl aber für das Denken des Erfinders ist, und

2. die objektive technische Erfindung, die für die technologische Wissenschaft etwas objektiv Neues ist, damit natürlich auch für den Erfinder.

Nach Zschimmer gebührt der ersten Art der Erfindungen nur der Name einer technischen Wahrheit[2]), worin wir ihm vom Standpunkte der technologischen Wissenschaft aus recht geben.

Bei einer Erfindung, möge sie nun zur ersten oder zweiten der obengenannten Klassen gehören, handelt es sich darum, für einen bestimmten Zweck ein bestimmtes Mittel zu finden. Dieser Zweck ist letzten Endes die Befriedigung eines menschlichen Bedürfnisses. In der Technik ist ein Bedürfnis allgemeiner Form das nach Erzeugung unbegrenzter Quantitäten von Energie, die zum Betriebe von Maschinen, deren Erzeugnisse andere Bedürfnisse zu befriedigen haben, dienen kann. Mit Eyth[3]) unterscheiden wir nun 4 Klassen von Erfindungen:

1. »Erfindungen, die neue Mittel zu neuen Zwecken darstellen, z. B. die Montgolfière, die Dampfmaschine, das Spektroskop, der Wattsche Regulator.«

---

[1]) l. c. S. 195 u. f.
[2]) l. c. S. 108.
[3]) Lebendige Kräfte. 2. Aufl., 1909, J. Springer. Zitiert nach Zschimmer S. 105 u. ff.

2. »Erfindungen, welche ein neues Ziel durch bekannte Mittel erreichen, z. B. das Unterseeboot, das lenkbare Luftschiff und viele chemische Erfindungen.«

3. »Erfindungen, die darauf ausgehen, bekannte Ergebnisse mit neuen Mitteln zu gewinnen, z. B. neue Verfahren des Buchdruckes, neue Wasserräder, neue Gerbverfahren.«

4. »Erfindungen, welche ein bekanntes Mittel oder Werkzeug zu einem neuen Zwecke zum ersten Mal anwenden.« »Hier nähern wir uns«, sagt Eyth, »dem gefährlichen Gebiet, auf dem eine gewisse Verwirrung der Begriffe fast unvermeidlich ist, und wo die Grenze zwischen wirklichem Erfinden und bloßem Konstruieren und Kombinieren fortwährend hin- und hergeschoben wird.«

Wir wollen uns an diese Einteilung Eyths halten; sie gibt uns einen brauchbaren Gradmesser für die Einordnung der Erzeugnisse unserer Geisteskranken.

Den Psychopathologen, dessen Gesichtspunkte in dieser Arbeit maßgebend sind, wird nicht nur die Erfindung als technisches »Objekt«, sondern mindestens ebensosehr der Erfinder, als technisches »Subjekt«, interessieren. Beim geistig gesunden Erfinder, bei dem gewöhnlich nur die Erfindung als solche in ihrer Bedeutung für die Technik in Betracht gezogen wird, ist eine Trennung beider in der Behandlung nicht nur zulässig, sondern auch das wissenschaftlich gegebene. Die Selbst- oder Fremdbiographie oder eine historische Betrachtung der Entwicklung der Technik, in der auch die Erfinderpersönlichkeiten, mit ihren endo- und exogenen Bedingungen nicht fehlen dürfen, werden dann nebenher auch noch das Bedürfnis nach Kenntnis des Subjektes der Erfindung befriedigen. Da die technische Erfindung in erster Linie — so meint man es gewöhnlich — ein Produkt der Intelligenz ist, also einer objektiven Instanz des Geistes des einzelnen Erfinders, so nimmt man an, daß die subjektiven, im Gefühls- und Triebleben gelegenen Bedingungen derselben ohne Belang sind. Für die technische Wissenschaft und Praxis bestreiten wir die Gültigkeit dieses Satzes nicht. Für die psychologische, insbesondere die charakterologische Forschung ist es etwas anderes, ihnen muß es ein reizvolles Problem sein, diesen Triebgefühlsbedingungen des Erfindens nachzugehen.

Das gleiche gilt für die Psychopathologie, und zwar so, daß hier das Interesse, wie schon erwähnt, auf beides, den Erfinder und die Erfindung gleichermaßen gerichtet sein muß und für sie gerade die Aufzeigung der Genese einer Erfindung aus der bestimmt gearteten Persönlichkeit mit ihrer Geisteskrankheit im Vordergrunde steht. Die Fragen sind hier: Sind es immer Menschen von analoger prämorbider psychischer Artung und mit gleichem Phänotypus der Krankheitsform oder gar, wenn wir es bestimmen können, gleichem

Krankheitsprozeß, die sich an Erfindungen heranmachen? Ist die Erfindung Abbauphänomen der Geisteskrankheit oder Residuärphänomen des gesund gebliebenen Persönlichkeitsteiles? Sind besondere Triebgefühls- bzw. Charakterbeschaffenheiten aufzuweisen und besteht, wenn dies der Fall ist, eine besondere Korrelation oder Affinität zwischen den Formen und Inhalten der Erfindungen und beliebten Konstruktionen einerseits und der geisteskranken Persönlichkeit andererseits?

Die Frage, ob die so gefundenen Regeln oder Gesichtspunkte auch Analogien bei den geistesgesunden Erfinderpersönlichkeiten haben, werden wir dann zumindest aufwerfen können.

In der anfangs erwähnten Abhandlung von Kielholz ist gerade der Frage nach der Triebgrundlage des Erfindens nachgegangen worden. Sie ist aber, wie wir ausgeführt haben, dort zu eng gefaßt.

3. Das Perpetuum mobile.

Unter den Problemen und Ideen der modernen Technik spielt das Perpetuum mobile keine Rolle mehr, wenn auch heute noch sich Erfinder eines solchen melden. Früher war ihre Zahl eine große, sonst hätte die Pariser Akademie der Wissenschaften nicht nötig gehabt (im Jahre 1775) kategorisch zu erklären, daß sie kein Projekt eines Perpetuum mobile mehr zur Prüfung entgegennehme, was aber nicht hinderte, daß neben dem britischen auch das französische und deutsche Patentamt noch weiter Patente auf solche erteilten. Für unsere Aufgabe hat aber diese Idee eine erhöhte Bedeutung, wie die Ausführungen in den folgenden Kapiteln zeigen werden und wir müssen ihr daher einen breiteren Raum widmen.

Eine Geschichte des Perpetuum mobile zu schreiben, oder die verschiedenen Wege, welche zu seiner Realisierung versucht wurden und noch in der Gegenwart versucht werden, aufzuzählen, kann hier nicht unsere Aufgabe sein. Das überlassen wir der speziell darauf gerichteten Literatur[1]. Wie in den vorangegangenen Abschnitten wollen wir uns nur die Grundlage beschaffen, die uns das Verständnis und die Beurteilung der von den Geisteskranken auf die »Erfindung« eines Perpetuum mobile gerichteten Gedanken, Bestrebungen und Versuche ermöglichen soll.

a) Definitionen. Unter dem Perpetuum mobile[2]) versteht man dem Namen entsprechend, in einer allgemeinen Form ausgedrückt, ein »ewig bewegliches Etwas«, eine »ewige Bewegung«. In die technische

---

[1]) Siehe F. Ichak, Das Perpetuum mobile, B. G. Teubner, Leipzig. Aus Natur und Geisteswelt, B. 462, und die dort aufgeführten Schriften, ferner F. M. Feldhaus, l. c., das Kapitel über das Perp. mob. S. 89 u. ff.

[2]) Von nun an bezeichnen wir zur Abkürzung Perpetuum mobile mit P. m.

Wirklichkeit übersetzt wäre das eine Vorrichtung, die ohne weiteres
Zutun, vermöge ihrer Konstruktion allein, in ewiger Bewegung bliebe.
Dabei sind noch zwei Möglichkeiten zu unterscheiden: a) Die Vorrichtung beginnt zu laufen mit dem Momente, wo sie fertig erstellt ist,
b) sie bedarf für den Beginn der Bewegung eines ersten Anstoßes, sie muß
in Gang gesetzt werden, alles weitere, was zu ihrer ewigen Bewegung
nötig ist, besorgt sie selbst.

Ein solches P. m., vorausgesetzt, daß es möglich wäre, böte aber nur
dann ein praktisches Interesse, wenn es so konstruiert werden könnte,
daß es die unvermeidlichen Energieverluste, die durch die Reibung
seiner Getriebeteile entstehen, zu decken imstande wäre. Sonst wäre
es eine physikalische Spielerei bzw. im besten Falle bloß von theoreti-
schem Interesse.

Wenn nun aber das geplante P. m. diese Reibungsverluste zu decken
imstande sein soll, dann liegt der Gedanke nahe, die Energieproduktion
desselben so weit zu steigern, daß es eine Maschine wäre, die nicht nur
sich selbst in ewiger Bewegung erhielte, sondern auch noch Energie
für eine (in bezug auf das P. m.) äußere Arbeitsleistung zur Verfügung
stellte, z. B. zum Heben eines Gewichtes, zum Antrieb einer Pumpe,
einer Bohr- oder anderen Werkzeugmaschine usw. Diese Form des
P. m. war und blieb der Traum seiner Erfinder. Denn erst ein solches
P. m. konnte praktische bzw. technische Bedeutung bekommen.

»In der älteren Literatur findet man«, sagt Ichak[1]), »zwei Arten des
P. m. unterschieden; das P. m. physicae und das P. m. naturae.« Was mit
letzterem gemeint sei, bleibe unklar, jedenfalls habe es nichts mit Physik
und Mechanik oder überhaupt einer wissenschaftlichen Disziplin zu tun.

Beim physikalischen P. m. unterscheidet man noch ein P. m.
mechanicae und ein P. m. physicae s. str. »Unter dem ersteren wurde
eine Maschine verstanden, die durch mechanische Mittel allein bewerk-
stelligt sei« (Hebel, Rollen, Gewichte), »während beim zweiten auch
andere physikalische Hilfsmittel, wie Magnetismus, Elektrizität usw. in
Betracht kamen.« Die einen Erfinder verneinten vielfach die Möglichkeit eines mechanischen P. m., während sie jene des physikalischen
bejahten, andere waren der umgekehrten Überzeugung[2]).

Bei dem bis jetzt definierten P. m. würde »Energie aus nichts«
und »umsonst« erzeugt. Es liegt daher, wenigstens für jene, denen die
Möglichkeit der Erzeugung von Energie »aus nichts« doch als zu absurd
erscheint, der Gedanke nahe, zumindest Energie »umsonst« zu erhalten
und das »aus nichts« höchstens für den Nichtsachverständigen darin
gelten zu lassen. Diese Möglichkeit böte sich, wenn man eine der in
der Natur gegebenen »unerschöpflichen« Energiequellen benützen

---

[1]) l. c. S. 4.
[2]) Ichak, l. c. S. 5.

könnte. Es wird da an die Erdwärme, die erdmagnetischen Ströme, die Luftelektrizität, die Sonnenenergie, die Ebbe- und Flutbewegung gedacht. Die Erschöpfbarkeit der gewöhnlichen Wasserkräfte, wie sie für die modernen Kraftanlagen verwendet werden, demonstrieren einem die wasserarmen Jahre mit ihren versiegenden Bächen zu sehr. Eine solche Maschine ist aber für den Sachverständigen nur eine scheinbare, ein unechtes P. m., einmal, weil eben doch eine äußere Energiequelle da ist und zweitens, weil die Erschöpfbarkeit derselben wenn man nur kosmische Umstände und Jahrmillionen in Betracht zieht, doch nicht ausgeschlossen ist, die »Ewigkeit« demnach dahinfällt. Für die Technik spielt aber noch die Frage der Wirtschaftlichkeit der Ausnützung dieser Energiequellen bei der Konstruktion eines solchen unechten P. m. eine ausschlaggebende Rolle.

Einige technische Versuche für die Ausnützung dieser Energiequellen und ihre kritische Beurteilung findet man in dem anschaulich geschriebenen Buche »Technische Träume« von Hans Günther[1]).

Dieses unechte P. m. widerspricht unseren Naturgesetzen nicht, es ist insbesondere mit dem Satze von der Erhaltung der Energie, besser der Energiequantität, wie ihn auch die allgemeine Relativitätstheorie Einsteins, die modernste physikalische Theorie, die sonst manches »alte« gestürzt hat, als Forderung festhält[2]). Es ist also zweifellos möglich.

b) Beispiele aus Vergangenheit und Gegenwart. Bevor wir auf die Frage, wie es sich mit den Gedanken über die Möglichkeit oder Unmöglichkeit des eigentlichen P. m. verhält, herantreten, wollen wir einige für unsere Betrachtung im folgenden Kapitel wichtige Grundideen nennen, welche in früheren Jahrhunderten die Erfinder eines P. m. ihrer Erfindung zugrunde legen wollten.

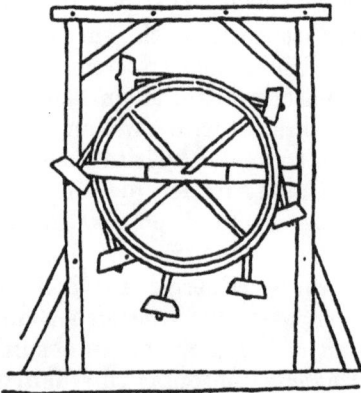
Fig. 7.

Ichak[3]) und Feldhaus[4]) erwähnen in ihren schon genannten Werken als erstes bis jetzt bekanntes Dokument über eine »immergehende Maschine« eines aus dem 13. Jahrhundert. (Der Autor ist nach Ichak ein Architekt namens Vilard de Honnecourt, nach Feldhaus ein Ingenieur Willars.) Die Idee dieses P. m. ist folgende (Fig. 7): »Auf der Peripherie eines Rades hängen sieben Schlegel, vier davon sind nach der

---

[1]) Aus Natur und Technik 1922, Zürich, Verlag Rascher & Cie.
[2]) Siehe z. B. Über die spezielle und allgemeine Relativitätstheorie, Vieweg & Sohn, 1920, 7. Aufl., S. 69.
[3]) l. c. S.9.
[4]) l. c. S. 90.

einen, drei nach der anderen Seite gerichtet.« Nach Ichak dürfte die
Vorstellung des Verfassers die gewesen sein: »Beim freien Fallen eines
Schlägels an der Peripherie wird das Rad mitgerissen und etwas gedreht.
Nun sollten die Schlägel einer nach dem anderen fallen und das Rad
in ununterbrochener Bewegung erhalten.«

Feldhaus gibt eine andere Erklärung, die mir in Rücksicht auf die
späteren Versuche plausibler erscheint. Danach hat der Erfinder gedacht: »Wenn es gelänge, auf die eine Hälfte des Rades stets vier Klöppel
zu bekommen, dann müßte diese Hälfte die andere mit den übrig-
bleibenden drei heben. Die Drehmomente der vier Schlägel rechts sind
dann zusammen größer, als diejenigen der drei Schlägel links. Das Rad
müßte sich entgegengesetzt der Uhrzeigerrichtung drehen. Es käme aber
ohne neuen Schwung von außen bald zum Stillstand.«

Auch Leonardo da Vinci (1452—1519) hat sich mit dem Problem
des P. m. befaßt. Ichak reproduziert eine Tafel mit 6 Bildern, die ein
Blatt aus den Originalskizzen des Künstlers wieder-
gibt. Die Fig. 3 des Blattes (unsere Fig. 8) erinnert
nach Ichak stark an das Projekt des Vilard de
Honnecourt. Wir finden aber wichtige Differenzen.
Die Schlägel tauchen hier ins Wasser, haben eine
andere Form und nehmen eine andere Lage gegen
den Trommelumfang ein, wie der Vergleich der

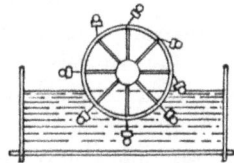

Fig. 8.

Figuren lehrt. Der Gedanke, der hier gefaßt worden war, wird wahrscheinlich der gewesen sein, daß die Schlägel im Wasser durch den Auftrieb
ein Mehr an Kraft über die aus dem Wasser ragenden erhalten, wodurch
eine das Rad vorwärtstreibende, d. h. drehende Kraft gewonnen werden
könne (vgl. das III. Kapitel, S. 63).

Besonderes Interesse erweckt das Bild I des genannten Blattes
des Leonardo da Vinci (Fig. 9): »Ein Rad mit vielen Fächern,
die je ein Gewicht führen. Besonders diese Modifikation des
Rades, das durch die Schwere angetrieben wird, bildete das
Versuchsobjekt der Erfinder der folgenden Jahrhunderte[1]).
Die außen an der Peripherie liegenden Kugeln haben ein
größeres Drehmoment als die innen liegenden, bei richtiger

Fig. 9.

Verteilung würde das Rad entgegen der Uhrzeigerrichtung gedreht.
Die Schwierigkeit ist nur, immer diese Verteilung der Kugeln auf-
rechtzuerhalten. Daran scheitert dieses P. m. Wir erfahren bei Ichak,
daß der naheliegende Gedanke, die konstante Schwerkraft für P. m.-
Konstruktionen zu verwenden, immer wieder aufgegriffen wurde, und
daß die einen, wie Bischof Wilkins, ihre Unmöglichkeit theoretisch
zu erweisen suchen, andere, wie der Physiker Athanasius Kircher
(1602—1680), seine Möglichkeit theoretisch begründen. Der Beweisgang

---

[1]) Ichak, l. c. S. 10. Vgl. auch das III. Kap. dieses Buches.

Kirchers ist für das folgende Kapitel von Interesse. Wir setzen ihn daher nach Ichak[1]) hierher: »Er, Kircher, untersucht folgenden Fall. Ist auf dem Kreise (Fig. 10) $ADBC$ das Gewicht $D = C$, so ist keine Bewegung möglich, denn gleiches kann nicht gleiches heben. Wird jedoch das Gewicht D etwa nach F verschoben, so daß FE größer als CE ist, so muß D entschieden C heben. Ja, auch wenn D leichter wäre als C, z. B. $3\frac{1}{2}$ Pfund gegen 4, so würde D doch C heben. Daraus sieht man, daß eine kleinere Last im allgemeinen eine größere heben kann und daraus folgt, schließt Kircher, daß das mechanische P. m. möglich ist.«

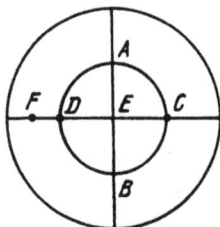

Fig. 10.

Der erste Teil der Schlußfolgerung ist zwar richtig, der zweite Teil aber, der den Übergang zum P. m. bildet, ist dadurch nicht als berechtigt erwiesen. Er kann nur für den Gültigkeit haben, der von der Möglichkeit eines, auf diesem mechanischen Gesetze beruhenden, P. m. von vorneherein überzeugt ist und dem es nur darauf ankommt, irgendeinen möglichen Beweisgrund zu nennen, ohne sich weiter darum zu kümmern, ob er hinreichend ist. Der Übergang vom ersten zum zweiten Teil des Schlusses bedeutet einen Sprung im Denken, den nur jenes vorweggenommene Überzeugungsgefühl decken kann. Für andere, die diese Überzeugung nicht von vornherein haben und die doch an ihr festhalten, tritt als Ersatz der Glaube an die Autorität dessen, der diesen Scheinbeweis brachte.

Und so verstehen wir, daß die theoretische Ansicht über das mechanische P. m., die Kircher aussprach, dank seines großen Ansehens zu neuen Versuchen, ein P. m. zu erfinden, anspornen konnte. Besonders das 17. Jahrhundert sei reich an Projekten gewesen, ein Rad, das in Fächer geteilt durch Gewichte oder Quecksilber angetrieben wurde, als P. m. zu konstruieren. Die Idee des Leonardo da Vinci galt 300 Jahre immer wieder als neu[2]).

Unter den physikalischen P. m.-Projekten interessieren uns hier noch jene, die den Magnetismus benutzen wollten, d. h. die schon seit uralten Zeiten bekannte Tatsache der Anziehungskraft des Magneten. Die alten Projekte sind aber für das Folgende ohne Bedeutung, wir führen sie daher hier nicht weiter an. Dagegen sind für uns erwähnenswert zwei bei Ichak beschriebene »Vorrichtungen« aus der ersten Hälfte des 19. Jahrhunderts. Sie sind nach ihr in den von dem Mathematiker Arago und dem Chemiker Gay Lussac redigierten französischen Annalen für Physik und Chemie vom Jahre 1818 veröffentlicht. Die eine beschreibt der schottische Physiker Brewster (1781—1868). Sie

---

[1]) l. c. S. 15.
[2]) Ichak, l. c. S. 16.

soll von einem Schuster in Linlithgow erfunden worden und in Edinburg ausgestellt gewesen sein und in folgendem bestanden haben: »Zwei Magnete A und B (Fig. 11) wirken abwechselnd auf eine Nadel mn ein, deren Aufhängepunkt sich in der Mitte des beweglichen Hebels CD befindet. Wenn die Nadel von B angezogen wird und in die Lage nn' kommt, wodurch der Hebel CD in $C'D'$ übergeht, tritt eine mit mn verbundene Substanz in Kraft und verursacht, daß die Wirkung des Magnetismus in B unterbrochen wird. Dadurch fällt die Nadel von B ab und wird von A angezogen. Ist die Nadel in der Lage nm'' und der Hebel in $C''D''$, so unterbricht dieselbe Substanz die Wirkung des Magneten A und so fort in infinitum.«

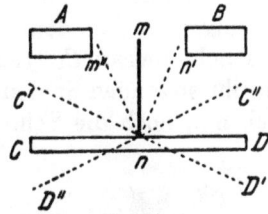

Fig. 11.

»Eine andere Form derselben Erfindung zeigt Fig. 12. A und B sind zwei Hufeisenmagneten, mn die Nadel zwischen ihnen, a und b die mysteriöse Susbtanz (»the misterious substance«), die jedesmal in Wirkung tritt, wenn die Nadel sich an A, respektive an B nähert«[1].

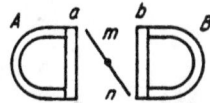

Fig. 12.

Für uns bedeutsam ist hier die Tatsache, daß die Schwierigkeit, die Nadel, wenn sie von einem Magneten angezogen wurde, von ihm loszureissen und in den Bereich der Anziehungskraft des anderen zu bringen, um das Bewegungsspiel hervorzubringen, bewußt herausgehoben wird. Es wird eine »mysteriöse Substanz« hierfür in Anspruch genommen, die das bewirken soll. Wir werden im folgenden Kapitel sehen, welche Rolle diese Schwierigkeit bei unseren geisteskranken Erfindern spielt, und welche Gedanken sie sich über das Problem, sie zu bewältigen, machen.

Von den sonstigen vielen, einfachen und komplizierten P. m.-Projekten, über die uns die Literatur berichtet, führen wir hier nur noch ein typisches, das der Klasse der hydraulischen P. m. angehört, an. Nach Feldhaus[2] findet sie sich in einer Handschrift des Ingenieurs Jacopo de Strada, die etwa aus dem Jahre 1580 stammt. Vergleicht man die am angeführten Orte wiedergegebene Zeichnung mit jener, die Ichak auf S. 31 ihres Buches abgebildet hat, und die nach ihr einem Werke aus dem 17. Jahrhundert des Ingenieurs und Architekten G. Andr. Böckler entnommen ist, so sieht man, daß die beiden Zeichnungen wenig verschieden sind. Sie sind in der Hauptsache symmetrisch gebaut, nur sind auf der letzteren einige nebensächliche Gegenstände (Messer neben dem Schleifer u. a.) abgebildet, die auf der ersteren fehlen. Es ist daher anzunehmen, daß der eine seine Idee vom anderen

[1] l. c. S. 75/76.
[2] l. c. S. 94

genommen hat. Stimmen die angegebenen Jahreszahlen, dann wäre es Böckler, der auf de Strada zurückgriff. Das gleiche Bild, wie bei Ichak — es ist in Fig. 13 wiedergegeben — finde ich in einer Broschüre aus den letzten Jahren. Sie ist von Jacques de Rix[1]) verfaßt. Die Idee ist folgende: Aus dem Wasserkasten A fließt und fällt das Wasser auf das Schaufelrad C, treibt dieses und bringt damit die Welle mit den auf ihr sitzenden Schleifscheiben in Rotation. Auf dieser Welle befindet sich nun noch die Schnecke bei D, welche das Rad E in Drehung versetzt, von welchem aus F und G gedreht werden und damit die vertikale Welle H. Auf dieser sitzen noch das Rad J und das Schwungrad K. Vom Rade J wird das Rad L in Bewegung gesetzt und dadurch das auf der gleichen Welle M befestigte Rad R, das vermöge seiner Zähne das Rad H bewegen soll. Das Rad H sitzt auf einer Welle mit einer hohlen Schnecke Q, durch die Wasser aus dem unteren Reservoir heraufgezogen und in den oberen Wasserkasten A entleert wird. Bei P ist noch ein Röhrchen, aus dem Wasser auf den Schleifstein tropft, um ihn feucht zu halten. Es handelt sich also um einen in sich geschlossenen Kreis von Bewegungen und es sollte die durch das, aus A herunterfallende Wasser, gewonnene Energie genügen, um das ganze Räderwerk zu treiben, den Schleifstein zu betätigen und außerdem noch die gleiche Wassermenge wieder emporzuheben, und zwar noch etwas mehr, als sie gefallen ist.

Fig. 13.

Als **Fall I** meiner eigenen Kasuistik will ich an dieser Stelle eine Erfindung vorführen, die zwar nach ihrem Urheber kein P. m. sein soll, es aber, wie ich zeigen werde, im Versteckten doch ist. Sie interessiert uns nicht nur als solche, sondern auch im Hinblick auf die geisteskranken Erfinder, welche im III. Kapitel zur Sprache kommen. Den Erfinder, F. Hoffmann, Kaufmann im Hauptberuf, der nach Berichten 1922 verstorben ist, kannte ich persönlich nicht. Mir liegen

---

[1]) Vgl. S. 181 dieses Buches, wo näher darüber berichtet wird.

nur seine eigene Druckschrift über seine Erfindung vor, sowie einzelne Berichte anderer über letztere. Die genannte Druckschrift Hoffmanns trägt den Titel: »Die neue Energiegewinnung. Die Energiegewinnung der Zukunft«[1]). Zur technischen Ausbeutung dieser Erfindung hat sich die

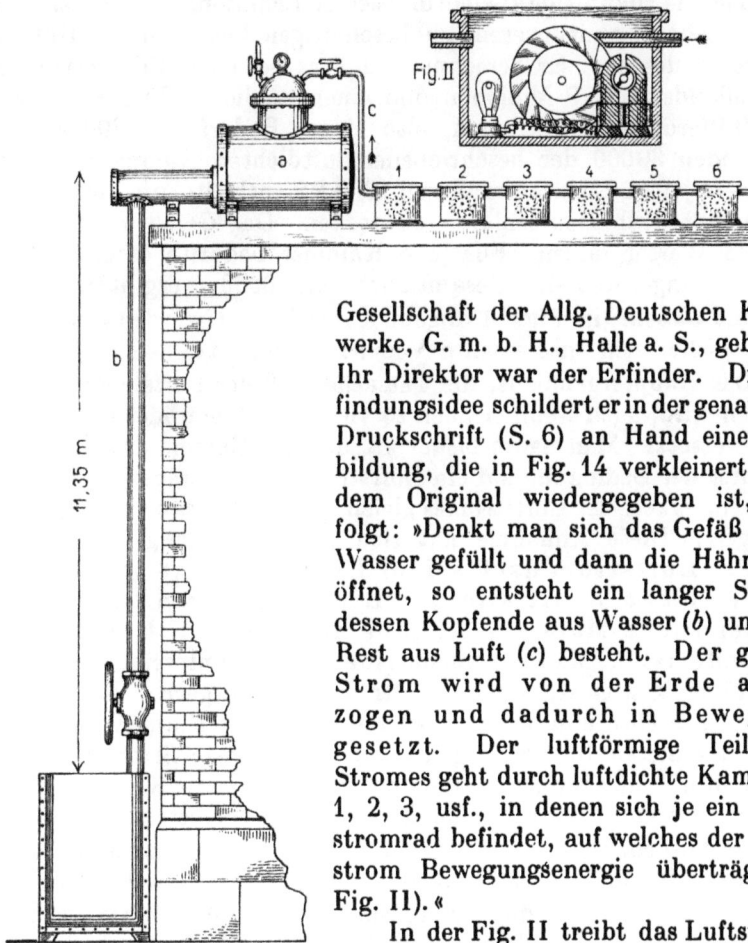

Fig. 14.

Gesellschaft der Allg. Deutschen Kraftwerke, G. m. b. H., Halle a. S., gebildet. Ihr Direktor war der Erfinder. Die Erfindungsidee schildert er in der genannten Druckschrift (S. 6) an Hand einer Abbildung, die in Fig. 14 verkleinert nach dem Original wiedergegeben ist, wie folgt: »Denkt man sich das Gefäß *a* mit Wasser gefüllt und dann die Hähne geöffnet, so entsteht ein langer Strom, dessen Kopfende aus Wasser (*b*) und der Rest aus Luft (*c*) besteht. Der ganze Strom wird von der Erde angezogen und dadurch in Bewegung gesetzt. Der luftförmige Teil des Stromes geht durch luftdichte Kammern 1, 2, 3, usf., in denen sich je ein Luftstromrad befindet, auf welches der Luftstrom Bewegungsenergie überträgt (s. Fig. II).«

In der Fig. II treibt das Luftstromrad ein kleines Dynamo an, das eine elektrische Lampe speist.

Zum Bau des von der Gesellschaft geplanten großen Kraftwerkes scheint es nicht gekommen zu sein, obwohl einem Aufsatz von E. P. Bauer[2]) zu entnehmen ist: »aus allen Schichten fließen ihm Zeichnungen zu. An 150000 M. sind schon eingezahlt. Über 500000 M. gezeichnet.

---

[1]) Ohne Verlagsort und Erscheinungsjahr.
[2]) Das Kraftwerk Halle a. S. *Die Umschau* Nr. 47 vom 22. November 1919, S. 775. Bauer kritisiert in diesem Aufsatz die Erfindung und warnt vor ihr.

Landräte, Geheimräte, Professoren, ja selbst Ingenieure umfaßt der Kreis seiner Anhänger. Hoffmann übt suggestive Kraft aus, die jeden, der sich seiner Sache nicht sicher ist, besiegt. Und das wird ihm jetzt besser gelingen, wo er seine Erfolge (!) hat.«

Über die zukünftige Bedeutung seiner Erfindung, mit der sich auch der deutsche Ingenieurverein zu beschäftigen hatte, führte Hoffmann u. a. folgendes aus: Er berechnete, daß es bei einer Bevölkerungszahl Deutschlands von 70 Millionen und einem täglichen Energieverbrauch von 10 Pferdestärken-Stunden, also einem Bedarf von 700 Millionen PS-Stunden 30000 der beschriebenen luftdichten Kammern bedürfte, von denen jede 1 Luftstromrad von 1000 PS enthielte, um diesen ganzen Energieverbrauch Deutschlands zu decken. Das Gefäß a müßte hiezu 240 cbm Wasser fassen. Für jede Kammer bedürfte es eines Rohres von 1 m Länge, was eine Gesamtlänge von 30000 m ergibt[1]).

»Mit diesem (in Fig. 14 abgebildeten) Modell wurden«, sagt Hoffmann »bisher sehr interessante Versuche gemacht«.

»Das Hauptergebnis ist die Tatsache, daß der Luftstrom nicht aufgehalten wird, auch wenn er noch so viele Luftstromräder in rapide Rotation versetzt. Man nahm bisher an, daß die Energie des Luftstromes nur unter der Bedingung auf ein Luftstromrad übertragen wird, daß die Geschwindigkeit des Luftstromes gleich null wird oder sich entsprechend verringert. Diese Annahme hat sich jedoch als irrig herausgestellt, weil der Luftstrom nach seiner Energieabgabe immer weiter mit derselben Kraft von der Erde angezogen wird, so daß er unendliche Male zur Abgabe der gleichen Energiemenge imstande ist[2]). Man hat versuchsweise neun hintereinander liegende Stromräder gebremst, wodurch der Luftstrom gegen die Schaufeln der Räder prallte und seinen Weg um die Räder nehmen mußte. Auf das hinter diesen Rädern liegende nicht gebremste Stromrad (Fig. II, Stromrad mit angekoppelter Dynamo) vollzog sich die Kraftübertragung ebenso, als wenn die vorliegenden Räder ungebremst mitliefen«[3]).

Die Ausdrucksweise der Sätze, mit denen die Funktion des Apparates dargestellt und erklärt wird, ist unbestimmt. Es wird physikalisch nicht erklärt, welches die Kräfte sind, durch die der »lange Strom« entsteht. Man kann sich das, wenn man die Elementarphysik kennt, hinzudenken[4]). Unbestimmt ist im besonderen auch die Ausdrucksweise, daß der »ganze Strom von der Erde angezogen und dadurch in Bewegung

---

[1]) l. c. S. 7.
[2]) Von mir gesperrt.
[3]) l. c. S. 6/7.
[4]) Durch das Ablassen des Wassers wird im Gefäß a bei geeigneter Fallhöhe ein Vakuum (Luftleere) gebildet, so daß gegenüber der äußeren Luft eine Druckdifferenz entsteht und Luft durch die Röhre c mit einer bestimmten Geschwindigkeit strömt (von dem Vakuum »angezogen« wird).

gesetzt wird«, so anschaulich es auch dem Laien klingen mag. Etwas eigentümlich klingt der diesen Gedanken ergänzende Satz, daß »nicht anzunehmen sei, daß die Anziehungskraft der Erde durch diese Anziehungsarbeit irgendwie beeinträchtigt werde«[1]). Hier wird deutlich, daß die Begriffe Kraft und Energie nicht auseinandergehalten werden. Dies erhellt auch aus dem ersten Teil des oben gesperrt gedruckten Satzes. In demselben erscheint auch ein Gedanke, der dahin ausgedrückt werden könnte: Hoffmann meinte, die »Kraft des Luftstromes, mit der er angezogen werde«, sei etwas Unabhängiges, Selbständiges, das durch das Luftrohr hindurchziehe, die Luftstromräder treibe, d. h. an sie Energie abgebe und Arbeit leiste, und trotzdem immer wieder unvermindert weiter bestehe. Diese Unklarheit kann ihm, durch die anschauliche Ausdrucksweise, der Luftstrom werde von der Erde angezogen, deren Anziehungskraft durch die Anziehungsarbeit nicht vermindert werde »logisch« erscheinen. Er bedenkt nicht, daß man theoretisch das gleiche Vakuum auch ohne das fallende Wasser, also die Schwerkraft, z. B. durch eine Saugpumpe erzeugen könnte, und dann sein Hauptargument mit der unveränderlichen Erdanziehung dahinfiele, weil es überhaupt nicht in Betracht käme. Weil er anderseits für die nachströmende Luft nicht sorgen muß, erscheint ihm der »ewige« Bestand seiner Kraft verbürgt, übersieht aber, daß sich das Gefäß *a* nach und nach mit Luft füllt, der Druck sich hier erhöht, die gesamte Druckdifferenz vermindert, damit die Geschwindigkeit des Luftstromes und damit wieder die »treibende Kraft«. Das Gefäß *a* müßte wieder, unter Ablassung der eingeströmten Luft, mit Wasser gefüllt und erneut abgelassen werden. Zu dieser Auffüllung ist Energie erforderlich.

Um diese brauchte sich aber Hoffmann keinen Kummer zu machen, da er doch nach seiner Meinung unendlich viele Luftstromräder aneinander reihen konnte, demnach es auf einige mehr, für diese zur Auffüllung notwendige Energiemenge nicht ankam.

Allgemein gefaßt stellte sich also Hoffmann vor, daß er unter Aufwand einer gewissen endlichen Energiemenge eine unendliche gewinnen könne. Denn, wenn er unendlich viele Luftstromräder benützen kann und jedes eine bestimmte endliche Energiemenge liefert, so gibt das im ganzen, unendlich mal endlich, eine unendliche Energiemenge. Das ist aber die Idee eines P. m., eines echten oder unechten. Wie er diese Schlußfolgerung (die er selber nicht zog), zu widerlegen sucht, darüber werden wir bald noch einiges hören.

Mit seinen oben wiedergegebenen Berechnungen und dem praktischen Versuchsergebnis vermag er zumindest auf den unkritischen Laien derart suggestiv zu wirken, daß sich derselbe darüber, daß er eigentlich

---

[1]) Hoffmann, l. c. S. 9.

seine theoretischen Auseinandersetzungen nicht oder nur ungefähr »neblig« verstanden hat, hinwegsetzen kann.

c) **Ursprung und allgemeiner Inhalt der Idee des P. m.** Die Idee einer »ewigen Bewegung« ist uralt. Die täglichen Beobachtungen der Bewegung der Gestirne, das nie stillstehende Wachsen und Vergehen von Pflanzen und Tieren legen sie nahe. Aus ihnen, für deren einfache Festellung die unbewaffneten Sinnesorgane genügen, kann sie abstrahiert werden. Wir sagen »kann«, da wir letzten Endes nicht beweisen können, daß es so war. Die genannten Beobachtungen enthalten allerdings noch nicht das »ewig«, und für den einzelnen Individualgeist nicht einmal das »unbegrenzt«, was nicht das gleiche ist. Bei »ewig« behauptet man etwas, das jenseits aller Erfahrung liegt, bei »unbegrenzt« nur etwas vorläufiges, nämlich, daß man keine Grenze, keinen »Halt« festgestellt hat. Für den primitiven Geist, der noch keine oder wenig scharfe begriffliche Formulierung kennt, kann beides in einer dunklen Ahnung, die mehr Gefühl als Gedanke ist, die sich aber schließlich in einem Zeichen, z. B. einem Wort hypostasiert, zusammenfallen.

Die Astronomie, insbesondere die Astrophysik auf der einen, die Urgeschichte der Erde auf der anderen Seite, sagen uns zwar, daß für die, diesen naiven Beobachtungen zugänglichen Vorgänge, weder das ewig noch das unbegrenzt gilt oder wenigstens gelten muß. (Es soll wegen der Irreversibilität aller physikalischen Prozesse, bzw. der Entropiezunahme ein Weltentod, ein allgemeiner Stillstand einmal eintreten.) Auf unserer Erde gab es eine Zeit, wo noch kein organisches Leben auf ihr vorhanden war, werden wir ferner belehrt. Doch das sind moderne, wissenschaftliche Errungenschaften, die noch nicht so gar alten Datums sind. Die Zeitspanne, in welcher der primitive Geist sich zurechtfinden kann, ist enger, was über sie hinausgeht, ahnt er daher als ewig oder als unbegrenzt. Die Entwicklung des menschliches Geistes, die Erweiterung seiner Erfahrung und die Wissenschaft erlauben, diese Zeitspanne zu erweitern.

Die Versenkung in diese »ewigen Bewegungen« kann das Fühlen, bei einem entwickelten Geiste ein wenigstens ahnendes Wissen, um eine Beziehung zum Universum wecken. Sie ist also im Grunde eine religiöse Idee im echten Sinne dieses Wortes. Sie gehört zu den Urideen, die ursprünglich nur Urgefühle und Urahnungen waren. Das Eingespanntsein in sie enthält, wenn man es tiefer erfaßt, etwas Unheimliches auf der einen, etwas Erhebendes auf der anderen Seite.

Das Leben bedeutet aber vornehmlich Not, Kampf mit der Umgebung, Kampf mit der Natur. Der Selbsterhaltungstrieb drängte nach »Bezwingung der Natur«. Die höchste Bezwingung wäre die, wenn er ihre unerreichbarsten, unheimlichsten und wunderbarsten Vorgänge aus eigener Kraft »realisieren«, in die Wirklichkeit hätte umsetzen können. Sie »reizten« ihn dazu. Die Realisierung wäre das P. m., soweit es nur die Verwirklichung einer ewigen Bewegung bedeuten würde — der Arbeitsgewinn ist ein aus noch anderer Quelle stammender Nebengedanke, eine Reaktion auf noch andere »Reize«. Die »Homunculusidee« will im Grunde das gleiche. Sie kann als eine andere »Reaktions- und Symbolisierungsform« des gleichen Urdranges aufgefaßt werden.

Von einem anderen Gesichtspunkte aus können wir die P. m.-Idee als Grenzwertidee bezeichnen. Sie ist es insofern, als sie ein Ziel, einen Grenzwert oder Grenzpunkt darstellt, dem sich möglichst zu nähern, auch wenn man weiß, daß er nicht erreichbar ist, man als Aufgabe aufstellen kann. Die Versuche seiner Verwirklichung müssen alsdann, auch unter der Voraussetzung seiner Unmöglichkeit, nicht von vorneherein verworfen werden. Sie können uns Wege aufzeigen, auf denen wir uns ihm tatsächlich nähern können, also z. B. eine Vorrichtung finden, die eine Bewegung äußerst lange und weitgehend aus sich selbst, d. h. mit nur geringer äußerer Energiezufuhr, erhält.

Was damit gemeint ist, sei an dem Beispiel des aus der Physik bekannten sog. mathematischen Pendels erläutert. Dessen Definition lautet, daß es »eine ideale Vorrichtung ist, gebildet aus einem Massenpunkt, der an einem massen- und gewichtlosen Faden aufgehängt ist«[1]). Ein an einem dünnen Faden aufgehängter kleiner Körper kann »annähernd« als mathematisches Pendel behandelt werden. Bringt man den Körper und damit den Faden, ohne seine Länge dabei zu ändern, aus seiner Gleichgewichtslage nach B und läßt ihn los, so schwingt er auf die andere Seite, um den tiefsten Punkt A in die Lage B', dann zurück nach B, wieder nach B' und so fort in infinitum. Der Beweis hiefür ist bekanntlich sehr einfach. Durch das Verbringen in die Lage B, wobei eine Arbeit zur Überwindung der Schwere geleistet wurde, erhält das Pendel eine gewisse Energie der Lage oder »potentielle« Energie. Diese verwandelt sich beim Schwingen bis A in Energie der Bewegung oder »kinetische« Energie. Vermöge dieser schwingt der Körper weiter bis B' das in bezug auf HA symmetrisch liegen muß, indem erst dann die ganze kinetische Energie wieder in potentielle verwandelt ist. Und nun beginnt die Energieverwandlung von neuem und damit das Zurückschwingen nach A im umgekehrten Sinne (s. Fig. 15). Dies alles, sofern das Pendel ein »isoliertes System« darstellt, d. h. von anderen äußeren Kräften unbeeinflußt bleibt.

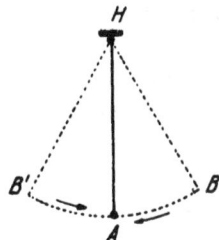

Fig. 15.

Alle physischen Pendel, wie z. B. das der Pendeluhr sind eine Annäherung an dieses »Ideal« oder die Idee, um so genauer, je mehr die Bedingungen sich an die des mathematischen

---

[1]) Warburg, Experimentalphysik.

Pendels annähern. Als mathematisches Pendel ist es ein »Grenzpunkt«, eine Idee und wenigstens dieser Idee nach stellt es eine ewige Bewegung, ein P. m. dar.

d) Möglichkeit und Unmöglichkeit des P. m. Die P. m.- Erfinder wollen aber, so sahen wir, mehr als nur eine »perpetuierliche Bewegung«, sie wollen eine Vorrichtung oder eine Maschine, die nicht nur sich selbst treibt, sondern auch noch Energie für äußere Arbeitsleistungen liefert. Wie steht es mit deren Möglichkeit oder Unmöglichkeit?

Der Haupteinwand, den hier die moderne Physik den P. m.-Suchern entgegenhält, ist der Satz von der Erhaltung der Energie, besser der Energiequantität, kurz der sog. »Erhaltungssatz«. Er besagt bekanntlich, daß die gesamte im Weltall vorhandene Energiemenge stets von gleicher Größe ist. Oder anders ausgedrückt, bei allen Energieumwandlungen, potentielle in kinetische und umgekehrt, Wärme in mechanische Arbeit, elektrische Energie in Wärmeenergie, mechanische, oder Lichtenergie, chemische Energie in Wärme usw., verschwindet weder Energie, noch wird solche erzeugt. Es hat nur eine Verschiebung in einen anderen sinnlich feststellbaren Empfindungskomplex stattgefunden. Etwa der Empfindungskomplex, den der Wasserdampf in der Dampfmaschine bietet, wird in den der bewegten Räder, die aus seiner Energie getrieben werden, oder der des stürzenden Wassers in den der rotierenden Turbine, dann z. B. den des Dynamos und in den des (durch den elektrischen Strom) erwärmten Drahtes in der Lampe u. a. m. »verschoben«. Die Maschine hat also als einzige Aufgabe diese Umwandlung zu ermöglichen, nicht aber Energie zu erzeugen.

Daß und in welcher Richtung eine solche Umwandlung möglich ist, lehrt uns bisher allein die Erfahrung.

Wenn wir den Energieerhaltungssatz, den, wie wir schon bemerkten, auch die allgemeine Relativitätstheorie Einsteins beibehält, rein formal ausdrücken wollen, können wir sagen: Bei all diesen, durch die Erfahrung gegebenen Umwandlungsprozessen, bleibt ein »Etwas« dem Größenwert nach unveränderlich. Dieses Etwas nennen wir Energie.

Neben dem Energieerhaltungssatz gilt in der Physik noch der Stoff- oder Materieerhaltungssatz: Die Menge der Materie, der wägbaren Masse, ist im Weltall konstant, kann bei den Umwandlungsprozessen weder erzeugt werden, noch verschwinden. Für die Einsteinsche Relativitätstheorie lautet die Beziehung dieser beiden Sätze, die bisher als selbständig galten, so: »Die träge Masse eines Körpersystems kann geradezu als Maß für seine Energie angesehen werden. Der Satz von der Erhaltung der Masse eines Systems fällt mit dem Satze von der Erhaltung der Energie zusammen und gilt nur insoweit, als das System keine Energie aufnimmt und abgibt«[1]).

---

[1]) Einstein, l. c. S. 32.

Dieses »Etwas« messen wir und können es so fassen und für unsere Zwecke verwenden. Was es letzten Endes ist, wissen wir nicht.

Wie steht es nun mit den Beweisen oder der Begründung dieses Satzes, denn damit steht und fällt die Frage nach der Möglichkeit oder Unmöglichkeit eines P. m.

In dieser Beziehung ist es interessant zu erfahren, daß ihn Helmholtz (1847) und auch Robert Mayer (1842) — letzterer mit dem Zusatz, daß es für ihn eine subjektive, absolute Wahrheit darstellt —, durch die Unmöglichkeit eines P. m. begründen. Sie geben dieser Unmöglichkeit die Bedeutung eines absolut gültigen Postulats. Planck stützt sich auf die »durch jahrhundertelange menschliche Arbeit geprüfte und in allen Fällen stets aufs neue bewährte Tatsache, daß es auf keinerlei Weise, weder mit mechanischen, noch thermischen, noch chemischen, noch anderen Apparaten möglich ist, ein P. m. zu konstruieren, durch welches fortdauernd Arbeit und lebendige Kraft aus nichts gewonnen werden kann.« Er fußt also auch auf der Unmöglichkeit des P. m., nur stützt er diese auf die jahrhundertelange Erfahrung von Mißerfolgen beim Suchen nach einem P. m., stellt sie nicht als von vorneherein absolut gültiges Postulat auf.

Diese Begründung muß den, der sie aus irgendwelchen Gründen, es werden subjektive sein, nicht anerkennen will, nicht überzeugen.

Er würde dem einen (Helmholtz) entgegnen können: Was ihr ein Axiom nennt, ist für mich keines. Euer Beweis dreht sich im Kreise. Das ist es doch gerade, ich suche ein P. m., um euch zu zeigen, daß ihr mit eurer Postulierung nicht recht habt. Darf man ihn deshalb ohne weiteres als Verrückten bezeichnen? Ist unser gegenwärtiges Wissen schon alles mögliche Wissen?

Dem anderen (Planck) wird er sagen können: Die Erfahrung, auf die du dich stützest, zugegeben, so ist das eben nur eine jahrhundertelange Erfahrung, eine kurze Spanne Zeit, wie ihr Gelehrten selbst sagt, im Hinblick auf die Jahrhunderttausende der menschlichen Entwicklung, die hinter uns liegen, und jene, die noch nach uns kommen werden. Diese begrenzte Erfahrung kann mich nicht überzeugen. Mancher Erfahrungssatz der Wissenschaft, der als Gesetz erklärt wurde, mußte sich eine Korrektur gefallen lassen. Denkt z. B. in der Physik an die Relativitätstheorie, wo von einer »alten« Mechanik gesprochen wird, deren Gesetze nur »annähernd« gelten. Vielleicht gelingt mir oder folgenden Geschlechtern, durch weiteres Suchen, eine andere Erfahrung. Auch deswegen werden wir ihn nicht ohne weiteres als verrückt bezeichnen.

Die allgemeinste Begründung, die wir dem Erhaltungssatze physikalisch geben können, geht doch wohl dahin, daß wir mit seiner Voraussetzung eine logisch widerspruchsfrei aufgebaute, in sich geschlossene physikalische »Theorie«, ohne verzwickte und undurchsichtige Hypothesen aufstellen können, die uns restlos alle bekannten Erfahrungen

erklärt und zukünftige sicher vorausberechnen läßt. In diesem Sinne entspricht er psychologisch gefaßt der Formulierung, die M a c h gegeben hat:
»Ihrem Ursprunge nach sind die »Naturgesetze« Einschränkungen, die
wir unter Leitung der Erfahrung unserer Erwartung vorschreiben[1]).«

Solange es nicht gelingt eine die gleichen Bedingungen erfüllende
Theorie, ohne Energieerhaltungssatz aufzustellen, solange gilt eben der
Energieerhaltungssatz. Wir haben schon erwähnt, daß die allgemeine
Relativitätstheorie, als neueste »Anpassungsform der Theorie an die
Wirklichkeit«, ihn beibehält.

Solche Gedankengänge dürfen wir aber auch dem, im echten Sinne
des Wortes, gebildeten Nichtphysiker und Nichttechniker und dem
einfachen, d. h. unentwickelten Intellekte nicht zumuten. Zu diesen
»Wahrheiten« der Wissenschaft gibt es für sie verschiedene Stellungnah-
men: Die einen aus beiden Lagern sind bescheiden genug, auch wenn sie
gerne ein berühmter P. m. -Erfinder werden möchten mit oder ohne
allen daraus möglichen weltlichen Glücksgütern, ihre subjektiven
Wünsche zurückzustellen und der Autorität der Wissenschaft unbedingt
zu vertrauen, daß der Energieerhaltungssatz allgemein und absolut
gilt und daher das P. m. unmöglich ist, so sehr es sie auch aus diesem
subjektiven Wunsche heraus reizt, dem zu widersprechen. Die anderen
beugen sich auch, aber mit einer »reservatio mentalis«, nämlich der, daß
es vielleicht einem anderen doch gelingen könne, was sie, besonders wenn
sie Ressentiment-Charaktere sind, wünschen und hoffen. Dieses Ressen-
timent kann wieder verschiedene psychologische Quellen haben, z. B.
aus einem Negativismus gegen die exakte Wissenschaft, besonders wegen
ihrer Beanspruchung eines absoluten Herrscherrechtes, stammen. Die
Psychoanalyse wird auf Triebbedingtheiten solcher Einstellungen hinweisen können. Nach ihr könnte es sich z. B. um eine Symbolhandlung
für eine verdrängte sexuelle Impotenz oder nach Adler um eine Über-
kompensation einer solchen handeln.

Beim Physiker oder Techniker, der doch an die Möglichkeit eines
P. m. »glauben möchte«, kann es daran liegen, daß ihm, obwohl er die
Autorität der Wissenschaft sonst anerkennt, der Erhaltungssatz noch
nicht so fest sitzt, um ein biegungs- und bruchsicheres Gedankengeleise, oder einen gedanklichen Automatismus darzustellen, so daß er
immer nicht anders als in diesem Geleise zu denken vermöchte.

Dem Ausspruch »Probieren geht über Studieren« stand eine längere
Zeitdauer, sich ein festes Gedankengeleise zu sichern, zur Verfügung.
Möglich ist, daß einem Teil unter den eben aufgezählten Menschen, die
Sätze der antiken Philosophen und Physiker mehr imponieren würden,
als der gedankliche Hochflug moderner Physiker, dem sie nicht folgen

---

[1]) Erkenntnis und Irrtum, 2. Aufl., Abschnitt: Sinn und Wert der Naturgesetze, S. 449.

können. Etwa der Satz des Empedokles (um 500 v. Chr.): »Toren denken, es könne sein zu beginnen, was nie war, oder es könne, was ist, vergehen oder gänzlich verschwinden«.

Die Experimentalphysik weist zur Begründung, ähnlich wie Planck, auf die Erfahrung hin, aber sie meint damit vornehmlich die exakten Experimente, die zur Auffindung des sog. mechanischen Wärmeäquivalentes geführt haben, und welche zeigten, daß zwischen Wärmemengegewinn und für ihn aufgewendeter mechanischer Arbeitsleistung bzw. umgekehrt, ein bestimmtes Maßverhältnis aufgefunden wird. Dieses Maßverhältnis drückt sich in Zahlen so aus, daß einer Kilogrammkalorie[1]) eine mechanische Arbeit von 427 Meterkilogramm äquivalent ist, d. h. für sie als Energiequantum eintreten kann. Soll diese Maßbeziehung immer und überall, unter sonst gleichen Bedingungen, dieselbe sein, muß der Erhaltungssatz Gültigkeit haben. Man kann ihn also daraus folgern. Von diesem Gesichtspunkte aus ist er Erfahrungssatz und die möglichen Einwände wären für den, der ihn nicht als gültig ansehen will, die gleichen wie oben. Er könnte aber seinen Einwand auch noch (wir führen es hier hypothetisch an) so formulieren: Die Zahl von 427 mkg gilt, sagen auch die Experimentalphysiker, »rund«. Unsere Meßinstrumente erlauben uns nur Messungen bis zu einer bestimmten Genauigkeit, sagen wir z. B. nur bis auf 0,001 mkg. Es könnte also ein »Energiegewinn«, der kleiner ist, als diese Zahl, übersehen werden, weil er mit Instrumenten nicht faßbar ist. Wenn es mir nun gelänge, eine Vorrichtung zu konstruieren, einen »Multiplikator«, durch die dieser Energiegewinn vermöge wiederholter Umwandlungen vervielfacht würde, so könnte ich z. B. bei über 1000facher Multiplikation schon ca. 1 mkg gewinnen. Warum nicht nach einem solchen »Multiplikator« suchen, wenn er doch nicht absolut ausgeschlossen werden kann.

Der beschriebene Multiplikator Hoffmanns (s. S. 25 u. f.), an den man hier denken könnte, geht nicht auf einen solchen Gedanken zurück. Es kann aber ein dem analoger Gedanke bei Geisteskranken bei ihren Erfindungen eine Rolle spielen.

Wir haben oben den Gedanken entwickelt, daß wir das Suchen nach einem P. m. auch als Weg zu einer Annäherung an dasselbe als Idee, auffassen können. Bezogen darauf können wir auch dem scheinbaren P. M. noch eine andere Seite abgewinnen. Dieses besitzt eine äußere Energiequelle für seine Energieerzeugung, sie wird aber in der Natur in einem mehr oder weniger als unerschöpflich zu bewertenden Quantum angetroffen. An Hand des Buches von Hans Günther,

---

[1]) 1 Kilogrammkalorie ist bekanntlich die Wärmemenge, welche nötig ist, um 1 kg Wasser um 1° in der Temperatur zu erhöhen, richtiger von 15 auf 16° C, denn nur für diese Temperatur gilt die Zahl 427, und außerdem gilt sie auch nur bei einer Beschleunigung des freien Falles von 981 cm, also in einer geogr. Breite von 51—52°.

Technische Träume[1]), führten wir als solche Energiequellen die Erdwärme, die Sonnenenergie, die Luftelektrizität, die erdmagnetischen
Ströme, die Ebbe- und Flutbewegungen an. Bei der Ausbeutung der
Erdwärme handelt es sich darum, die vulkanische Wärme nutzbar zu
machen. Wir erfahren, daß »man in Italien ein Kraftwerk in Betrieb
gesetzt hat, das seine ganze Energie vulkanischer Wärme entnimmt«.
Man hat eine Überlandzentrale von 10 000 PS gebaut, die die Umgebung
bis zu den Straßenbahnen von Florenz mit Elektrizität versorgt. Es
wurden die aus Erdspalten oder heißen, kraterartigen Tümpeln auf-
steigenden Dämpfe zuerst zum Betrieb von Kolbendampfmaschinen
direkt verwendet. Später ging man dazu über, sie der Erzeugung von
Dampf in entsprechenden Kesselanlagen dienstbar zu machen. Der
Dampf dient zum Antrieb von Dampfturbinen, die ihrerseits Elektro-
generatoren antreiben.

Für die Ausnützung der Sonnenwärme benützt man Sonnen-
motoren, die entweder aus gewaltigen Spiegeln bestehen, welche die
Wärmestrahlen nach einem Brennpunkt oder einer Brennlinie reflek-
tieren. In der Brennlinie befinden sich Röhren mit Wasser, das durch die
Hitze in Dampf umgewandelt wird und nun für Kolbendampfmaschinen
verwendet werden kann. Der Sonnenmotor von Prof. Magnus, von
dem man in letzter Zeit gehört hat, benützt eine große Linse zur Samm-
lung der Sonnenstrahlen.

Bei der Ausnützung der Ebbe und Flutbewegung des Meeres,
handelt es sich um gewaltige Anlagen von Wasserturbinen, die durch das
Flutwasser, welches sich in gewaltigen Becken ansammelt, aus denen es
bei Ebbe-Eintritt herabstürzt, getrieben werden.

In neuester Zeit hörte man von den Flettnerschen Luftkraftmotoren,
bei denen die Windkraft zum Betrieb von Motoren verwendet wird.

In diesen Fällen handelt es sich, wie wir S. 19/20 anführten, um eine
Energiegewinnung »umsonst«. Sie stellt, von dem erwähnten Gesichtspunkte aus gesehen, eine Annäherung, wenn auch eine grobe,
an das echte P. m. dar, indem sie nur die eine Bedingung festhält, und
die andere, die Energiegewinnung aus nichts, fallen läßt.

Die oben besprochene Hoffmannsche »Energiegewinnung der
Zukunft« läuft in ihrer versteckten Grundidee, so sahen wir, auf ein
P. m. hinaus. Daß es sich um ein solches handeln könnte, wie ihm seine
Kritiker vorhielten, die ihm darum sagten, daß seine Erfindung den bekannten Naturgesetzen widerspreche, dagegen wehrt er sich. Er ver-
teidigt sich damit, daß er eine »Energiebilanz« für seine Erfindung auf-
stellt. Unter Energiebilanz versteht man die Summe aller der Energiequantitäten, die der Maschine einerseits zugeführt, anderseits von ihr
geliefert werden. Der Erhaltungssatz fordert dann, daß die Summe

---

[1]) l. c.

der zugeführten Energiequantitäten gleich sei der Summe der gelieferten.

Hoffmann führt nun an[1]), daß bei der Beurteilung seiner neuen Energiegewinnung »folgende Naturgesetze in Betracht kommen:

1. Das Meyersche Gesetz von der Erhaltung der Energie,
2. das Joulesche Gesetz,
3. die Bewegungsenergietheorie,
4. die Strahlungsenergietheorie«.

Seine Energiebilanz lautet nunmehr wie folgt:

»Wenn das Wasser in *a* und *b* fällt, verliert dasselbe seine Energie der Lage und das Äquivalent derselben wird nach dem Jouleschen Gesetze als Wärme frei. Durch das Fallen des Wassers werden demnach die erscheinenden und verschwindenden Energiemengen ausgeglichen.«

Er zieht demnach die durch das Fallen des Wassers freigewordene Energie für seine Maschine im engeren Sinne überhaupt nicht in Rechnung als Energiequelle für die an die Luftstromräder abgegebene Energie. Wie er dann aber oben davon sprechen kann, daß alle Energie aus der Anziehungskraft der Erde stamme, wird noch unverständlicher.

Für die »ungeheure Menge Bewegungsenergie« des Luftstromes ist (nach Hoffmann) das Äquivalent in der im Luftstrom selbst verlorengegangenen Wärme zu suchen. »Also auch hier balanciert der Energiegewinn mit dem Energieverbrauch. Das Meyersche Gesetz ist demnach richtig, ebenso unsere Energiegewinnungsmethode«.

Für diesen Wärmeverlust des Luftstromes »tritt sofort (!) die selbsttätige Strahlung der Wärme von außen nach innen ein (d. h. die Strahlungsenergietheorie). Denn überall im Weltenraume strahlt die höhere Temperatur selbständig nach der niederen.«

Eine Temperatur »strahle« ist zumindest sehr unklar ausgedrückt. Wie dieser »sofortige« Ausgleich tatsächlich stattfinden kann, ob all die mannigfachen hiezu notwendigen Bedingungen in seiner Erfindung gegeben sind, darüber sagt er nichts. Er meint wohl, es müsse irgendwie gehen, das angeführte Gesetz müsse, wie ein deus ex machina, das irgendwie besorgen.

In merkwürdigem Widerspruch zu diesem Versuch, die Wärmeverluste der bewegten Luft durch die »Strahlung« von außen decken zu lassen, steht der Satz auf S. 7/8 der gleichen Schrift: »Die geringe Reibung der Luft an der Wandung des Rohres kommt nicht in Betracht, weil die Anziehungskraft der Erde dieselbe glatt überwindet.« Warum soll dieser Verlust nicht auch durch Strahlung gedeckt werden. Er hat aber eben bei der Aufstellung der Energiebilanz die »Anziehungskraft der Erde« ganz aus der Rechnung fortgelassen.

---

[1]) l. c . S. 8 u. ff.

Wir wollen die Widersprüche und die Begriffsverwirrung in Hoffmanns Erfindung nicht weiter analysieren. Das Gesagte genügt, um zu zeigen, daß es sich auch in seiner Energiebilanz um einen Scheinbeweis mit Worten, denen unklare und verschwommene Vorstellungen und Begriffe zugrunde liegen, handelt. Hinter ihm steckt der »Glaube«, daß die Erfindung »geht« und der »Beweis« ist nur eine Konzession an die Gegner, um sie auch mit wissenschaftlichen Argumenten zu schlagen. In diesem Glauben steckt der an ein P. m., das nach der »Energiebilanz« zu einem scheinbaren P. m. gemacht wird, indem die unerschöpfliche Energiequelle der äußeren »Strahlungsenergie« herangezogen wird.

4. Das technische Arbeiten.

Alles technische Kombinieren, Konstruieren und Erfinden bedarf, um im technischen Objekte verwirklicht zu werden, der Handarbeit. Ihr Vertreter steht am Ende der Reihe jener, die im modernen Produktionsprozesse tätig sind, wie wir oben[1]) ausgeführt haben. Seine Wichtigkeit ist sehr hoch einzuschätzen. Die Handarbeit ist entwicklungsgeschichtlich das primäre und beherrscht noch jetzt, mehr oder weniger ausschließlich, den Produktionsprozeß der primitiven Völker. Sie ist auch für das Kind, wenn ihm nicht äußere Umstände etwas anderes aufzwingen, die gegebene.

Für eine wissenschaftliche Betrachtung können wir an ihr eine physiologische und eine psychologische Seite unterscheiden. Diese Trennung ist eine abstraktive, mehr methodologisch bedingte. Biologisch gesehen gibt es nur eines, den lebenden Organismus.

Der Aufbau der physischen Arbeit setzt sich zusammen aus den einfachen neuro-muskulösen Reflexen, den instinktiven Mechanismen, die wohl, so sehr sie auch ererbt werden können, das in sich fest gewordene Resultat von Umformungen und Neukombination von Reflexen sind, ferner dem phylo- oder ontogenisch verfolgbaren Neuerwerb von neuro-muskulären Mechanismen, die durch genügende Übung, so weit in sich gefestigt werden, daß sie auf den veranlassenden Reiz hin, von selbst, »automatisch«, ablaufen (gewisse Fertigkeiten), schließlich solchen neuro-muskulären Apparaturen, die zu ihrem richtigen Ablauf mehr oder weniger weitgehend des Eingreifens enger psychischer Gebilde bedürfen.

Mit diesen sind wir demnach zur anderen, der psychologischen Seite der Handarbeit gelangt. Intellekt und Wille und mit letzterem Gefühl und Trieb, sind es, die neue Formen neuro-muskulärer Apparate unter Benützung der schon vorhandenen bedingen. Anderseits muß der Intellekt als regulierender und ordnender Faktor für den Ablauf

---

[1]) S. 15.

dieses nicht reflexartig, instinktiv und automatisch vor sich gehenden Teiles der »Handarbeit« aufgefaßt werden.

Wir haben oben gesagt, daß die vorgenommene Trennung eine abstraktive ist. In Wirklichkeit gibt es keine scharfe Grenze. Der einfache Reflex steht an dem einen, das klar bewußte Dirigieren der Bewegungen der Hand oder eines anderen Körperteils am anderen Ende. Inwiefern bei ersterem psychische Elemente auch beteiligt sind, ist eine ungelöste Frage, bzw. sie findet eine Lösung, wenn man sich auf einen bestimmten naturphilosophischen Standpunkt stellt. Dieses Psychische muß man jedoch, wenn man es annimmt, entsprechend unserer Erfahrung als nicht bewußt bezeichnen, mit welchem Wort zunächst nichts anderes ausgesagt sein soll, als eben dieser Erfahrungstatbestand. Die Frage kompliziert sich bei den Instinkten, bei denen wir gewisse Gefühls- oder Triebkomponenten, die sich in diffusen inneren Spannungsempfindungen und anderen qualitativen Phänomenen, wenn auch dunkel, im Bewußtsein vordrängen können, anerkennen müssen. Ob der Ablauf des dem Instinkt dienenden neuro-muskulären Apparates noch durch eine »nichtbewußte Intelligenz« geleitet wird, wissen wir nicht. Ihre Annahme ist hypothetisch möglich, deren Notwendigkeit werden die einen bejahen, die anderen bestreiten.

Näher rückt ihre Annahme bei den Automatismen, deren Entstehung unter Beteiligung der Psyche man verfolgen kann. Auch dann bleibt sie eine Hypothese, mit vielleicht heuristischer Bedeutung. Jedenfalls hat der Apparat und damit auch diese nichtbewußte Intelligenz, wenn wir sie annehmen, eine mehr oder weniger weitgehend gefestigte Insichgeschlossenheit und Selbständigkeit, die aber nicht so groß ist, wie bei den Instinkten, indem sie für das Eindringen des bewußten Willens empfänglich ist, da ein solcher ihren Ablauf stören oder zerstören kann. Das ist ein bekannter Tatbestand.

Die Untersuchung affektiver Vorgänge führte bekanntlich in neuerer Zeit besonders durch Freud und seine Schule zur Annahme, eines durch Verdrängung entstandenen Unbewußten, zu dem Jung das Kollektiv-Unbewußte hinzufügte. Man könnte das erstere auch als sekundär, das letztere als primär Unbewußtes bezeichnen. Die Freudsche Annahme ist nicht unbestritten (s. z. B. Strasser). Die Schlüsse, die zu dieser Annahme führen, können wir nicht einfach als unberechtigt abweisen, wenn wir auch zugeben, daß wir nicht wissen, was es eigentlich ist, sondern es als ein »Etwas« bezeichnen müssen, dem wir bestimmte Eigenschaften zuordnen. Solche Etwas kann auch die Naturwissenschaft nicht entbehren, wir sahen oben, daß letzten Endes auch die Energie eines ist. Biologisch gesehen kommen wir dazu, zu erklären, daß wenn etwas niemals im Bewußtsein war oder aus demselben verschwand und doch als wirksam angenommen werden soll, es in einer anderen Form der lebenden Substanz eigen sein muß. Vom Stand-

punkte der berechtigten wissenschaftlichen Forderung nach Sparsam-
keit der Erklärungsprinzipien werden mit dem, was wir dem Unbewußten
zuordnen, vorsichtig sein, ohne aber deswegen, besonders nicht aus
affektiven Momenten heraus, aus Momenten, die zur »agglutinierten
Kausalität« (v. Monakow) zu zählen sind, den erfahrbaren Tatsachen
Gewalt anzutun.

Die Intelligenz, soweit sie bei der Handarbeit beteiligt ist, hat zum
Gegenstand anschaulich gegebenes, konkretes Material, ihren Vorstellungen kommt die wirklich ausgeführte Bewegung, die Funktion
des neuro-muskulären Apparates zu Hilfe. In ihr spricht die physiologische Seite der Handarbeit, wie sie oben entwickelt wurde, eine
dominierende Rolle. Sie bezieht sich also auf das praktische Handeln,
arbeitet wenig mit abstrakten Begriffen, Schlüssen und Urteilen. Die
mechanisch assoziativen Funktionen verwendet sie reichlich.

Ihr gegenüber steht die Intelligenz, die theoretisches Material zum
Gegenstand hat und die ihre Arbeit innerhalb des Gebietes abstrakter
Vorstellungen und Begriffe beschließt.

Eine Grenze gibt es in der Psyche des Kulturmenschen zwischen
beiden nicht, sie sind und bleiben in der Einheit seines Ich beschlossen.
Aber die Erfahrung lehrt uns, daß beim konkreten Individuum die eine
Seite stärker vorhanden sein kann, als die andere und zwar kann das Mehr
sowohl auf der einen, wie auf der anderen Seite liegen. Der häufigere Fall
ist jedoch der, wo das Mehr auf Seite der erstgenannten Intelligenz liegt.

Es ist daher berechtigt, diese zwei Seiten der Intelligenz, wenn man
sich auch ihrer Einheit bewußt bleiben muß, verschieden zu benennen.
Man bezeichnet die eine als praktische[1]), die andere als theoretische Intelligenz.

Die oben erwähnte Erfahrung können wir nunmehr in den Satz
zusammenfassen, daß der Großteil der Menschen eine größere praktische
als theoretische Intelligenz besitzt. Je weiter wir uns von den entwickelten zu den primitiveren Kulturen bewegen, ein um so größerer
Umfang kommt diesem Großteil zu. Dabei ist wichtig zu erwähnen,
daß das nicht nur durch eine zu geringe Förderung der Entwicklung
infolge äußerer Umstände (Erziehung, Übung) bedingt ist, sondern,
daß die endogenen Bedingungen, um es allgemein auszudrücken, das
was man als angeborne Fähigkeit und Begabung gewöhnlich bezeichnet,
nicht vorhanden sind.

Jeder, der viele Menschen auf ihre Intelligenz hin zu untersuchen
oder zu beurteilen hatte, wird die Berechtigung der Unterscheidung von
praktischer und theoretischer Intelligenz bestätigen. Ganz besonders,

[1]) Technische Intelligenz wäre eine noch angemessenere Bezeichnung. Wir
wählen sie aber nicht, nicht nur weil die andere die gebräuchlichere ist, sondern
auch weil sie zu Mißverständnissen leicht Anlaß geben könnte.

wenn es sich um geistig Abnorme handelt. Wir brauchen nur auf die angeborenen Schwachsinnformen hinzuweisen.

Für den Psychiater folgt aus diesem Tatbestande, auch abgesehen von den eben erwähnten Abnormen, eine sehr wichtige Frage, die gerade in dieser Arbeit, wo es sich um das technische Schaffen Geisteskranker handelt, in den Vordergrund tritt. Sie lautet: Wie erfolgt der Abbau der Intelligenz unter der Wirkung destruktiver Geisteskrankheiten? Eine allgemeine Antwort darauf ist jedem Psychiater bekannt, nämlich die praktische Intelligenz erhält sich bei dementiven Prozessen länger. Doch damit ist weder theoretischen, noch praktischen Forderungen Genüge getan. Eine weitere Frage ist die. ob Neuerwerb innerhalb der praktischen Intelligenz bei Geisteskranken, besonders bei solchen mit dementivem Verlauf, möglich ist.

Versuche, die praktische Intelligenz Geisteskranker mittels bestimmter Tests zu prüfen, sind bereits, wenn auch in geringer Zahl vorhanden (Lipmann, E. Stern, Giese, v. Rohden)[1]). Die Resultate solcher Testprüfungen geben aber nur Orientierungen. Entscheidend ist der ausgedehnte praktische Versuch. Unsere eigenen Beobachtungen bei solchen werden wir im folgenden Kapitel mitteilen.

5. Technik und Kultur.

Für die Beurteilung des technischen Schaffens Geisteskranker in seiner Beziehung zur Technik liefern uns die bisherigen Ausführungen eine allgemeine Grundlage. Die Technik hat aber, wie wir schon im Vorwort erwähnten, Beziehungen zur Kultur und damit auch dieses technische Schaffen.

Diese Beziehung von Technik und Kultur könnte grundsätzlich eine zweifache sein:

a) Die Technik liefert die materiellen Hilfsmittel, die eine Kulturentwicklung erst ermöglichen, indem sie dem menschlichen Geiste die nötige Freiheit zu kultureller Betätigung verschaffen.

b) Die Technik ist integrierender, aufbauender Bestandteil der Kultur. Sie leistet mehr als sub a) angenommen, indem sie selbst schon zur Kultur zu zählen ist.

Man unterscheidet bekanntlich Zivilisation und Kultur. Zivilisation, sagt man, sei die wirtschaftliche und technische Entwicklungsstufe, das System von Mitteln zur Befriedigung materieller Bedürfnisse. Zur Kultur dagegen zähle alles, was der Veredelung und Vervollkommnung des Menschen in intellektueller, ethischer und ästhetischer Beziehung diene. Oder wie es Wundt kurz ausdrückt: Zivilisation beziehe sich auf den

---

[1]) Über Wesen u. Unters. d. prakt. Intelligenz. *Arch. f. Psychi.* 1924, Bd. 70.

äußeren, Kultur auf den inneren Menschen[1]). Es würde demgemäß die Technik nur der Zivilisation dienen und es bestünde die erste der beiden genannten Auffassungen über die Beziehung von Technik und Kultur zurecht. Eine nähere Betrachtung lehrt jedoch, daß eine solche Trennung künstlich ist, wenn auch zugegeben sei, daß es gleichsam Polgebiete gibt, in deren einem, wie z. B. bei der Brotbereitung, die Befriedigung rein materieller Bedürfnisse, während in dem anderen, wie z. B. bei philosophischer Beschäftigung, die geistige Vervollkommnung ausschlaggebend ist.

Tatsächlich begegenet es einem denn auch im Sprachgebrauch nicht selten, daß die beiden Bezeichnungen nicht unterschiedlich gebraucht werden oder daß eine solche Trennung direkt abgelehnt wird.

Wir legen darum die zweite Auffassung zugrunde, wonach die Technik bereits ein Stück Kultur ist. Ihre Zwecke gehen auf die Ausgestaltung und Vervollkommnung der Lebensbedingungen der Menschen und ihre leitende Idee ist deren geistige Höherentwicklung und Veredelung. Daß diese Idee in Wirklichkeit weder jedem Techniker, noch vielen der übrigen Menschen bewußt ist, nicht wenige sie sogar negieren, beweist nicht, daß sie nicht berechtigt ist. Auch der tatsächliche Mißbrauch der Technik zu egoistischen Zielen ist kein Gegenbeweis dafür, daß sie ihr immanent sein kann.

Für das technische Schaffen Geisteskranker wird sich uns die Frage erheben, ob, in welchem Umfange und in welcher Art es im Dienste einer Kulturidee steht, inwieweit sie ihnen bewußt ist bzw. nur erschlossen werden kann.

Im weiteren wird es uns zu interessieren haben, ob ihre Kulturidee mit der eben genannten objektiven in Übereinstimmung ist oder ob sie bei ihnen eine andere subjektive Form annimmt. Das letztere ist deshalb von Bedeutung, weil der Geisteskranke ein Eigenleben in dem Sinne führen kann, daß er sich seine eigene Welt aufbaut, unter Umständen aus einem besonderen »Weltgefühl«[2]) heraus. Für seine Welt könnten andere Kulturideen Gültigkeit haben.

---

[1]) Völkerpsychologie, Bd. IX, Das Recht, S. 157. Verlag Alfred Kröner, Leipzig 1918.

[2]) Vgl. z. B. Prinzhorn, l. c. S. 345 u. ff. —, Levy-Suhl, Neue Wege in der Psychiatrie, *Abhandlungen aus dem Gebiete der Psychotherapie und medizinischen Psychologie*, Heft 3, Ferdinand Enke, 1925, sowie die folgenden Kapitel dieser Arbeit.

III. Einzeldarstellungen und Analysen.

Fall II G. C., geb. 1884, ledig, von Beruf Uhrenarbeiter.

Sein erster Anstaltsaufenthalt war vom 25. X. 1917 bis 30. XII. 1917, der zweite dauert seit dem 25. VI. 1918. Er entstammt einer Familie, die nach Angaben der Angehörigen des Patienten hereditär nicht belastet wäre, aus seinen eigenen würde folgen, daß väterlicherseits Psychosen vorgekommen seien. Die Mutter machte dem Arzt (1918) den Eindruck einer psychisch nicht normalen Frau. Von 5 Geschwistern starben 3 an Tuberkulose.

Die körperliche Entwicklung sei ohne Besonderheiten verlaufen, auch in der geistigen sei nichts aufgefallen. Er besuchte die Primarschule, sei in derselben ein mittelmäßiger Schüler gewesen. Nach Schulaustritt kam er bald in eine Uhrenfabrik, in der er eine neunmonatige Lehrzeit absolvierte und dann weiter in der gleichen Fabrik zwei Jahre arbeitete. Später wechselte er die Arbeitsstelle einige Male. Er wird als fleißiger, solid lebender Arbeiter geschildert. Mit 16 Jahren habe er die »Gliedersucht« gehabt. Später habe er noch zeitweise im Kreuz oder den Beinen Schmerzen verspürt. Er absolvierte die Rekrutenschule, machte auch weiter Militärdienst. Im Jahre 1915 hatte er nach den Bescheinigungen der Militärärzte rezidivierende Ischias, dann Otitis media acuta mit hohem Fieber. Während dieser Erkrankung soll er einen »Tobsuchtsanfall« (Fieberdelir) gehabt haben. Im Anschlusse daran seien die »Stimmen aufgetreten«. Auch stellten sich nach den Angaben zur Anamnese konsekutiv Verfolgungsideen ein. Die Stimmen traten allmählich wieder zurück. Einige Zeit vor der ersten Anstaltsaufnahme zeigten sie sich in vermehrtem, in aufsteigender Linie sich bewegendem Maße, so daß es unter ihrem Einflusse zu einem erneuten »Tobsuchtsanfall« gekommen sei, der die Internierung notwendig gemacht habe. Den Häufigkeitsgipfel erreichten sie nach Angabe des Patienten in der Nacht uud machten ihn schlaflos, so daß er auch körperlich heruntergekommen sei.

Er ist (25. X. 17) ein kräftig gebauter Mann, mittlerer Größe (bei der Rekrutierung 1904 hatte er 169 cm Körperlänge, 94 cm Brust- und 27 cm Oberarmumfang), gut entwickelter Muskulatur, geringem Fettpolster. Die Schilddrüse ist etwas vergrößert, die inneren Organe sind in Ordnung. Die Pupillenreaktion ist normal. Die Reflexe sind sehr lebhaft, pathologische sind keine zu finden. Es besteht kein Tremor. An der Motilität und Sensibilität sind keine Störungen gefunden worden.

Der Blick ist stechend, das Gesicht maskenartig, die Sprache ist eintönig, langsam, zögernd, alle Bewegungen erfolgen wie mühsam.

Örtlich und zeitlich ist er völlig orientiert, über seine Personalien gibt er richtige Auskunft. Die Nahrungsaufnahme ist ungestört. Sein Verhalten ist äußerlich völlig ruhig. Er läßt sich leiten.

Etwa drei Wochen nach dem Eintritt erklärt er, er höre seit acht Tagen keine Stimmen mehr, nur noch ein leises Geräusch im linken Ohr. Bald beginnt er aus der Anstalt fortzudrängen. Er erklärt sich für gesund und wünscht wieder seine

Arbeit aufzunehmen. An direkt feststellbaren äußeren Symptomen weist er noch den stechenden, »starren« Blick, den »maskenartigen« Gesichtsausdruck und die eintönige Sprache auf. Am 30. XII. 17 wurde er auf sein intensives Drängen von seinem Bruder aus der Anstalt herausgenommen und in eine Privatpflegeanstalt für Ruhige verbracht, aus der er nach einigen Monaten als gebessert entlassen wurde. Es ging jedoch nicht lange, bis eine erneute Internierung notwendig wurde. Patient war zuerst selber in der Anstalt erschienen, schimpfte aufgeregt darüber, daß er durch Stimmen hypnotisch verfolgt werde, war über seinen Hauptfeind F. und den Polizisten von Fl. aufgebracht. Später kam seine Nichte, um über das Verhalten des Patienten zu klagen. Schließlich erschien die Mutter und ersuchte um seine Internierung. Nach ihr kam Patient am gleichen Tage und wurde auf Ersuchen der Heimatgemeinde und auf Grund eines ärztlichen Einweisungszeugnisses gegen sein Sträuben in der Anstalt behalten.

Der neue Status (27. VI. 18) ergab auf körperlicher Seite eine allgemeine Herabsetzung der Reflexerregbarkeit und Tremor der Zunge, sonst keine Veränderung gegenüber dem ersten. Im Dezember 1918 (Grippeepidemie) machte er eine leichte Grippe durch.

Im Juli 1919 wird notiert, daß er viel gereizt sei, »wie ein wildes Tier im Käfig umherlaufe«, einen paranoiden Blick und Gesichtsausdruck habe, mit den Ärzten nicht spreche, höchstens, daß er mit drohendem Ausdruck plötzlich frage, warum er noch hier sei. Er macht den Eindruck eines stark verfolgten und geplagten, affektiv geladenen Menschen. Der Schlaf ist ruhig, die Nahrungsaufnahme genügend.

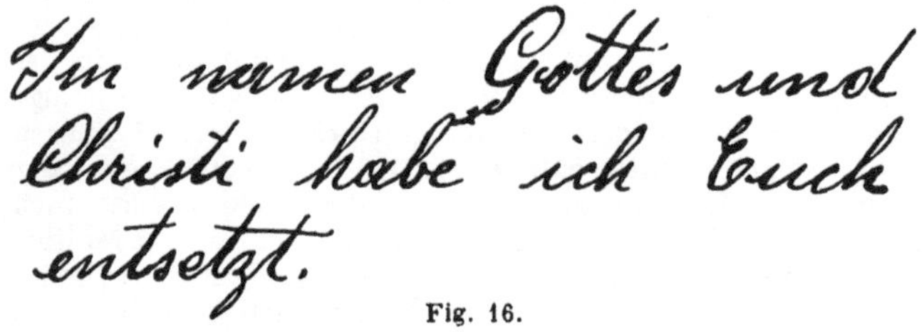

Fig. 16.

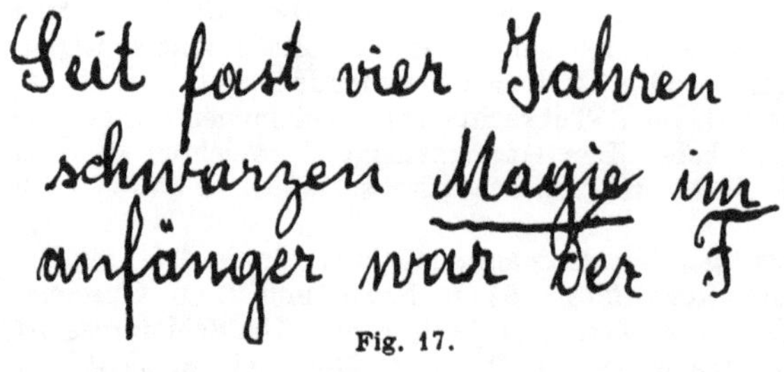

Fig. 17.

Am 30. Mai 1920 gibt er in einem »an die oberste Behörde des Schweizerlandes« adressierten Schreiben von dem, was ihn innerlich bewegt, Kunde. Es soll hier deswegen, und weil es auch ein Urteil über seine Intelligenzartung vermittelt, originalgetreu wiedergegeben werden. Schließlich erklärt es uns auch seine oben geschilderten Ausdruckserscheinungen. Von der Schriftform erwähnen wir folgendes: Im Gegensatz zum folgenden Schriftstück vom 1. Juni 1920 an den »Pabst Benedikt«, in welchem er ihn als entsetzt erklärt, und den folgenden Schreiben, weist das vom 30. Mai steil gestellte Buchstaben auf (Fig. 16 u. 17). Erst in einem Schreiben vom 2. Dezember 1920, in welchem er sich gegen die »schwarze Magie« wehrt, erscheint die Steilform wieder. Sie ist also Ausdrucksform einer bestimmten, momentanen inneren Haltung, der Abwehr der Lebenshemmung durch die Stimmen und die Verfolgungen.

Die Eingabe lautet:

»R., den 30. Mai 1920.

Klagen und Gesuch an die obersten Behörden des Schweizerlandes von Missionär von G. Kanton S.: geboren 1884 am 15ten Februar.

Am 18ten Juni 1918 ging ich wegen meiner Mutter A. M. geborene B. in die Anstalt R. Da wurde ich von der Direktion gewaltsam abgeführt und bis jetzt hier als Patient festgehalten. Als Grund vermute ich Gedankenverbindung oder Kopfstimmen welch letztere ich aber nie eine hate« (Dissimulationsversuch).

»Von der Direktion wurde dazumal ein Monat untersuchung ausgeschbrochen, was bis heute noch nicht abgelaufen ist. Im Herbst 1919 verlangte ich 2mal von der Direktion bewiligung für ein Schreiben an das Ammannamt G. um den Zweck meines hierseins untersuchen zu lassen; habe aber diese bis heute noch nicht erhalten.

Dieses verhalten vermute ich endweder vollständige unkentnis der ganzen Sache oder bezweifle den richtigen Geisteszustand der Anstaltsleitung oder deren Ärzte. Grund daß ich an Sie unverbrüchliche Gerechtigkeit der höchsten Behörten meines lieben Vatterlandes richte ich volgender. Seit fast vier Jahren werde ich und viele andere von der schwarzen Magie im Kopf und Leib belästigt. Als anfänger war der Freimaurerteufel Th. F. L.'s selig von G. und seine Frau R. geborene Sch. und deren Kinder. II. H. E. Sohn des H.-Z. W. und H. M., geb. St. III. L. O.-Z.« u. v. a. m.

»Bei Kantonspolizist B. hab ich baldnach Kenntniss, davon in Kenntniss gesetzt. Daraus ist zwischen mir meinem Vater und Th. F. einen Civielprozeß entstand (gegenseitige Klage der Parteien) unser Fürsprech war K. in S. F (hatte) B. (als) Fürsprech. F. hat seine Klage gewonen und ich habe somit meine Klage friedliebend zurückgezogen, gebüßt wurden wir ca. 100 Fr.

Von jener Zeit hat sich die geheime Kraft gegen uns beteutent verstärkt, da F. alle erhältlich Teuflische Kraftmittel an sich genommen um uns mit seinen gewobenen Freunden Total Geisteskrank zu machen, was Ihnen bis jetzt noch nicht gelang. Wie jedes mitel ein gegenmitel hat so rief ich alsbald Gotteshülfe an die ich auch erhilt als heiliger Geist vom Himmel; Mit diese algewaltigen Kraft hab ich seither Menschen und Tieren ohne unterschid unermüdlich geholfen und bestraft und das alles in Gottes Nahmen. Das ist die Weiße Magie der Zukunft. Ich klage mich vor Gott dem Almächtigen und Euch selber an wen ich sollte gefelt haben.

Im Gefühl meiner Kraft, erkläre ich mich als Missionär für die ganze Weld; vorkerungen durch gedankenverbindung habe ich von hier aus dreffen müssen. Unsre Arbeit in Europa, besonders in der Schweiz, erkläre ich als beendet, wegen Zivilisation.

Es wünscht Euch, meinem Vaterland, und ganz Europa viel Glück und Kraft zur weiteren vortkommen   G. C., J's Missionär.«

Seine Missionärwerdung teilt er dann auch dem »Pabst Benedikt«, den »Klosterbrüdern in Einsideln«, (6. VI. 20), dem »Titt: Pfarramt«, und »Titt: Kirchgemeinderat G.«, sowie der sozialdemokratischen Partei G. (27. VI. 20), aus der er deswegen den Austritt erklärt, mit. In allen diesen Schreiben rechtfertigt er seine Missionärsendung. Er fühlt bzw. erlebt sie.

Interessant ist der physiognomische Ausdruck, gleichsam die »äußere Form« aus jener Zeit. Der Arzt sagt darüber (21. VII. 20): »Patient erscheint ruhig, er ist ganz für sich, selten spricht er mit Mitkranken, Personal und Ärzten. Letztere fixiert er nur. Sein Aussehen gibt aber Kunde davon, daß er mit seinen Gedanken und vielleicht auch mit seinen Halluzinationen beschäftigt ist. Auch die Art wie er seine Mutter bei ihren Besuchen in der Anstalt empfange, spricht dafür«.

Aus dem Gespräche mit der Mutter gelegentlich eines solchen Besuches (25. V. 1920) gibt der anwesende Oberwärter nachher, unter anderem, folgendes zu Protokoll: »Patient frägt sie, ob sie seine Mutter sei, was sie bejaht. Daraufhin fordert er sie auf, ihn aus der Anstalt zu nehmen. Kein Mensch könne etwas dagegen machen. Worauf die Mutter ihm sagt, daß doch die Ärzte erklären, er sei noch nicht gesund. Patient entgegnet: sie sehe, daß er den Bart habe wachsen lassen, und sie werde doch wissen, daß er Missionär werden wolle und dazu berufen sei, auf die Ärzte könne sie nicht abstellen, der eine sei ein hergelaufener Vagant, mit dem er nichts mehr spreche, und der andere (der Direktor) selber krank. Die Mutter frägt ihn, ob er denn nicht glaube, daß es kranke Irre gebe, worauf er ihr erwidert, das glaube er schon, aber diejenigen, die man für krank halte oder machen möchte, seien gesund wie ein Fisch, jedoch das gesamte Personal sei krank.«

Noch im August 1922 notiert der Arzt, daß er seinen Bart sorgfältig pflege und sich gelegentlich mit Christus vergleiche und an seiner Missionäraufgabe festhalte. Er beschäftige sich stark mit einem geographischen Atlas.

In diesen Jahren zeichnet er auch oft. Er kopiert Menschen, Häuser und Landschaften aus illustrierten Zeitschriften. Die Zeichnungen sind erhalten. Anfänglich verraten sie seine Ungeübtheit im zeichnerischen Ausdruck. Später gelingt ihm — und das ist bezeichnenderweise das einzige gelungene Bild — der Kopf eines Katatonikers, eines seiner Mitkranken. Er gibt der Zeichnung den Titel: »Geisterbeschwerung.« Sie trägt das Datum des 20. I. 1919 und befindet sich auf der letzten Seite des Zeichenheftes, es waren ihr also viele Vorübungen im Zeichnen vorausgegangen. Der Kopf dieser kranken Seele scheint seiner Fähigkeit zur zeichnerischen Wiedergabe am adäquatesten gewesen zu sein. Er selbst weist auf seine zeichnerischen Leistungen mit dem Ausdruck großen Stolzes hin.

Im Dezember 1921 tritt die Idee des Missionärseins oder -werdens mehr und mehr in den Hintergrund, den Bart hat er sich schneiden lassen; der geographische Atlas nimmt ihn weniger in Anspruch. Sonst bleibt er still, verschlossen, in sich gekehrt, zeigt finsteren, abwehrenden, stolzen Gesichtsausdruck.

Diese innere Ablösung von der genannten Idee scheint weiterzuschreiten, denn im April 1922 ist er für Gartenarbeiten zu haben. Er arbeitet fleißig, ohne aber sonst sein stilles, verschlossenes, in sich gekehrtes Wesen aufzugeben. In der Mußezeit ist er stark mit Lesen beschäftigt. Geistigen Verkehr mit der Umgebung lehnt er weiter ab, selbst mit Mitkranken spricht er sehr wenig. Auch im folgenden Winter ist er fleißig bei der Arbeit.

Im Laufe des Frühlings 1923 beschäftigt er sich rege mit einer Erfindung. Er will ein Perpetuum mobile erfinden, mit dem er landwirtschaftliche Maschinen treiben und so die Landwirtschaft verbilligen will. Die Anregung zu diesem Erfindungsgedanken, seine bezüglichen Versuche und die Auswirkung dieser Idee werden wir weiter unten darzustellen haben. Er schickt eine Zeichnung der Erfindung seiner Heimatgemeinde, in der Erwartung, sie werde das Patent erwerben. Im Gegensatz zu seinem sonstigen reservierten Verhalten erklärt er die Erfindung dem Arzt laut und für die Umgebung vernehmbar und läßt sich durch den Spott und das Lächeln der Mitpatienten nicht beirren. Eine zweifelnde Frage des Arztes, ob der Apparat auch möglich sei, beantwortete er höhnisch damit, daß er die Sache durchaus gesetzmäßig erdacht habe. Auf eine Diskussion ließ er sich nicht ein.

Das Gefühl und die Idee, eine große Erfindung gemacht zu haben, die auch dadurch, daß die Heimatgemeinde sich nicht regt, nicht berührt werden, sind ihm geblieben, nur kamen sie in seiner autistischen Abgesperrtheit vorläufig nicht weiter zum Vorschein. Er begann Körbe zu flechten und war seinem Meister, einem epileptischen Mitpatienten, zunächst ein gelehriger Schüler, wollte aber nach kurzer Zeit ihm gleichgestellt sein. Wenigstens äußerte er sich, wenn man mit ihm über seinen Beruf sprach, gelegentlich in dieser Weise, nach außen fand er sich anscheinend mit seiner Rolle des Gehilfen ab. Zeitweise ist er verstimmt und setzt dann die Arbeit für ein bis drei Tage aus, ohne aber sonst seine Verstimmung die Umgebung fühlen zu lassen.

Im März 1924 macht er eine Bronchitis durch. Der Behandlung setzt er keinen Widerstand entgegen, bleibt aber unzugänglich und ist stark gehemmt. Im April wird bemerkt, daß er etwas lebhafter wird. Man sieht ihn öfters versunken, wie in sich lauschend, dastehen oder sitzen und vor sich hinlächeln. Zeitweise fängt er auch lebhaft zu lachen und zu gestikulieren an, erklärt, daß er mit verschiedenen Personen vermittelst »Luftwellen« in Verbindung sei, daß er so allerhand Neuigkeiten empfange. Er brauche nur zu wollen und er habe es da (zeigt auf den Kopf).

Ein Versuch, ihn wieder mit Gartenarbeiten zu beschäftigen, muß bald aufgegeben werden, da er ihn belästigende Stimmen hauptsächlich von den Wärtern hört und sich gegen die Beleidigungen laut wehrt. Er gerät dabei in heftigste Erregung.

Die Gehörshalluzinationen nehmen auch auf der Abteilung nicht ab, im Gegenteil, sie werden immer massenhafter (Mai 1924). Äußerlich ist zeitweise ein starker Bewegungsdrang mit lebhaften Gestikulationen wahrnehmbar. Er läuft stundenlang im Garten umher in lebhafter Unterhaltung mit der Außenwelt seiner »Stimmen«. Er läutet Personen draußen an, als verkehrte er telephonisch mit ihnen, man hört ihn Aufträge erteilen usw. Ein Sinn ist aus diesen gehörten Bruchstücken der Unterhaltung nicht herauszufinden. Einmal macht er dem Arzte nähere Angaben: Er telephoniere von der Abteilung aus nach Paris, wozu ein Druck mit dem Finger auf die Zimmerwand genüge, und zwar der Viehzuchtgenossenschaft. Er wünscht eine Kuh echter Pariser Rasse fürs Berner Oberland an Stelle des französischen Ministers in Paris, Vertreter der Schweiz im französischen Parlament. Hiezu gibt er folgende Erklärung: In Frankreich werde jedes fremde Land im Senat durch einen französischen Minister oder ähnlich vertreten. Gestützt auf die Gelegenheit, Schnelligkeit und Billigkeit telegraphiere er den Antennenstationen für drahtlose Telegraphie in Bern und zugleich der betreffenden Gesellschaft in Paris, daß man die genannte Kuh auf die höchste Alm der Berner Alpen im Berner Oberland an Stelle des genannten Ministers in Frankreich dressiere. (Dies sei Folge des französisch-schweizerischen Konfliktes in der Zonenfrage.) Diese »telephonische Verfügung« will er abbestellen und gibt hiefür »telephonisch« folgende Motivierung: »Die Abbestellung geschehe aus dem Grunde, daß er die französische Schweiz, die deutsche Schweiz gegen Frankreich verfeinden könnte, daß er die deutsche Schweiz ermächtigte von S. R. der Heil- und Pflegeanstalt, eine Kuh zu dressieren anstatt den französischen Minister bestellen zu lassen, da dieser im Sinne des Unterzeichneten gleichwohl nicht kommen würde, um sich auf der höchsten Alm des Berner Oberland dressieren zu lassen, um für Schweizerrechte und Freiheit in Paris, Frankreich, zu vertreten.«

Der Sinn oder das Gemeinte dieser anscheinend sinnlosen Geschichte, in der die Art des Telephonierens in seiner äußeren Aufmachung auch von einem Kleinkinde stammen könnte, ist demnach wohl der, daß er meint, es müßte der Vertreter des schweizerischen Standpunktes für die Zonenfrage (über dieselbe wurde damals in den Zeitungen viel geschrieben) auf Schweizer Sinnesart dressiert werden, damit er ihn richtig verstehen könne. Das Hereinbringen der Kuh, die anstatt seiner verwendet werden sollte, klingt wie ein Spott auf die französische Beurteilung der Frage.

Der Abschnitt wurde aber hier nicht wegen dieses Inhaltes aufgeführt, sondern um die Realitätsfremdheit und die Inkohärenz seines Denkens und Erlebens aus jener Zeit und damit den Stand seiner Krankheit zu demonstrieren.

Dieses Stadium mit massenhaften Gehörshalluzinationen und damit verknüpften oder daraus sekundär entstandenen Wahnideen, dauerte die folgenden Monate ununterbrochen an. Patient war davon so eingenommen, daß er sonst ganz untätig blieb.

Durch einen von außen zugeführten Reiz wurde nun eine neue Phase angebahnt. Darauf aufmerksam gemacht, daß

Patient früher ein Perpetuum mobile zu konstruieren sich bemüht habe, frug ich den, wie gewohnt von seinen Gehörshalluzinationen stark eingenommenen Kranken, Juli 1924, auf der Visite danach. Er antwortete willig, es stimme, er habe auch ein Patent darauf genommen und habe seine Erfindung in einem Heft aufgezeichnet. Auf Befragen erklärte er sich auch bereit, zu mir ins Bureau zu kommen und mir darüber Näheres zu berichten. Kaum hatte ich dieses Gespräch abgebrochen, saß er schon wieder in sich versunken und mit einem Gesichtsausdruck da, als erlebte er Erfreuliches.

Sechs Tage nach diesem ersten »Reiz« ließ ich den Patienten zu mir kommen. Er berichtete, daß er als Uhrenarbeiter verschiedene »Partien«[1]) gemacht hat, darunter auch »Remonteur« gewesen sei, d. h. die ganze Uhr zusammenzusetzen, also eine schwierige »Partie« gehabt habe. Mit Erfindungen habe er sich früher nie beschäftigt, vom P. m. habe er nur gelegentlich gehört gehabt, daß es unmöglich sei. Die Idee, ein solches zu erfinden sei ihm 1922 gekommen, als er einmal in der Irrenanstalt in einer Zeitschrift von einem P. m. gelesen habe, das in Österreich konstruiert wurde, und welches 2 Jahre gegangen sei. Eine Zeichnung desselben sei nicht dabei gewesen, sondern nur eine solche von einem sog. »Geiserschen Pendel«[2]), die er aber nicht verstanden habe. Er glaube, das »Pendel« gehe nicht. Es sei darin, gibt er auf weiteres Befragen an, ein Oval mit Zähnen und es komme, glaube er, darauf an, den Schwerpunkt zu verschieben, oder auf einen »Bschiß« (Betrug, Überlistung) an, was er mit einem Lächeln begleitet. Genauer kann er die Sache, trotz wiederholter, von mir angeregter Versuche, nicht erklären. (Dies — was ich hier bemerken möchte — im Gegensatze zu seiner eigenen damaligen Erfindung, die er noch sehr gut im Kopf hatte.)

Bei dieser Gelegenheit nun sei ihm die Idee gekommen, auch ein P. m., einen »ewigen Umgang« oder ein »ewig Werk«, wie man das bei ihnen (den Uhrmachern) so nenne, zu machen. Er habe verschiedene Ideen auszuführen versucht.

In bezug auf die Zeit stimmt die Darstellung mit den Beobachtungen des Arztes (s. S. 44). Es wird wohl vom Ergreifen der Idee bis zum Versuche einer zeichnerischen Darstellung ihrer technischen Durchführung einige Zeit vergangen sein, um so mehr als man damals mit der Austeilung von Papier für Zeichnungen sehr zurückhaltend war. Er sagt gelegentlich (24. VIII. 1924): »Im Neubau (erste Zeit des 2. Anstaltsaufenthaltes, wo er im neuen Pavillon, den man als Neubau bezeichnet, war) habe ich nicht gezeichnet, nur erstudiert«, d. h. im Kopfe überlegt, ob es gehe. Erst dann aber konnte der Arzt bei dem sonst verschlossenen,

---

[1]) »Partie« ist der Terminus technicus für eine bestimmte Teilarbeit im fabrikmäßigen Produktionsprozeß einer Uhr.
[2]) Vgl. Feldhaus l. c. S. 93.

wortnegativistischen Patienten die Sache feststellen. Das Heft, in welchem er seine »Erfindung« zeichnerisch darstellte, liegt mir vor. Es ist vom Kranken mit dem Datum des 24. Mai 1923 versehen und trägt auf der Vignette der Vorderseite folgenden Titel:

>Perpetuum mobile
Betriebskraft-Maschine.
Dezimalmobille
24. Mai 1923.«

Die erste Seite dieses Heftes enthält eine Zeichnung, die er mit »Modell Nr. 1« bezeichnet hatte (das Heft lag nicht bei ihm, sondern bei der Krankengeschichte) und die bereits von einem Durcharbeiten der Idee zeugt. Es wäre daher sicherlich möglich, daß die Anregung in die von ihm angegebene Zeit fiel. Da er mir das Zeitschriftenheft, in dem er den Aufsatz über das P. m. des Österreichers gelesen haben will, nicht näher bezeichnen konnte, konnte ich nicht nachprüfen, ob dieser Teil seiner Angabe stimmt. Wir hörten (S. 44), daß er zeitweise in der Anstalt viel gelesen hat. Ferner, obwohl er im Frühling 1923 bald 5 Jahre in der Anstalt war, war vorher nie etwas davon bemerkt worden, daß er sich mit Erfindungen beschäftigen würde. Er hat auch in wiederholten Unterredungen immer die gleiche Darstellung von jener Anregung gegeben. Aus alledem ergibt sich, allerdings noch nicht mit Sicherheit, daß seine Darstellung über die Anregung zu seiner Tätigkeit als P. m.-Erfinder richtig ist, wohl aber, daß sie richtig sein kann.

Um die Darstellung über sein »technisches Schaffen« später nicht mehr unterbrechen zu müssen, setzen wir hier Charakteristisches aus seinem psychotischen Denken und Erleben hin, das sich bei den Untersuchungen seit Juli 1924 ergab. Das Krankheitsbild wird bei ihm äußerlich durch die »Stimmen« beherrscht. Wir werden sie so vorzuführen versuchen, daß ihre psychologische Struktur und ihre Bedeutung für sein schizophrenes Denken möglichst hervortreten.[1]

(Was sagen Ihnen die Stimmen?) Alles durcheinander, was vorkommen kann.[2]

(Über die Erfindungen?) Nicht in bösartiger Weise. (Patient haftet noch an dem durch die vorhergehende Frage angeregten Gedanken.) Es ist eigentlich mein Befinden, es ist zum guten Zweck. (Ich meine zu Ihren Erfindungen.) Es ist gut — das ist »Echo« von meinem Denken, ist mir für meine Sache behilflich. Wie ich es verstehe: eine Wiedergabe, eine Korrektur. (Wovon?) Von meinen Gedanken, was ich denke, was ich begehen will. Es ist mir behilflich, wie ich es verstehe, nicht in bösartiger Art. Wenigstens jetzt (XI. 24), früher war es böser. Wenn ich da-

---

[1] Vgl. hiezu Carl Schneider, Beiträge zur Lehre von der Schizophrenie, 1. Mitteilung, Arch. f. Ps. u. N., Bd. 93, H. 1 (Febr. 1925), welche Arbeit ich erst nach Durcharbeitung meines Materials zu diesem Fall kennen lernte.

[2] Im folgenden werden die Antworten und die an diese weiter geknüpften Äußerungen des Patienten in möglichst wörtlicher Übersetzung aus dem Schweizer Dialekt wiedergegeben. Die Anführungszeichen werden dabei weggelassen; dort, wo ein bezeichnendes, von ihm selbst gebrauchtes Wort hervorgehoben werden soll, werden sie angebracht.

mals ausgeführt hätte, was sie (die Stimmen) mir sagten?! Nur wenn er Gedanken habe, höre er Stimmen.

Wir bemerken an dieser Stelle, daß bei den obigen, wie auch bei den folgenden Kundgaben als Einstellung des Patienten die des Bestrebens, über seine Erlebnisse möglichst adäquat Rechenschaft zu geben, zum Ausdruck kommt. Er spricht langsam, wie nachdenklich.

(Haben Ihnen die Stimmen bei den Erfindungen auch geholfen?) Ja. (Könnten Sie mir das genauer sagen?) Ja, es ist Korrektur. Wenn ich an den Erfindungen studiert habe, haben sie mich korrektiert, haben mir das »Echo« gegeben, es ist gut, nicht gut, geht, geht nicht. Dann bin ich der Korrektur nachgegangen, bis es einfach »Null« war, und »das Werdende dagewesen ist«, dann war ich zufrieden, das war meine Befriedigung in der Sache.

Die »Stimme« bezeichnet er also als Wiedergabe, als »Echo« des momentanen Gedankens und erlebt es auch so. An die Stelle der begleitenden und repräsentierenden anschaulichen Vorstellung tritt die akustische Halluzination, mit ihrer großen Lebhaftigkeit, und macht den erlebten Gedanken wahrnehmungsähnlich, anschaulich.[1]) Wir sind nicht ohne weiteres berechtigt, aus der Bezeichnung »Echo« für die akustische Halluzination auf eine völlige Analogie beider Erscheinungsweisen zu schließen, aber wir dürfen annehmen, daß es das Bestreben des Patienten war, eine wesentlich gleiche Beziehung damit kundzutun. Diese wesentliche Beziehung im Echo sehen wir darin, daß das Echo als Widerhall eines Schalles nicht ohne diesen Schall sein kann. So soll also durch diese Bezeichnung gesagt sein, daß die »Stimme« als akustische Halluzination nicht sein kann ohne den Gedanken, dessen Echo oder Widerhall sie ist. Es ist also eine innige funktionale (funktional nicht im Sinne gleicher psychologischer Funktion gemeint) Beziehung beider damit gemeint. Die »Stimme« ist, anders ausgedrückt, eine Art Objektivierung des Gedankens. Der Grad dieser Objektivierung kann noch ein verschiedener sein (s. unten S. 50). In dem als synonym gebrauchten Worte Wiedergabe steckt auch die Beziehung Widerhall (Echo) auf ihn veranlassenden Schall.

Wir können es auch kurz so ausdrücken: »Stimme« (als akustische Halluzination) und Gedanke stehen im Echoverhältnis zueinander.

Es ist, sagt er ein andermal, ein »lautes Denken«, statt eines »stillen Denkens«, wie im Telephon, aber nicht gar so laut.

Ob keine anderen funktionalen Beziehungen der »Stimmen« vorkommen, ist damit nicht ausgemacht.

Unser Patient schreibt seinen »Stimmen« auch die Funktion der »Korrektur« seiner Gedanken zu. Sie sagen ihm z. B., ob seine technisch konstruktiven Gedanken gut oder nicht gut usw. sind. Dies braucht aber gegenüber dem eben Angeführten nichts wesentlich Neues zu sein. Denn das Urteil gut, nicht gut usw. ist auch ein Gedanke, und die betreffende Stimme kann zu ihm in der gleichen Beziehung stehen wie oben ausgeführt wurde. Aber dieser Gedanke kann rasch entschwinden oder unbeachtet bleiben, so daß diese »Stimme« als losgelöst von dem Gedanken, völlig selbständig erlebt und die bezügliche Täuschung nicht bewußt werden kann. Wir haben keinen Grund, das nicht anzunehmen.

Psychologisch erhebt sich noch die Frage, ob dadurch, daß der Gedanke in der »Stimme« objektiviert wird, diesem, gegenüber einem nicht derart objektivierten Gedanken, ein anderer Erlebnischarakter verliehen wird. Die gewöhnliche Stimme hat auch eine besondere Tongebung, die wir als musische Komponente bezeichnen wollen, in der das affektive Moment des Befehles, des Wunsches, der Hoffnung, der Frage usw. zum Ausdruck kommt. Daß die »Stimmen« als akustische Halluzi-

---

[1]) Vgl. auch meine Bemerkungen auf S. 31 meiner Arbeit: Einseitig talentierte und begabte Schwachsinnige mit besonderer Berücksichtigung eines technischen Zeichners. Schweiz. Zeitschr. f. Gesundheitspflege, IV. Jahrg. 1924.

nationen eine solche Komponente haben, darf aus den bezüglichen Angaben der Patienten, aus ihren Reaktionen auf dieselben und aus eigenem Erleben als vorhanden angenommen werden. Diese musische Komponente verknüpft also den Gedanken mit einem solchen affektiven Moment oder verstärkt wenigstens dasselbe in ihm. Der Erlebnischarakter des Gedankens wird demnach dadurch verändert und der Zwang, dem korrigierenden Gedanken nachzugehen, wird ebenfalls verstärkt, sein Nichtbeachten oder Verdrängen erschwert. Das kann sich noch steigern, wenn das Erlebnis des Gedankeneingebens und zwar von einer fremden Macht, einem übergeordneten Geist, von Gott hinzukommt und das Gefühl, sich dieser Macht nicht entziehen zu können. Es ist nun interessant und wichtig zu sehen, daß bei ihm in dieser Beziehung zwischen »Stimmen« und »Stimmen« insbesondere auch, je nachdem welcher »Gedankenwelt« sie angehören, wie wir bald sehen werden, ein Unterschied besteht.

(Wie erklären Sie sich das Zustandekommen der Stimmen?) Ich kann es nicht weiter erklären, es ist so, wie wenn zwei auf Entfernung miteinander redeten. Oder wie wenn er (der andere, der die Stimmen hat) ein Taubstummer wäre und ich ihn »täte bekräftigen«, daß er nicht versteht, was ich ihm sage, dann käme ihm die Stimme ins Ohr, um mit ihm zu verkehren durch den »geistigen Verkehr«, durch die »Gedankenkraft«.

Durch diese »Erklärung« will Patient zum Ausdruck bringen, daß er die Stimmen wie von einem anderen kommend und ferner wie durch eine zwanghafte »Eingebung« zugeführt, erlebt.

Um sich der Bedrängung durch sie zu entledigen, rede er viel, mehr als er sollte, weil er das »Gefühl« habe, er könne sie so »veräußern«. Er wisse wohl, daß dieses viele Reden »nicht normal« sei.

(Reden die Stimmen in ganzen Sätzen?) Nicht in ganzen Sätzen, nicht so langen, nur kurzen[1]), nur daß sie nicht aufhören wollen ... am Anfang war es so (das Nichtaufhörenwollen) wie eine Uhr, die man nicht abstellen kann.

(Befehlen sie Ihnen?) Kommt vor, jetzt (1924) nicht mehr so. Ich glaube, ich könnte es bewältigen, das »bekraften«. »Es« kann mir nicht mehr befehlen, ich kann »ihm« befehlen, früher hat »es« mir befohlen. Zu schlechten Sachen bin ich nicht einverstanden gewesen, weil ich dazu nicht »veranlagt« bin.

In dem Gebrauch des »es« gibt sich hier das Erleben der Fremdheit der Stimmen kund. Bezeichnend ist die Aussage des Patienten, daß ihn die Stimmen zu »schlechten Sachen« nicht veranlassen konnten, weil er dazu nicht »veranlagt« sei. Es wäre das der dynamische, siegreiche Widerstand der moralischen Charakterkomponente gegen die antimoralische. Die bisherige Beobachtung des Patienten zeigt das tatsächliche Fehlen antimoralischer Handlungen. Dieser Tatbestand ist von großem Interesse, obwohl wir unentschieden lassen müssen, ob das Ausdruck eines wirklich eigenen Erlebens und darauf aufgebauten Erkennens ist, oder ob das eine übernommene und für sich beanspruchte Ansicht anderer ist, weil wir im letzteren Falle aus der im täglichen Umgang gewonnenen Gesamterfahrung schließen dürfen, daß er diese Ansicht als seinem Wesen adäquaten Ausdruck ergriffen hat.

Wiederholt gab Patient im Laufe der Beobachtung und in verschiedenen äußeren Situationen an, er höre immerfort Stimmen, nur habe er mit der Zeit gelernt, auf sie nicht zu achten (eine bekannte klinische Erfahrung). Er habe sich, sagt er ein andermal, »haarsträubend (gegen sie) gesträubt«, weil er gewußt habe, daß sie »etwas nicht rechtes« sind, jetzt habe er sich damit abgefunden.

Er wurde (24. VI. 25) von mir gefragt, ob sich die Stimmen auch stets mit seinen Erfindungen beschäftigen. Seine bestimmte Antwort und deren spontan beigefügte Begründung lauteten wie folgt: Nein, denn die Erfindungsgedanken sind

---

[1]) Vgl. *C. Schneider*, Beiträge zur Lehre von der Schizophrenie. III. Mitteilung. Z. f. d. g. N. u. Ps., Bd. 97, H. 1 bis 3. 1925.

etwas, was ich selber angefangen habe, worauf ich selber gekommen bin. Ich habe daher damit aufhören können und habe es auch getan. (Letzteres stimmt, siehe unten S. 69.) Mit den Stimmen ist es anders, die sind von selber gekommen, die habe ich nicht angefangen. Ich kann sie darum auch nicht abstellen. Die kamen, denke ich, oder wurden gebildet wie ein »nötiges Organ«, wie Gesicht und Gehör. Es nützt nichts, wenn ich sie mit dem Willen bekämpfen will, im Gegenteil, es wird noch schlimmer, denn, wenn ich es tue, brauche ich dazu »Kraft«. Die muß ich meiner »Erhaltungskraft« entnehmen und gebe sie so den Stimmen, wodurch ich diese nur stärker mache.

Hier verzweifelt er also an der Möglichkeit, der Stimmen Herr zu werden, oben sagte er, er glaube, er könne sie bewältigen. Dieser Widerspruch erklärt sich am einfachsten aus der Stimmungslage, in der die jeweilige Antwort gegeben wird. Jedenfalls war er, als er mir den ersteren Satz sagte, in einer resigniert deprimierten Stimmung, während er zeitweise auch in einer mehr oder weniger ausgesprochen gehobenen Stimmung ist. Es muß allerdings auch die Möglichkeit offen gelassen werden, daß, umgekehrt, das Erlebnis des ergebnislosen Kampfes gegen die Stimmen im einen Fall und des wirklichen oder nur scheinbaren Sieges im zweiten Fall die entsprechende Stimmung bedingten. Zeitlich vorherrschend ist bei ihm die matt-resigniert-deprimierte Stimmung, so daß ich eher dazu neige, bei ihm die Stimmung als das primum movens anzusehen.

Ein anderes ist aber hier noch hervorzuheben, nämlich die Tatsache, daß sich nach seiner bezüglichen Aussage darüber, die mit den Erfindungsgedanken auftretenden Stimmen gegenüber dem Willen anders verhalten als die übrigen Stimmen, von denen er auch sagt, » ich wollte das nicht denken, ich wollte anderes denken, es war im Kopf, im Ohr, ich konnte nicht fliehen, drehte mich, verstopfte die Ohren, es nützte nichts.« Der Wesensgrund hiefür wird aber nicht in den Stimmen selber, sondern in den ihnen zugrunde liegenden Gedanken zu suchen sein. Die Erfindungsgedanken gehören einer anderen Sphäre an, sind anderswo verankert als die anderen Gedanken. Diese Sphäre der Erfindungsgedanken ist die vornehmlich intellektuelle, wenigstens ihrer inhaltlichen Gestaltung nach, die andere Spähre ist die dem Affekt- und Triebleben bzw. dem Charakter und Temperament, dem »Es« angehörende, also jener Sphäre, die, zum Teil wenigstens, wie man auch bildlich sagen könnte, aus dem Dunkeln hervorwirkt.

Dem sichtbaren Ausbruch seiner Krankheit ging, wie Patient berichtet, eine fast über ein Jahr sich erstreckende Zeit der Unruhe und Aufregung mit Schlaf-losigkeit voraus, welche anamnestische Angabe wir von Schizophrenen öfter erhalten. Woher diese Unruhe kam, könne er nicht sagen, vielleicht sei die Uhrenmacherei schuld gewesen, da sie die Augen sehr anstrengt, was wahrscheinlich » auf die Nerven geschlagen« und zuerst die Schlaflosigkeit, sodann die Stimmen verursacht habe. Sie seien auch zunächst nur nachts gekommen zwischen 11 und 1½ Uhr, er sei dann erwacht und habe nicht mehr schlafen können. Er habe sich in seiner »Un-gewißheit« dagegen gewehrt, habe es nicht haben wollen, habe ihnen geantwortet, vielleicht sei es besser gewesen, er hätte das nicht getan.

Wir sahen oben, daß auch die Otitis media als veranlassender Ausgangspunkt der Stimmen angegeben wurde. Doch ist diese Angabe sehr wahrscheinlich, wenn nicht sicher, eine ihm von außen suggerierte oder aufgezwungene, denn nach vor-liegenden Akten sollten daraus Rentenansprüche gegenüber der Militärversicherung geltend gemacht werden. Wenn er auch im hohen, mit der Otitis verbundenen Fieber deliriert hätte, so wäre der Nachweis des kausalen Zusammenhanges von Otitis und schizophrenen Stimmen nicht erbracht.

Er selber läßt dem Beginn der Stimmen neben der eben genannten Unruhe eine Reihe von Erlebnissen vorangehen, in deren Bericht mystische und phanta-stische Bestandteile eingehen. Der Zusammenhang dieser Erlebnisse bleibt unklar, die darin enthaltenen Gedanken widerspiegeln sein schizophrenes Denken. Ich gebe sie[1]), weil ein Mehr für diese Arbeit nicht nötig ist, hier nur in wesentlichen Zügen und, soweit möglich, geordnet wieder.

Einen ihm befreundeten Bürger F. aus G. habe er, da er wohnungslos geworden war, in das Haus seines Vaters aufgenommen. Zwischen diesem und dem Vater, sowie einer im gleichen Hause wohnenden Nichte habe es während des Patienten Abwesenheit zwecks Badekur in B. »Händel« gegeben. Nach seiner Rückkehr sei er, da er für seine Familie Partei ergriffen habe, in diesen »Zwist« hineingezogen worden. Es sei zu einer Gerichtsverhandlung gekommen, in der sie unterlagen.

Er, Patient, sei deswegen immer mehr beunruhigt worden. F. habe ihn »auf eine Art in der Kraft« gehabt. Derselbe sei früher Ammann (Gemeindepräsident) gewesen und die Ammänner haben, soviel er wisse, die »Ammannkraft« und die habe F. ausgeübt. (Wie diese Ammannskraft des Näheren zu denken ist, kann Patient nicht sagen, es ist überhaupt ein mystisch unklarer Gedanke.)

Patient berichtet nun in konfuser Weise über Nachstellungen und Verfolgungen seitens des F., wobei die Unabgeschlossenheit, das Nichtzuendedenken und die Unklarheit der Gedanken, das Konfuse bedingen. So sagt er z. B.: Ich war da nicht mehr bei Verstand. Da hörte ich das Wort »Tenn« (Tenne, Scheune). Ging hin und verschloß sie. Ging zum Polizisten, ihn (den F.) um ihn zu verklagen. Ich dachte, er könne das Haus anzünden. Er hat einmal im Rausch so gedroht usw. Der Landjäger (Polizist) sagte, es sei Anzeige da vom Küherschießen im Tenn.

Aus seinen weiteren Angaben scheint hervorzugehen, daß es wegen dieser Anklage zu einer Gerichtsverhandlung gekommen sei, aus der er als Verlierer hervorging. Er sei da »verrückt« geworden. Da er aber Angst gehabt habe, der F. mache etwas, sei er, weil er gewußt habe, daß ihn eine »geheime Kraft bedränge«, zum Pfarrer[2]), indem er gedacht habe, dieser sei »studiert« und wisse es. Der Pfarrer habe ihm gesagt, es könne nichts als die »Magie« sein. Er, Patient, habe nur Primarschule gehabt, wo die Magie nicht erklärt werde, F. habe aber die Bezirksschule besucht, wo sie erklärt werde. Er habe sich »hypnotisieren« lassen wollen, um das loszuwerden. (Der Wille zum Nichterliegen der Krankheit.)

Er sei nach L., wo er eine Nacht geschlafen habe. Am nächsten Tage sei ein Mann gekommen, der ihn aufgefordert habe mitzukommen. Er habe geglaubt, das sei der Hypnotiseur, habe sich ergeben und habe ihm die Hand gereicht. Es sei nicht lange gegangen, sei er verrückt (hier soviel wie aufgeregt) geworden, habe scheint's den Stuhl gegen den Bruder erhoben. Vorher habe er das Kruzifix von der Wand genommen, habe gebetet, es dann auf den Tisch fallen lassen, so daß es zerbrach. Da habe er »ghopet« (gebrüllt), es seien Arbeiter vom Zeughaus gekommen, hätten ihn gepackt, gefesselt und in die Irrenanstalt L. geführt.

Es steht soviel sicher, daß er in dieser Anstalt war, bevor er zum erstenmal in die Anstalt R. kam und daß der Internierung eine aufgeregte Szene vorausging.

Dort in der Anstalt L. habe er »Großartiges« durchgemacht (hier soviel wie Außergewöhnliches), Beunruhigung, Stimmen, eine Zeitlang sei er auch bewußtlos gewesen.

Aus der Anstalt R. sei er in die Privatanstalt W. (s. oben S. 42) gekommen. Hier habe er wenig Stimmen gehabt. Nach 5 Wochen sei er heim, um etwas zu verdienen. Er habe nach einiger Zeit gesagt, es gehe nicht daheim, habe die Idee gehabt, es gehe etwas um in L ... (Heimatbezirk), er habe es mit Stimmen gehört, und habe es als »bewiesen gewußt«. Die Mutter sei in die Anstalt R., er sei ihr nach und sei da behalten worden (zweiter Eintritt in der Anstalt R.).

---

[1]) Welchen realen Untergrund sie eventuell haben, konnte ich nicht in objektiver Weise ermitteln.

[2]) Patient ist Katholik.

4*

Nachträglich erinnert er sich noch an ein angebliches Erlebnis, das für ihn von Bedeutung gewesen sein soll. Er habe, als der F. bei ihnen war, aus dem Nebenzimmer, in dem er geschlafen habe, dessen »Begattungsakt« mitangehört, weil er darüber erwacht sei. Von da an habe er Stimmen gehört. Er habe während des Aktes gehört, wie die Frau sagte: »Ischs üs gsi?« (sind wir es gewesen). Worauf sich das bezogen habe, wisse er nicht, aber von da an habe er Stimmen gehabt. Aus den hiezu weiter gewonnenen Angaben scheint hervorzugehen, daß er den F. nicht beneidet habe. F. sei doch verheiratet gewesen. Er sei nur bei F. Lehrling im Remontieren gewesen, während F. sie »karessierte«. Er habe aber nichts dagegen gehabt. Ferner will er schon Jahre vorher Ohrenzeuge eines Begattungsaktes des F. gewesen sein, als ihn dieser, während der Badekur in B., einmal einlud, bei ihm zu übernachten. Er habe auf dem Kanapee geschlafen und sei ob des Aktes erwacht.

Dabei will er gehört haben, wie die Frau während des Aktes sagte, »hör auf, tue es nicht,« was er, Patient, darauf beziehe, daß ihm F. habe Geld nehmen wollen, wovon ihn die Frau habe abzuhalten versucht. Er habe damals, um die Badekur zu bezahlen, 100 Fr. bei sich gehabt.

Beim Begattungsakt sei nun vielleicht etwas auf ihn (Patienten) übergegangen. Sie wollten ein Kind zeugen, er habe nur gehört, wie sie sagte, er solle warten, bis Alice, das vorhandene Kind, aus der Schule komme. Sofern demnach dieses Erlebnis tatsächlich ist, würde sich ergeben, daß er das »hör auf, tue es nicht« falsch bezogen hat. In sein schizophren-unklares Denken würde es dann passen, daß er beide Bezogenheiten unverarbeitet nebeneinander bestehen läßt und beide als richtig festhält.

(Vom Akt etwas auf Sie übergegangen?) Das hat mich vielleicht angegriffen, das ist eine Kraft, wir waren Freunde. Ich hatte gegen ihn Mißtrauen, gegen sie nicht so, ich wußte, daß sie noch »Charaktersinn« hat, gegen mich machte sie nicht so »böses Spiel«.

(Wie stellen Sie sich eine solche Kraft vor?) Mit welcher Kraft es vor sich geht, weiß ich nicht. Und dann (beim Akt) hat er noch eine andere Kraft, hat »Energie«; so hat er eine große Kraft, die er konzentrieren oder leiten kann, wenn er es begehen will. Im Akt hat er höchste Kraft, kann begehen, was natürlich nicht geht.

(Haben Sie das Gefühl gehabt, daß er eine Kraft auf Sie überträgt?) In der Schule war er erster, hatte Kraft, war »Regent« bei den anderen. Ich mußte mich ihm unterziehen, bei der Feuerwehr, im Turnverein; er gründete ihn. Dann als Lehrling habe mich ihm unterziehen müssen: als Uhrmacher. So hat es schon sein können, daß er eine Kraft auf mich ausübte. Er habe da seinen Willen abgegeben wie im Dienste (Militärdienste) auch.

Um die Kraft, die F. auf ihn ausgeübt hat und noch ausübt, weiter zu begründen, führt er noch an, daß F. immer vom Hypnotisieren und »Bannen«, ferner von »Freimaurerei«[1]) gesprochen habe. F. sei Freimaurer gewesen. Die Freimaurerei verleihe eine Kraft, die nun F. auf ihn ausgeübt habe. Seither habe er (Patient) mit ihr zu tun gehabt, habe aber nach »seine herzliche Gefühle« mit ihr nicht einverstanden sein können, gleichwohl habe sie ihn gepackt.

Dies alles seien, fügt er spontan hinzu, alle seine Erinnerungen, die er habe. Wichtiges fehle nicht.

Aus psychoanalytischen Gedankengängen heraus könnte man annehmen, daß hier eine homosexuelle oder homoerotische Bindung an den F., so letzterer reell existiert hat, oder an eine Imago, so letzterer nicht reell ist, die Grundlage für das Erlebnis dieser »Bekraftung« von außen, eben durch den F., abgegeben hat. Es gelang mir bisher

---

[1]) Die Einstellung des Volkes zur Freimaurerei, besonders der katholischen Welt, darf als bekannt vorausgesetzt werden.

nicht, bei ihm sonst Neigung zu homosexuellen und homoerotischen Bindungen nachzuweisen. Er negiert jeden Trieb zum gleichen Geschlecht. Männerfreundschaften pflegt er in der Anstalt keine. Die obige Annahme wäre daher rein hypothetisch, eine Andeutung, die für sie sprechen könnte, ist auf S. 54 angeführt. Heterosexuelle und heteroerotische Bindungen bestanden, scheinen aber flüchtiger Art gewesen zu sein. In der Anstalt wurde nichts Bedeutsames in dieser Richtung bemerkt. Er neigt nicht zu sexuellen Bildnereien, obwohl er, wie wir schon erwähnten, viel zeichnet. Auch in seinen Stimmen, soweit er ihnen laut antwortet, kam Inanspruchgenommensein durch die Sexualität nicht zum Vorschein. In der Anamnese wurde auch nichts Dahingehendes aufgeführt.

Die autosexuelle Komponente in Form der Onanie ist vorhanden. Er hat, wie er angibt, seit seinem 13. oder 14. Lebensjahr, verführt durch bezügliche Anspielungen eines anderen, öfter onaniert. Während der heterosexuellen Beziehungen habe er es sein lassen, nachher habe er es wieder hie und da gemacht, wenn »es ihn zu stark plagt«. — Das wird auch jetzt so sein, was durch den Mangel an Möglichkeit zu heterosexuellem Verkehr infolge der Internierung auch bedingt sein kann.

Wesentlich ist für uns hier die Feststellung, und das ist mit ein wichtiger Grund, warum wir näher darauf eingegangen sind, daß kein erkennbarer psychologischer Weg von seiner Sexualität zu seinen technischen Erfindungen führt. Niemals ergab sich aus seinen Aussagen und »Einfällen« ein dahin gehöriger Zusammenhang. Direkt danach gefragt, negiert er ihn. Wir führen das letztere am Schlusse an, weil es nach der psychoanalytischen Lehre über die Rolle und Wirkung des Unbewußten nicht beweisend wäre. Ob trotzdem erotische Komponenten, mitwirken, wollen wir noch später erörtern.

Zum Schlusse dieser Ausführungen sei noch einiges über seine »Zahlensymbolik« gesagt. Die Ableitung, die er für sie gibt, leuchtet deutlich in das schizophrene Denken hinein.

Gelegentlich einer Unterredung über seine Stimmen (13. XI. 24) sagt er: Zu gleicher Zeit stelle ich zwei ungleiche Fragen. Darauf antwortet mir die Stimme mit entweder oder. Ich »unterrichte mich so in allen Passionen, wo ich kann erfinden«. Er denke über Sachen, die es viel im Leben gibt. Er habe »viel in Physiologie und Krankenheilkunde gemacht«, habe »die Idee gehabt«, er »könne durch ansehen einen heilen«, habe »im Gefühl eine solche Kraft gehabt« (s. oben S. 43).

a) (Beispiel für zwei solche Fragen): (Patient horcht.) Es spricht nichts, ... So jetzt. Ich habe die Frage gestellt: Wie viel? Nicht wie viel? Da heißt es 8 (durch die Stimme). Ich habe für mich die Zahl 8 angenommen, das was ich herausgebracht habe. Sie ist eine gebrochene Zahl, eine gebrochene Null. Null gedreht. (Was für Bedeutung?) Das ist meine »Festigkeit, die ich habe durch die Zahl. Ich setze mich auf die Zahl«, ich »verpflichte mich auf die Zahl im Handeln, im Tun, das ist meine Befestigung. Ich könnte sagen »Festung 8, Festungszahl 8«. Es ist »so eine Kraft«, daß »mich Ungerechtes nicht kann angreifen, was mir die Stimmen sagen, nicht kann beeinflußt werden durch Ungerechtigkeiten, Schlechtigkeiten, Dummheiten«.

b) (Warum gerade die Zahl 8?) Ich habe viel in »Theologie studiert«[1]) und gefunden, daß das die beste Zahl für mich ist. »Auf diese Zahl 8 arbeite ich im allgemeinen.«

c) (Seit wann die Zahl 8?) Seit ich da (in der Anstalt) bin. Bin wohl dabei, daß ich nicht ungerecht beeinflußt werden kann.

d) (Kommt Ihnen etwas in den Sinn bei der Zahl 8?) Das ist Verschiedenes. Viele Wege.

---

[1]) Vgl. oben S. 43 sein Missionärsein.

e) (Was ist 8 in der Theologie?) Ich weiß nicht. 9 ist eigentlich Theologie, 8 wäre Untertheologie. »Jesuit — heißt Jesu in 8« (huit = 8). »Da bin ich auf die Zahl 8 gekommen, daß Zahl 8, so auf Zahl 8 gekommen, sie angenommen.«

f) (Wenn Sie die Zahl 8 »im Bild« nehmen, erinnert sie Sie an etwas?) Nein. Ich habe mein Glück, meine Zukunft auf die Zahl 8 gesetzt. Höher kann ich nicht, auf 9.

g) (9 ist höchste?) Ja, das ist das höchste, der Papst, der Bischof.

h) (7, 6 haben auch Bedeutung?) Auch, nicht so schwer (gewichtig) wie 8. So habe ich gefunden, daß 1, 3 und 6, 7 und 8 und 9 (unabgeschlossener Gedanke, der Sinn bleibt unklar). Ich stehe unter (dem Grade nach) Zahl 9.

i) (Wenn Sie die Zahl 8 aussprechen, was fühlen Sie dann?) Wohl, gesichert.

k) (Wenn Sie eine andere Zahl aussprechen, nicht?) »Nein ganz« (nicht ganz).

l) (7?) 7 ist die Zahl des Sonntags.

m) (6?) 6 der Hexerei, böse Umtriebe, verdumpfte Umtriebe.

n) (5?) 5 ist Natur, Geburt der Natur.

o) (4?) 4 ist, habe ich herausgefunden, ist Ehe, 2 mal 2. (Warum?) Ich kann es nicht genau erklären.

p) (Was ist 2 beim Mann?) Das, was ich für mich bin, was ich für ihn bin. (Das könnte man im psychoanalytischen Gedankengang dahin deuten, daß es sich um die Bedeutung der 2 Hoden für sich (Autosexualität) und für den anderen Mann (Homosexualität) handelt).

q) (3?) 3 ist Eid, Handeid, Erheben 3er Finger, Dreieinigkeit.

r) (2?) 2 ist — habe es nie recht untersucht —, nicht wichtig, kann sagen 1 und 1 ist 2. In Theologie ist es Firmament und Erde. Firmament 1, Erde 1, sind geteilt und getrennt.

s) (1?) 1 ist der Bestand, der eine Bestand.

Das haben mir nicht die Stimmen gesagt, geholfen (haben sie) natürlich.

t) (Die Form der Zahl 8, erinnert Sie an etwas?) Ja, das ist Null, gedreht — 8 ist eigentlich Null — sie wird gebrochen — nein, nicht gebrochen, gebunden, gebundene Null.

u) (Hat das etwas mit Geschlecht zu tun?) Nein — nein — nein, glaube es nicht — weiß es nicht. . . . .

v) Null ist Zahl, die höchste Zahl in der Theologie. 9 ist geöffnete Null, 6 und 8 auch, 2 auch, geöffnete Null, hat wenig Bedeutung.

Null ist höchste Zahl, höchste Kraft.

Das beigebrachte Material erlaubt mir nicht, den psychologischen Werdegang dieser Zahlensymbolik im einzelnen zu beleuchten. Die Berufung des Patienten auf seine theologischen Studien nützt mir nichts, da er mir die Stellen, die ihm Anregung, Ausgangs- und Anhaltspunkt gegeben haben sollen, nicht nennen konnte. Den Stützpunkt seines zahlensymbolischen Baues scheint die Zahl 8 zu bilden. Dafür spricht, daß er einzig bei ihr den Weg, auf dem er ihre Bedeutung gefunden haben will, näher angeben kann und daß sie ferner die einzige ist, deren Symbolbedeutung er mit seinem persönlichen Leben aufs innigste verknüpft. Letzteres zeigt sich in seinen hiefür verwendeten Ausdrücken und Umschreibungen, wie z. B. das ist meine Befestigung, ist so eine Kraft, daß mich nichts Ungerechtes angreifen kann, ich verpflichte mich auf sie usw. (s. oben bei a). Daß ihm dieser Weg nicht sofort einfällt, hat sein Analogon auch im normalen Denken, besonders im Müdigkeitsdenken. Das gleiche gilt für die Tatsache, daß er mehr zufällig jene Ableitung (e) gibt oder wieder findet, die, unter dem Aspekt schizophrenen Denkens betrachtet, annehmbar ist. Es ist auch daran zu denken, daß diejenigen Erlebnisse und Gedanken, die im schizophrenen Denken entstanden sind, eine diesem letzteren analoge Störung bei der Reproduktion aufweisen können.

Diese Ableitung gibt er unter e), nachdem vorher die Antwort kam, »ich weiß nicht« und dann eine gedanklich äußerliche, sekundäre erschien, nämlich 9 ist eigentlich Theologie und 8 Untertheologie, was man etwa so übersetzen könnte: 9 ist Theologie, 9 ist größer als 8, also ist 8 Untertheologie, ein formallogisch richtiger Schluß, der aber eben gedanklich nichts besagt. Dann erst kommt die Ableitung aus Jesuit. Ihre charakteristischen Elemente sind die folgenden: Er zerlegt willkürlich Jesuit in Jesu und uit, hält sich also nicht an die sprachlich gegebene Zerlegung in Silben und nimmt außerdem das u in beide Bestandteile. Wegen des äußerlichen Gleichklanges identifiziert er uit mit dem französischen huit, erhält so die Zahl 8 als enthalten in dem Wort, und da er das Wort Jesu auch darin vorgefunden hat und ferner — im räumlichen Wortbild — das Jesu mittels des u in das uit hinübergreift, so substituiert er diesen räumlichen Wortbildtatbestand, auf Grund eines unbestimmten, unklaren, die Zusammenhänge nicht weiter wertenden Denkens, durch das gedankliche Ineinanderenthaltensein. Dadurch erhält er Jesu in 8, und auf dem Boden einer sachlich unzulässigen Gedankenverschmelzung tritt der Begriff 8 an Stelle des Begriffes Jesu und vertritt ihn. In der Zahl 8 liegt daher nun das, was das religiöse Erleben in Jesu findet, den Halt, die Verpflichtung usw. oder in der Verschrobenheit der schizophrenen Sprache die Befestigung, Festung 8, Festungszahl 8, welche Worte nun verständlich werden. Das Wort Jesuit ist ihm geläufig und seine gewöhnliche Bedeutung wird ihm nicht unbekannt sein, das Theologiestudium, auf das er sich, wie erwähnt, beruft, wird ihn mehrfach darauf geführt haben. Nun sind auch die Punkte f) und i) verständlich.

Die Ableitung der Zahl 8 und weiterer Zahlen (s. oben) aus der Null erscheint zunächst als eine zahlenfigürliche Spielerei. Für die Zahl 8 ist sie noch am naheliegendsten, indem die Herstellung von Kettengliedern und Ösen in Achterform durch Drehen der beiden Hälften eines der Null ähnlichen Ovals um eine Halbierungsachse der handwerklichen Erfahrung bekannt ist. Bei den anderen Zahlen erscheint es gezwungen, mehr aus oberflächlicher Ähnlichkeit heraus durch nicht gerechtfertigte Analogisierung entstanden. Danach wäre es möglich anzunehmen, daß die Null zu ihrer höchsten Symbolstellung (als höchste Zahl, höchste Kraft) durch äußerliche Momente, was dem schizophrenen Denken nicht fremd wäre, gekommen ist.

Doch sind hier noch andere gedankliche Möglichkeiten zu erwähnen, obwohl das von ihm gelieferte Material für sie keine direkten Anhaltspunkte liefert: Die Null zeigt in ihrer Insichgeschlossenheit Ähnlichkeit mit dem Kreis, dessen hohe Symbolbedeutung aus der Mythologie bekannt ist. Es ist daher möglich, daß die Null von vorneherein die hohe Symbolbedeutung hatte und daraus dann das Streben entstand, möglichst viele der Zahlen auch der Form nach aus ihr abzuleiten.

Ferner ist auch an psychoanalytische Gedankengänge zu denken. Nach diesen wäre hier höchste Kraft als sexuelle Kraft aufzufassen, was gut zu der Symbolisierung des einen Hodens durch eine Null passen würde. Damit würde sich dann auch die Ableitung der übrigen Zahlen als durch die Abhängigkeit ihrer Symbolbedeutungen von der Sexualität erweisen. Daß Patient bei Frage sub u) bezüglich einer Beziehung zum Geschlechtlichen eine negative Antwort gibt, könnte der Psychoanalytiker auf die Wirksamkeit des Verdrängungswiderstandes zurückführen. Aber es ist doch zu beachten, daß die das Sexuelle betreffenden Antworten sub p) und u) erst durch provozierende Fragen zustande kamen, was ihre Beweiskraft stark mindert.

Wir können diese beiden Möglichkeiten als theoretische nur erwähnen, ohne uns für eine von ihnen entscheiden zu können. Dabei betrachten wir die erstere als die möglichere, weil er bei seinen sog. theologischen Studien auf entsprechende mystische Vorstellungen gestoßen sein kann, während wir für die andere noch weniger direkte Anhaltspunkte haben. Sie würde für uns erst bindend werden, wenn wir die psychoanalytische Theorie als allgemeingültig annehmen würden, was wir nicht können.

Was die Symbolbedeutung der übrigen Zahlen anbelangt, so scheint sie zum Teil aus mystischen Vorstellungen übernommen wie 6 = Hexerei, 5 = Natur, 1 = der Bestand, zum Teil unklaren oder äußerlichen Beziehungsetzungen, die auch ad hoc, gelegentlich der Fragestellung, gebildet sein können, entsprungen, wie sub l), q) und r). Er sagt denn auch (sub o) und r)), er könne es nicht genau erklären, habe es nie recht untersucht. Besonders sub r) scheint die ad hoc-Bildung deutlich zu werden.

Nachdem die eben vorgeführte Analyse seiner Zahlensymbolik abgeschlossen und für diese Arbeit niedergeschrieben war, habe ich am 23. VII. 1925, also zirka 8 Monate nach der ersten Materialaufnahme für sie, eine erneute Untersuchung über dieselbe angestellt. Ich gebe nachstehend die Ergebnisse derselben, nach der wörtlichen Niederschrift, wiederum in der schriftdeutschen Übersetzung seines Dialektes, vollständig wieder. Der Patient wurde völlig unvorbereitet aus der Schreinerwerkstatt in mein Bureau geführt, ich hatte ihn am Untersuchungstage außerdem vorher nicht gesehen.

(Sie haben mir einmal von Zahlen etwas gesagt.) (Patient mit erfreutem Gesicht.) Die Zahl 8, hauptsächlich die Zahl 8.

(Wie ist das?) Das ist einfach. — Ich kann nichts anderes (weiteres) sagen — die Zahl 8 ist mir einfach gut — ich habe so die Idee. (Haben die Idee?) Das ist die gebrochene Null oder gekreuzte Null — eigentlich Null so (Patient demonstriert spontan mit den Händen, wie durch Drehen der einen Hälfte der Null bei festgehaltener anderer die Form der Zahl 8 entsteht, wie oben S. 55 von mir beschrieben) gedreht gibt dann 8.

(Und die anderen Zahlen?) Da habe ich nichts mehr zu tun, hauptsächlich 8, was in 8 ist.

Und 4, sagt Patient spontan weiter, ist die Hälfte. Nicht wahr?!

Zahl 3, habe ich studiert, ist nichts weiter, Zahl 3 ist ein Ganzes.

Zahl 5 habe ich gefunden ist Natur, hauptsächlich Natur, alles in allem unbestimmt.

Zahl 6 ist unsicher, zu allen Zwecken gebrauchbar.

Zahl 7 ist, ich weiß nicht, ist so — kann nicht sagen — ganz genau — ist mir unbekannt, was sie im allgemeinen zu bedeuten hat, ist mir verschlossen — wahrscheinlich verschlossen worden durch 8 — wie ich es betrachte. Zahl 8 ist geschlossene Null: sind 2 Nullen und doch nur eine.

(Und die anderen Zahlen?) Weiter bin ich nicht mehr — die große Theologie — hauptsächlich Theologie — hauptsächlich die katholische hat Zahl 9 — über 8 bin ich nicht mehr (gekommen) — habe es nicht mehr angegriffen.

(Spontan) 10 bedeutet, soviel ich weiß, Geld.

11 ist falsch.

12 ist wieder geschlossen.

(Und Null?) Ist geöffnet, aber nicht alles — geöffnet und doch geschlossen. — Null ist, wie ich es begreife die ganze Herrlichkeit, ist etwas und doch nichts. 7mal ist eben verschlossen — das gleiche kehrt 7mal ... und in 8 ist es verschlossen.

(Was für Sie in 8 ist, wie haben Sie es gefunden?) Wenn man so weit ist — ich habe Studium gemacht, von dem was ich da sage — in der Wissenschaft — bin bis 7 gekommen — weiß, daß sich 7mal widerlegt — ja und nein: Lüge und Wahrheit — Wahrheit wird widerlegt. Die Zahl 8 ist »Bann« für mich, ein Schlüssel, daß ich nicht alles überlegen muß, alles habe ich auf die Zahl 8 gelegt. Weiter habe ich nicht wagen dürfen, wegen großer Theologie — Bischof — Papst.

(Aber wissen Sie, Sie haben mir das erstemal, wo wir darüber geredet, erinnere ich mich, gesagt, Sie sind auf die Bedeutung von 8 gekommen — von Jesuit.) Aha, ja Jesuit, das stimmt (erfreuter Ausruf), ich habe das Wort Jesuit nicht verstanden. »Uuit« ist im Französischen 8 — Jesus, der Heiland — also Jesu in 8. Ich habe gehört berichten vom 7 mal versiegelten Buch Moses, (sie) machen dabei Verschiedenes, so Hexerei: — Jetzt glaube ich Jesuit — Jesu in 8 — in Acht und Bann — gebannt — Öffnung geschlossen — jetzt ist es fertig, hört auf (mit der Zahl 8, Verf.).

Sonst im allgemeinen hat es (die Zahlen, Verf.) auf mich keinen weiteren Einfluß, als die Zahl 8. Durch Studium dazu gekommen, daß mit Zahl 8 aufhört. Wollte man es erzwängen, so wäre es vielleicht schädlich — verboten, darüber hinauszugehen. Das (8) ist ja Sicherheit.

Wir erkennen aus dieser zweiten Untersuchung über die Zahlensymbolik des Patienten, daß

1. die Zahl 8 darin die erste Stelle einnimmt, daß er ihr wieder die gleiche Bedeutung beimißt und ferner, daß er für sie dieselbe Ableitung gibt. Er gibt sie zwar erst, nachdem die Erinnerung an sie provoziert wurde, aber dann mit Ausrufen und mit einem affektiven Ausdruck, der aus der Bekanntschaft mit entsprechenden Ausdrucksmomenten des Geistesgesunden ergibt, daß es sich um ein sicheres, eigenes Wiedererinnern und nicht etwa nur eine ad hoc-Konstruktion handelt.

2. Die übrigen Zahlen treten ganz in den Hintergrund, was er ausdrücklich selber spontan betont.

3. Für unsere Ansicht über die Bestimmung ihrer Symbolbedeutung spricht die Tatsache, daß er ihnen diesmal, soweit er es überhaupt tat, eine andere Bedeutung zuordnete.

4. Es fehlt diesmal, da auch bezügliche provozierende Reize weggelassen wurden, jede direkte Andeutung einer Beziehung zum Sexuellen und Erotischen, was unsere Stellungnahme zur psychoanalytischen Deutung stützt.

Zusammenfassend ist also zu sagen, daß unsere Analyse und Deutung des Materials bestätigt wurde.

Die Eigenart des schizophrenen Denkens und Satzbaues wird in den wörtlich aufgenommenen Reproduktionen deutlich. Die Sätze sind verstümmelt, das Subjekt und das Hilfsverbum werden oft weggelassen, es bleiben Satzbruchstücke, aus deren Nebeneinanderstellen man das Einfallsartige der Gedankenfolge erschließen darf. Die einzelnen Gedankengebilde bleiben unabgeschlossen, die Begriffe werden unscharf begrenzt und unbestimmt verwendet. Die Unbestimmtheit wird durch entsprechende Ausdrücke, ich weiß nicht, alles in allem unbestimmt u. a. direkt kundgegeben. Hiezu finden sich, darin ist C. Schneider recht zu geben, Analoga im Müdigkeitsdenken.

Wir verlassen damit die allgemeine Darstellung von Krankheitsgeschichte und Krankheitsbild und gehen nunmehr zur zusammenhängenden Schilderung und Analyse der technischen Leistungen unseres Patienten über.

Oben (S. 45 und f.) haben wir über die Anfänge seines technischen Erfindertums und über den Beginn der technischen Phase, wie wir das kurz bezeichnen wollen, gesprochen. Es sei darauf verwiesen. Dort erwähnten wir das sog. »Dezimalmobille«, das wenigstens, soweit zeichnerische Darstellungen vorliegen, die erste dieser Erfindungen ist. Wir beginnen daher mit ihrer Besprechung und bringen das Weitere in der gleichen chronologischen Folge, wie unsere Beobachtungen erfolgten, weil dadurch der Werdegang seiner technischen Gedanken und ihrer Ausführung ersichtlich wird und auf diese Weise auch die von außen an ihn herangetretenen psychischen Reize gleich an der ihnen zukommenden zeitlichen Stelle eingesetzt und berücksichtigt werden können.

Seine eigene, 1923, schriftlich fixierte Schilderung des zugrunde-liegenden Gedankens, die ich der Verständlichkeit halber nur durch eine Skizze mit den von ihm verwendeten Buchstaben ergänze, lautet wie folgt:

»Erklärung zur Dezimalmobile-Maschine

Erklärung I.

Die Dezimalstange A (s. Fig. 18) dient dazu, um das ungleiche Eczendrum herzustellen, durch welches es möglich ist ungleich schwere Gewichte zu heben. Dut man die Gewicht C auf den Punkt N, so entsteht dadurch das Gleichgewicht der beiden Gewichte B.

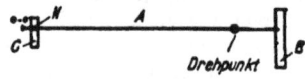

Fig. 18.

und C. Dut man die Gewicht C. an den Ort o—o so erhält C. dadurch eine entsprechend größere Chraft über die Gewicht B—B^1 $(= B)$ drozdem B—B^1 fill schwerer ist als C. So hebt un(d) senken das leichtere Gewicht die schwerere in die Höhe. Nimt man die Gewicht C. fort so senkt sich die Gewicht B—B^1 rasch und kräftich in ihren Ruhepunkt, legt man die Gewicht C. wieder bei o—o auf die Stange so get's mit der kleinen Gewicht ebenso rasch wieder droz der großen Gegengewicht B—B^1 $(= B)$. der Gewicht B—B^1 ist es nicht mer möglich die Gewicht C zu heben ohne eine dementsprechende Vorrichtung Dadurch entsteht bei beiden Gewichten eine Krafterzeugung, die ich gedenke auszunützen mit Hilfe der dazu erfundenen Vorricht $D + D^4 D^3 \cdot D^2 D^5$ und $D^1 L \cdot B_6$ und C^1.« (Diese Buchstabenbezeichnung bezieht sich auf die nicht mehr vorhandene Zeichnung, die der »Patentanmeldung« zugrunde lag).

Die mangelhafte Orthographie und Grammatik und der schwerfällige Stil sind durch seine unzulängliche Schuldbildung und Übung — für die Schweizer ist das Schriftdeutsch eine Fremdsprache —, sowie auch durch sein allgemeines geistiges Niveau bedingt.

In eine verständliche Form transponiert heißt das:

Die Stange bildet einen ungleicharmigen Hebel (ungleiches Exzendrum). Der Punkt N sei so bestimmt, daß das kleinere Gewicht C wie beim Dezimalwagebalken dem größeren B das Gleichgewicht hält. Verlegt man das unverändert belassene Gewicht an den weiter links liegenden Punkt o—o, verlängert also seinen Hebelarm, so ist es imstande, das viel schwerere Gewicht B zu heben (erhält entsprechend »größere Kraft«). Hebt man nun C von der Stange ab, so ist B gegenüber dem Gewicht des leeren, linken Stangenteils im Übergewicht und senkt sich bis zu dem Punkt, der ihm möglich ist. In diesem Momente soll nun C wieder auf A aufgelegt werden, wodurch es wieder die Stange links herunterdrücken und damit B heben und womit das Spiel von neuem beginnen kann. Beide Bewegungen sollen nun auf eine Vorrichtung übertragen werden, die dann die »Kraft« liefere, welche zu weiterer Verwendung zur Verfügung stehe.

Wir sehen daraus, daß das »Prinzip« in dem (s. das II. Kap. S. 22) alten und von Perpetuum mobile-Erfindern immer wieder aufgenommenen Gedanken, den ungleicharmigen Hebel zur »Kraftgewinnung« zu benutzen, besteht. Der Gedanke ist demnach nicht originell. Wie aus dem Namen »Dezimalmobile« hervorgeht, hat ihn das Prinzip der Dezimalwage, die er z. B. bei den regelmäßigen Wägungen der Patienten (Körpergewichtsbestimmung) beobachten konnte, gepackt. Der Gedankengang ist formal logisch, in dieser Weise herausgeschält, richtig und mit der Mechanik in Übereinstimmung. Die Schwierigkeit ist nunmehr das Gewicht C von der Stange im richtigen Momente abzuheben und wieder auf sie zu bringen, was, damit es ein P. m. ist, durch die ganze Vorrichtung selbst ohne »Kraft«zufuhr, besser Energiezufuhr von außen geschehen muß.

Wie das vonstatten zu gehen hat, schildert er in der unmittelbar folgenden »Erklärung II«. Wir geben diese in gleicher Weise wie oben, in bereits transponierter Form wieder, mit Einschaltung von einzelnen wört-
lichen Ausdrücken von ihm und zwar an Hand der endgültigen Zeichnung, die in Fig. 19 verkleinert zu finden ist. Ihr sind verschiedene andere Versuche vorausgegangen, die wir hier nicht wiedergeben wollen. Sie zeigen, mit der Fig. 19 verglichen, deutlich, daß er möglichste Vereinfachung der Konstruktion erstrebte. Dieses Streben drückte er gelegentlich (24. VIII. 24) durch folgende Worte aus: »Ich gehe immer auf's Einfachere«.

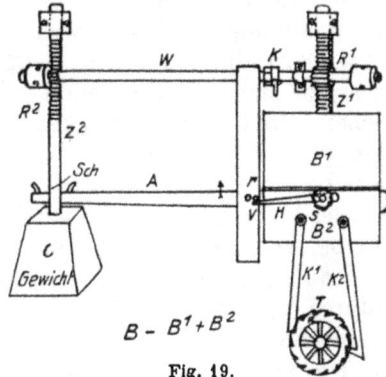

Fig. 19.

Das Gewicht B ist in zwei Teilgewichte B_1 und B_2 zerlegt, wobei B_1 größer ist als B_2. B_1 kann bis zu einer einige »Millimeter« großen Distanz von B_2 abgehoben werden. Diese Abhebung soll durch das Rad S erfolgen, welches durch den Hebel H gedreht wird, der seinerseits durch den Stift V betätigt werden soll. Z_1 und Z_2 sind Zahnstangen, in welche die Räder R_1 und R_2 eingreifen, die ihrerseits auf der Welle W sitzen. Letztere besteht aus einem linken und einem rechten Teil, die durch eine Art Kupplung K verbunden sind, so daß sie gemeinsam oder selbständig sich drehen können. An der Zahnstange Z_1 hängt das Gewicht $B = B_1 + B_2$, an Z_2 das Gewicht C. In C ist ein Schlitz Sch, in welchem die Hebelstange A sich bewegen kann. Die Räder R_1 und R_2 sind verschieden groß, um die vorhandenen verschieden großen

Bewegungen der Stangen Z_1 und Z_2 zu erzeugen. Die Klinken K_1 und K_2 sollen zur Erzeugung der drehenden Bewegung des Triebrades T dienen, von dem aus die Bewegung auf die Nutzmaschinen übertragen werden soll.

Das Funktionieren dieses P. m. denkt er sich folgendermaßen: Es werde z. B. von der Senkung des Gewichtes C als Ausgangsbewegung ausgegangen. Dann geht $B = B_1 + B_2$ in die Höhe. Während dieser Bewegung soll gleichzeitig allmählich B_1 von B_2 durch die Vorrichtung $V—H--S$ abgehoben werden. Ist nun C in seiner tiefsten Stellung angelangt und B_1 maximal von B_2 abgehoben, so soll sich S so weit gedreht haben, daß an die Stelle eines Zahnes eine Zahnlücke tritt und B_1 auf B_2 zurückfällt, wodurch die Stange A vom Gewichte C entlastet werde. »Und hebt die Gewicht C in einem Schnell von der Stange A. So wird die Stange A entlastet von der Gewicht C. und in die Höhe gezogen«. Gleichzeitig werde damit C, wenn A am oberen Ende seines Schlitzes angekommen ist, emporgezogen. »So ist das einmalige Spiel vollendet.« Wenn das Gewicht $B = B_1 + B_2$ die tiefste Stelle erreicht hat, wird durch eine Stange, die an dem Fortsatz der Kupplung K angreift, diese ausgeschaltet. Durch die Auslösung der Kupplung wird nun der linke Teil der Welle W in seiner Bewegung von ihrem rechten Teil unabhängig. Das Gewicht C ziehe jetzt wieder die Stange links hinunter, wodurch $B = B_1 + B_2$ wieder in die Höhe geht »und so weiter. So ergibt sich immerlaufende Maschine, die durch die Selbstkraft betrieben wird«. »Beim Senken der Gewicht $B = B_1 + B_2$ drückt die Stange K_1 (Klinke) auf den Zahn des Zahnrades (Triebrad) T und bringt dasselbe ein Stück in Umlauf. Hebt sich die Gewicht B so zieht K_2 an und der Umlauf des Rades geht gleichfalls vor sich.« R ist die Riemenscheibe, von der aus mittels Riemens die »Kraft« abgenommen werde, die das P. m. liefere. Den »Beginn der Bewegung des P. m. denkt er sich dadurch erzeugt, daß schon beim Montieren desselben die Hebelstange A in eine Extremlage gebracht wird und so das »Spiel« beginnen könne.

Die mechanische Hauptschwierigkeit der Konstruktion, die er bemerkt (gefühlt, fühldenkt oder klar erkannt, das lassen wir unentschieden, wenn wir auch seiner psychischen Struktur entsprechend eine der beiden ersten Formen als wahrscheinlich betrachten) hat, sonst hätte er nicht versucht, sie zu überwinden, liegt darin, das Gewicht C, trotzdem es von vorneherein so angebracht ist, daß sein Drehmoment größer ist als dasjenige von B (es im »Übergewicht« ist) wieder in die Höhe zu bringen, und zwar, wie es der Idee des P. m. gemäß ist, durch dessen Einrichtung selbst, also ohne Eingriff von außen. Er versucht die Lösung dadurch, daß er eine »bewegte Kraft«, einen »Impuls« (Schnell) einschaltet indem B_1 auf B_2 herabfällt und nimmt an — ohne es ausdrücklich zu sagen — daß durch die dem rechten Teil der Hebelstange dergestalt mitgeteilte Bewegung der »Schnell« schließlich so stark wird, daß das Gewicht C emporgezogen oder emporgerissen wird. Er hebt selber hervor, daß die Sache schwierig sei, und daß er sich bemüht habe, die nötigen Verhältnisse der Hebellängen und der Zahnraddurchmesser zu berechnen und »glaubt« sie gefunden zu haben, was sich daraus erschließen läßt, daß er den »Glauben« hat, dieses P. m. »müsse gehen«.

In dieser Beziehung unterscheidet sich sein Glaube nicht von jenem geistig normaler Perpetuum mobile-Erfinder und ist an sich nicht psychotisch. Wir werden noch sehen, daß er hierin einzelne derselben an »Normalität« durch Selbstkritik noch übertrifft.

In dem Versuch, die genannte Hauptschwierigkeit zu überwinden, offenbart sich die Unklarheit und der Mangel an technischer und mechanischer Folgerichtigkeit des Denkens. Sie ist bedingt: 1. Durch seine mangelhafte theoretische Fähigkeit und Schulung und 2. durch die gedankliche Blendung oder Denkblendung, welche durch den Glauben, mit dem Dezimalprinzip und auf diesem speziellen Wege das P. m. zu finden, gegeben ist. Dieser Glaube bindet das Denken in dem Sinne, daß er die kritischen Vorstellungen und Gedanken an ihrer Wirksamkeit hindert, sie vom Denkfelde abblendet. Wie diese Blendung auch bei diesem Patienten doch wieder aufgehoben werden kann, werden wir noch sehen.

Er beachtet nicht, daß zur Hebung des Gewichtes B_1 über B_2 doch wieder eine Arbeit nötig ist und denkt sich irgendwie unbestimmt und unklar (fühldenkt), daß das von C geleistet werden kann, ohne das, durch die anderen Bedingungen nötige Verhältnis von C und B bzw. deren Hebelarme, zu stören. Wie der Impuls, der durch Fallen von B_1 auf B_2 auf einer Strecke von wenigen Millimetern genügen soll, um dann C in einem »Schnell« emporzuziehen, wird nicht klarer bestimmt. Wahrscheinlich meint er, dieser werde vergrößert, indem er im Gewicht C einen Schlitz anbringe, wodurch das linke Ende der Stange A einen gewissen Weg zu machen habe, bis es C emporziehen müsse.

Abgesehen davon, womit allerdings die Möglichkeit dieses P. m. fällt, hat er mechanisch formal richtig gedacht und alle die Vorrichtungen ausgedacht und angebracht, die zur Erzeugung der nötigen Teilbewegungen nötig sind. Er unterscheidet sich demnach auch darin nicht von nichtpsychotischen P. m.-Erfindern.

Außer diesem »Dezimalmobile« hat er noch ein »Gewichtsperpetuummobile« ausgedacht, in welchem er den Zug eines ruhend aufgehängten Gewichtes zur Krafterzeugung benützen will. In dem (S. 47) genannten Heft findet sich eine kleine Skizze desselben, die es in einem primitiven Stadium zeigt. Es erinnert da in seiner äußeren Form an einen Flaschenzug. Bei der Unterredung im Juli 1924 erklärte er mir, daß er mir den zugrundeliegenden Gedanken nicht mehr genauer erläutern könne. Diese Anregung genügte aber anscheinend, um sich erneut damit zu beschäftigen, denn als er einige Zeit später die Mög-

lichkeit bekam, seine »Ideen« in Modellen zu verwirklichen, begann er
auch dieses P. m. zu konstruieren. Während er sich mit der Herstellung
eines Modells für dasselbe beschäftigte, entwickelte er noch einige
weitere P. m.-Ideen. Von diesen heben wir hier zwei hervor.

In Fig. 20 ist die uns aus dem II. Kapitel bekannte Konstruktion eines
P. m. versucht. Sie plagt auch, wie ich aus mündlichen Mitteilungen weiß,
in dieser oder einer anderen Variation bereits die Köpfe von Knaben.

Auf einer drehbaren Scheibe sind 5 Röhrchen angebracht, in denen
sich Kugeln frei von der Peripherie nach dem Zentrum hin bewegen
können. Der Versuch an einem aus Mangel an Material und Werkzeug
grob ausgeführten Modell belehrte ihn,
daß »es nicht gehe«. Immerhin wollte

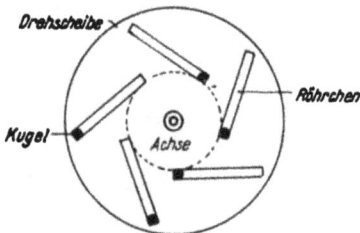

Fig. 20.

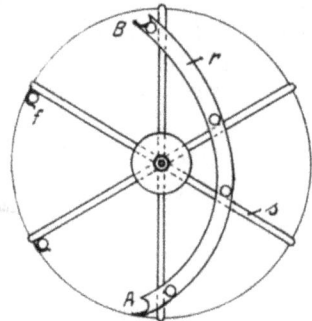

Fig. 21.

er sich noch nicht geschlagen geben, er kritisierte die Mängel der
Ausführung und meinte ferner, es müßte vielleicht der Durchmesser der
Scheibe größer gemacht werden, damit die Kugeln noch weiter gegen
das Zentrum fallen können, ein Grund, der das Wesentliche des Miß-
lingens übersieht. Als auch weitere Versuche mißlangen, änderte er die
Konstruktion nach Fig. 21. Darin ist ein geschlitztes Führungsrohr
für die Kugeln. Der Schlitz desselben ist so breit, daß die Radspeichen s
ihn ungehindert durchstreifen können. Das Rohr soll an seinen beiden
Enden A und B so ausgeführt werden, daß es bei A die Kugeln hinaus-
läßt, bei B sie aufnimmt, indem es sie vom Drucke der sie haltenden
Feder f irgendwie befreit, worauf dann die Bewegung der Kugeln von
neuem beginnen könne. Die Schwierigkeit, deren Behebung allerdings
dieses P. m. auch nicht möglich machen würde, nämlich diese Wieder-
einführung der Kugel ins Rohr r durch eine entsprechende Einrichtung
zu bewirken, hebt er spontan selber hervor. Einen klaren Lösungsver-
such brachte er nicht fertig.

Im weiteren beschäftigte er sich mit der Idee eines automatischen
Schiffes (Wasserperpetuummobile), von dem Fig. 22 eine Reproduktion
seiner bezüglichen Skizze zeigt.

Die laternenartigen Gebilde L (L_1, L_2, L_3, L_4) sollen zu einer
flachen Platte zusammenklappbar sein. Er bezeichnet sie als »Drucke«

(= Schachtel), »Kiste oder Laterne«. In der in der Fig. 22 festgehaltenen Stellung sind L_1 und L_2 offen, L_3 und L_4 geschlossen, d. h. zusammengeklappt. Das Auf- und Zusammenklappen der »Laternen« soll durch eine um die Achse (Welle) herum angelegte, automatisch arbeitende Vorrichtung, die er »Schaltwerk« benennt, erfolgen. Von der Laterne gehe durch die Röhre r ein Draht — bei größerer Ausführung eine

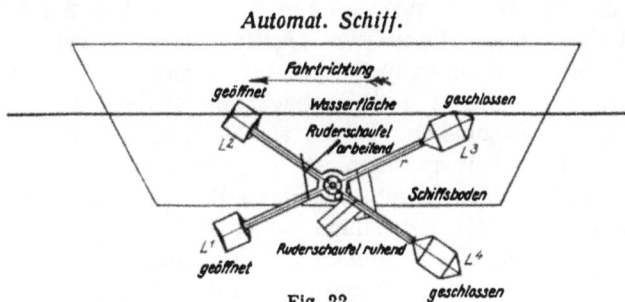

Automat. Schiff.

Fahrtrichtung
geöffnet · Wasserfläche · geschlossen
L_2 · Ruderschaufel arbeitend · L_3
Schiffsboden
L_1 · Ruderschaufel ruhend · L_4
geöffnet · geschlossen

Fig. 22.

Stange —, der durch das Schaltwerk im richtigen Moment betätigt, die Laterne auf- bzw. zusammenklappe. Die Laterne wirke, sagt er, wie ein »Schwimmer«. Ein solcher Schwimmer »steige im Wasser nach oben«. Er wisse das aus eigenen Erfahrungen und wisse auch, daß er eine »große Kraft noch oben« habe. Er habe es erfahren, was für eine Kraft es brauche, um z. B. einen Behälter von 10 l Rauminhalt unter Wasser zu drücken. »Einer allein bringe es kaum fertig«. Das Funktionieren dieses P. m. soll folgendermaßen geschehen: Über dem Wasser würden die Laternen durch das Schaltwerk zusammengeklappt, so daß sie als dünne Platten senkrecht zum Wasserspiegel eintauchten. Dazu brauche es »sehr wenig Kraft«. Im Wasser würden sie durch das Schaltwerk geöffnet. Sie würden dann als Schwimmer, im oben erläuterten Sinne, wirken, stiegen nach oben und nähmen das Rad mit, wodurch es in Bewegung versetzt würde. Sobald sie über dem Wasserspiegel emporgestiegen wären, würden sie wieder zusammengeklappt usw.

Das Schaltwerk werde, sagt er, mittels einer Feder oder mittels Nasen auf einer festen Scheibe betätigt, die die Stange heben und in dieser Stellung halten würden, bis bei der Weiterdrehung die Nase ihr Ende erreicht hätte, worauf die Stange gegen das Zentrum zurückfallen würde, z. B. meint er, könne man das so machen: Wie eine »Schere«, an deren oberem Ende das Klappkästchen, an den unteren Branchenteilen eine Schnur, die durch die Stange gespannt (Zusammenklappen der Laterne) bzw. entspannt (Aufklappen d. L.) würde.

Zum Aufklappen der Laterne unter Wasser braucht es doch Kraft, wende ich ihm ein. Das stimme, antwortet er, das habe er auch gedacht und er wisse darum nicht, ob es gehen werde, er hoffe aber, es werde möglich sein. (Mimik, Gestik, Wortklang sind so, daß man aus ihnen schließen konnte, er fühle, daß das der wunde Punkt des P. m. sei.)

Zwei solche Räder an einem Schiffe zu dessen beiden Seiten angebracht, würden dasselbe treiben. Es müßten hiezu noch Ruderschaufeln vorgesehen werden, die ihre Stellung zum Wasser änderten und zwar: arbeitend müßten sie senkrecht zur Fahrrichtung stehen, ruhend parallel zu ihr. Sie seien an den Röhren (r, Fig. 22) angebracht.

Den physikalischen Begriff des »Auftriebes«, der bei dem »Nachobensteigen« der Laternen in Frage kommt, kennt er nicht. Er arbeitet mit zufälligen Erfahrungen und Beobachtungen, die ihm als technisch Interessierten haften blieben. Dieses eigene Erleben (das Fühlen des Widerstandes, der zu überwinden ist, um den Behälter unter Wasser zu drücken und die physikalisch ungeklärte Beobachtung seines Emporsteigens) dienen ihm als Grundlage seines Erfindungsprojektes. Sein ganzes weiteres Denken und Meinen bei der Ausbildung des Projektes erhebt sich nicht über die Sphäre dieses intuitiven Fühldenkens, aus dem nur einzelne Teile als mechanisch klarere Gebilde hervorragen. Dort wo dieses Fühldenken, wie bei der Konstruktion des Schaltwerkes, der Anbringung der Ruderschaufeln, nicht mehr ausreicht, bleibt er bei mehr oder weniger unbestimmten Andeutungen.

Psychotisch ist das nicht, denn wir haben im II. Kapitel (S. 6 u. f.) gezeigt, daß diese Art technischen Arbeitens auch im primitiven technischen Denken geistig Normaler zu finden ist.

Eine »neue Idee« zu haben, das ist, dürfen wir schließen, die subjektiv treibende Kraft, die in der Befriedigung, sie gefunden zu haben, alle Schwierigkeiten beiseitesetzt (agglutinierte Kausalität, v. Monakow).

Hiezu folgendes aus einer Unterredung mit dem Patienten (24. VIII. 24): (Warum machen Sie ein P. m.?) Ich weiß nicht, wie ich angefangen, ich bin darauf gekommen, ich weiß nicht wie. Es war damals im Neubau, wie ich ihnen schon erzählte. (Die Frage wird wiederholt): Es kommt mir eine Idee. (Mit dem Ausdruck, als sei das eben einfach eine Erlebnistatsache, die er nicht weiter erklären könne.)

(Und wenn sie kommt?) Dann muß ich studieren, ich bin so.

(Können Sie es liegen lassen, bevor Sie sehen, daß es geht?) Ich kann es liegen lassen, wenn ich sehe, es geht nicht.

Nur das »kitzelt« mich, wo ich sehe, daß es gehen kann.

(Aber bis Sie gefunden haben, daß es nicht geht, können Sie es liegen lassen?) Ich kann es auch da sein lassen. Ich suche einen Erwerb darin und dann, schon als Uhrenmacher, machte es mir einen »Reiz« (d. h. zu probieren). Wenn ich etwas derartiges (P. m.) einrichten könnte, ein Patent bekäme, hätte ich Geld genug.

Aus diesen Kundgaben des Patienten sehen wir, daß ihm im Grunde das Nachgehen der Idee, die ihm auftaucht, als ein Mußerlebnis bewußt wird. Daß sie ihm »auftauchen«, er sie nicht systematisch sucht, zeigt sein Ausruf, es kommt mir eine Idee. Neben diesem nicht weiter ableitbaren Drang die Idee zu verfolgen, lebt auch der egoistisch utilitaristische Gedanke des Gelderwerbes, als mitbewegendes Moment aber, wie sich aus der weiteren Analyse ergibt, mehr nebensächlich, in ihm.

Nun zu dem schon erwähnten Gewichtsperpetuummobile. Die Initiative, Modelle von seinen Erfindungen herzustellen, ging von ihm selber aus, was wir hervorheben, weil es ein noch normales Streben anzeigt. Er möchte, sagte er (5. XII. 24) von seinen Erfindungen eine »Prob« machen, sonst könne man nicht wissen, ob sie gehen. Allerdings fehle ihm hier in der Anstalt das nötige Werkzeug. Doch erklärte er sich bereit, mit dem Wenigen, was wir ihm in dieser Beziehung zur Verfügung stellen können, auszukommen zu suchen. Nach Vorversuchen an Kartonmodellen, die mehr groben Modellskizzen glichen, ging er an die Herstellung eines richtigen Modells des genannten Gewichts-P. m. Vorgängig und dann während der Herstellung desselben fertigte er sich erläuternde Bleistiftskizzen an.

Eine schematische Skizze, an der er mir die Funktion des G.-P. m. (= Gewichtsperpetuummobile), das er auch »ewiger Umschwung« nennt, erläutert, zeigt Fig. 23. Wenn, ergibt sich aus seinen bezüglichen Erläuterungen (24. VIII. 24), ein Seil über einer festen Rolle hänge und man wolle sich auf dem Seil emporziehen, so bleibe man immer in gleicher Höhe, indem das Seil ebensoviel heruntergehe, als man durch Klettern an ihm emporgekommen sei. Das Seil gleite einem gleichsam in den Händen durch. Das wolle er in dem G.-P. m verwerten. Das Gewicht G habe eine Höhlung, durch welche die Kette (s. Fig. 23) frei hindurchkönne. Das Rad T sitze auf einer Achse, die im Gewichte G ihr Lager habe, mit ihm also fest verbunden sei.

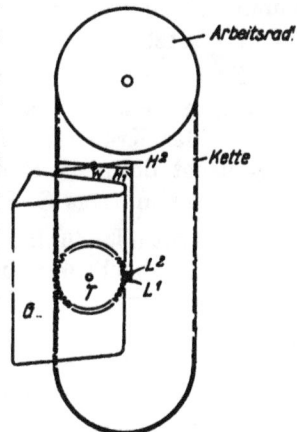

Die Achse w der beiden Hebel H_1 und H_2 sei fest in der Wand gelagert. Die Haken L_1 und L_2, mit H_1 bzw. H_2 fest verbunden, greifen in die Zähne des Rades T, das vermittels der gleichen Zähne (auf der linken Seite) in die Kettenglieder eingreife.

Das Gewicht G ziehe hinunter und damit drücken die Zähne des Rades T die Kette nach unten. Dabei werde aber T (auf der rechten Seite) um gleich viel von den Haken nach oben gezogen. Es bleibe also stehen und drehe sich. Die Kette »frißt« die Zeit, sagt er, bevor das Gewicht fliehen könnte, das Rad (T) steige immer. Die Kette gehe nach unten, wobei sie die Hebel H_1 bzw. H_2 betätige. Z. B. (s. Fig. 23) drücke sie H_2 links hinunter, L_2 gehe dadurch hinauf und nehme das Rad T mit.

Fig. 23.

Durch die Abwärtsbewegung werde H_2 »kürzer« und schalte sich derart von selber aus und »schnelle« hinauf. Unterdessen sei aber H_1 von der Kette mitgenommen worden usw. Auf diese Weise werde bewirkt, daß G mit T immer in gleicher Höhe bleibe, während die Kette endlos ablaufe, wobei sie das obere Rad mitnehme, von dem man die »überschüssige« Kraft, welche vorhanden sein werde, abnehmen könne. »Er glaube«, die Sache »werde gehen«.

Der Ausgangspunkt der Idee ist demnach eine »Beobachtung« aus der eine innere, im Denken verarbeitete Erfahrung wurde. Es liegt nämlich in ihrer Wiedergabe ein Moment der Konstruktion. Der Mensch, der an dem Seil hängt und emporkommen will, muß wiederholt Kletterbewegung machen, durch die er auszugleichen sucht, was er durch den Fall infolge seines Gewichtes an Höhenlage verloren hat. Er wirkt nicht nur durch sein Gewicht, sondern auch durch die Muskelkräfte, die als von außen eingeführte zu gelten haben. Das übersieht der Patient und kommt so zu einer »Idee«, in der er den Menschen durch ein totes Gewicht ersetzt.

Kette, Rad T und die Hebel (H_1 bzw. H_2) bilden im besten Falle einen geschlossenen Ring, ein geschlossenes System, in welchem Gleichgewicht der Kräfte herrscht und das an der Achse w hängt. Eine Bewegung ist dann überhaupt nicht möglich, wenn nicht äußere Kräfte hinzukommen. Das G.-P. m. ist also unmöglich.

Er fühlt oder fühldenkt die Schwierigkeit, hat aber aus der ungenau erfaßten Beobachtung, die er auf die Kräfteverhältnisse nicht analysiert, unter dem Einfluß des Strebens, ein P. m. zu finden und aus dem allgemeinen Gefühl — eine bewußte Überzeugung kann man es nicht nennen — ein solches sei möglich, den »Glauben« gefunden, daß es gehen werde und versucht es zu realisieren.

Der tatsächliche Versuch der Realisierung in einem richtigen Modell und die dabei aufgetretenen psychischen Erscheinungen interessieren uns hier in erster Linie.

Zunächst fertigte er sich als eines der wichtigsten Stücke die Kette aus Draht. Als Werkzeug stand ihm nur eine einfache Zange zur Verfügung. Die Kettenglieder suchte er in ihren Dimensionen möglichst gleich herzustellen. Mit dem Ausdrucke der Freude im Gesichte demonstrierte er mir (31. XII. 24) die Kette, die unter Berücksichtigung der Umstände (Material und Werkzeug) auch objektiv als sehr befriedigend gelungen zu bezeichnen war. Zuerst ging es, berichtete er spontan, recht schwierig, weil er sich die Art der technischen Durchführung (die »Technik«) selber habe finden müssen, habe er doch bisher niemals so etwas gemacht. Er habe probiert, bis es gegangen sei, es sei nicht leicht gewesen die Kette mit der Zange allein zu machen. Vom Resultate sei er befriedigt.

Mit der fertigen Kette versucht er sich unter Improvisation notwendiger anderer Bestandteile, gleichsam in einem ersten vereinfachten Schema die Sache zu überlegen und findet, es gehe doch nicht so, wie er es sich gedacht habe. Er müsse entweder ein »Dezimalrad« einführen, »um Kraft zu gewinnen«, d. h. ein Rad, das größer sei als das Rad T, bzw. zwei solche größere Räder, an denen die Haken L_1 und L_2 angreifen würden, oder er müsse das Gewicht G links vom Drehpunkt der Hebel H_1 und H_2 durch eine feste Verbindung aufhängen, um den Schwerpunkt »kettenwärts« zu verlegen.

Beides soll, wie leicht ersichtlich, dazu dienen, das »Dezimalprinzip« einzuführen, mit dem man, wie er glaubt, »Kraft gewinnen« könne und das ihm nach seinem Glauben (s. oben S. 61) dazu verholfen hat, ein P. m. (das Dezimalmobile) zu erfinden. Daß ihm dieser Gedanke hier als Retter aus der Not einfällt, begreifen wir daher. Was uns aber hier mehr interessiert ist, daß er nicht die Schwierigkeit aus dem Gedanken heraus »es gehe«, übersieht, sondern seine Erfindungsgedanken kritisch prüft.

Durch Einführung dieses Rades, das größer als T wäre, griffe L_1 bzw. L_2 an einem längeren Hebelarme an, als der Kettenzug, bezogen auf die Achse von T. Die Kraft wäre also kleiner, als sie, wie er meint, gerade nötig wäre, um dem Kettenzug das Gleichgewicht zu halten, es bliebe also eine überschüssige »Kraft« als Gewinn. Nachdem er die Räder und neuen Hebel hergestellt und das Ganze montiert hatte, fand er, es gehe nicht. Eine einfache mechanische Überlegung hätte ihm das gleich gezeigt, allein zu dieser ist er nicht ausgerüstet, er muß alles durch die »Prob«, wie er sich ausdrückt, finden.

Hier, wie auch in den folgenden Versuchen für die Realisierung des Gewichts-P. m., habe ich es absichtlich unterlassen, ihn dazu zu bringen, mir jeweils näher zu erläutern, was ihn dazu führte, zu erklären, es gehe nicht, obwohl ich dadurch mehr erfahren hatte. Aber ich hätte ihm bei einer solchen Diskussion leicht durch meine Einstellung, die sich aus der Einsicht, daß das P. m. unmöglich sei, ergab, beeinflussen können, während es mir darauf ankam, zu erfahren, ob er aus sich selbst, vermöge der Realisierung im Modell, das »es geht nicht« finden werde. Darum habe ich stets nur seine Berichte passiv entgegengenommen und notiert.

Da es mit dem »Dezimalrad«, wie wir sahen, auch nicht gehen wollte, griff er auf die zweite Möglichkeit zurück, auf die Verlegung des Schwerpunktes kettenwärts. Nachdem er ein entsprechendes Modell hergestellt und an diesem »geprobt« hatte, kam er, indem er noch verschiedene Variationen durchprobierte, abermals zum Resultate, es gehe nicht.

Unverdrossen suchte er nach anderen Lösungswegen. Am 15. I. 25 berichtet er mir nun über den letzten Lösungsweg, von dem er hervorhebt, daß es der »letzte« sei. Wenn es auf diesem Wege nicht gehe, dann sei das Ganze nicht durchführbar.

Dieser Lösungsweg ist nun folgender: Er bringt an der Kette rechts auch ein Kettenrad an, mit gleicher Übersetzung wie links, läßt also die Hebel ganz weg. Dann werde das Gewicht rechts um ebensoviel gehoben, wie links gesenkt, es bleibe also unbewegt. Daß die Erzielung dieser zwei gleichlangen aber entgegengesetzt gerichteten Bewegungen (Senkung und Hebung) eine Hauptsache sei, hob er immer wieder hervor: es müsse darum alles sehr genau, auf $^1/_{10}$ mm genau, gemacht werden.

Auch hier macht er nicht zuerst eine mechanische Analyse, sondern verwirklicht die Idee im Modell, um zu sehen, ob es geht. Es scheint ihm zu genügen, daß es gehen könnte, um an die Herstellung des Modelles heranzutreten. Daraus kann man auch schließen, daß er von seiner Schwäche bezüglich theoretischer Analyse weiß und sich daher als auf die Anschauung angewiesen erkennt. Daß er kein (studierter) »Techniker« sei, hat er denn auch wiederholt selber hervorgehoben.

Nachdem er das entsprechende Modell fertig hatte, fand er abermals, daß es nicht gehe. — Eigentlich ist hier das Gewicht vermöge der Räder an der oberen festen Rolle aufgehängt und es kann überhaupt nichts gehen. — Er sieht den Grund der Unmöglichkeit darin, daß das zweite Rad an Kraft wieder »auffresse«, was mit dem anderen gewonnen worden sei. Dieser Ausspruch weist darauf hin, daß er die Unmöglichkeit nur darin sieht, keine Kraft gewinnen zu können und daß sein ganzes Sinnen darauf geht, dies zu erzielen.

Nun versucht er erneut mit einer anderen Hakenhebelkonstruktion, findet aber, nach Herstellung des bezüglichen Modells, es gehe auch so nicht. Jetzt sieht er den Fehler darin, daß das eine Rad zu groß sei. Dieses müsse bedeutend kleiner werden, wodurch das Gewicht nach links rücke. Wie er damit sein Ziel des »Kraftgewinnes« zu erreichen meint, sagt er nicht ausdrücklich. Daß ihm dieses vorschwebt, wissen wir bereits. Er sieht zunächst nicht, daß mechanisch im genannten Sinne damit nichts gewonnen ist, weil er seinen theoretischen Überlegungen, soweit er sie machen kann, wie wir schon erkannten, nicht traut. Sein Weg zur Einsicht ist der über die »Prob«. So fertigte er denn die neuen Räder mit nicht erlahmender Geduld an, stellte das neue Modell zusammen, wobei er noch das Gewicht durch einen Federzug ersetzte, weil es ihm die Übersicht erleichterte, und nach seiner Meinung im Effekt auf das gleiche herauskam. Da die vorige Konstruktion versagt hatte, kehrte er dabei zu den Hakenhebeln zurück. Diese Wiederaufnahme der älteren Idee fällt formal in den Rahmen normalen Denkens.

Am 24. I. traf ich ihn als Schreinergehilfe bei einem psychopathischen Patienten, der seinen Beruf, die Schreinerei, in der Anstalt betreibt. Er hatte sich, wahrscheinlich etwas gedrängt durch denselben,

der sich als Meister fühlt und daher immer auf Gehilfen ausgeht, allerdings durch seine Einarmigkeit auch für gewisse Arbeiten darauf angewiesen ist, selbst dazu gemeldet. Das (Gewichts-P. m.), erklärte er
mir spontan, gehe doch nicht, er hätte zwar noch eine Konstruktion
mit einer Rolle, statt der Hebel (H_1 und H_2), aber er lasse es jetzt sein,
erzwingen könne man es nicht. Er müsse es eine Zeitlang liegen lassen.
Er zweifle zwar, ob es mit der Rollenkonstruktion gehen werde. Es gehe
doch wohl nicht.

Sein affektives Verhalten während der eben geschilderten Phase
als Erfinder zeigte folgendes Charakteristische: Er war unverdrossen
bei der Arbeit, zeigte große Ausdauer, trotz vieler Widerwärtigkeiten
und Hemmungen, die ihm das qualitativ nicht adäquate Material und
der Mangel an Werkzeugen auferlegten. Es kam zu keinen psychotischen
Exazerbationen, was allerdings auch zufälliges Zusammentreffen mit
einer ruhigen Periode seiner Psychose sein konnte. Gegenüber seiner
sonstigen, sehr stark ausgesprochenen Wortkargheit fällt auf, wie er
bei dieser Arbeit zu spontanen Berichten neigt, dabei nicht nur von dem,
was er fertigbringt, sondern auch von den ihm dabei einfallenden Gedanken spricht. Er prüft alles, was er herstellt, z. B. die Räder darauf,
ob sie nach Form und Genauigkeit den von ihm aufgestellten Anforderungen entsprechen, ist unbefriedigt, wenn es nicht der Fall ist und beginnt von neuem. Trotz der Widerstände erlahmt sein Eifer nicht.
Aus seinem Gesicht, das einen gewissen Glanz bekommen hat, leuchtet
Freude; die Gesichtszüge haben eine gewisse Spannung bekommen
aus der eine innere Bewegung erschließbar ist, im Gegensatz zu der
früheren blassen, matten Starre.

Wir bezeichnen den dynamopsychischen Vorgang, der diesen Erscheinungen zugrunde liegt, als Affektivitätsmobilisation.

Die zusammenfassende psychologische Analyse dieses Realisierungs-
versuches eines P. m. ergibt:

Das sich (links) durch Zug an der Kette senkende Gewicht soll
sich vermöge der Konstruktion der Hakenhebel — die andere, die er
bald wieder aufgab, lassen wir hier beiseite — wieder selber heben und
zwar sollen immer beide Wege (Hub und Senkung) gleich sein, damit
kein zu überwindender Hubrest bleibt und außerdem sollen sie noch
gleichzeitig erfolgen. Bliebe ein Hubrest, so wäre Zufuhr äußerer Kraft
nötig, das Ganze also kein P. m.

Er will aber noch mehr, nämlich einen nach außen verwendbaren
Kraftgewinn, ein echtes P. m. Hiefür führt er das »Dezimalprinzip«
ein, das ihm nach seinem »Glauben« im »Dezimalmobile« zur Erfindung
eines echten P. m. erfolgreich gedient hat.

Diese zwei entgegengesetzten und gleichzeitigen Bewegungen des
Gewichtes G sind nötig, weil es sonst seine Höhenlage verändern würde,
was nicht sein darf und doch sind sie unmöglich. Er will die Bewegung,

denn das fühlt oder fühldenkt er, daß ohne solche eine »Kraft« (= Energie)
nicht da sein wird, und will sie nicht, weil sie der P. m.-Idee widerspricht.
Obwohl er Kraft, als statische oder ruhende, mit Kraft = Energie begrifflich nicht auseinanderhält, ist ihm doch der Unterschied irgendwie bewußt. Man könnte, in der Deutung weitergehend, sagen, es stecke
darin der Ersatz der wirklichen Bewegung durch ihre Intendierung.

Andeutungen dafür, daß ihm diese Schwierigkeit irgendwie bewußt ist, fehlen nicht ganz, aber ausdrücklich beschäftigt er sich mit
ihr nicht. Er läßt sie im Dunkel und nimmt an, »es gehe«. Was
ihn vornehmlich bewußt als Schwierigkeit beschäftigt und für seine
Kritik zugänglich bleibt, ist die Unmöglichkeit, einen »Kraftgewinn«
zu erzielen. Der Wunsch und die Forderung, das zu erreichen, widerspricht dem Energieerhaltungssatz (s. S. 30). Diesen kennt er aber im
Gegensatz zu Fall V, als solchen nicht, was wir daraus schließen, daß
er ihn, soweit seine Erklärungen und sonstigen Kundgaben zeigen, nie
genannt und auch niemals in seine Überlegungen einbezogen hat.

Das genannte Dunkel oder, anders ausgedrückt, die bezügliche
Unklarheit verdeckt ihm die Unmöglichkeit des P. m., auch ohne »Kraftgewinn«. Ist sie bereits als schizophren zu bezeichnen? Die Tatsache,
daß geistig normale P. m.-Erfinder auch von solchen unklaren Gedanken
ausgehen, widerspricht der einfachen Bejahung dieser Frage. Eine Verstärkung durch die Schizophrenie können wir für diesen individuellen
Fall nicht einfach ausschließen, weil er eben, wie wir gezeigt haben,
während dieser technischen Produktion noch an Schizophrenie leidet.
Eine Verallgemeinerung, daß solchen Gedanken immer eine schizophrene Unklarheit zugrunde liegen müsse, ist aber unzulässig. Ein
starker Wunsch, einen solchen einfallsartig auftauchenden Gedanken zu
verwirklichen, würde genügen, um die Unmöglichkeit nicht zu sehen,
besonders dann, wenn, wie auch in unserem Falle, das Niveau, bis zu
dem sich gedankliche Klarheit und Schärfe erheben kann, an und für
sich nicht groß ist. Bei unserem Patienten kommt noch die unscharf
erfaßte Beobachtung mit dem an einem abrollenden Seile hinaufklettern-
den Menschen hinzu. Die Tatsache, daß er wenigstens die eine Unmöglichkeit einsah, trotz seiner paranoiden Form der Schizophrenie, zeigt,
daß er zur Selbstkritik und zur Aufgabe einer unrichtigen Idee fähig
blieb. Die formale Funktion der Kritik ist also hier erhalten, im Gegensatz zu anderen Inhaltsgebieten. Allerdings ganz wollte er sich noch
nicht geschlagen geben, da er sich (s. S. 69) noch eine gewisse Reserve
behielt, deren Wert er durch den angehängten Zweifel wieder herab-
setzte (Ambivalenz).

Formal dem Gesunden entsprechend ist auch sein Vorgehen in
anderer Beziehung, so das Suchen nach anderen Lösungswegen unter Beibehaltung der, wenn auch unrichtigen Grundidee, ferner das wiederholte
Zurückkommen auf die früheren Lösungswege, das Überlegen, bevor

der neue Weg versucht wird, die Unermüdlichkeit, trotz der Widerstände und Rückschläge. Beachtenswert ist, daß er, im Gegensatz zu einem anderen Fall (s. unten) nicht dem Material und der armen Ausstattung mit Werkzeugen, wozu er objektiv ein Recht gehabt hätte, die Schuld am Mißlingen gibt, sondern seinen Gedanken. Sehr beachtenswert ist auch die Affektivitätsmobilisation bei dieser einem tiefer verankerten Streben ergebenen Arbeit.

Das Erhaltensein von Selbstkritik zeigt sich auch noch bei zwei anderen »Erfindungen«. Wir führen sie kurz vor, weil sie uns wieder etwas Neues für diesen Fall zeigen.

Während er mit der Herstellung des Modells für das Gewichts-P. m. beschäftigt war, hat er, wie schon S. 62 erwähnt, an anderen Erfindungen herumgepröbelt und herumgedacht. So versuchte er auch eine »ewige Uhr« mittels eines natürlichen Magneten. Er beschaffte sich von einem Mitpatienten einen kleinen Hufeisenmagneten und konstruierte sich ein vereinfachtes Modell dieser Uhr, das nur die Hauptbewegung zunächst zu erzeugen hatte, eine Vereinfachung, die der Idee des Modells (s. S. 11) gemäß ist. Der Hufeisenmagnet, Fig. 24, wird in pendelnde Bewegung versetzt, die ihm durch Aufhängung auf dem Stift s ermöglicht ist. a ist eine zu einem Anker angemessen geformte Metallplatte, die um die Achse d drehbar ist. Die Idee, die ihm vorschwebt ist die, die Platte a zunächst z. B. rechts wie in der Figur durch den Magnetpol anziehen zu lassen und durch diese Bewegung, bzw. den dadurch bewirkten Impuls auch die Pendelbewegungen desselben zu erhalten. a soll nicht bis zur Berührung an m angezogen werden, um das Losreißen von m zu umgehen, weil dazu eine äußere Kraft nötig wäre. Wie die Sache eigentlich werden soll, ist ihm zunächst selber unklar, vor allem fühldenkt er, daß die Erhaltung der Pendelbewegung von m eine Hauptschwierigkeit bedeutet (31. XII. 24). Das endliche Resultat, zu dem er (am 28. III. 25) gelangte, war, daß er einen Stoff haben müßte, der im richtigen Momente den Kontakt zwischen Anker und Magnet unterbrechen und den Magneten vor der völligen Berührung mit m abhalten würde. Am besten wäre hiefür, sagte er dabei, dieser Kontaktverhinderer würde automatisch durch den Anker a bei seinen Bewegungen betätigt. Wegen des Fehlens eines hiefür geeigneten Stoffes zweifelt er an der Ausführbarkeit, hält also nicht wahnhaft daran fest. Allerdings erscheint er an diese Idee nicht so gebunden, als an die mit dem Dezimalprinzip.

Objektiv neu ist diese Idee nicht, wir fanden sie bereits bei den Erfindern früherer Zeiten (s. S. 23). Es gelang mir aber auch nicht, nachzuweisen, daß sie subjektiv, d. h. für sein Denken, neu ist. Er behauptete es zwar, aber ein anderer Patient (Fall III, s. unten) bestritt diese Priorität.

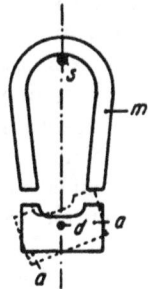

Fig. 24.

Für die bereits hervorgehobene Affektivitätsmobilisation während seiner erfinderischen Tätigkeit ist noch Folgendes bezeichnend: Als ich einmal (2. I. 25) beim Hinausgehen aus seinem Arbeitszimmer schon in der Türe war, rief er mir, was in der früheren Phase niemals vorkam, zu, er habe noch eine Idee: Ein Schiff, das mittels »Sausewind« betrieben würde und auch bei Windstille fahren könnte. Er habe über solchen Sausewind in einer Wochenzeitschrift einmal etwas gelesen, er wisse aber nicht mehr genau was, wo und wann. Es würden auf dem Schiffe wie beim Flettnerschiff — damit verrät er den »Reiz«, der die Idee zu einer solchen Erfindung angeregt und jene vergessene Lektüre mobilisiert hatte — Kamine angebracht, in welche aber Luft von unten nach oben mit großer Geschwindigkeit ziehen würde, was der »Sausewind« wäre. Dieser würde in die Kamine eingebaute Ventilatoren in Rotation versetzen, von denen aus mittels senkrechter Welle und Kegelzahnradgetriebe die Bewegung auf die Schiffsschraube übertragen würde.

(Wie aber soll der Sausewind erzeugt werden?) Patient gibt zuerst eine ausweichende Antwort: der müßte von unten kommen. Die Frage wird von mir noch mehrfach wiederholt. Nun sagt er lächelnd, das wisse er eben nicht, darüber müsse er noch nachdenken.

Von einer Erfindung kann man hier nicht sprechen, es ist höchstens die Idee zu einer solchen. Die Idee selber ist auch subjektiv nicht neu, es ist im besten Falle eine subjektiv neue gedankliche Kombination. Formal ist noch hervorzuheben, daß er über die Flettnererfindung hinausgehen, eine Verbesserung schaffen möchte, in dem Sinne, daß das Schiff auch bei Windstille ohne beigeordnete maschinelle Einrichtung fahren könnte. Die Tendenz, diesen Nachteil der Flettnererfindung zu überbrücken, hat den Einfall seiner Erfindungsidee bedingt. Dieser fehlt, abgesehen von allem anderen, der wichtigste Teil, nämlich der Anfang, da er nicht weiß, wie der Sausewind beschafft werden soll. Die psychologische Frage ist nun, ist dieser gedankliche Mangel der Idee durch das schizophren Einfallsmäßige derselben bedingt oder hat ihn das Gefühl der Begeisterung, den genannten Nachteil in seiner Idee überwunden zu haben, gedanklich so geblendet, daß er diesen Anfang gar nicht suchte. Daß er für seine Erkenntnis zugänglich ist, sich nicht einfach negativistisch dagegen verhält, zeigt die Antwort auf meine bezügliche Frage.

Ich kann nicht entscheiden, was hier zutreffend ist, weil er mir sein bezügliches Erlebnis nicht mitgeteilt hat. Theoretisch möglich ist es, daß die genannte Tendenz, weil einzig auf das Ziel gerichtet, den Denkvorgang so bindet, daß dadurch beides entsteht, das Einfallsmäßige der Idee und die Blendung über den Anfang, während das Begeisterungsgefühl erst sekundär kommt und die Blendung fixiert.

Diese Analyse zeigt uns aber, daß wir den gleichen inhaltlichen, formalen und erlebnismäßigen Vorgang auch im normalen Denken unter besonderen Bedingungen finden können.

Wir sagten oben (S. 70) G. C. habe trotz seines Mißerfolges bei
der Realisierung der P. m. -Idee und trotz seiner Anerkennung dieses
Mißerfolges, dieses, daß »es nicht gehe«, die Idee nicht ganz aufgegeben.
Als ich ihm beim gewöhnlichen Schreinern die Bemerkung machte, das
was er jetzt mache, sei leichter als ein P. m., meinte er, ja, aber das
(Schreinern) ist auch eine Kunst. Das P. m. ist ein »Ei des Kolumbus«,
wenn man es wisse, sei es einfach. Er habe noch eine Möglichkeit im
Kopfe, mit einer Reduktion der Hebelsarme und Einführung eines anderen Verhältnisses derselben — die Dezimalidee als solche läßt ihn
nicht los —, wenn es dann nicht gehe, sei es Schluß. Vorläufig aber lasse
er es liegen.

Experimenti causa stellte ich ihm (5. II. 25) die Aufgabe, eine Kuvertmaschine (zum Falzen und Gummieren) zu konstruieren, die aber
besser sei, als jene, welche wir in unserer Kuvertmacherei haben. (Es
handelt sich um ein älteres Modell mit Hand- und Fußbetrieb). Er nahm
die Aufgabe lächelnd entgegen. Er wolle sich die Maschine ansehen
und dann schauen. Am 18. II. sagte er spontan, er habe die Maschine angesehen. Da sei nichts zu verbessern. Die Riemen seien wohl nicht besonders
gut. (Aber man sollte sie so machen, daß das zugeschnittene Papier von
selber auf die Form aufgelegt und das fertige Kuvert herausgeschoben
wird.) Ja, man müsse einen Automaten machen. Der mimische und sprach-
musische Ausdruck ist dabei der, daß ihn die Aufgabe gleichgültig läßt.
Am 11. III. versuche ich, seinen Ehrgeiz zu reizen, indem ich sage, daß
ein Mitpatient (Sch. J.), von dem wir noch hören werden, bereits eine
solche Maschine gefunden habe. Das erschüttert aber seine bezügliche
Gleichgültigkeit nicht: die Maschine, die wir haben, sei doch recht
konstruiert. (Aber sie sollte automatisch sein.) Das läßt ihn auch gleichgültig, obwohl er von sich aus gerne über andere automatische Maschinen
spricht.

Gegen Erfindungsaufgaben, die von außen an ihn herantreten,
verhält er sich also ablehnend.

Das Schreinern unter der Leitung des (S. 68) erwähnten psychopathischen Mitpatienten, der infolge Tuberkulose das linke Bein und
den rechten Arm verloren hat, trotzdem ein geschickter vielseitiger
Arbeiter (als Schreiner und Maler) ist, ging zunächst ganz gut. G. C.
war nach und nach zwar wieder ausgesprochener wortkarg geworden,
das Gesicht hatte die habituelle matte Starre angenommen. Seine gelegentlichen Äußerungen verrieten, daß ihm das Abhängigkeits- und
Unterstellungsverhältnis gegenüber seinem Mitpatienten Unbehagen
bereitete; die unlustige Verdrossenheit wurde dadurch ausgeprägter.
Er wolle nicht Handlanger, er möchte selbständig sein, trotzdem er
selber erkennt, daß seine Kenntnis der Schreinerei, die er früher nie betrieben, dazu noch nicht ausreiche. Ende April heißt es, G. C. »studiere«
wieder. Man trifft ihn in jener Stellung, die darauf hinweist, daß er

unter die Herrschaft seiner »Stimmen« geraten ist. Schließlich ist er
so weit, daß er ohne äußerlich sichtbare Erregung, ohne jede affektive
Explosion, fertige Stücke einfach entzweischneidet. Das Arbeitsverhältnis muß aufgelöst werden. Mit philosophischer Ruhe erklärt er
später (24. VI.): Der hat einen Charakter, ich glaube, wie alle Strupierten
(Amputierten). Es fehlt ihnen etwas, sie wissen selber nicht was und so
werden sie »wunderlich«.

Nach einigen Tagen Ruhepause erklärte sich G. C. bereit, beim An-
staltsschreiner zu arbeiten. Hier geht es nun seit vielen Monaten äußerlich gut, er arbeitet fleißig, gewissenhaft, ruhig. Aber die Unzufriedenheit mit sich selber, daß er nicht selbständig arbeiten kann »wie ein
Meister«, lebt in ihm weiter. Das nur-Hilfskraft-sein befriedigt ihn nicht.
Er gibt dem aber mehr resigniert-deprimiert Ausdruck und läßt sich
bei dieser Gelegenheit (11. VII. in der Schreinerwerkstatt) in folgenden
Betrachtungen über seine Tätigkeit aus: Uhrenmacher sei er geworden,
weil es damals in den Familien, auch in der seinigen, so der Brauch war,
nicht aus Neigung. Zeitweise habe er mit dieser Beschäftigung aussetzen
und sich körperlich beschäftigen müssen, um von der »Gehirnarbeit«,
die ihn ermüdet habe und so verleidet wurde, auszuspannen. Er sei bei
der Arbeit etwas langsam gewesen, auch als Remonteur, habe er gefühlt,
daß er nicht auf die Höhe komme, die er gerne erreicht hätte. — Er finde,
überhaupt, physische Arbeit wäre für ihn besser gewesen, als geistig
anstrengende. Mit Fähigkeiten zur physischen Arbeit sei er besser ausgerüstet gewesen. Zu viel geistige Arbeit und Brachliegen der physischen
Kräfte müsse zur Verrücktheit führen, indem die physischen Kräfte
die geistigen niederringen, »überwältigen«, wenn sie nicht benützt
werden.

Und über seine P. m.-Erfindungen sagt er, während er mit den
Schreinerarbeiten zur Zufriedenheit des Schreinermeisters beschäftigt
ist, auf meine Frage, ob er sich mit dem P. m. noch beschäftige (23. VII. 25):
»Mithin« kommt noch der Gedanke, aber »geschwind«, vielleicht, nicht
gesagt, daß ganz aufgegeben, aber ich mache kein »Studium« mehr in
der Sache. (Jetzt, passen Sie aber auf, wenn Sie sich so recht vorstellen,
sich denken, was ein P. m. sein sollte, was kommt Ihnen da in den Sinn,
was denken Sie?) Ich kann nur sagen, es wäre »zweckmäßig«. Ich
habe erfahren, »daß es in Gedanken geht, aber in der Praxis nicht.
Auf dem Papier recht, aber »im Praktisch« nicht, bin nicht technisch
erfahren. Darum habe ich es gerne praktisch probiert, man sieht dann
Mängel. So, im anderen Falle ist man »angeschmiert«, wenn man immer
probiert, sagt, es geht, es geht und dann sieht, daß es doch nicht ist.«

Diese Worte offenbaren ein Erlebnis, eine Einstellung, die auch
dem gesunden Schaffenden eigen sein kann.

(Ist die ganze Welt auch ein P. m.?) Ja, ja (mit stark bestätigen-
dem Ausdruck), das ist natürlich eines, das ist eine Einrichtung der

ganzen Natur, das ist ein — wo alles »funktionieren« muß ohne weiteren Betrieb, außer Magnet. Soweit ich »studierte«, geht es magnetisch, der Magnet ist eingestellt.

(Wie funktioniert er?) Er ist »eingeschafft«, ähnlich wie eine elektrische Maschine, oder andere Maschine eingestellt ist, wie eine Wasserleitung, wo das Wasser durch die Röhren fließt.

Das soll wohl heißen, wie eine Maschine, die von selber geht und Kraft (Energie) liefert.

(Sie sagten auch die Sterne.) Alles ist an einer Herrlichkeit, Herrschaft, das ist allgemein eine Herrschaft. Sie beherrschen alle einander durch die gewaltige Naturkraft, (die) ist Magnet, das können wir nicht, wenn wir künstlich herstellen könnten einen solchen Magnet — das ist schwierig.«

Man sieht aus dieser möglichst wörtlichen Wiedergabe erneut, wie — und zwar neben geordnetem, realitätsadäquatem Arbeiten als Schreiner, wobei noch das Schreinern, das nicht nur manuelle Geschicklichkeit, sondern auch intellektuelle Arbeit, Vergleichen, Messen, Organisieren, Beurteilen, Kombinieren, erfordert, ein Neuerwerb während der chronischen Psychose ist — die Gedanken unabgeschlossen bleiben, diskontinuierlich zutage treten, unklar und unscharf begrenzt sind. Einen Sinn, ein Gemeintes verraten sie doch. Und dieses wird hier sein: Die ganze Welt ist auch ein P. m., eine Einrichtung, in der alles mit jedem ohne weiteres richtig zusammenfunktionieren muß, ohne Betriebsstoff, außer einem Magnet. Er meint, es gehe alles magnetisch, z. B. die Gegeneinanderbewegungen der Sterne seien auch durch magnetische Kräfte reguliert. Aber diese magnetische Naturkraft in ihrer kosmischen Gewalt können wir nicht künstlich herstellen.

Über sein Erlebnis der »Stimmen« sagt er jetzt (23. VII. 25): (Stimmen?) »Gäng öpis« (immer etwas). Es ist schon zum Aushalten — manchmal mehr (habe ich mehr Stimmen). »Gegner« sollte nicht sein — Gefühl, Gegner — das sollte nicht sein, habe dann (wenn es da ist, ist zu ergänzen) böser.

(Gegner, was ist das?) Das bevor ich Stimmen hatte, ist noch in meinem Gefühl. Wenn das kommt habe ich mit den Stimmen böser.

In der neuen Anstalt (1. Internierung) habe er noch gewußt, wie es war, bevor er Stimmen hatte. Das (dieses Wissen) komme jetzt manchmal wieder, das beunruhigt mich, tut mich aufregen, das sollte nicht sein, ist nicht, wie es sein sollte. Wenn es bleibt, wie jetzt, geht es schon, fürchte nur, es kommt schlimmer.

Daraus ergibt sich, daß ihn das gefühlsartige Wissen um sein gesundes Erleben, das manchmal in seinem Bewußtsein auftaucht, beunruhigt, ihn aus der resignierten Ruhe, aus dem Sichabgefundenhaben mit seinem Schicksal herausreißt und indem er es objektiviert und wahrscheinlich als etwas Fremdes, Feindliches fühlt, bezeichnet er es als Gegner. Das erlaubt uns einen unerwarteten Einblick in das manchmal qualvolle Erleben dieses Patienten. Er hat sich mit seinem Krank- oder besser seinem Anderssein gegenüber der prämorbiden Zeit abgefunden, will darin verharren, die Wiedererinnerung und der Vergleich sind ihm eine quälende Unlust.

(Wie fassen Sie jetzt die Stimmen auf?) Kann nichts anderes sagen, bin gewöhnt, darf nicht daran rütteln, es wird sonst böser, brauchte Kraft (dazu), »hohe Kraft«, die muß ich bewahren, um meine »geistige Gesundheit« zu erhalten. Alles was man gefehlt hat, (z. B.) sich verfeindet, kommt alles. Auch mit Politik (habe ich) zu tun gehabt. — Überanstrengt — aber Schwäche war doch in mir, sonst wäre es nicht gekommen.

Der Sinn dieser Worte ist: Alles, was man gefehlt hat, alle Fehler, die man begangen, die vereinigen sich, um die Krankheit zu befördern, wirken als Schädigungen der Gesundheit. Er habe sich in der Uhrenmacherei überanstrengt, aber eine »Schwäche« müsse in ihm schon dagewesen sein, sonst wäre er nicht krank geworden.

Damals (im Th., in der außerkantonalen Privatanstalt, s. S. 42) habe es gebessert. Er habe es gesehen, daß, je weiter er gekommen sei (vom Heimatdorf und Heimatkanton weg), um so besser sei es geworden. »Es muß mich doch (da) etwas aufgeregt haben«.

Der Patient gibt hier aus der Eigenerfahrung seine Ansicht über die Bedingungen seines Krankwerdens und die Wirkung der exogenen Faktoren wieder. Er sucht, davon haben wir uns überzeugt, selbständig zu denken und zu urteilen, folgt selbstbeobachtend seinem Erleben, wir dürfen daher diesen Ansichten eines Geisteskranken, in denen sich auch eine Einsicht in sein Kranksein kundgibt, die Aufmerksamkeit nicht versagen. Irgendein Interesse, uns hier etwas zu berichten, was nicht seine wirkliche Überzeugung ist, konnten wir nicht finden.

Zum Schlusse sei, um der Objektivität soweit möglich Genüge zu tun, das Beobachtungsergebnis während seiner technisch produktiven Phase von Ch. Ladame (jetzt Ordinarius in Genf, damals Sekundararzt unserer Anstalt), der den Patienten seit 1918 kannte, ihn aber seit Februar 1924 nicht mehr auf seiner Abteilung hatte, wiedergegeben. 28. XII. 24. »Vor paar Tagen zeigte er mir seine neuen Apparate. Auffallend ist, wie er jetzt, gegenüber früher, zugänglicher ist, sich begeistert zeigt, besonders aber wie er Bemerkungen duldet und Kritik annimmt und noch mehr durch »raisonnement«, nicht starr und auskristallisiert, wie früher, die Sache zu verbessern geneigt ist. Damals als er mir das P. m. zeigte (die Zeichnung, auf Grund der er ein Patent nehmen wollte, s. S. 44) achtete er nicht nur nicht auf den Spott der anderen, sondern ließ mich kein Wort, fast keine Frage stellen. Diesmal paßte er sich sofort an meine Bemerkungen an, suchte zuerst seine Sache zu verteidigen und meldete mir gleich, sie müßte fein konstruiert werden, damit nicht die Materialfehler als Konstruktionsfehler angesehen werden. Er gab auch spontan zu, daß der Apparat noch anders gedacht und konstruiert werden könne, damit er gehe. Kurz gesagt, er ist plastisch, übt Selbstkritik, duldet Kritik anderer, ist sehr aufmerksam und angepaßt. Man fühlt bei ihm einen frischen Humor, eine reine Begeisterung, ein Werden, eine Entwicklung, und nicht mehr wie damals etwa eine paranoide Starre.«

Er befand sich, als Kollege Ladame das niederschrieb, auf der Höhe dieser »Entwicklung«. Den Weiterverlauf haben wir oben dargestellt. Eine sichere Prognose ist noch nicht zu geben, er fürchtet eine

Verschlimmerung und wird mit dieser prognostisch trüben Ansicht leider wohl recht behalten. Immerhin, es gelang, für wie lange wissen wir noch nicht, ihn durch Hindurchführung durch diese technische Phase, indem ihm die Realisierung seiner Ideen, wenigstens soweit es unser Anstaltsbetrieb gestattete, ermöglicht wurde, zu einer nützlichen und wenn auch nicht erfinderisch, so doch handwerklich produktiven Phase zu bringen[1]).

Zusammenfassung: G. C., zurzeit 41 jährig, entstammt einer armen Uhrenarbeiterfamilie und hat, soviel dürfen wir sagen, mit großer Wahrscheinlichkeit eine erblich bedingte psychophysische Konstitution, die Widerstandsschwäche gegen Insulte und die Vorbedingung für die Gestaltung eines psychotischen Prozesses in sich barg.

Obwohl die erste geistige Entwicklung der Umgebung nichts Auffallendes dargeboten zu haben scheint, fehlen, wenn auch nicht unbedingt als prämorbid aufzufassende, Intelligenz- und Charaktereigenartigkeiten, nicht: Langsamkeit des Denkens, »Mittelmäßigkeit« des Intelligenzniveaus, Langsamkeit der psychomotorischen Vorgänge, relative Stillheit und Abgeschlossenheit.

Ohne nähere Prüfung seiner Neigung und Eignung ergreift er der Familien- und übrigen Milieutradition, in der auch die Notwendigkeit baldigen Verdienens mitspielt, gemäß, den Beruf des Uhrenarbeiters. Er fühlt sich von seiner Arbeit, das geht aus seinen Selbstschilderungen hervor, nicht befriedigt, hat aber die Energie nicht, sich einem anderen Berufe zuzuwenden. Dürfte man seiner Selbstdarstellung folgen, könnte man sagen, die ergriffene Arbeit überanstrengte ihn und nagte dadurch und durch die Unbefriedigung an ihm.

In der Pubertätszeit hatte er eine sog. »Gliedersucht«, deren Ätiologie unklar ist. Vom ca. 17. Jahre an ist eine gewisse Unstetheit bezüglich des Arbeitsortes vorhanden, die er selber nicht auf äußere Momente zurückführt, vielleicht war sie Ausdruck verstärkter Pubertätsunruhe und der beruflichen Unbefriedigtheit.

Mit 31 Jahren, im Anschlusse an eine hoch fieberhafte Mittelohrentzündung, hatte er wahrscheinlich eine Fieberpsychose. Ob diese zur paranoiden Form der Schizophrenie direkt hinüberleitete, muß, sahen wir, trotz dahingehender Behauptung, als unwahrscheinlich bezeichnet werden. Die genannte chronische Psychose wurde in der zweiten Hälfte 1917 manifest und dem ging nach seiner eigenen Schilderung ca. ein Jahr der Unruhe mit Aufgeregtheit, Schlafstörung voraus, wozu sich zunächst sporadisch Stimmen gesellten. Ein psychotischer Erlebniskomplex setzte dann ein, es bildete sich nach und

---

[1]) Im Dezember 1925 begann wieder eine manische Verstimmung, während der Gesicht und Augen glänzten, er den Komiker auf der Abteilung machte. Die Schreinerarbeit setzte er dabei fort, leistete aber weniger als sonst.

nach ein Verfolgungswahn, was zu einem äußeren Verhalten führte, welches die Internierung bedingte.

In der Anstalt gestaltete sich die Psychose weiter. Es kam zu einem Größenwahn (Missionär, Glauben an übernatürliche Fähigkeiten), der auch in der äußeren Erscheinung und in den Ausdrucksformen (Körperhaltung, Mimik, Schrift, Sprechart) sich kundgab.

Zur Genese dieses Größenwahns können wir anführen: Patient fühlte sich in seinen psychotischen Erlebnissen und auf Grund derselben unter einem fremden Einflusse, unter der Wirkung »teuflischer Kraftmittel«, die er aus Freimaurerei, »schwarzer Magie«, Ammannskraft und der Kraft, die der Begattungsakt dem F. gab, gedanklich herleitete. Wesentlich ist, daß er sein Selbst verloren glaubte. Er fühlte sich diesen fremden Mächten, für die nur sein Feind F. der Übermittler war, ausgeliefert. Daß dieses Fühlen und Denken Widerspiegelung der Krankheit im Bewußtsein war, erkannte er nicht.

Gegen diese, das Eigenleben zu vernichten drohende Gewalt, setzte sich, das ist uns biologisch verständlich, der Organismus zur Wehr. Das Gleichgewicht sollte wieder hergestellt werden. Es mußte sich eine Gegenkraft, ein Gegenstreben bilden, das dieses Eigenleben retten, das Selbstwertgefühl wieder erleben lassen konnte. An die Stelle des Vernichtungsgefühls, der schwersten Verletzung des Lebensinstinktes mußte ein Gefühl der Gehobenheit, der siegreichen Kraft treten.

Dies wäre der biologische Prozeß. Dessen Reflex im Bewußtsein wäre der Größenwahn.

Der Inhalt dieses Größenwahns ist durch die religiöse Einstellung und das religiöse Fühlen des Patienten bedingt. Es liegt auch dem religiösen, insbesondere dem katholischen Fühlen und Denken nahe, daß diese magisch-teuflischen Mächte nur durch göttliche besiegt werden können. Er sagt es selber: »so rief ich alsbald — gegen die teuflischen Kraftmittel — Gotteshilfe an, die ich auch erhielt als heiliger Geist vom Himmel«.

Der religiöse Größenwahn ist also hier Ausdrucksform für die Art des Versuches dieses Organismus, sein Eigenleben und seinen Selbstwert gegenüber den lebensbedrohenden, fremden Mächten zu retten.

Auf diese Betrachtungsweise werden wir in diesem Falle durch Berücksichtigung des vorhandenen Materials direkt gebracht. Anhaltspunkte, die uns dazu führen würden, uns hier einer der herrschenden Theorien (Adler, Freud) anzuschließen, fanden wir nicht.

Wir sahen, daß dieser Größenwahn mit der Zeit zurücktrat und später nicht mehr nachweisbar war, was bis jetzt so geblieben ist. Daß aber der religiöse Halt für ihn der wesentliche ist, was für unsere obige Ableitung des Inhaltes seines Größenwahns spricht, dafür sehen wir einen Beweis in der besprochenen Zahlensymbolik. Die Zahl 8, die für ihn das Symbol des inneren Haltes ist, ist in ihrer Symbolität ausgefüllt mit religiösen Inhalten.

In die Zeit nach der akuten Phase dieses Größenwahns, soweit man das feststellen kann, fällt die zufällige Begegnung mit der Idee des P. m. Früher hat er sich, nach eigener Angabe, mit dem übernommenen Gedanken, daß ein P. m. unmöglich sei, zufrieden gegeben und sich nicht weiter bei ihm aufgehalten. Jetzt aber besteht diese Unmöglichkeit für ihn nicht, er selber will sie überwinden und macht sich an die Konstruktion. Er ist auch schließlich überzeugt, ein P. m. gefunden zu haben, was er nach außen dadurch dokumentiert, daß er ein Patent nehmen will und hiezu der Gemeinde eine Zeichnung sendet.

Es liegt die Annahme nahe, daß das aus dem Größenwahn stammende gesteigerte Selbstwertgefühl und damit verknüpfte Gefühl schöpferischen Könnens ihm diesen Glauben, ein P. m. erfinden zu können, gibt. Der »Zweck«, damit viel Geld zu verdienen und so wenigstens an äußerer Größe zu erhalten, was an innerlicher nicht Bestand hatte, kann dabei mitgewirkt haben. Er hat ihn selber später auch aufgeführt.

Auch diese P. m.-Phase vermochte sich aus eigener Kraft nicht zu halten. Sie trat in den Hintergrund des Bewußtseins. Erst durch die von außen an ihn herangetretene Anregung (durch mich) beschäftigte er sich erneut mit dieser Idee und knüpfte dabei an die in jener Phase erhaltenen Resultate an. Er ist aber nicht mehr mit der Idee und der zeichnerischen Darstellung ihrer »erstudierten« Durchführung zufrieden, sondern auch die Initiative sie, wenigstens in einem Modell zu verwirklichen, geht von ihm aus. Dadurch, daß ihm das ermöglicht wurde, kam er zu einer technisch produktiven Phase, die wir samt ihren Inhalten eingehender dargestellt haben.

Das Schaffenkönnen nach eigenen Gedanken, dieses im weiteren Sinne Schöpferischsein hat ihn affektiv mobilisiert und seine Beziehungen zur Umwelt bereichert. Allerdings blieb das in der Hauptsache auf die genannte Phase zeitlich beschränkt. Der Trieb zum Schöpferischen kam auch vorher schon zur Auswirkung. Er war stets unbefriedigt, daß er nicht als selbständiger Meister arbeiten konnte. Indem ihm die Möglichkeit gegeben wurde, sich in diesem Sinne zu betätigen, wenn auch an einer objektiv falschen Idee, der des P. m., wurde seinem Leben gegeben, was zutiefst in ihm lag und ihm ein Selbstwertgefühl vermittelte. Es zeigt sich darin, welche Kräfte eine der Neigung entsprechende Arbeit freimachen kann.

Wir sahen, wie, abgesehen von den Ausgangsideen, sein technisches Denken normale Funktionalität in großem Maße zeigte, allerdings einer primitiveren, intuitiv fühldenkenden Stufe entsprechend. Es blieb realitätsadäquat im Gegensatze zu andern, weiten Denkgebieten bei ihm. Das technisch-psychische Gebiet, wie wir das kurz bezeichnen wollen, hat sich demnach eine gewisse Selbständigkeit bewahrt. Wir sagen eine gewisse, weil Einbrüche psychotischer Denkstörungen nicht fehlen.

Diese Selbständigkeit dokumentierte sich auch in der Art seines Erlebens. Die »Stimmen«, die in einem »Echoverhältnis zu seinen Gedanken« stehen, teilen sich in zwei Gruppen: Jene, die zu seinen technischen Gedanken in Beziehung treten, kann er abstellen, die anderen sind wie ein gewachsenes „Organ", ihnen gegenüber erlebt er einen Zwang. Allerdings scheint das nicht durchgehend gültig zu sein, denn wir sahen, daß er, sehr wahrscheinlich unter dem Zwang von Stimmen, fertige Stücke zersägte, als das Arbeitsverhältnis mit dem psychopathischen Patienten in die Brüche zu gehen begann. Und andererseits sagte er uns, daß er dem Zwange der anderen Stimmen Widerstand zu leisten vermochte, wenn sie von ihm etwas forderten, was gegen sein moralisches Gewissen verstieß. Dieses Moralische, so konnten wir daraus allgemein folgern, ist also fester mit der Persönlichkeit verknüpft, hat größere Kraft, als der mit der Stimme verbundene Zwang. Wahrscheinlich hört das aber auf, wenn die psychotische Zerstörung tiefer greift.

Der Ausklang der genannten technisch produktiven Phase war nun, wie wir sahen, der, daß er, wenn auch nicht ohne jedes Schwanken, dazu kam, zu erklären, das P. m. sei nicht möglich. Die Affektivität, die mobilisiert worden war, trat wieder außer Wirksamkeit. Es blieb eine andere Form technisch produktiver Beschäftigung, die handwerkliche als Schreiner, die ihn aber nicht ganz befriedigt, weil er nicht Meister sein kann. Skeptisch sieht er der Zukunft entgegen. Beide technische Phasen zeigten deutlich den vorhandenen »mechanischen Sinn«.

Als Schreiner hat er vorher nie gearbeitet. Technische Verrichtungen mußte er als Uhrenarbeiter üben, aber eben anderer Art. Außerdem erfordert das Schreinern, neben anderen Muskeltätigkeiten und Koordinationen, inhaltlich anderes handwerkliches Kombinieren und Denken. Wir erkennen daraus, daß er auf diesem technisch handwerklichen Gebiete trotz der Psychose noch etwas Neues lernen konnte. Auch daraus schließen wir auf eine gewisse Selbständigkeit des technisch-psychischen Gebietes.

Anschließend an das im II. Kapitel Ausgeführte (S. 15 u. f.) können wir sagen, eine wenigstens subjektiv neue Erfindungsidee, die richtig wäre, hat er nicht zutage gefördert. Einzelne leitende Gedanken in seinem P. m. sind wahrscheinlich subjektiv, d. h. für sein Denken in der Art, wie er sie verwenden wollte, neu, so das Dezimalprinzip, das freihängende Gewicht und der schwingende Magnet. Insofern könnten wir diese Erfindungsideen zu der Gruppe 3 von Eyth (s. S. 17) zählen, andere gehören zur Gruppe 4. Tatsächlich, d. h. objektiv erfunden hat er nichts. Die Frage, ob eine objektiv gelungene Erfindung seine Psychose doch in Bahnen wenigstens relativer Gesundheit hätte leiten können, darf aber zumindest aufgeworfen werden.

Die Überzeugung, ein P. m. finden zu können, fällt, wie wir sahen, in die Phase, in der sein Bewußtsein, göttliche Kräfte zu haben, wahrscheinlich verblaßt, aber noch da ist. Wir dürfen daher vermuten, daß diese Überzeugung auch darin wurzelte, d. h. in dem Gefühl des Schöpferseinkönnens wie Gott, der auch die ganze Welt als P. m. schuf, wie er ausdrücklich bestätigte.

Die Sexualität und die Erotik als unmittelbar bewegende Kraft seines Schaffenwollens fanden wir in diesem Falle nicht.

Fall III B. G. Es handelt sich um einen 42 jährigen, haltlosen, trunksüchtigen Menschen mit epileptischen und auf dieser letzteren Basis psychogen ausgelösten Anfällen und mäßiger Demenz. Dieser behauptet, er habe dem G. C. (Fall II) einmal davon gesprochen und ihm gesagt, er solle, weil er sah, daß er sich mit Erfindungen beschäftige, auch über eine ewige Uhr mit einem Magnet nachdenken. B. G. beharrt darauf, G. C. dagegen sagt, er habe diese Idee schon gehabt, bevor ihm B. G. davon gesprochen. Eine objektive Entscheidung war nicht möglich, obwohl G. C. der wahrhaftigere ist, weil bei ihm Erinnerungstäuschungen möglich sind.

Die Anordnung des B. G. ist auf jeden Fall anders, als die des G. C., so daß letzterer zumindest eigene Lösungen versucht hat.

B. G., der ebenfalls Uhrenarbeiter ist, berichtete mir spontan: Er habe auch einmal ein »ewig Werk«, »eine Uhr, die ewig laufe, erfunden«, um die Uhrfeder entbehrlich zu machen. Gekommen sei er darauf, als er mit den Arbeitskameraden in der Fabrik darüber diskutiert habe, ob man eine auch »rückwärts gehende Uhr« konstruieren könne. Er habe mit einer »Zange und einem Magnet gepröbelt«.

In Fig. 25 ist R das »Stundenrad«, Z die »Zange« und m+, m— die Pole eines Magneten. Nun werde Z dem m+ genähert und von ihm angezogen, dann soll sich der andere Arm dadurch m— nähern, von diesem angezogen und so in der umgekehrten Richtung gedreht werden. Z gehe

Fig. 25.

dann hin und her und jedesmal werde R um einen Zahn weiter gedreht. Man brauche nur noch ein Minuten- und ein Sekundenrad. Die Hauptschwierigkeit sei, die beiden Magnetpole m+ und m— absolut gleich stark und noch genügend Kraft für die Bewegung der Räder zu bekommen. Auf die Idee, einen Magnet dazu zu verwenden, sei er gekommen, weil auch der Magnetismus von der Erde stamme und die anderen Kräfte, Elektrizität und Wasser auch von ihr kämen. (Wieso Elektrizität?) Nun, das Wasser treibt Motoren (worauf eine unbestimmte und unklare Weitererläuterung folgt, die große Vorstellungsarmut verrät.) Ferner habe er in der Primarschule etwas Physik gelernt und von positivem und negativem Pol gehört. Später von mir auf die eine Schwierigkeit aufmerksam gemacht, daß die Gabel gar nicht vom anderen Pol angezogen werden könne, wenn sie nicht vom ersten losgerissen werde und er dazu stärker sein müßte, wodurch es erst recht nicht ginge, versucht er einen Ausweg, ist aber ganz hilflos dabei. Er verspricht, sich die Sache zu überlegen, aber ich hörte nichts mehr davon.

Dieser Patient interessiert uns hier nicht weiter. Er zeigt eine mäßige allgemeine Demenz mit großer Vorstellungsarmut und geschwächter Kritik- und Urteilsfähigkeit, die auch in seiner »Erfindung« zum Ausdruck kommt. Diese ist außerdem bei ihm nur gelegentliches Nebenprodukt, beschäftigt sein Denken nicht weiter.

Bei den Uhrmachern ist die ihnen naheliegende Idee einer »ewigen Uhr« anscheinend verbreitet. Ein dritter, schwer paranoider Patient, ebenfalls Uhrmacher von Beruf, spricht auch von der Erfindung eines »ewigen Umganges«, die er gemacht habe, weigert sich aber, sie aufzuzeichnen oder Näheres darüber zu sagen, weil man ihm die Sache rauben würde und er in der Anstalt unter keinen Umständen etwas arbeiten wolle.

Bei den folgenden drei Fällen (IV, V und VI) handelt es sich um die Brüder Sch. R., geb. 1882, Sch. J., geb. 1883, und Sch. K., geb. 1886. Eingehend werden wir uns nur mit dem mittleren Sch. J. hier zu beschäftigen haben. Alle drei waren in der Anstalt, zwei davon, den zweiten und dritten, habe ich selbst beobachtet und untersucht.

Zur Genealogie der Familie dieser drei Brüder erfuhren wir folgendes: Der Urgroßvater mütterlicherseits war Deutscher, er habe die 48er Revolution mitgemacht. Über die Urgroßmutter mütterlicherseits und die Urgroßeltern väterlicherseits haben wir nichts Bestimmtes feststellen können. Der Großvater mütterlicherseits war Maurer und Landwirt. Er sei ein »origineller, eigenartiger Kopf« gewesen, der die Landwirtschaft nach eigenen Ideen betrieben habe. Die Großmutter mütterlicherseits sei »philosophisch« veranlagt gewesen. Der Großvater väterlicherseits war Lehrer und soll über das 80. Lebensjahr hinaus sein Amt versehen haben. Über die Großmutter väterlicherseits erfuhren wir nichts Bestimmtes.

Der Vater war Zimmermann und Gastwirt von Beruf. Er war Alkoholiker, hat an depressiven Verstimmungen gelitten, verschiedene Suizidversuche gemacht und fand den Tod durch Ertrinken infolge Unfall oder Suizid.

Die Mutter war eine reizbare, »exzentrische« Frau. Sie habe die Kinder lieben, aber nicht erziehen können, sagt ihr Sohn K. von ihr. Seit ihrem 16. Jahre litt sie an Anfällen mit Bewußtlosigkeit. Nach der Schilderung kann es sich um hysterieforme Anfälle oder um Affektepilepsie gehandelt haben. Mit 51 Jahren wurde sie als geisteskrank wegen Gewalttätigkeit gegen die Umgebung, vielleicht im Dämmerzustand, in Rh. interniert. Dort wurde außer der Epilepsie noch eine Paral. progr. vermutet, aber nicht sichergestellt. Nach dem Tode des ersten Mannes (1893) heiratete sie einen um 10 Jahre jüngeren, leichtsinnigen, allem nach psychisch abnormen Menschen, der seine minderjährige Stieftochter sexuell mißbrauchte, auch einen der Stiefsöhne nach dessen Angabe sexuell angriff und Frau und Stiefkinder mißhandelte.

Der Ehe dieser Frau mit dem ersten Manne entstammten 8 Kinder, von denen 2 sehr früh aus nicht bekannten Ursachen starben. Von den 6 verbliebenen sind 5 Söhne und 1 Tochter, darunter unsere 3 Fälle. Wie die nebenstehende genealogische Tafel (Fig. 26, in der die schwarzen Felder die Geisteskranken, die schraffierten die psychopathischen Glieder bezeichnen) zeigt, ist die eine Hälfte, die älteren umfassend, geisteskrank. R. starb als Geisteskranker in der Anstalt an Grippe, J. ist noch in der Anstalt, M. war wiederholt in einer Anstalt, litt an katatonischer Depression mit Stimmen und endete durch Selbstmord. Sie hat noch in ihren gesunden Tagen gestohlen, von der Mutter weiß man zumindest, daß sie es in der Irrenanstalt tat. Der Sohn K. ist Psychopath, wir werden uns noch mit ihm beschäftigen. Der Sohn O. endete mit 16 Jahren, angeblich an einem Hirnschlag (Suizid?), P.

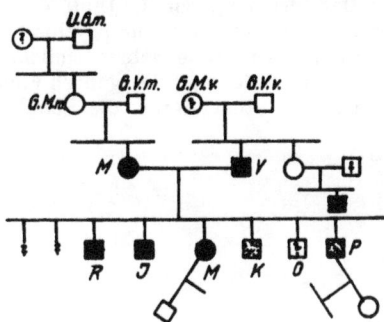

Fig. 26.

ist nach allem, was wir über seine Lebensführung erfahren haben — er war unter anderem 3 Jahre in einer Korrektionsanstalt für Jugendliche versorgt —, sowie nachdem Schriftcharakter ein Psychopath mäßig starker Ausprägung. M. war, P. ist verheiratet. Alle 4 überlebenden Brüder wurden kriminell.

Von den 6 Kindern sind demnach 5 sicher nicht normal gewesen. Wie es mit O., der in der Pubertät endete, war, wissen wir nicht. Drei, und zwar bemerkenswerterweise die älteren, litten bzw. leiden an ausgesprochener Geisteskrankheit. Von den Brüdern R. und J. werden wir noch Näheres hören und erfahren, daß ihre Krankheit zum Teil ähnliche Symptome zeigte.

Wir werden noch auszuführen haben, wie bei drei Söhnen eine starke revolutionäre Gesinnung herrscht. In dieser Beziehung ist es interessant zu erfahren, daß der Urgroßvater mütterlicherseits ein 48er Revolutionär war, und der Großvater mütterlicherseits wenigstens seine originellen Ideen in der Landwirtschaft verfolgte.

Der Vater hinterließ bei seinem Tode 6 unmündige Kinder. Die Erziehung war schon zu seinen Lebzeiten eine ungünstige und wurde später unter dem Einflusse des oben charakterisierten Stiefvaters eine ganz mißliche, wenn man unter solchen Verhältnissen überhaupt noch von Erziehung sprechen kann.

Wir beschäftigen uns nun mit den drei genannten Brüdern gesondert.

Fall IV Sch. R., geb. 1882.

Aus seiner Entwicklung erfuhren wir, daß er in der Schule besonders im Rechnen Mühe hatte, zeitlich sehr ungleichmäßige Leistungen zeigte. Von Beruf war er Zimmermaler und beschäftigte sich daneben mit Kunstmalerei und Kunstphotographie. Mit ca. 16 Jahren schloß er sich einem anarchistischen Zirkel in Z. an und wurde bald Redaktor des Anarchistenblattes »Weckruf«, das seine beiden Brüder J. und K. kolportieren halfen. Er verweigerte als Anarchist den Militärdienst, beteiligte sich auch an einem anarchistischen Bombenattentat in Z., wobei er verhaftet wurde. 1917 kam er in die Irrenanstalt. Er sei mit einer »Künstlermähne« angekommen, und es habe ihn schwer betroffen, als ihm dieselbe gegen seinen Willen auf Anordnung der damaligen Anstaltsleitung abgeschnitten wurde.

Seine Intelligenz war eine gute. Anfangs war er in der Anstalt still, zuvorkommend, korrekt. Nach und nach wurde er lauter, besonders nachts. Er schrie dann auf als Reaktion auf sexuelle Illusionen und Halluzinationen. Es handelte

6*

sich um Erscheinungen, wie bei seinem Bruder J., bei dem wir sie, weil genauer beobachtbar, näher schildern werden. Sie begannen noch während die beiden Brüder auf der gleichen Abteilung waren. Der ältere R. geriet dabei unter den Einfluß des jüngeren J. (Fall V). Da R. sehr empfindsam und leicht beeinflußbar war, ist darin eine psychische Infektion bis zu einem gewissen, nicht näher bestimmbaren Grade wahrscheinlich. Daneben äußerte er verschiedene Wahnideen. Über den Niedergang der ganzen Familie Sch. klagte er viel und erklärte, daß der bürgerliche Staat daran die Schuld trage. Auf eine ausgesprochen paranoide Phase folgte eine stark katatonische, in der ihn die Grippe ergriff, an der er auch starb.

Seine Beschäftigung bestand im Gedichtemachen und am liebsten im Zeichnen. Abzeichnen gelang ihm schlecht und langsam, besseres leistete er bei der Wiedergabe von Eigenem. Das Zeichnen blieb noch als einzige Beschäftigung in der katatonen Phase erhalten. Von den Zeichnungen sind eine Anzahl erhalten. Sie stellen Landschaften und Menschen, besonders Mitkranke dar. Was ihn bezeichnenderweise immer wieder zum Zeichnen reizte, das war der Kopf Napoleons I., seine »Imago«, der in mehreren Varianten er-

Fig. 27.

halten ist. Das Eingehen auf diese Bilder, die alle in Bleistift ausgeführt sind, gehört nicht zum Thema dieser Arbeit. Sie verraten zweifellos Talent. Besonders die Landschaftsbilder wirken dank einer eigenartigen Technik künstlerisch auf den Beschauer, verraten Gestaltungsfähigkeit. Zwei derselben seien hier zur Verdeutlichung reproduziert (Fig. 27 u. 27 a). Wir erkennen aus denselben, wie auch aus den anderen hier nicht wiedergegebenen, daß jenes psychische und psychologische Gebiet, welches diese künstlerische Produktion ermöglicht, von der schweren schizophrenen, paranoid-katatonen Psychose, an der er litt, nicht oder richtiger noch nicht sichtbar angegriffen war. Wie es weiter gewesen, wenn er am Leben geblieben wäre, müssen wir dahingestellt sein lassen.

Sein »Anarchismus« begann, das ergibt sich aus mehrfachen Belegen aus jener Zeit, in der präpsychotischen Phase, wo er noch als unsteter, haltloser, suggestibler, empfindsamer, leidenschaftlich erregter, zu Jähzorn neigender, wenig kritischer Psychopath ohne originelle Ideen erschien. Als dieser Psychopath erhielt er eine leichtere Gefängnispsychose, in der er sein Gewissen entlastete und nicht nur sich selbst, sondern auch seine politischen Genossen preisgab. Er wurde Anarchist aus Haß und Zorn gegen die »Ausbeuter«, deren Repräsentanten sein Vater, sein Stiefvater und sein Lehrmeister, dem er seinerzeit durchbrannte, waren, weil sie seine physisch und psychisch schwache Persönlichkeit unterdrückten. Weichheit auf der einen, Rücksichts- und Skrupellosigkeit auf der anderen Seite waren schon präpsychotisch hervorragende Charakterzüge. Aber diese Rücksichtslosigkeit schreckte vor dem Terror, zu dem seine anarchistischen Kameraden drängten, zurück. Die »anarchistische Religion«, der er leidenschaftlich zugetan gewesen, wollte fast wieder der christlichen weichen. Als einzelne Persönlichkeit war er zum Kampfe doch zu schwach.

Fall V Sch. J., geb. 1883, seit 4. Juni 1908 in der Anstalt verpflegt.

Über seine Geburt und über seine erste physische und psychische Entwicklung haben wir keine objektiv zu bezeichnenden Angaben. Er selber berichtet, daß er als ca. Dreijähriger eine Treppe hinuntergefallen und 2 Stunden bewußtlos gewesen sei, später beim Schlittschuhlaufen den Kopf durch Fall aufs Pflaster blutig geschlagen habe.

Fig. 27 a.

Im 7. Lebensjahre verlor er den Vater. Das habe ihn so angegriffen, daß er »melancholisch« geworden sei, und der Nervenarzt habe konsultiert werden müssen. Stundenlang habe er damals auf den gleichen Flecken gestarrt »und fast ein Loch hineingebohrt, ob mein verstorbener Vater nicht ein Zeichen geben würde. Nachts schrie ich laut auf vor Heimweh nach meinem guten (!) Vater, und dieser Geisteszustand hatte ein langes Nachweh in späterer Zeit auf mein Gemütsleben«.

Es ist psychologisch interessant, was er darüber schreibt (ca. 1920), weswegen wir es wörtlich anführen: »Ich wurde sehr weinerlich, menschenscheu und besonders im Dienste bei fremden Leuten vom Heimweh befallen und fand an keinem Platze Gefallen, auch wenn ich noch so gut behandelt wurde. Diese eingefleischte Uuzufriedenheit ging mir immer nach bis sie in mir in eine Art Borniertheit ausartete und schließlich gar nichts mehr anderes hatte als grundlos aufzubegehren und jedermann haßte, der sich in seine Lage schicken konnte und nicht auch mit mir anstimmte und aufbegehrte.

Gewiß hat ein Psychiater in dieser Hinsicht nicht ganz unrecht, wenn er etwas fast Unheilbares darin erkennt, denn solche Menschen wie ich sind sehr leicht immer zur Unzufriedenheit zu bewegen, besonders wenn das Gefühl aufkommt, überlistet und bestohlen zu sein. Dies ist aber alles doch kein Grund, mich als einen moralisch verdorbenen Menschen zu bezeichnen oder gar meine Eltern dessen bezichtigen zu wollen, und für nichts anderes recht zu sein als fürs Irrenhaus und hier durch Besudelung des Gehirns durch Übertragung unsittlicher Bilder und Spiel mit Strahlen schließlich uns zu entsitten. . . .« (siehe zum Verständnis der letzten Auslassungen unten S. 92).

Die Sehnsucht nach dem Vater, nach dessen Liebe schafft Unzufriedenheit, Gereiztheit, Haßeinstellung gegen die zufriedenen Menschen, Neigung zum Aufbegehren, Revolutionieren — das ist die charakterologische Linie, die er aus seiner Selbstbeobachtung herausfindet. Angedeutet ist ferner eine Verknüpfung dieser charakterologischen Entwicklung mit der Sexualität. Es ist, als fühlte er irgendwie, ohne dies klar im Bewußtsein zuzulassen, daß in dieser Abhängigkeit vom Vater etwas moralisch negativ zu bewertendes liegt. (Homosexuelle Bindung an den Vater.)

Nachdem die Mutter 2 Jahre später zum zweitenmal geheiratet hatte, habe er unter dem Stiefvater viel zu leiden gehabt. Wir berichteten darüber bereits. Sein Sexualtrieb scheint früh geweckt worden zu sein, und er hatte, soweit sich das aus seinen gelegentlichen Andeutungen und den affektiven Begleiterscheinungen derselben, sowie aus gewissen Halluzinationen schließen läßt, mancherlei sexuelle Erlebnisse in der Jugend. So sagte er (Oktober 1908) dem Arzte, als ihn dieser über seine Angst explorierte: er habe eben stark Angst gehabt, er wisse nicht warum, dann sei ihm der Gedanke durch den Kopf gefahren, er sei schuld am Tode seines jüngeren Bruders (O.), denn er habe die Leute sagen hören (Gehörsillusionen oder Halluzinationen), er habe den Bruder erschlagen. Auf Befragen, wieso er denn am Tode des Bruders hätte schuld sein können, sagte er zögernd, er sei ja oft mit dem Bruder und der Mutter nicht recht und grob gewesen, brach dann in Tränen aus und fügte hinzu: er habe früher einen starken sexuellen Trieb gehabt. Oder (Juli 24): man plage ihn, indem man von ihm Sachen sage (akustische Illusionen oder Halluzinationen), die er als Knabe gemacht haben solle, welche er aber nie gemacht habe (lacht dazu verlegen), will aber nicht sagen, was es ist.

Nach Absolvierung der Primarschule kam er in eine Fabrik in Z. für 4 Jahre in eine Mechanikerlehre. Er habe dieselbe beendet, aber ohne Ablegung der (obligatorischen) Lehrlingsprüfung, wofür wir den Grund nicht recht erfahren. Es scheint aber seine aktive politische Betätigung als Helfer seines vorher genannten anarchistischen Bruders R. mitgespielt zu haben. Während der Lehrzeit besuchte er die Gewerbeschule. Maschinenzeichnen habe er nicht gut können, besser dagegen das Projektionszeichnen, durch das er sich dann auch mit der Zeit im ersteren vervollkommnet habe. Auf seinem Berufe scheint er nachher nicht immer gearbeitet zu haben, denn er berichtet wiederholt, daß er bei einem Gärtner in K. eine Zeitlang beschäftigt gewesen sei.

Im Januar 1907 begab er sich, nach seiner Angabe auf Anregung eines Freundes, von dem er auch das Geld für die Überfahrt geliehen habe, ohne weitere Überlegung, von einem Momente zum andern den Entschluß fassend, nach Amerika und zwar zunächst nach New York, wo er am 31. Januar 1907 angekommen sei. Noch im gleichen Jahre (August) begab er sich nach Chicago, wurde dort Anfang 1908 geisteskrank und nach ca. dreimonatigem Aufenthalt in einer Chicagoer Irrenanstalt in die heimatliche Irrenanstalt R. (4. VI. 08) verbracht.

In dieser schilderte er dann (Dezember 1908) in einem ausführlichen Berichte die Überfahrt, Eindrücke und Erlebnisse auf derselben, sowie in Amerika selbst, den Ausbruch der Geisteskrankheit, den Aufenthalt in der amerikanischen Irrenanstalt und den Rücktransport in die Heimat. Der im ganzen sachliche Bericht zeugt von lebhafter Beobachtungsgabe, Empfänglichkeit für die sich bietenden Eindrücke und starkem inneren Erleben. Es hat sich ihm alles so fest eingeprägt, daß er es später und noch mir selbst 1924 sachlich und zum Teil auch dem Wortlaut nach getreu wiedergeben konnte. Er arbeitete danach dort, wie es Auswanderern, die die Sprache und Verhältnisse nicht kennen, meist geht, zuerst in einem Restaurant als Bursche. Später fand er auf seinem Berufe Arbeit, wechselte die Stellen, nach seinen Angaben aus plausiblen Gründen, ging, wie schon erwähnt, nach Chicago und war vor Ausbruch der Geisteskrankheit zuletzt in einer Gärtnerei tätig.

Über die ersten Anzeichen der Krankheit schreibt er in dem genannten Berichte folgendes, das wir wörtlich hier abschreiben, weil es uns auch Einblick in seine Schreibart gibt, wozu wir zur Vervollständigung des Bildes die Reproduktion einer Schriftprobe beifügen (Fig. 28):

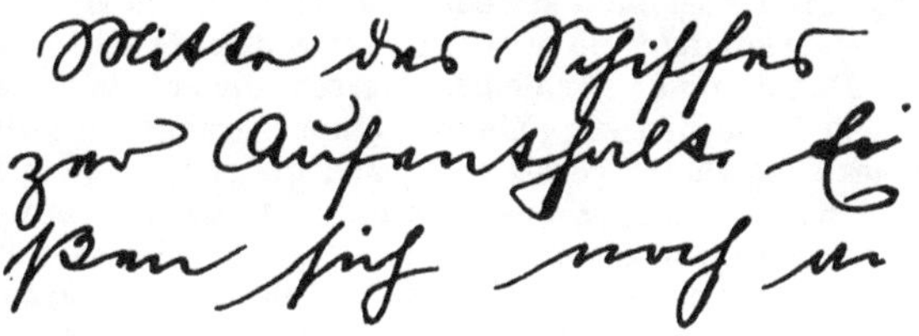

Fig. 28.

»Zu dieser Zeit arbeitete ich also an der 83. Straße (Automobilfabrik Excelsior), aber damals schon begannen mich Einbildungen zu plagen, hatte stets eine innere Unruhe und wußte eigentlich nie recht, was fehle, bis ein Schuhmacher, mit dem ich schon lange Bekanntschaft geschlossen hatte, erklärte, er wolle abreisen nach Chicago. Mächtig begann es sich in mir zu regen, etwas mehr von diesem Lande zu sehen und sagte ihm kurz entschlossen, daß ich auch mitgehe; er hatte natürlich nichts dagegen, so trat ich dann aus der Arbeit und traten nach einigen Tagen gemeinschaftlich die Reise nach Chicago an. Vorher ließ ich mich einmal untersuchen bei einem Arzte, denn ich fühlte manchmal sonderbar und war ganz empfindlich, wenn ich irgendwo ein wenig Schmerzen empfand, und bildete mir leicht ein, krank zu werden. Der Arzt sagte, nachdem er mich untersucht hatte, daß ich gesund sei und höchstens das Klima, wie es bei jedem erst Eingewanderten vorkomme, etwas ausmachen könne, und wirklich auch nach meiner Ankunft spürte ich heftigen Blutandrang nach dem Kopf, und manchmal am Morgen, wenn ich aufstand, sehr müde und schwindlig.

Alles das trug dazu bei, daß ich mich sehnte, meine Lage wechseln zu können und überhaupt nicht wollte stets nur an der Pforte von Amerika bleiben.

Auch konnte das Nachdenken über die Erfindung (rotierender Motor), auf welche ich große Hoffnungen setzte und glaubte, dadurch einmal das ganze Land bereisen zu können, ganz einnehmen; oft war ich nicht imstande, eine Schrift zu lesen, ohne daß sie mich nicht auf einmal begann anzuekeln und sofort wieder an dieser Maschine nachdachte, etwas zu verbessern.«

Diese Erfindung hat ihn tatsächlich viel beschäftigt. Weihnachten 1907 schreibt ihm sein Bruder R. nach Chicago, was wir einer Briefabschrift entnehmen: »Mit Deiner Erfindung wird's hoffentlich glücken, bin gespannt wie ein Regenschirm. Möchte Dir's herzlich gönnen.« Und Pat. selber sagt´(IV. 24): »Habe damals (in Chicago) die Erfindung eines rotierenden Motors gebabt. Ich wollte ein Patent nehmen, aber die Zeichnungen sind nicht vollständig gewesen. Ich glaubte damals, ich werde mit der Erfindung sofort Millionen haben, ich war nicht recht im Kopfe, so »schwärmerisch«, ich kann das jetzt (!) beurteilen.

Soweit Notizen vorliegen, hat er kurz nach seiner Versorgung in der heimatlichen Anstalt R. (Oktober 1908) dem Arzte über die nun folgende Episode berichtet: »Zuerst sei es (in Chicago) wieder besser gegangen, dann sei der Zustand der letzten New Yorker-Zeit wiedergekommen. Geistig glaubte er damals aber noch gesund zu sein. Als er dann aber wegen der Kälte aus dem Gartenhaus (er arbeitete, wie wir schon hörten, in einer Gärtnerei), in dem er bisher gewohnt hatte, in ein Zimmer des Haupthauses habe ziehen müssen, sei es »schlimmer geworden«. Er schreibt die Verschlimmerung den Dämpfen zu, die aus der unter seinem Zimmer gelegenen Küche, wo mit Petroleum gekocht wurde, heraufdrangen. Das Folgende erzählt er jetzt noch in einem seiner selbst nicht sicheren Ton, als ob er einen Traum erzählte. Er sei dann auf einmal in einen tiefen Schlaf gesunken. Als er nach langer Zeit — wie lang weiß er nicht — wieder aufwachte, seien Leute bei ihm gestanden, drei Damen und verschiedene Herren, die er alle kannte. Alle seien aber sofort bei seinem Erwachen zum Zimmer hinausgegangen bis auf eine Dame, die die Tochter seines Dienstherrn gewesen sei, und die er zu seinem Erstaunen jetzt in der Tracht einer Krankenpflegerin gesehen habe. Diese habe ihm gesagt, er sei krank, und habe ihm eine Mixtur gegeben; als er sie nicht nehmen wollte, habe sie seine Weigerung für eine Beleidigung erklärt, darauf habe er sie genommen. Die Dame sei darauf zum Zimmer hinausgegangen mit den deutschen Worten: »Man macht es dem einen wie dem andern.« Von diesem Moment an habe er sich »innerlich verdichtet« gefühlt, habe lange Zeit keinen Stuhlgang mehr gehabt und vielfache Schmerzen im Leib und besonders am ganzen Rücken. Es sei ihm auch damals immer vorgekommen, als ob ihn die Leute »so besonders« anschauten. Da habe ihn eine große Angst gepackt und er sei davongelaufen. Er wollte sich »eine andere Arbeit« suchen. Er sei in eine Herberge gegangen, auf dem Wege dorthin habe ihn ein Polizist gefragt, ob er verrückt sei (auf englisch). In der Herberge habe er sich ins Bett gelegt, habe aber keine Ruhe gehabt und wollte wieder hinaus, da habe er die Türe von außen verschlossen gefunden. In seiner Angst sei er zum Fenster hinausgesprungen und habe durch das Restaurant auf die Straße gehen wollen. Die Leute, die im Restaurant waren, ließen ihn aber nicht hinaus, stellten sich vor die Türe und sahen ihn wieder so merkwürdig an. Da sei er allerdings in große Aufregung geraten und habe um sich geschlagen, auch Fenster zerschlagen. Ein Polizist habe ihn dann abgeholt und ins Gefängnis geführt. Von dort sei er bald nach einer Irrenanstalt geführt worden und dann wieder nach einer anderen Irrenanstalt vor der Stadt. Dort sei er etwa drei Monate gewesen und sei dann wieder heimspediert worden.

Nach dieser Schilderung der Vorgänge und Erlebnisse, die er damals (Oktober 1908) noch frisch im Gedächtnis haben konnte, hatte es sich um einen akut einsetzenden Dämmerzustand gehandelt, aus dem einzelnes haften geblieben war. Als ich ihn (April und Juni 1924) erneut über diese Dinge erzählen ließ, füllte er die Lücken, die im eben wiedergegebenen Berichte bleiben, mit verschiedenen psychotischen Erlebnissen aus und berichtete auch über seine Eindrücke, Gedanken und Gefühle in den amerikanischen Irrenanstalten, sowie über jene auf der Rückfahrt in die Heimat.

Daß darüber im wiedergegebenen Berichte nichts steht, kann seinen Grund darin haben, daß man den Patienten nicht danach frug, und er es daher vorzog, da er damals noch auf baldige Entlassung hoffte (was er selber wiederholt schriftlich und mündlich geäußert hat), sie zu verschweigen, aus einem Gefühl heraus, daß es sich um schwerer zu wertende Krankheitssymptome handle. Es könnte aber auch darin seinen Grund haben, daß ihm die Erinnerung an die inhaltlichen Einzelheiten erst später gekommen ist, eine Erscheinung, die nach solchen dämmerhaften Zuständen, bekannt ist. Schließlich aber kann der Grund auch der sein, daß diese psychotischen Erlebnisse erst nachträgliche, durch Rationalisierung oder durch Konfabulationen bewirkte Ausfüllung der Erinnerungslücken sind. Wir müssen diese Möglichkeit hier besonders erwähnen, weil dahingehende Erscheinungen bei ihm vorkommen. Er selbst ist zwar überzeugt, es damals erlebt, gefühlt und gedacht zu haben, was aber allein, und aus dem eben genannten Grunde, speziell bei ihm nicht als Beweis gegen den konfabulatorischen Charakter gelten kann. Es genügt auch nicht darauf hinzuweisen, daß, soweit sie genannt werden, die gleichen Bestandteile in beiden Berichten, dem von 1908 und jenem von 1924 wiederkehren. Objektive Angaben über sein äußeres Verhalten aus jener Zeit, um sie mit seinen Darstellungen desselben zu vergleichen, stehen uns zur Nachprüfung nicht zur Verfügung. Auch der Umstand, daß die genannten übereinstimmenden Bestandteile mit den psychotischen Erlebnissen ein Ganzes bilden, letztere nicht einfach hineingeflickt erscheinen, genügt noch nicht, da dies auch bei Konfabulationen als möglich zugegeben werden muß. Die verschiedenen Darstellungen, die er uns seit 1924 gegeben, und die wir zweimal schriftlich haben, einmal davon direkt nachgeschrieben, zeigen wohl gleiche Erlebnisbestandteile, aber nicht immer in der gleichen zeitlichen Ordnung. Der Eindruck ist der, den man hat, wenn über Erlebnisse im Dämmerzustand nachträglich berichtet wird. Aber auch da kann es sich um Veränderungen handeln, die erst durch die fortschreitende Psychose bewirkt wurden. Wir müssen daher letzten Endes diese Frage objektiv unentschieden lassen und können nur sagen, daß der subjektive Eindruck, es handle sich im wesentlichen um damals wirklich Erlebtes, trotz dieser Bedenken, vorhanden ist. Wir geben nun einiges Charakteristisches hier wieder.

Er berichtet, daß er sich in jener Zeit auch mit Philosophie, er nennt Nietzsche und Tolstoi, beschäftigt habe. Er sei Tolstoiverehrer gewesen. Dieses, sowie seine Erfindung (des rotierenden Motors), mit deren Anmeldung zum Patent er sich damals abgegeben habe, hatten auch seine Träume beschäftigt. Am Tage sei ihm dann so »sonderbar« gewesen. Einmal, als er sich wieder davon im Schlafe habe »plaudern« hören, seien so »weiße Strahlen auf ihn eingefahren«, er sei »in weißer Strahlung gewesen«. Diese habe sein Gehirn angegriffen, denn er sei nachher so schwach, ganz von Sinnen gewesen, habe vor Schwäche und Rückenschmerzen keine Schaufel heben können.

Das Erleben — er hat über spätere ähnliche Erlebnisse in den folgenden 17 Jahren, soweit ärztliche Notizen, ferner seine häufigen schriftlichen Äußerungen in Briefen und Berichten aus der Anstalt, sowie meine eigenen Beobachtungen lehren, nie wieder etwas verlauten lassen, noch ein Verhalten gezeigt, die sie erschließen ließen — der Außenwelt war eigenartig verändert. Habe er Bretter tragen wollen, so seien sie ihm wie Menschen vorgekommen, so daß er sie fast nicht habe tragen können. Habe er den Auftrag erhalten, sie nach Maß zu schneiden, so habe er das Gefühl gehabt, als schnitte er Menschenfüße ab. Er habe gewußt, es sei kein Mensch, aber er habe es so im Gehirn gehabt. Er habe mit allem so »Erbarmen« gehabt, habe z. B. geglaubt, er dürfe nicht im Grase gehen, weil jedes Gräschen, auf das er stünde, es empfinden würde.

Der Arzt habe nach einer Untersuchung gesagt, es fehle ihm nichts, er sei ein fester Mensch; er erinnere sich, daß er ihm an den Puls gegriffen habe. Er habe sich darum zusammennehmen und arbeiten wollen, sei aber jedesmal wieder zusammengebrochen.

Einmal sei er in der Nacht um 12 Uhr erwacht, habe in den Kasten im Zimmer hineingesehen, weil er geglaubt habe, es sei dort ein totes Kind, es sei aber eine Uhr gewesen, und er habe eine Stimme gehört, die sagte, »deine Uhr ist abgelaufen«. Ein andermal sagte er, er habe auch seinen Namen aus einem Kohlenhaufen rufen gehört, es war die Stimme der Großmutter, ganz deutlich, und doch war niemand da. Er sei dann herumgelaufen, sei von Sinnen gewesen, sei an eine Tür gekommen, habe eine große Versammlung gesehen — er sei im Hemd gewesen —, sah drei Menschen, die schworen, da sei ihm »die ganze Welt vor den Augen erschienen«, er habe gemeint, er sei »plötzlich der größte Herrscher der Welt«. Dann sei er auf einer Eisscholle im Meer gestanden, habe mit den Füßen die Strömung gespalten, die Welt sei auseinandergefahren, da sei es ihm »mechanisch[1]) aus dem Kopfe gekommen, er könne die ganze Welt beherrschen«. Er habe es auch gerufen. Darauf habe man ihn ins Bett geführt, es habe nicht gebessert, er habe im Schlaf geweint.

Am Morgen sei der Meister mit einem andern gekommen und habe gesagt, er sei krank. Er habe eine Zeitlang im Bett bleiben, dann eine Nacht hoch oben in einem Zimmer schlafen müssen. Als er am Morgen in den Saal habe wollen, sei die Tür verschlossen gewesen, er habe sich »eingeschlossen« gefühlt, habe rasseln gehört, im Dach rollen, wie wenn Scherben rollten. Es sei ihm im Kopfe ganz Angst geworden, er habe kein Bewußtsein von sich gehabt, ein »mechanischer Schreck«. Er habe die Fenster aufgerissen, habe hinausspringen wollen, ohne den Gedanken zu haben, sich das Leben zu nehmen. Der Hausknecht habe darauf die Türe geöffnet, was ihn beruhigt habe. Es seien viele Leute im Saale gewesen, die Türe sei verschlossen gewesen, er habe daran gezerrt, man habe ihn fortgenommen. Gleich darauf sei die Polizei gekommen, habe ihn aufs Bureau geführt. Hier sei er eine Stunde untersucht und dann im Wagen ins städtische Irrenhaus geführt worden, wo er 14 Tage geblieben sei. Die Menschen seien ihm hier wie »Geister« vorgekommen, er habe kein richtiges Bewußtsein gehabt. Seit der weißen Strahlung habe er keinen Stuhl gehabt (s. oben, er war verdichtet). Er beschreibt die Medizin, die man ihm als Gegenmittel geben wollte, und die er nicht nahm, weil er sie für Gift hielt.

Ganze Tage habe er da nichts geredet, habe den Kopf voll Gedanken gehabt, von Gott, Dante. Die »Schreckungen« hätten weiter angedauert, womit er schreckhafte Phantasien und Halluzinationen bezeichnet, an die er sich nur bruchstückweise erinnern könne, er sah Leichenzüge, hörte schießen, meinte es sei Krieg, dann war es wieder nicht Krieg, sondern Wettermachen usw.

Dann sei er in die andere Irrenanstalt gekommen, wo er ¼ Jahr gewesen sei. Die »Phantasien« seien da weiter gekommen, er habe sich alles anders vorgestellt, habe seinen »ganzen Verstand zusammennehmen« müssen, um auf die verschiedenen Fragen der Leute, die da kamen (Ärzte), richtige Antworten zu geben. Man habe ihm einen fremden Namen aufdrängen wollen, das habe er deutlich gespürt (Persönlichkeitsverwandlungsgefühl).

Er habe mit aller Gewalt nicht essen wollen, und wäre es auf ihn angekommen, hätte er es auch nicht getan. Man habe ihm einige Tage gutes Essen gegeben und ihm gesagt, das sei der Weg zum Gesundwerden. Das habe ihn so sehr erschreckt, daß ihm, sobald ihm das Essen wieder vorgelegt worden sei, sofort in den Kopf kam, that is the way (das ist der Weg), und er habe essen müssen. Das habe sich so »fixiert«, daß er von nun an gegessen habe, auch wenn er keinen Hunger hatte.

---

[1]) Der Ausdruck mechanisch ist bezeichnend, er kehrt bei Geisteskranken vielfach wieder und bezeichnet das Bewußtsein davon, daß etwas im Kranken geschieht, was von seinem bewußten Willen nicht gewollt, einfach da ist.

Auch später, als man ihm auf der Heimreise einmal Brot und Käfer (Halluz. od. Illus.?) gegeben habe, um ihn zu versuchen, habe er aus Angst gegessen. Jetzt (1924) sei es »fix« in seinem Gehirne, daß man essen müsse. Die Angstzustände dauerten weiter an, der Zug, mit dem er fuhr, wußte er, müsse entgleisen, das Schiff versinken.

Auf dem Schiffe sei er in weißen Unterkleidern an Jungfrauen vorbeigeführt worden, was ihn »geschämt« habe. (Sexuelle Halluzinationen.) Man habe ihn darum in eine noch dunklere Zelle verlegt, wo es ihm ganz wohl gewesen sei; er habe sich beruhigt.

Wir haben diese Einzelheiten wiedergegeben, weil sie uns das Erleben des Patienten, sein Denken und Fühlen, sein äußeres Verhalten, dem wir sonst verständnislos gegenüberstünden, und wie oft geht es uns bei Geisteskranken so, verständlich machen.

Wesentlich ist, daß diese ganze Phase von Angst- und Schreckerlebnissen erfüllt ist.[1]) Hervorgehoben zu werden verdient auch jenes Moment, wo er als Ausdruck des tiefsten Vernichtungsgefühles die bezeichnenden Worte hört »deine Uhr ist abgelaufen« und dann als rettende Reaktion eine über alle Maßen gehende Steigerung des Selbstwertgefühles, die in den göttlichen Handlungen, welche zum Teil an Moses erinnern, zum Ausdruck kommt, sich einstellt. Er fühlt sich als der Beherrscher der Welt. Diese Episode entspricht so sehr dem damaligen Zustande und hat sich in gewisser Form später wiederholt, daß wir sie als wirkliches Erlebnis trotz unserer aufgeführten Bedenken buchen wollen. Wir erinnern uns hier auch an die Ausführungen zum Falle II (s. S. 78).

Die körperliche Untersuchung (5. VI. 1908) ergab bei dem mittelgroßen, blassen, eher schwächlich gebauten Manne außer sehr lebhaften Reflexen nichts Bemerkenswertes.

In geistiger Beziehung zeigte sich in der Anstalt bald eine gewisse Besserung in dem Sinne, daß er, der sich vorher teilnahmslos der neuen Umgebung gegenüber verhielt, viel vor sich hinstaunte oder halbe Tage bewegungslos am Boden lag, lebhafter wurde, sich für das, was um ihn vorging, interessierte und sich nützlich zu beschäftigen suchte. Die Stimmung war besonders bei der Arbeit eine gehobene, fröhlich-übermütige. Nach einigen Monaten änderte sich das Bild. Zunächst trat eine depressiv-gereizte Stimmung auf, die plötzlich in eine erregte und euphorische umschlug. Parallel damit ging ein starker Wechsel in der Arbeitslust.

Im Juli 1909 wird notiert, daß er glaubt, ein P. m. gefunden zu haben, an dem er fleißig zeichnet. Der Stimmungswechsel hält 1909 an. Doch arbeitet er im ganzen anhaltend und fleißig im Hause und im Garten. Zeitweise verlangt er stürmisch seine Entlassung. Über seinen Anstaltsaufenthalt ist er sehr ungehalten und äußert sich öfter schriftlich und mündlich in diesem Sinne.

Aus dem Jahre 1910 wird hervorgehoben, daß seine Stimmung sehr labil und daß er in seinem Gefühlsleben sehr leicht zu beeinflussen sei. Es bestehe keine rechte Arbeitslust, die Ausdauer bei der Arbeit sei gering.

Im Sommer 1911 arbeitete er fleißig, dann trat wieder der Stimmungswechsel in den Vordergrund, und es zeigten sich Halluzinationen besonders des Gehörs und der Körpergefühle immer deutlicher. Er hörte verschiedene Stimmen, fühlte sich elektrisiert, besonders in der Geschlechtssphäre viel geplagt und war dann stark gereizt.

Dieser Zustand verschlimmerte sich in den folgenden Jahren, er wurde auch, weil er den Wahn hatte, daß dieses Elektrisieren vermittelst eines Apparates von bestimmten Personen, besonders vom Direktor und dessen Helfershelfern ausgehe, aggressiv. Es kommt zu ausgesprochenen Wutanfällen, wenn der Direktor herannaht. Nach und nach kommt es zur Ausbildung von wahnhaften Ideen über die Art,

---

[1]) Die Phantasien, Illusionen und Halluzinationen wären einer näheren Deutung zugänglich. Doch wollen wir sie hier des Raumes halber, und weil nicht zu unserem engeren Thema gehörig, beiseite lassen.

wie er mit dem Apparat besonders in sexueller Beziehung geplagt und mißhandelt wird. Die scheußlichsten sexuellen Angriffe werden auf ihn ausgeführt, die einen polymorphen Charakter haben (Onanie durch fremde Personen, päderastische Angriffe, Belästigungen durch Frauen). Unter dem Einflusse derselben schreit er nachts oft derart angstvoll und laut, daß man es weithin hört. Am Morgen ist er dann verstimmt, außerordentlich gereizt, schließt sich mit drohender Mimik und finster stechendem Blick von der Umgebung ab.

Nach und nach objektiviert sich das Gefüge dieser Halluzinationen und Wahnideen zum technischen Gebilde eines Apparates, den er auch zeichnet und der die Einrichtung der Vorrichtung darstellen soll, mit dem ihm die mannigfachen körperlichen Schmerzen und sexuellen Angriffe zugefügt werden. Der Apparat befinde sich, und an dieser Vorstellung hält er nunmehr seit mehr als 13 Jahren fest, in jenem Teil der Anstalt, in dem sich Wohnung und Bureau des Direktors befinden. Es werden, das ist sein Wahn, den er als Erläuterung zur schematischen Zeichnung jenes Apparates (August 1916) schriftlich niedergelegt, zur Erzeugung der Schmerzen von ihm und auch anderen Patienten »Schmerzenfilme« hergestellt; Tiere werden gemartert, ihre Schmerzen mit Filmen aufgenommen und dann von diesen Filmen die Schmerzen wieder auf ihn und die anderen Patienten übertragen. (Darum ist er auch leidenschaftlicher Gegner der Vivisektion.) Auch für »direkte Übertragung« von Einwirkungen auf die Patienten von der gefolterten Person, indem unausgesetzt mit einem Instrument auf derselben herumgefahren wird, um nicht zu viele Filme zu benötigen und um leichter beeinflussen zu können, indem man die Person zu allen Tätigkeiten zwingt, die gerade von ihr verlangt werden und sie je nach Bedürfnis auf Personen überträgt, diene der Apparat. Außerdem sei eine optische Vorrichtung da, »womit ein Bild aufgenommen wird durch dunkle Strahlen, welche durch alles dringen durch die Harmonie von Ätherschwingungen und so auf weite Entfernungen in jeder Wohnung ihre Betätigung beobachtet werden kann, wenn Leute irgend in einer Wohnung etwa etwas vornehmen«. Von diesem optischen Bilde der Außenwelt entstehe nun ein »Miniaturbild«, das eine Person beobachte und nun direkt oder von Filmen aus jeder Person in dieser Außenwelt Empfindungen bis zu Gehirnkrankheiten vortäuschen könne, indem die Strahlen »vorwärts und rückwärts« wirken. »Schlägt man z. B. einem Patienten eine Ohrfeige hin, so kann dieselbe Empfindung entweder direkt auf eine andere Person in der Außenwelt übertragen und fühlt sich diese von einem Geiste geohrfeigt, wie ich schon gewisse Personen hörte erzählen, oder die Funktionen können übertragen werden auf einen Film und können jederzeit beliebig solche Empfindungen an andere Personen angewendet werden. Solche Einwirkungen waren die Folge meiner Geisteskrankheit, indem ich durch Todesschwäche bis zur Todesangst und Verwirrung gehetzt wurde« (in Chicago)...

Zu Onanie, Pollutionen, Päderastie, masochistischen Szenen werde er mittels dieses Apparates gegen seinen Willen gezwungen. — Dabei bleibt es unentschieden, inwieweit er das halluzinatorisch erlebt und inwieweit es nur wahnhaft konstruiert wird. — Das werde dann zur Erzeugung solcher Schmerzenfilme verwendet. Mittels eines Schmerzenfilmes habe auch seine Mutter den Tod erlitten. —

An seinen Angehörigen hängt er sehr, freut sich über deren gelegentliche Besuche, gibt überhaupt ausgesprochene Familienzugehörigkeitsgefühle kund. Um so mehr scheint er unter den scheußlichsten halluzinatorischen Erlebnissen zu leiden, in denen er zu sehen angibt, wie ihnen die Augen ausgestochen und andere Marter an ihnen vollzogen werden. Ob da nicht seine eigenen sadistischen Gefühle zu einer Kundgabe kommen, ohne daß er davon weiß? Sein Schmerz über diese Vorgänge konnte dann ein Deckgefühl aus dem ethischen Teil seiner Persönlichkeit sein, um ihm dieses Wissen verborgen zu halten.

Trotz alledem zeigt er lebhafte Interessen für verschiedene naturwissenschaftliche Gebiete (Chemie, Physik, Botanik und Mathematik), studiert alle entsprechenden Bücher, die ihm zugänglich gemacht werden und beschäftigt sich andauernd mit Erfindungen und Theorien. Über diese Seite seines Geisteslebens werden wir bald berichten, wobei wir Wesentliches herausgreifen und auf die Art seines technischen, zum Teil auch übrigen Denkens auf Grund eingehender Beobachtungen und Untersuchungen eintreten werden.

Schon als Mechanikerlehrling kam er in die proletarische Bewegung — wir hörten, daß er Gehilfe eines anarchistischen Bruders (Fall IV) war — und das soziale Problem beschäftigt ihn auch in der Psychose noch intensiv. Er gibt davon in verschiedenen Ausdrucksformen Kunde, in Zeichnungen, Gedichten, Aufsätzen und Eingaben an Gewerkschaftsführer, politische Persönlichkeiten und Behörden. Seine Mitpatienten in der Anstalt vergißt er bei diesen Bemühungen nicht.

Die Zeichnungen verraten einiges Geschick, keine Originalität, immerhin eine gewisse Ausdruckskraft[1]). Von den Gedichten, die bei näherem Zusehen Denkstörungen verraten, aber ihre Geburt aus leidenschaftlichem Erleben deutlich offenbaren, haben wir das nachfolgend abgedruckte einer sozialistischen Tageszeitung zur Publikation eingesandt, ohne die genaue Herkunft mitzuteilen, und sie hat es gebracht.

Freiland.

Freiland das Losungswort
Dring tief in jeden Hort
Zur kleinsten Hütt'.
Wohl dem, der mit uns kämpft
Uns nicht den Willen dämpft
Der uns das Herz bewegt
Freiheit sich regt.

---

[1]) Auch in plastischen Arbeiten hat er sich versucht und hat z. B. 1909 aus Schnee nicht übel gelungene Schneegruppen hergestellt, so das Denkmal des Bundesrates D., eine Affengruppe usw.

Dem Bauersmann am Pflug
Freiland mehr als genug
Sei ihm zu Teil.
Jeder Gewissensvogt
Der uns hat ausgesoggt
Stirbt durch des Schwertes Stoß
Das sei sein Los.

Der Liebe Flamme brenn'
Ein jedes Herz erkenn'
Des Nächsten Heil.
Nur wer sein' Bruder liebt
Nur wer ihm gern vergibt
In unserm Bunde wird
Ein guter Hirt.

Wir wachen Tag und Nacht
Ob nicht ein Schurke sacht
Die Seele stiehlt.
Die Jugend in Gefahr
Wär jeder Hilfe bar
Des Pfaffen Machtgelüst
Gefährlich ist.

Brot für den Bauersmann
Die Knechtschaft in den Bann
Ist unser Heil.
Der Handwerksmann ein Knecht
Helft auch ihm zum Recht
So gehn wir Hand in Hand
In's freie Land.

Von den Eingaben führen wir als bezeichnendes Beispiel die folgende vom 29. Mai 1920 an:

»Freund L.

Gewerkschaftspräsident!

Mit diesen Zeilen bin ich gezwungen mich an dich zu wenden, verehrter Kollege, da ja doch auf unsere höheren Angestellten kein Verlaß ist. Wie man ja wohl merken kann, werde ich hier aus Geiz interniert, weil mir nachweisbar nützliche gewerkschaftliche Erfindungen gelungen sind, die mit den geringsten Kosten das ganze soziale Elend beseitigen müßten. Dabei aber läßt man Millionen von Säuglingen und hungernder Mütter dem Tode überliefern, um dem Schieber und Preistreiber zu dienen, das heißt dem unersättlichen Mammon, dem Kapitalismus. Ich möchte dich darum, lieber Genosse freundlich anfragen, ob es dir nicht möglich wäre, durch eine christliche Gemeinschaft dahin zu wirken, daß mir freie Hand geboten wäre, meine Gedanken vorzulegen und dadurch mit unsern gewerkschaftlichen Organisationen der Not in allen Ländern sofort entgegen zu arbeiten. Ich möchte darum bitten, mir ihre verehrte Gewerkschaft hinter den Rücken zu stellen, um gemeinschaftlich, auch mit Hilfe der Heilsarmee und dem roten Kreuze ein wahres christliches Werk zu vollbringen. Wie der Hunger weh tut, wissen eben nur diejenigen, welche schon darunter leiden mußten. Heute schon können wir in der Anstalt alle Ausgaben beseitigen, das im Jahre nicht weniger als 5—700 000 Franken ausmacht. Um dies aber zu erreichen, müssen wir reinen Tisch machen mit den Schuldenmachern (der Direktion), die uns jeden Erfolg suchen streitig zu machen und wo immer nur möglich Hindernisse in den Weg stellen.

Wem Gott ein Amt gibt, dem gibt er auch Verstand. Ich darf behaupten, daß ich verschiedene, das heißt ganz natürliche Allmächte erfunden habe, wie man auf zwei Arten Brot im Überfluß für Alle besorgen kann und wie man Land mit Pflügen jederzeit ohne Kosten düngen kann, ebenso wie man Riesenbauten in kurzer Zeit herstellen kann. Wir können also auf diese Weise die Löhne der Angestellten ohne weiteres vervierfachen und die Arbeitszeit auf 8 Stunden reduzieren. Es brauchte also niemand in Streik zu treten, wenn wir unsere gewerkschaftliche Rechte gemeinschaftlich auch verfechten würden und allen ein rechtes Auskommen gönnen, wer auch redlich eine Existenz will erringen.

Mein Reich ist nicht von dieser Welt, sprach ja der Heiland, den wir Christen ja so verehren, darum müssen wir uns endlich befreien von unseren engen egoistischen Trieben und auch der Leidenden gedenken. die alle Tage die Hände millionenweise falten um ihr tägliches Brot.

Es grüßt kameradschaftlich   J. Sch.«

Wenn auch der inhaltliche Zusammenhang in dem Schriftstück mancherlei Mängel, Lücken und Unklarheiten enthält, so tritt doch das, was er meint, deutlich zutage. Er möchte für die soziale Not Abhilfe schaffen, und hebt deren zwei wichtigste Punkte, die in jenen Jahren um 1920 ganz besonders brennend waren und die sozial eingestellte Welt beschäftigten, das Brot- und das Wohnungsproblem, hervor. Sie will er durch seine »Erfindungen« lösen und der Glaube, daß er es mittelst derselben kann, ist ein Bestandteil seines technischen Größenwahns. Dieser Größenwahn ist aber nicht einseitig starr — was wir übrigens beim Patienten auch noch in verschiedenen anderen Kundgaben finden, — sondern er nimmt in sich der Realität angepaßte Elemente auf, wie z. B. in dem Suchen der Hilfe von sozial tätigen Organisationen.

Allerdings kann dahinter als treibende Kraft das Gefühl der Ohnmacht vermutet werden, das er bei seinem Bestreben, aus der Anstalt entlassen zu werden, hat und die Hoffnung, auf diesem Wege sein Ziel zu erreichen. Dafür spricht der einbezogene Angriff auf den nach seiner Ansicht allein Schuldigen an seiner Internierung, den Direktor der Anstalt. Wir würden ihm aber unrecht tun, wenn wir das als alleinig wirksame Momente betrachten wollten. Sie verbinden sich sicherlich mit seinen altruistischen Gedanken und Gefühlen. Interessant ist bei dem ehemaligen Anarchisten der Appell an Christus und an christliches Denken. Es ist dieses Moment nicht nur zufällig, sondern entspricht einer Seite seiner Persönlichkeit.

Die Erfindungen, von denen er oben spricht, beschäftigen ihn seit vielen Jahren. Sie kamen ihm, wie er berichtet, mit vielen andern seit 1912, in welchem Jahre er die bisherige Arbeit in Haus und Garten der Anstalt aufgegeben hatte, mit darum, weil sich nun deren Zweck, die Entlassung aus der Anstalt, nicht erfüllt hatte. Diese Erfindungen seien ihm, »als er Bücher über Gartenbau, Physik u. ä. studiert habe, eine um die andere gekommen«. »Kaum habe er eine Erfindungsidee gehabt, habe er auch schon ihre Ausführung gehabt«, es sei leicht gegangen. Was ihn gestört habe, ihm auch das Studium der Physik erschwert habe, das seien die »Stimmen« gewesen.

Diejenigen der oben erwähnten »Erfindungen«, welche das Brot im Überfluß liefern sollen, bezeichnet er als »Brotkommune«, »Riesengewächshaus« und »Brotkammer«.

Die hungrigen Leute draußen hätten ihn geplagt und er habe darüber nachgedacht, was man da machen müsse. So sei er auf den Gedanken gekommen, man müsse viel mehr Weizen »kultivieren«, was ihm wieder möglich schien, wenn man mehr als eine Ernte auf dem gleichen Platze im Jahre erzielen könnte. Er dachte daher daran, die Wachstumszeit des Weizens abzukürzen und kam auf die Idee, hiezu Weizen mit kurzem Stengel zu züchten. Zu diesem Zwecke erdachte er folgendes: man nehme eine Scheibe, auf welcher Erde, besät mit Weizen, liege und bringe sie in Rotation. Außen, an der Scheibe, ist die »Bewegung« größer als innen. Man habe dann einen Überblick über die Entwicklung der Pflanze »je nach dem Wind«. Nach Darwin passen sich die Pflanzen an die Verhältnisse an. So werde man finden, daß außen wahrscheinlich ein ganz kurzer dicker Stengel geradeaus nach oben wachsen würde. Licht und Schwerkraft würden ihn nach der Kotyledonenlehre aufstellen. Während der Zeit, während der sich der Samen entwickeln (keimen) würde, müßte die Scheibe stillstehen. Durch den kurzen Stengel würden die Hauptstoffe in den Samen übergehen und es gäbe größere Samenkörner.

Warum würde der Stengel mit zunehmender Bewegung kürzer und warum gäbe es, wenn man davon Samen nehmen würde, immer wieder kurze Stengel? »Weil die Bewegung Kälte entwickelt, diese hindere das Wachstum, während die Pflanze sich weiter entwickeln wolle.« Das ist eine ganz unklare Antwort, die schließen läßt, daß es sich bei der Aufstellung der Idee um nicht zu Ende gedachte, unabgeschlossene, unklar erfaßte Gedanken handelt: Darwins Lehre, Kotyledonenentwicklung, Entstehung und Einfluß der Zentrifugalkraft an der rotierenden Scheibe, deren sachliche Verknüpfung fehlt, gehen in die Gedanken ein. Er bringt wegen der unklaren Erfassung der Gedanken und wegen der Unfähigkeit, sie zu Ende zu denken eine solche sachliche Verknüpfung nicht zustande. Die scheinbare Verknüpfung, die er gibt, ist eher durch den Wunsch, den Erfolg zu haben, erzeugt.

Er wisse nicht, ob das gehe, fügt er bei. Er habe sich gedacht: er habe nicht die Mittel, um einen Versuch zu machen und es könnte hundert Jahre gehen, bis ein Resultat da wäre. Da habe er in einem Buche über »die Lehre über das Anpflanzen von Hopfen in Bayern« gelesen und gesehen, daß man dazu riesige Stangen brauche. Er habe etwas anderes erfinden wollen. Daher habe er gedacht: man nehme Säulen, spanne zwischen diese Drähte, an denen Schnüre herunterhängen, die unten an Pflöcke befestigt werden. An diesen sollen dann die Hopfenpflanzen heraufwachsen. Das habe er sich »vorgestellt« und habe bald schon eine gute Vorstellung gehabt, habe auch gedacht, er könnte Hopfen nehmen der herunterwachse. So habe er »ein Garten- haus entwickeln wollen«. August 1913, nach zwei Monaten, »habe er im Geiste schon das Gartenhaus eingerichtet« gehabt. Es sei ein »Weizen- haus« gewesen. Er habe sich eine Säule gedacht, an der oben mittelst Scharnier umklappbare Arme befestigt waren, von denen Drähte nach abwärts gingen. Zwischen diese sollten Blechkästchen mit Erde gefüllt, in die der Weizen gesät wäre, angebracht werden. Das schwierige Problem sei, den Kästchen genügend Licht zuzuführen.

Diesen Einwurf hat ihm, nach seinen Berichten, gelegentlich der Direktor gemacht, was ihn tief verletzt hat. Er hat das als feindseligen Akt desselben betrachtet, was bei seiner mißtrauischen Einstellung begreiflich ist, und er hat ihm das nie mehr vergessen. Er faßte das weiter auch dahin auf, man wolle ihm damit Größenwahn vorwerfen.

Immerhin blieb es nicht bei dieser negativen Abwehr. Er habe nunmehr, berichtet er, das Kapitel Optik in der Physik genau studiert und will eine Lösung gefunden haben. Er schreibt darüber 1915: »Trotz- dem es (dieses Riesenwerk, das Gartenhaus) zu einer Höhe bis zu 400 m erstellt werden kann, ist alle Tage durch Gottes Hilfe für Licht und Hei- zung gesorgt, indem er uns alle Tage Sommer und Winter 12—14 Stun- den Sonnenlicht spendet bei jeder Witterung, wenn durch Wolken- pfader nur eine kleine Öffnung gemacht wird, daß das Sonnenlicht auf ewig wirkende Wasserprismen einfallen kann, die Strahlen zentrieren und in Abteilungen durch das ganze Haus werfen und wiederum durch kleine ewig von selbst bewegende Wasserprismen, die von einer Höhe von 400 m herunterfallen und das Licht brechen und lenken bis es zur Assimilierung für die Pflanzen dient. Durch die Zentrierung der Sonnen- strahlen würde also das Haus genügend geheizt ohne auch nur den ge- ringsten Materialverbrauch, und bei dieser Wärme das Wachstum der Pflanzen ungemein gefördert. «

Man kann daraus einzelne optische Gedanken herausklauben. Sie sind unklar verbunden, aber durch eine leitende Idee, wenn auch ganz unbestimmt, gehalten. Es ist eine W u n s c h e r f i n d u n g, die das Ziel zu haben glaubt, oder trotzig unter allen Umständen haben will, ohne die Möglichkeit, sie auch wirklich aufzubauen. Er ist hier noch unklarer als im ersten Teil.

Die Dimensionen dieses Riesengartenhauses hat er, außer der schon genannten Höhe von 400 m, zu 4 km Länge und 1 km Breite bestimmt. Die Erstellungskosten würden 200 Mill. Franken sein, die Betriebskosten 100 Mill., die tägliche Einnahme 300 Mill. Franken. Wie er zu diesen Zahlen kam, hat er nicht angegeben.

Er fügt noch weitere phantastisch große Zahlen über die daran anknüpfbare Viehzucht (520 000 Kühe) an und sagt (in einem Schreiben an einen Regierungsrat): »ob denn das wirklich ein so großes Verbrechen ist, die Brotkommune zu studieren und sich als Anhänger einer Friedensansicht zu bekennen, daß ich mich muß so schrecklich martern lassen und alle möglichen Krankheiten aufzwingen lassen (s. S. 92), ohne mich dagegen wehren zu können.«

In seinem Schreiben an den Assistenzarzt, den er um seine Mithilfe gegen die vielen Plagereien, denen er ausgesetzt sei, bittet, schreibt er: »Wenn dieses Problem sich in der Praxis als das erweisen würde, was ich mir ausgedacht habe in der Theorie, wäre eine tägliche Weizenernte von 40 Mill. Doppelzentnern Weizen zu ermöglichen, abgesehen von anderen Ergebnissen. Dieses Haus, das einem Treibhaus ähnlichen Gebäude gleichen würde ohne Glasbedachung ... würde der ganzen Menschheit Brot liefern.

Auch eine Wahnidee kann nach und nach sich zur Vernunft gestalten.«

Während er an andern Stellen und zu andern Zeiten die Überzeugung kundgibt, daß er die Idee habe, nimmt er sie hier nur in der Theorie als geltend an und läßt ihre praktische Verwirklichung offen. Er tut das hier sehr nachdrücklich aus der Einstellung heraus, daß er sich einem ihm geistig überlegenen Manne gegenüber befindet, der Kritik üben kann, die er schlecht verträgt und daher von vornherein abwehrt.

Das »Pflügen von Land und ohne Kosten Düngen« schildert er in einem Aufsatz, den er »der Düngpflug« betitelt. Wir geben ihn hier wieder, weil er uns zeigt, welche »Blüten« seine Chemiestudien zeitigten, die ihn auch noch — weil er immer Besseres als andere finden möchte — zur Aufstellung einer, übrigens objektiv unbrauchbaren und in ihrem Aufbau unklaren und unabgeschlossenen »neuen chemischen Nomenklatur« führten.

»Der Düngpflug. Seit langem ist mir die Idee eingefallen, mit Kälte zu pflügen, weil ich die Beobachtung machte, daß im Frühling, nachdem der Boden durchfroren war, er stark gelockert ist und darum auch die Pflanze eher gedeiht. Da nun der Schnee nichts anderes ist als Wasserstoffsuperoxyd H_2O_2, in welchem aber ein Atom Sauerstoff nur lose gebunden ist, hat dasselbe das Streben, eine Verbindung einzugehen oder durch Wärme sich zu befreien. Läßt man nun in Schnee verbranntes Schwefelgas in Berührung kommen, so entsteht eine Verbindung, welche die Schwefelsäure entstehen läßt. Da nun Schwefelsäure Steine auflöst, so kann auch der Schnee mehr oder weniger düngen, wenn er diese Verbindung eingegangen ist, sei es durch Rauch, in welchem die Schwefelgase enthalten sind.

Gestützt auf dies und auf eine Abhandlung von Liebig, welche ich am 22. November l. J. morgens las, fiel mir ein, daß man einen Pflug herstellen könnte, der in zehn Minuten den größten Komplex pflügen

und zugleich düngen könnte, indem derselbe währenddem die Erde
durchwühlt würde, Kunstdünger entstehen ließ, indem man durch die
Pflugschar tief abgekühltes Schwefelgas in die Erde dringen ließ, wodurch Schwefelsäure sich bilden müßte, wenn der Boden etwas durch-
feuchtet wäre. Diese Schwefelsäure würde dann die Phosphate, welche
für die Saugwurzel der Pflanze unlöslich sind, zersetzt zu Phosphor-
säure und der Pflanze durch Auflösung in Wasser die enthaltenen Mine-
ralien als Dünger zuführen. Aber auch Stickstoffverbindungen könnten
entstehen durch die Kälte und entstandenen Säuren z. B. Salpeter und
Ammoniak, welches ein Haupterfordernis ist für Düngung der Pflanze.
Schwefelsaures Ammoniak wird sich hauptsächlich bilden.«

Das logische Gerüstschema dieses Gedankenbildes ist formal
richtig: Er geht von einer Beobachtung aus. Das in ihr sich ihm Dar-
bietende sucht er auf künstlichem Wege zu erreichen. Dazu zählt er
die chemischen Mittel auf, die dazu dienen sollen und zieht daraus die
Schlüsse auf die praktische Anwendung. Was er zu erzielen sucht,
»das Gemeinte«, ist nicht falsch, es soll gleichzeitig gepflügt und gedüngt
werden, und zwar so, daß den natürlichen Bedingungen Rechnung getragen wird. Falsch und unklar ist die Verknüpfung der chemischen,
botanischen und bodentechnischen Gedanken und Vorstellungen. Es
fehlt der inhaltliche Denkzusammenhang oder er ist falsch und unklar.

Die Erfindung, welche zur raschen Errichtung von Riesenbauten
dienen soll, beschreibt er in einem Briefe an den Arzt seines Vertrauens (27. X. 1917): Am 27. Oktober (1917) morgens habe er einen
»Steinklopfer« erfunden, den er abends durch einen Riffel »verbessert«
habe. Derselbe »wäre auf die denkbar einfachste Weise herzustellen,
indem einfach zwei etwa 6 m oder noch längere Arme durch eine Übersetzung schnell in Rotation versetzt werden, an den Enden derselben
wären dann 2 Riffeln angebracht, die mit großer Eile an der tief ab-
gekühlten gefrorenen Steinwand, von welcher Sand geschlagen werden
soll, vorbeistreichen und durch die Berührung und Erschütterung
an der Steinwand kleine Wasserexplosionen auslösen würden, so daß
der härteste Granitstein fortgesetzt abbröckeln würde. Die Kälte
würde erzeugt durch die rotierende Bewegung und einen Eiskasten,
durch welchen die Luft einfach gezogen würde.«

Um zu verstehen, was er mit dieser Erfindung meint, muß zu dieser
Darstellung, die er wiederholt auch mündlich in dieser Art gegeben hat,
manches hinzugedacht werden. Unter anderem folgendes: Der Stein
bzw. das Wasser in ihm, soll durch die kalte Luft zum Gefrieren gebracht
werden. Die kalte Luft soll durch Durchsaugen von Luft durch einen
Eiskasten erzeugt werden. Das Ansaugen soll durch die rotierende Bewegung, was wohl heißen soll durch einen Ventilator besorgt werden.
Infolge des Gefrierens des Wassers, d. h. die dadurch bewirkte Ausdehnung, werden kleine Risse im Gestein entstehen. Die vorbeistreichenden

Riffel sollen nun durch die Berührung (Reibung) und Erwärmung und Erschütterung das Wasser zum Verdampfen bringen (Wasserexplosionen), wodurch ständig der Stein abbröckele. Es sind da verschiedene Gedanken aus seiner naturwissenschaftlichen Lektüre hineingenommen, in einer Art, wie wir sie schon geschildert haben. Die Struktur des ganzen Gebildes ist die gleiche wie dort.

»Dieser Steinsand könnte nun, sagt er weiter, auf verschiedene Weise Verwendung finden. Man könnte ihn zu Bauwerken verwenden, Zement daraus herstellen und auch durch Einschmelzen künstlichen Granit herstellen zur Bepflasterung der Straßen, in Formen gegossen zu Bausteinen und durch eine Maschine in flüssigem Zustande direkt zum Mauern gebracht werden. Um diesen flüssigen Zustand aber auf möglichst billigem Wege zu erreichen, könnte man nach meiner neuesten Erfindung verfahren«. Dies beschreibt er nun.

Die Zahl seiner »Erfindungen«, die in den verschiedensten technischen Gebieten sich bewegen, ist sehr groß. Die Struktur ihrer gedanklichen Durchführung ist immer die gleiche. Die Tendenz, dabei ins Riesenhafte in Ausmaßen und erzielbaren Effekten zu gehen, kehrt häufig wieder. Es brächte keinen Gewinn, diese »Erfindungen« hier näher zu schildern. Wir zählen nur die Namen einiger auf, um die Mannigfaltigkeit derselben zu demonstrieren: das ewige Gaslicht, Photographie ohne Negativ, Lokomotive, die mit Riesenkraft von selbst sich bewegt, Flugmaschinen mit einem Propeller, der Vor- und Rückwärtsfahren erlaubt und eine Riesenflugmaschine, Mondflugapparat, Maschine zum Ausbohren von Tunnels unter Benutzung eines ähnlichen Gedankens wie beim Steinklopfer, ein Riesenstauwerk, das er auch in der Zeichnung zu entwerfen beginnt, und an seiner eigenen Aufgabe verzweifelnd, in den Anfängen stecken läßt, in seinen Ideen aber als vollbracht betrachtet, Elektromotoren u. a.

Wir haben (S. 95) erwähnt, daß er berichtet, wie leicht ihm »Erfindungsideen« und die Wege zu deren Durchführung kommen. Wiederholt konnten wir darüber direkt Beobachtungen machen. Sie zeigen, wie auch die eben aufgezählten Namen von Erfindungsideen, daß er in der Hauptsache auf Anregungen von außen abstellt, die ihm bei seiner mannigfachen Lektüre, auch der Tageszeitungen und Wochenschriften, reichlich zufließen. Er studiert z. B. in einem Physikbuch einen Abschnitt, prägt sich das in demselben aufgeführte physikalische Gesetz ein und sucht es sofort für eine Erfindung zu verwerten, in der Isoliertheit, in der er es aufgenommen. Alsbald fällt ihm auch eine Idee zur Ausführung eines entsprechenden Apparates oder Maschine ein und so weit möglich macht er sich an die Herstellung eines Modells, das bei den ihm zur Verfügung stehenden Mitteln meist aus Papier gemacht wird, wobei er sich als praktisch intelligent und manuell geschickt erweist. Die Erfindungsidee und die Art ihrer Ausführung werden nicht bis in die Einzelheiten durchdacht, bevor er erklärt es gehe, oder bevor er an die Erstellung des Modells herantritt, sondern er ist »rasch fertig« mit ersterer und »schnell bereit« zu letzterem.

Er hat z. B. das populär-wissenschaftliche Buch »Was ist Elektrizität« von Hans Günther gelesen. Auf der Arztvisite frägt er mich, ob Ionen und Elektronen das gleiche sei, worauf ich ihm sachgemäß antworte. Dann berichtet er mir über folgende »Erfindung«. Eine Metallkugel, darin Wasser. Das letztere ist nicht komprimierbar. Mittels elektrischen Stromes soll das Wasser in Sauerstoff und Wasserstoff zersetzt werden, was in der Kugel einen gewaltigen Druck geben müsse. Dieser solle zur Umlagerung der Elektronen des Metalls der Kugel führen und es verwandeln. (Er denkt dabei an die »Verwandlung« durch Zerfall bei den radioaktiven Substanzen, die Experimente von Rutherford u. a.) Als ich Zweifel aussprach, ob das gehe, hat er schnell einen weitern Ausweg bereit, nämlich, man könnte noch elektrische Schwingungen von bestimmter »Resonanz« darauf wirken lassen, wobei er wohl irgendwie dunkel meinen konnte, dieselben sollten die »Schwingungen« der Elektronen im Sinne der Verwandlung beeinflussen.

Solche Ideen sind nun nicht etwa flüchtig, sondern einmal gefaßt, bleiben sie Besitz des Patienten. Auf diese Weise entsteht in ihm das Bewußtsein, viele Erfindungen gemacht zu haben, so daß er sich, aber nur in der Aufregung, die bei ihm außerordentliche Intensität erreichen kann, zu dem Ausspruch versteigt, er habe mehr Erfindungen gemacht, als Edison. Er habe 2000 Patente, und auf der Spitze der Aufregung schreit er, er habe die sieben Weltwunder erfunden. Ohne Affektsturm sagt er das nicht.

Ein anderes Beispiel für die eben beschriebene Weise, zu Erfindungen zu kommen, ist eine seiner verschiedenen P. m.-Erfindungen. Er stützt sich z. B. auf den Satz: »Die Reibung ist unabhängig von der Fläche«.

In der Fig. 29 sollen K, K_1, K_2 ... konische Büchsen sein, die genau ineinanderpassen und so einen ganzen »Büchsenkörper« bilden. Sie sitzen auf einer Achse, auf der sie sich frei drehen können. An dieser sei eine Spiralfeder f befestigt, die auch mit K fest verbunden sei. Wenn sich die gespannte Feder abrolle, ziehe sie K mit, das in Drehung komme. Es sei nun für den nötigen Kraftaufwand gleich, ob sich alle konischen Büchsen wie ein Körper mitdrehen, oder ob sie sich gleichzeitig gegeneinander verschieben. Nehme man bei »g«

Fig. 29.

eine »Kraft« ab, so werden sich die K_1, K_2 ... wohl mit K mitbewegen, aber etwas gegen letzteres zurückbleiben, was aber nach dem obigen

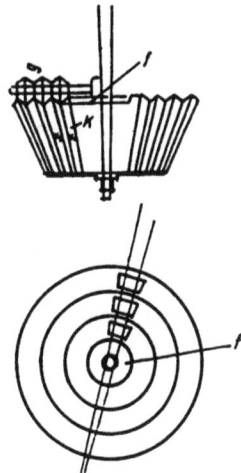

Satz für die Kraftaufwendung gleichgültig sei. Man könne also auf diese Weise Kraft gewinnen, z. B. Räder drehen usw. Damit die Feder *f* immer wieder angespannt werde, bedürfe es einer Klinkung an der Achse, die diese und damit die Feder wieder in die Spannung zurückbringt. Dazu bedürfe es aber nur einer kleinen »Kraft«.

Man kann nicht umhin zu erklären, daß hier die Kombination, wenn auch in inhaltlich falscher Weise, formal mit Findigkeit vorgeht, um das Ziel auf Grund des isoliert verwendeten Satzes zu verwenden.

Interessant war sein Verhalten zu beobachten, das sich zeigte, als er mir die Sache erklären sollte. Er behauptete zuerst, es sei sicher ein P. m. Als er es aber erklären mußte, und ich ihm wiederholt entgegenhielt, ich verstünde es nicht, so pendelte er zwischen dem Zweifel, es werde nicht gehen und dem Glauben, es gehe doch. Schließlich erscheint er von dem Resultate seiner Erklärung nicht befriedigt, meint aber, es gehe, er müsse es nur noch überlegen. Er ist also in seiner innern Haltung nicht so starr, daß er einem äußern Einfluß standhalten könnte und schwankt zwischen der durch ihn verursachten Störung seines Glaubens und dem Festhalten an letzterem hin und her.

Dasjenige P. m., von welchem er sicher überzeugt sein will, daß es geht, ist seine »Auftriebmaschine«. Sie hat verschiedene Vorstufen der Entwicklung. Ihre Einrichtung ist in Fig. 30 dargestellt, deren Original

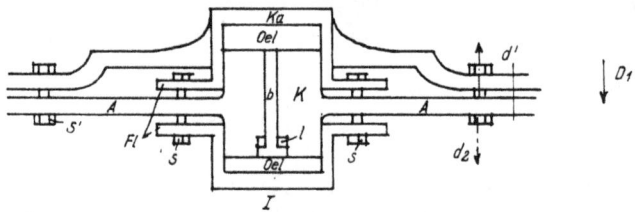

Fig. 30.

er selbst gezeichnet hat. *Ka* ist ein aus zwei Teilen bestehender, mit Flanschen *Fl* versehener Zylinder. In ihm läuft dicht angepaßt der Kolben *K*, der eine Bohrung für den Bolzen *b* hat. Letzterer ist am untern Ende verbreitert; *l* sei ein luftleerer Raum. An dem Kolben *K* sind zu beiden Seiten Arme angebracht. Werden nun, sagt er, die Schrauben *s* angezogen, dann sei oben und unten der Druck im Öl gleich, aber unten sei, wegen der größern Druckfläche der Druck auf den Bolzen *b* größer als oben. Er werde daher nicht herunterfallen, sondern auf dem Öl schwimmen, es sei ein »Ausgleich«. Nun sollen die Schrauben *s* angezogen werden. Dadurch gebe es zwei entgegengesetzte Drucke d_1 und d_2 (Fig. 30). Von diesen pflanze sich d_2 durch das Öl auf *K* fort, drücke ihn nach unten, werde aber durch den Überdruck auf die verbreiterte untere Bolzenfläche aufgehoben. Es bleibe daher d_1, den er dann mittels einer Säule einarmiger Hebel als treibende Kraft multiplizieren und weiter verwenden will.

Das Finden des »Ausgleichs« hat ihm, nach seinen wiederholten Äußerungen zu schließen, viel zu schaffen gegeben und er ist überzeugt, das Problem gelöst zu haben. Er hat auch für diese »Erfindung« mehrfach dringend verlangt, man solle ihm das nötige Material und Werkzeug zur Verfügung stellen, damit er sein Modell herstellen könnte.

Hervorzuheben ist in diesem angeblichen P. m. eine gewisse will-kürliche Interpretation über die Wirksamkeit der entstehenden »Kräfte« und die Identifizierung von Kraft und Energie.

Daß diese Gefahr durch die Struktur des technisch-mechanischen Denkens nahegelegt wird, haben wir im II. Kapitel (S. 11) ausgeführt.

Die Erscheinungen beim Caisson brachten ihn auf eine andere P. m.-Idee. Im Caisson entstehe durch die Kompression der Luft ein hoher Druck. Diesen will er zum Treiben eines Motors benutzen. Da ihm die Wirkung mit einem Caisson zu gering schien, kombinierte er zwei übereinander-liegende (Fig. 31). Der untere Caisson werde ganz unter Wasser gebracht und diene, an den obern angehängt, zur Verstärkung des Druckes. Die Druckluft gehe zum Motor und treibe ihn, die Auspuffluft werde in den obern Caisson geführt. Wie er sich den Ersatz der aus dem untern Caisson zum Motor abziehen-den Luft denkt, sagt er nicht. Hier, wie auch sonst, wir hoben es schon hervor, sind die Gedanken unvollständig gelassen, nicht zu Ende ge-dacht. Er begnügt sich mit dem allgemeinen Eindruck der Möglichkeit des Funktionierens und hypostasiert nachträglich denselben gerne als fertige Konstruktion.

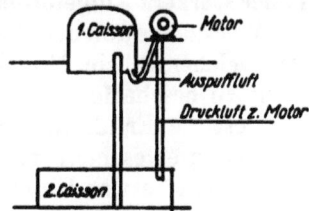

Fig. 31.

Der in dieser P. m.-Idee angeblich gefundene Weg zur Kraft-gewinnung dient ihm dazu, die Idee von zwei Formen sich selbst be-wegender Schiffe aufzustellen. Das Schiff werde in der Form eines Caissons hergestellt (Fig. 32). Die komprimierte Luft dringe in die gebogenen Röhren, gebe den Druck an sie ab und treibe das Schiff in

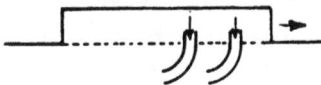

Fig. 32.

Fig. 33.

der Pfeilrichtung. Er habe daraus ein System entwickelt, sagt er ein-mal, nach dem man mit großen Schiffen in die Alpen fahren könnte.

Die zweite Form ist mit einem Motor versehen, wie bei dem Doppel-caisson in Fig. 31. Es werde ein hohes, nach unten offenes Schiff von vielen 1000 t gebaut. Die Luft werde im Schiffsraum (Fig. 33) zusammengepreßt und diese Luft mit hohem Druck gehe zum Motor und treibe ihn. Die »Auspuffluft« werde nur ein kleines Stück unter die Wasseroberfläche geführt. Der Druck der gepreßten Luft pflanze sich im Wasser allseitig fort, ein Fisch in demselben spürte nichts davon. Daher genüge in der Auspuffluft ein geringer Druck, die Luftblasen hätten die Tendenz, aufwärts zu steigen und würden von dem Drucke ebensowenig etwas spüren wie der Fisch, sie würden also wieder in den Schiffshohlraum hinaufsteigen usw.

Inbezug auf die hier enthaltenen Denkfehler ist nichts Neues zu sagen. Es zeigt sich nur, auf welche Ideen er verfällt. Der »Druck« der Luft als Kraft wird auch hier als etwas aufgefaßt, was unabhängig von allem andern »wirkt«.

Sein Drängen, ihm die Möglichkeit zu geben, seine Ideen zu verwirklichen, wurde mit der Zeit, während der wir in Untersuchungen und Unterredungen mit ihm denselben Interesse entgegenbrachten, immer stärker. Aufgefordert (31. VIII. 24), ein Verzeichnis der Materialien und Werkzeuge aufzustellen, die er für eine bestimmte seiner Erfindungen, von welcher er ein Modell machen wollte, brauche, damit man sehe, ob sie zu beschaffen seien, weigert er sich; er verlangt einfach sofortige und restlose Erfüllung seines Wunsches, wird verstimmt und erklärt, dann lasse er es bleiben. Er sagt bei dieser Gelegenheit spontan, man müsse zuerst etwas Einfaches machen und sehen ob es gelingt. Sei das der Fall, dann könne man an Komplizierteres herangehen. Er wolle zunächst aus Spiralfedern einen Apparat »konstruieren«, der Kugeln schleudere, er werde das dann mit einem Flugzeug kombinieren usw. und sein »Gedankenflug« geht ungehemmt weiter in immer freieren Kombinationen. Ein Ende ist nur durch Abbruch der Unterhaltung zu erreichen.

Nachdem nun mehrere Monate mit häufigen Verstimmungen, nächtlichem Schreien und außerordentlich gereizter Einstellung gegen mich gefolgt waren, so daß er aus seiner gewohnten Ruhe in die heftigste Aufregung geriet, sobald ich in seine Nähe kam, weil sich seine Wahnideen gegen mich richteten, wurde ihm (2. III. 25) ermöglicht, an die Ausführung von Modellen zu gehen.

Sein Plan war, das Modell eines neuen »Motors mit Druckluft« herzustellen. Zunächst stellt er sich gleichsam das technische Element dieses Motors her: ein vierseitiges hohles, allseitig abgeschlossenes Prisma, an dessen einer Seitenfläche zwei dünne Röhrchen angebracht sind (Fig. 34). Von der einen Seite werde Luft angesogen, von der andern ströme Druckluft hinein, durch die das Prisma bewegt werde.

Fig. 34.

Am 4. III. arbeitet er weiter an seinem Modell aus Papier und ist in guter Stimmung. Zur Erzeugung des Luftdruckes werde er den Motor zuerst von Hand drehen, dann sollte es gehen. Am 5. III. erklärt er, es gehe doch nicht, wie er es sich gedacht habe, er habe nicht berücksichtigt, daß auch von außen auf den Luftkasten (Fig. 34) ein Druck ausgeübt werde. Man sehe solches nicht, wenn man nicht »experimentiere«. Er habe es umbauen müssen und wisse nicht, ob es nun gehen werde, aber er hoffe es. Am 6. III. frage ich ihn, wie es gehe. Er antwortet: »Es ist noch nicht fertig. Es ist leichter, die Sache im Kopfe zu machen, als in der Wirklichkeit. Aber es wird schon gehen, ich lasse nicht nach.« In den folgenden Tagen arbeitet er unentwegt weiter, ist ruhiger und freundlich. Neben dem Motor beschäftigt er sich noch mit den Modellen für andere Ideen, z. B. mit einer Hebelkonstruktion, mittelst deren er konstanten Druck erhalten will nach einmaliger Einstellung der verschiedenen Bestandteile der Konstruktion, und hofft so »Kraft zu gewinnen«. Es will aber am Modell nicht gehen und er bemerkt spontan: »Es ist schwer, den Satz von Robert Mayer zu besiegen«. Mit Hebeln will es nicht gehen, aber auf anderem Wege sei es möglich, wofür er mir zum Belege über einen Kohlensäuremotor berichtet, formal und inhaltlich in einer Weise, wie es schon wiederholt charakterisiert wurde (10. III.).

Der Motor mit Luftdruckprinzip — wir wollen ihn im folgenden der Kürze halber mit Druckmotor bezeichnen — will auch nicht gehen. Über die Idee, die er sich nunmehr, im Anschluß an das oben erwähnte Element (Fig. 34), gebildet hat, berichtet er (10. III.): »Er mache ein Spiralrohr (Fig. 35). Im Zentrum C desselben werde er ein wenig Luft ansaugen, dadurch entstehe ein Druck in dem Rohr, der überall an dessen Wände drücke.

Fig. 35.

Da man das Spiralrohr beliebig lang machen könne, könne man auch den Druck beliebig vermehren. Zu dem erwähnten Ansaugen bedürfe es nur einer geringen Kraft. Den Druck auf die Rohrwand wolle er dann mit großer Hebelübersetzung ausnützen und so einen Motor treiben«. Eifrig betont er, daß er durch einen großen Hebelarm den Druck vermehren könne, wobei es den Anschein hat, als kenne er irgendwie die Schwächen seiner übrigen Gedankengänge und wolle im Zuhörer den Eindruck erwecken, die Idee sei doch richtig.

Es gehöre eben, meint er weiter, viel Geduld zum Erfinden. Er wolle wenigstens eine Erfindung haben, die gehe, dies obwohl er anderseits wiederholt behauptete, er habe schon solche.

In einer weitern Unterredung (12. III.) über diesen Druckmotor, die wie die vorhergehenden in der Werkstatt bei der Arbeit stattfand, berichtet er mir spontan Folgendes dazu: Wenn ich eine Röhre nehme und durch diese an einem Ende Luft ansauge, dann kann ich den Luftdruck in der Röhre auf so viele Schaufeln wirken lassen, wie ich will, der Luftdruck bleibt der gleiche, ich kann eine kilometerlange Röhre nehmen. Auf den Einwand, man sollte meinen, wenn die Luft auf eine

Schaufel drücke, also einen Widerstand überwinde, verliere sie an Kraft, entgegnet er: »Der Luftdruck drückt immer nach«. Man müsse nur dafür sorgen, daß kein »Rückschlag« von der Saugstelle aus erfolge, sondern von dieser aus konstant angesogen werde, was er durch Anbringung einer Saugpumpe erreichen will.

(Wie sind Sie auf diesen Gedanken gekommen?) Er habe einmal im Abtritt auf dem Boden ein Stück aus einer illustrierten Zeitung, worauf Dampfeismaschine stand, liegen gesehen. Da habe er sich die Frage gestellt, wie man mittels Dampf Eis erzeugen könne und habe Folgendes gefunden: Wenn man überhitzten Dampf von 2000 Atmosphären durch eine Düse durchleite und dann den Druck plötzlich auf null absinken lasse, so trete eine Abkühlung ein und man könne Eis erzeugen. Ähnlich, habe er sich gedacht, könne man es mit Luft machen, indem man sie unter hohem Druck durch eine Düse leite und dann plötzlich den Druck sinken lasse.

Diese »Erklärung« hat er mir wiederholt in gleicher Weise gegeben. Ein Zusammenhang ist aber nicht ersichtlich. Den Eindruck, daß er Zwischenglieder absichtlich ausgelassen hätte, um sich die Priorität der Idee zu wahren, hatten wir hierbei nicht. Man muß daher annehmen, entweder, daß er Zwischenglieder vergessen hat, oder, was bei seiner schizophrenen Art zu denken zulässig ist, solche überhaupt ihm nicht bewußt wurden. Was als gemeinsamer Begriff herauszuschälen wäre, ist der des Druckes der Luft. Das ist aber sehr wenig und ganz ungenügend.

Bemerkenswert ist hier der dem Druckmotor zugrunde liegende Gedanke, der sich in dem Satze: »der Luftdruck drückt immer nach« kundgibt. Es scheint, als ob er hier den Luftdruck, wobei das Wesentliche im »Druck« gesehen wird, als etwas von seinem Träger, der Luft, Losgelöstes, an sich Wirkendes und dabei Unerschöpfliches betrachten würde. Das wird auch noch durch andere seiner Äußerungen nahegelegt.

Wir sind im II. Kapitel ähnlichen Gedanken bei einem nicht als geisteskrank erwiesenen Erfinder begegnet (s. S. 24 u. f.) und haben auch hervorgehoben, daß das physikalisch-technische Denken eine solche Gedankenbildung durch seine Struktur nahelegt. Daß unser Patient irgendwie von jenem Erfinder (Hoffmann) Kunde bekommen hätte, konnten wir nicht feststellen, noch ließ irgendeine Äußerung des Kranken darauf schließen[1]).

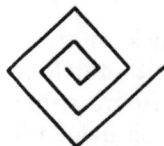
Fig. 36.

Entsprechend dem eben geschilderten Gedankengang baute er nun in das Schlangenrohr, das er wegen des Materials (Papier) eckig formte (Fig. 36) Schaufeln ein, um die Druckfläche zu vergrößern und so den Druck der Luft weitgehender auszunutzen.

[1]) Die »Umschau« erhalten unsere Patienten nicht.

Am 18. III. hat er es aufgegeben, den so gestalteten Druckmotor zu verbessern, da es nicht gehen wollte, auch nicht mit einer blasebalgähnlichen Vorrichtung statt der Saugpumpe, die begreiflicherweise, aus Papier erstellt, nicht funktionieren wollte. Er sieht den Fehler im unzweckmäßigen Material und verlangt dringend Weißblech für das Schlangenrohr, Schraubstock, Drehbank usw.

Seinem Drängen wird bis zu einem gewissen Grade nachgegeben. Er bekommt ein Zimmer zugewiesen, in welchem er ungestört arbeiten kann, einige Handwerkzeuge, Holz, in der Hauptsache von alten Kisten, Blech von Konservenbüchsen, Nägel usw. Einige Teilstücke, wie Eisenwellen, werden ihm in der Schlosserwerkstatt hergestellt. Er gibt sich schließlich, wenn auch ungern, damit zufrieden und arbeitet fleißig an seinem Motormodell.

Bezeichnend ist, daß er sich nicht mit kleinen Dimensionen zufrieden geben will, sondern das Modell in großen Ausmaßen herstellt. Die Höhe vom Boden bis zur Hauptachse beträgt 160 cm, der Raddurchmesser 150 cm (s. Fig. 37). Die Schwierigkeiten, die sich aus der Notwendigkeit, alles von Hand herzustellen, ergibt, empfindet er sehr und gibt dem wiederholt, manchmal mit starkem Affekt, Ausdruck.

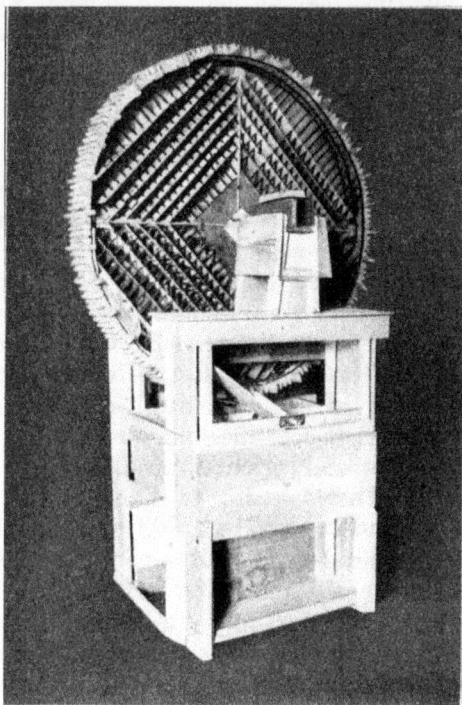

Fig. 37.

Wenn die Arbeit bezüglich Schnelligkeit und Resultat nicht so geht, wie er es sich vorgestellt hat, wird er zunächst unzufrieden-abweisend, gibt mehr seinem Unmut über die ihn plagenden Halluzinationen Ausdruck, schimpft, zweifelt an der Fertigstellung des Modells, möchte es liegen lassen, beginnt dann aber, manchmal sich selbst helfend, manchmal auf Zureden des Oberwärters, von neuem. Im ganzen ist er während dieser Arbeitsphase bedeutend ruhiger als sonst.

Nachdem er ungefähr 8 Wochen an diesem neuen Modell gearbeitet, gab er schließlich die Arbeit unmutig und daran zweifelnd, ob er sie überhaupt fertigbringen könne, auf. Eine ungefähre Vorstellung von seiner handwerklich-technischen Leistung gibt die Fig. 37, die nach einer

Photographie erstellt ist. Für das Ansaugen der Luft baute er zwei »Propeller«, die in den Lagerständern links und rechts untergebracht sind. Den Grundgedanken (die technische Idee) mit dem Druck hielt er aufrecht, wenn auch im einzelnen die Konstruktion noch weitgehend veränderte.

Am 27. VI., nachdem er bereits eine ganze Woche nicht mehr an dem Motor gearbeitet hatte und mich mit finster drohendem Gesichtsausdruck gemieden hatte, sagte er spontan, mit etwas aufgehelltem Gesicht: Ich mag an dem Motor nicht weiterarbeiten, ich habe nicht die nötigen Werkzeuge, und das Holz spaltet sich bei der Bearbeitung. (Es wird ihm erklärt, daß das bedauerlich sei, es wäre doch schön gewesen, wenn er ihn gemacht hätte.) Patient nach einiger Zeit: Ich werde aber auch von den Stimmen geplagt, sie sagen mir, es sei nicht recht so gemacht, es gehe nicht (der Motor). Dann ist noch der W. (sein ehemaliger Lehrmeister) da, der sich auch dreinmischt, aber den geht das doch nichts an. Dann, nach einer Pause: Beschützen Sie mich bitte vor diesen Belästigungen, dann will ich wieder an dem Motor zu arbeiten anfangen.

Seine eigenen erlebten Zweifel an seinem Können und der Richtigkeit der Idee projizieren sich in die Stimmen, werden in ihnen veräußerlicht und als fremde Beurteiler und Störenfriede erlebt, eine in seiner Psychose bekanntlich häufige Erscheinung.

Trotz dieses Mißerfolges beschäftigt er sich in Gedanken mit dem Motor weiter und berichtet mir (2. VII.) er wisse nicht, ob er ihn (den Motor) fertigmachen werde, er habe gewußt, es werde schwer sein, aber nicht, daß es so schwer sei. Es sei auch keine leichte Sache, die Zähne des Zahnrades nur mit einem Handhobel, wobei man das Holzstück in der einen Hand halten müsse, zu verfertigen. (So hat er es tatsächlich gemacht.) Und dann immer die Stimmen: »ist das eine Arbeit, ist das eine Arbeit?« Da sei er schließlich mißmutig geworden. Man (d. h. er) hat sich doch gemüht, geschwitzt, wenn man sich auch täuscht. Er sehe in des Direktors Wohnung viele bessere Modelle (optische Halluzinationen) als er gemacht, darum auch der Zweifel, ob er es weitermachen solle. Er neige auch sonst etwas zur Melancholie. Am 8. VII. berichtet er trotzdem — die Sache läßt ihm keine Ruhe — er habe jetzt eine Idee, wie er den Motor weitermachen könnte, wolle es aber auf den Winter verschieben, weil er dann Eis haben könne, das er zum Betriebe benötige.

Man erkennt in alledem deutlich normalpsychische Vorgänge, die darauf hinzielen, den Mißerfolg nicht zuzugeben, ihn zu entschuldigen und die Sache hinauszuschieben. Anderseits sieht man auch, welche innern Schwierigkeiten im Vergleich zu einem Normalen dem Patienten durch die psychotischen Vorgänge der tadelnden und zweifelnden Stimmen, des Gefühls des Ausgehorchtwerdens in seinen Ideen erwachsen — wiederholt schrie er mich an, wenn er wieder in deprimiertverzweifelter Stimmung war, ich sollte ihn nicht ausspitzeln oder, daß ihn Edison aushorche.

Seither, d. h. seitdem er seine Arbeit an dem Motormodell aufgegeben, lebt er sein Leben wie vor dieser Phase, immerfort geistig, wenn auch ohne momentane Ausdauer für den einzelnen ergriffenen Gegenstand, beschäftigt. Die Zeitungsberichte über Amundsens Nordpolfahrt regen ihn, wie das bei ihm nach dem Gesagten zu erwarten ist, zu einer Erfindung an, mit der er der Schwierigkeit des Eingeschlossenwerdens der Schiffe im Eis Herr zu werden glaubt. »Er würde eine thermoelektrische Batterie aus Wismut und Eisen bauen. Zwischen die Platten käme Asbest von ca. 10 cm Dicke. Das eine Ende würde er mit Eis kühlen, das andere durch ein Heizrohr auf ca. 200 Grad erhitzen. Er bekäme so bei genügender Elementenzahl einen elektrischen Strom von 2000 Volt, mit dem er eine Art Fräse antreiben würde, welche das Eis um das Schiff herum wegfräsen und einen Kanal nach vorne frei machen würde. Man könnte so 100 m wegfräsen und im Tage 100 km zurücklegen. Auf jedem Breitengrade würde man eine Station errichten«. Er ist heiterer Stimmung, seine Idee scheint ihm einzuleuchten, er will sich, um an der Reise teilzunehmen, gleich abhärten und hiezu vom folgenden Tag an am Morgen ein kaltes Bad nehmen, wovon er sich aber leicht ablenken läßt.

Später beschäftigt er sich wieder mit andern Dingen. Ein zufällig gefundenes Heft mit einer statistischen Abhandlung über Energieeffekte bei ältern und neueren Wärmemotoren interessiert ihn lebhaft. Dann kehrt er zu einer frühern Beschäftigung zurück, nämlich zur Mineralogie und studiert intensiv daran: Ein ewig ruheloser Geist.

Wir gehen auf diese Ideen nicht weiter ein, weil sie uns nichts wesentlich Neues mehr bringen. Dagegen müssen wir uns noch mit zwei Fragen beschäftigen, nämlich mit der Beziehung seiner Sexualität und Erotik, die bei ihm eine gewichtige Rolle spielen, zu seinem technischen Schaffen und mit seinen Gedanken und Vorstellungen zum P. m. Wir beginnen mit der zweiten Frage.

Auf S. 105 führten wir schon seinen Ausspruch an: Es ist schwer, den Satz von Robert Mayer (den 1. Energiesatz) zu besiegen.

Glauben Sie, wird er (10. III. 25) gefragt, daß ein P. m. möglich sei, daß sich der Satz von Robert Mayer besiegen lasse? In der »Schöpfung« nicht, ist seine Antwort, denn da werden »verschwindende Kräfte« neu erschaffen. Aber sonst schon. Dabei bleibt er trotz meines Hinweises auf die vielen tausend Experimente der Physiker, die den Energiesatz bestätigen. Es komme, meint er, nur darauf an, eine entsprechende Änderung im »Kraft«-Verlauf vorzunehmen. So könne man doch aus der Erdelektrizität unaufhörlich einen Konduktor laden und dadurch elektrische Kraft gewinnen.

(Was ist denn ein P. m.?) Eine Maschine, die sich selbst bewegt
und noch Arbeit leistet ohne daß man ihr, um es so auszudrücken,
zu fressen gibt. Z. B.: ein Mensch, der immer arbeiten würde, ohne essen
zu müssen, wäre ein P. m.

(Wäre das, was Sie da von der elektrischen Ladung eines Konduk-
tors durch die Erde sagten, auch ein P. m.?) Nach der allgemeinen Ansicht wäre es eines, da man unerschöpfliche Kräfte gewänne, aber in
Wirklichkeit wäre es keines, weil die Kraft aus der Erde käme. Man hat
auch die Sonnenkraft verwenden wollen, aber es ist nicht gelungen.
(Wäre das ein P. m., wenn es gelänge?) Nein.

Und anschließend an diese, aus seinen Physikstudien stammenden,
an sich richtigen Gedanken, fügt er spontan eine konfuse Idee, wie er
sich die »Schöpfung« denke, an: »Am Anfang war das Nichts. Aber das
Nichts könne nicht bestehen. Denn wenn man z. B. ein Rohr ganz
luftleer mache, so entstehe doch sofort Stoff in ihm durch den allgemeinen
Druck (von außen) auf es. Zuerst war die Elektrizität, denn diese hat
die größte Schwingungskraft bis 2 km, das Licht nur eine solche von
Millionstel Millimeter. Die elektrischen Schwingungen konnten daher
am besten ins Nichts hineinschwingen. Aber eine Schwingung erzeugt eine andere, was er mir am Gummifaden, dann an den Wellen,
die durch einen ins Wasser geworfenen Stein entstehen, zu erklären
sucht. Es entstehen dann longitudinale und gleich auch transversale
Schwingungen. Eine Schwingung erzeugt wieder Schwingungen«, und
nun verliert er sich in vage Unbestimmtheiten, die ausdrücken sollen,
daß es so weiter gehe. Der Gedanke geht ihm aus und er läßt ihn unvollendet.

(Wie kamen Sie darauf, ein P. m. konstruieren zu wollen?) Er habe
zuerst einen Motor konstruiert, Patente darauf genommen, habe da noch
nicht an ein P. m. gedacht, das sei erst später gekommen. Mehr ist
nicht zu erfahren.

(Wird Ihr Druckmotor ein P. m. sein? [12. III.]). Er kann ein P. m.
sein, ich weiß es noch nicht, aber wenn er auch keines sein wird, wird er
praktisch vorteilhaft sein, indem er viel Energie liefern wird.

Der Satz von der Erhaltung der Energie sei richtig, aber für seinen
Motor gelte er etwas verändert. Er halte auch an diesem Satz fest.
Als ihm daraufhin gesagt wird, daß dann sein Motor kein P. m. sein könne,
erklärte er, durch denselben werde es eben, wenn er gehen werde, bewiesen sein, daß der Satz nicht absolut gültig sei. Als ihm nun nochmals entgegengehalten wird, wie er es denn fertig bringe, ein P. m. bauen
zu wollen, nachdem doch der Erhaltungssatz durch Tausende von Gelehrten in ihren Experimenten bestätigt sei, um ihn dadurch widerlegen
zu wollen, gibt er keine rechte Antwort und lenkt durch Aufzählung
von Beispielen seiner Erfindungen und Erlebnisse ab, so z. B. daß,
wenn er etwas konstruiert habe, ihn die Stimmen ausspotten, es sei

nichts und wie er dann erst recht mit Eifer an die Arbeit gehe, um ihnen zu zeigen, daß es doch etwas sei; ferner daß ihm die Stimmen manchmal drohen, sie würden ihm die Erfindungen stehlen, worauf er die Zeichnungen zerreiße, damit sie nicht in die Hände der Regierung — die er wiederholt als eine ihm feindliche Macht bezeichnet — kommen, u. ä.

Man sieht aus dieser Diskussion über das P. m., daß er die einzelnen Gedanken noch richtig behalten hat, auch eine richtige Definition des P. m., daß ihm aber die Denkkraft abgeht, einen richtigen Zusammenhang derselben herzustellen und die Konsequenzen, soweit sie seinen Wünschen und Hoffnungen sowie seinem Glauben widersprechen, anzuerkennen, was als isolierte Erscheinung noch nicht psychotisch sein müßte, bei ihm aber dazu zu zählen ist.

(Warum wollen Sie ein P. m. konstruieren?) Weil ich einmal dazu angeregt worden bin, wie ich Ihnen schon erzählt habe. (Was wollen Sie mit dem P. m. erreichen?) Ich war ein junger Bursch, habe Erfinder sehr verehrt, wollte Ruhm, es war »Ruhmsucht«, ich wollte eine Existenz damit gründen.

(Warum wollen Sie jetzt noch ein P. m. konstruieren?) Weil er so großen Erfolg habe, wie an dem . . .(weist auf das angebliche P. m., das in Fig. 30, S. 102 dargestellt ist) hin. Darum wolle er noch andere P. m. machen, um zu beweisen, daß er noch anderes könne. »Wenn man so stark angeregt ist von allen möglichen Erfindungen, die noch nicht gelöst sind, so regt es einen an, immer wieder zu betrachten und zu vergleichen. Schließlich hat man eben Erfolg. Da baut man sich eine Innenwelt, weil man eben Gefangener (in der Irrenanstalt) ist und hat seinen besonderen Reiz in diesen Sachen. (Wie ist dieser besondere Reiz?) Das ist geistige Erregung, Vorstellung, so ein Problem, das macht einen zufrieden, vergnügt (lacht). (Wie stellen Sie sich das Zustandekommen dieser geistigen Anregung vor?) Das kommt hauptsächlich davon, weil ich viel Physik studierte, viel Physik kann. Wenn ich eine Stimme bekomme, die mich für dumm halten will, kann ich sofort (damit) parieren.

(Wie denken Sie sich, wer die Stimmen macht?) Man »horche« seine Gedanken ab und dann wird »geprüft«, was er denke. Wenn er behaupte, es (seine Erfindung) sei etwas, kommen die Stimmen, sagen es sei nichts, dann komme er mit seiner »Geisteskraft«, dadurch daß er Physik studiert habe, bringe den Beweis, daß es gehe oder nicht gehe.

(Wer sind die Stimmen, die sagen, es sei nichts?) Das sind Personen, die mir erscheinen wie Geister, wo in der Gewalt einer Person von Escher Wyß (bekannte Maschinenbaufirma, bei der er die Lehre als Mechaniker absolvierte) sind. Es ist der W., den er manchmal höre, der habe ihm Personen nachgeschickt, der kenne ihn durch und durch. Was er (Sch.) denke, werde dort laut ausgesprochen. »Dann kommt es mir vor, daß die darauf warten, bis ich niemanden habe, um mich dann als Spion zu beschuldigen — das ist die Regierung, die mir aufsässig ist. Ich höre Stimmen, daß ich etwas in der Jugend begangen, ich weiß nicht was.« (Was haben Sie mit dem W. gehabt, Streit?) Nein, ich habe ein ordentliches Lehrzeugnis. Der verfolgt jede Person, die dort in der Lehre war.

Was er hier über die Ziele, die er mit dem P. m. verfolgt, sagt, deckt verschiedene psychologische Wurzeln für die Beschäftigung mit ihm auf; ob alle, ist damit nicht ausgemacht. Es sind die gleichen, die ihn zum Erfinden überhaupt treiben und die auch dem Erfinden des geistig Normalen zugrunde liegen werden. Hervorzuheben ist das ins Psychotische hineingehörige Motiv, sich ein Innenleben zu bauen, als Ersatz für das durch die Internierung verloren gegangene äußere, was eine Reaktionsbildung wäre. Daß sie das nicht ausschließlich ist, sagt er sofort selber, indem er den geistigen Genuß nennt, den ihm das Bauen an dieser Innenwelt bereitet. Wie sehr ihm die Anregungen auf dem S. 100 genannten Wege kommen, verrät er hier selbst, indem er sie auf das Physikstudium bezieht.

Interessant ist hier die zum Teil andere Auffassung und damit auch wahrscheinlich das andere Erleben der Stimmen als im Fall II, nicht als ein Organ, sondern in fremde Personen verlegt. Inhaltlich sind sie neben der Kritik an seinen Erfindungen und Gedanken stark in seine Wahnideen der Verfolgung verwoben. Daß er auch in seinen ehemaligen Lehrmeister W. die verfolgenden Stimmen verlegt, verstehen wir aus dem früher zur Einstellung zu seinem Stiefvater Ausgeführten. Er kämpft noch gegen die in der Jugend erlebte Unterdrückung, er wehrt sich gegen sie, ohne mit ihr fertig werden zu können.

Wir wenden uns nunmehr zur zweiten von den oben erwähnten Fragen, jener nach der Beziehung von Sexualität und technischem Schaffen bei ihm, und führen einige charakteristische Kundgaben des Patienten hiezu vor.

Bereits vor einigen Jahren machte er spontan 2 Zeichnungen, denen er den Titel »Gehirnbesudlerei« beifügte. Die eine stellt die gespreizten Beine einer Frau vor mit einer Betonung des offenen introitus vaginae, gegen den ein erigierter Penis vordringt, die zweite eine Frau mit abgedecktem Unterleib und ebenfalls gespreizten Beinen, aber geschlossenem introitus.

Der ersten Zeichnung fügt er folgenden Kommentar bei: »Dieses Bild wurde unausgesetzt an meine Lippen gemacht, weil ich es ausbrachte, daß unausgesetzt Sittlichkeitsvergehen gemacht wurden und zerriß das Heft mit Zeichnungen von Erfindungen in der Aufregung«; und der zweiten dieses: »Dieses Bild wird mir jedesmal vorgestellt wenn mir eine neue Idee auftaucht für eine Erfindung, und ruft hinunter, sie habe sich dafür gezeigt«.

In einem Briefe an den Arzt seines Vertrauens (früheren Assistenzarzt der Anstalt) schreibt er: »Zurzeit wurde ich jede Nacht in die Hypnose gelegt, ins Rückgrat durch Strahlen, welche von einer mit Rückgrat gebrochenen Katze kam, geschossen, so daß ich ebenso gelähmt im Bette lag, wie die Katze selbst gelähmt war (s. S. 92), dann, in wehrlosem Zustande, wurde ich von einer Person, und zwar von Dr. G. in den Hinterleib mißbraucht, bis ich offen war im Gesäß und dann wurde mir das Geschlecht erst noch in den Mund gesteckt.«

»Nachher wurde ich dann stets ausgespottet als Unwürdiger und Geschändeter, und jeder geistige Erfolg, der mir zugesprochen werden mußte, wurde mir abgesprochen mit dem Vorwand, ich sei geschändet. Alles dies kann mich aber nicht aufhalten, über Erfindungen nachzudenken, weil ich schon als kleiner Knabe mit Lismennadeln einen Pantoffelzapfen und angebrachten Magneten, die ich mir zwar nur vorstellen konnte in Bewegung gebracht hätte, ohne daß es je angehalten hätte (unklar, eine P. m.-Idee). Auch mein rotierender Motor, den ich in Amerika zum Patente anmeldete, wurde mir zugesprochen und vielversprechend von Erfinder Nobel beurteilt.«

Im Anschluß an die (S. 109 u. f.) wiedergegebene Untersuchung über seine Gedanken zum P. m. wurde noch Folgendes erhoben:

(Haben Ihre Erfindungen mit dem Geschlechtsleben zu tun?) Ja, sobald ich etwas errungen habe im Geist, dann wird das vom W. ausgehorcht oder dem Edison zugehalten, dann sind die Leute gezwungen, damit sie nicht gehängt werden, dem W. zu erlauben, mich zu vergewaltigen am Geschlechtsorgan.

(Wie sind Sie früher vergewaltigt worden?) Das weiß ich nicht, ich weiß nur, daß ich geisteskrank war, daß ich früher »geschossen« (d. h. es wurden ihm Krankheiten »angeschossen«, s. oben) worden bin, etwas an mir gemacht wurde, weil ich schon bei Escher-Wyß in der Arbeiterbewegung gewesen bin.

(Wenn Sie etwas erfunden haben, haben Sie dann eine Befriedigung?) Ja.

(Hat das etwas zu tun mit geschlechtlicher Befriedigung?) Gar nicht. Nur muß ich dann mit Todesangst ins Bett, es werde etwas an mir gemacht (starr, finstere Miene, kongestionierter Kopf).

Jüngst (19. IX. 25) sagte er beiläufig im Gespräch: Man läßt einen armen Erfinder (womit er sich selber meinte) nicht aufkommen, man sagt, er hat etwas in der Jugend gemacht. (Wir sahen früher S. 86, daß sich dieses »etwas« auf etwas Sexuelles beziehen dürfte, was später einmal seine eigenen Worte bestätigten.)

Aus diesen Kundgebungen können wir zunächst allgemein schließen, daß bei ihm eine nähere Beziehung zwischen Sexualität und Erfindertum besteht. Bei der Deutung dieser Beziehung wollen wir uns möglichst durch das vorhandene Material leiten lassen und Deutungen, die irgend einer Theorie zuliebe an das Material herangetragen würden, vermeiden. Es läßt sich dann sagen:

Wir haben gesehen, daß er sich gegenüber all den wirklich erlebten Pollutionen, den halluzinierten und wahngezeugten sexuellen Erlebnissen, die polymorph geartet sind, ablehnend verhält. Seine Kundgebungen gehen immer dahin, daß sie ihm eine moralische Qual, eine »Schändung« (sein wiederholt selbst gebrauchter Ausdruck) bedeuten. Er teilt einmal sogar die Menschen in zwei Kategorien, in Schänder und Geschändete ein. »Das Geschlecht«, schreibt er in einem Briefe dem Arzte, »macht doch unsern Charakter aus; durch die Schamhaftigkeit, und wer uns die Scham nehmen will ist ein Seelenmörder und Menschenverderber, und dies will Dr. G., um uns alles zu nehmen.« Gegen diesen »Raub der cham« wehrt er sich oft laut und kommt regelmäßig in die heftigste Aufregung, wenn er davon spricht. Wir müssen aus alledem schließen, daß er zumindest moralisch die Auswirkungen des Sexualtriebes verurteilt (moralische Zensur). Dieses moralische Vonsichweisen der sexuellen Erlebnisse führt zu einer Aberkennung ihrer Zugehörigkeit zur eigenen Persönlichkeit und weiter zur Deklarierung, daß sie nicht aus ihr stammen können. Sie erscheinen dem Patienten als etwas ihm fremdes. Dieses Fremdheitserlebnis könnte auch noch einem normalen Seelenleben angehören. Bei Patient geht der Prozeß weiter, es kommt zu einer Objektivierung der Vorstellung, die der Inhalt dieses Fremdheitserlebnisses ist, und zwar in dem Sinne, daß sie vergegenständlicht, zu einem Objekt der Außenwelt für das Leben des Patienten verwandelt wird, als Halluzination oder als Wahngebilde. Die Personen und Gegenstände, welche in diesen Halluzinationen und Wahngebilden erscheinen, sind durch die »affektiven Komplexe« bestimmt. Es sind vor allem jene Personen, die er als seine Unterdrücker erlebt, als Menschen, die ihn nicht aufkommen lassen wollen. Sie zwingen ihm die sexuellen Erlebnisse auf. Als allgemeiner Ersatzmann aus seiner Jugend tritt hiefür sein Lehrmeister W. ein. Seinen Stiefvater nennt er nicht, obwohl dieser ein noch früherer und eigentlicher Unterdrücker war. Im Sinne der psychoanalytischen Theorie hätten wir anzunehmen, daß dessen Bild, wegen der daran geknüpften persönlichen sexuellen Erinnerungen, verdrängt ist.

Aus dieser moralischen Ablehnung heraus ist es auch verständlich, daß er jene beiden Bilder als »Gehirnbesudlerei« bezeichnet. Es wird auch aus seiner Einstellung zur Sexualität erklärlich, daß er niemals sexuell zweideutige Reden führt oder entsprechende Handlungen ausführt. Man sieht ihn auch nicht mit andern Patienten auf Homosexualität verdächtige Beziehungen anknüpfen, noch sich einem Arzt in solcher Weise nähern. Auch Frauen, die etwa auf die Abteilungen bei Vereinsbesuchen kommen, bringen ihn nicht in sichtbare sexuelle Unruhe, obwohl er den Gesprächen mit ihnen nicht ausweicht. Wenn er sexuelle Schimpfwörter verwendet, dann geschieht es, um seiner Wut über die an ihm (angeblich) verübten schamlosen Attentate Luft zu machen.

Anderseits ist doch anzunehmen, daß für ihn die Auswirkung des Sexualtriebes nicht auch ohne Lustgewinn sei. Trotzdem können ihm gewisse Formen dieser Auswirkung in den halluzinierten und Wahnerlebnissen, wie die Päderastie, der Cunnilingus u. ä. lustunbetont, ja ekelerregend sein, wie er es kundgibt, ohne daß man im Sinne der Freudschen Theorie annehmen muß, es handle sich hiebei nur um Äußerungen der Verdrängung. Es kann doch eben seine nicht mehr mit psychologischen Kategorien faßbare Krankheit sein, deren zerspaltenden und disharmonierenden Einflüsse auf seine Persönlichkeit er erlebt (fühlt, irgendwie weiß), welche die Ursache für diese seinem gesunden Persönlichkeitsteil widerstehenden sexuellen Erlebnisse ist. Seine Ablehnung kann also echt sein.

Leise, polymorph-sexuelle Strebungen erlebt jeder Mensch, wenn er sich zu beobachten und auch leisen Regungen nachzugehen versteht; aber von ihrem leisen Erleben mit der minimen Lustbetonung bis zu ihrer Anerkennung als für seine Persönlichkeit adäquater oder für dieselbe unentrinnbarer sexueller Erlebensform ist ein großer Schritt. Es gibt dazwischen alle Abstufungen. Und eine feine, differenzierte sexuelle Moralität, wie sie uns auch beim Patienten, wenn auch schon in mehr zerbröckelter Form entgegentritt, wird, wenn sie sich ihr aufdrängen, erschüttert, gequält, aufgeregt werden.

Dieser »Lustgewinn«, die Befriedigung im sexuellen Erlebnis und im »Erfinden« ist als der gemeinsame Nenner beider zu bezeichnen. Patient differenziert zwar beide und bezeichnet sie als verschieden, gegen seinen Willen aber vermengen sie sich ihm, und an die Befriedigung des Erfindens knüpfen sich in seiner kranken Seele, wie wir gesehen haben, halluzinierte sexuelle Erlebnisse, und zwar so stark, daß er weiß, sie werden kommen, und er, aus seiner oben geschilderten Einstellung heraus verständlich, »Todesangst« vor ihnen aussteht. Zerstören sie doch seine Scham, seine Geschlechtlichkeit und damit seinen Charakter, wie er es selbst ausdrückt. Wir können darin eine Seite des verzweifelten Ringens in der Persönlichkeit des Patienten gegen die zerstörenden Kräfte der Krankheit sehen[1]).

---

[1]) Daß die Psychoanalyse, insbesondere die Freudsche, hier andere Deutungen geben würde, daß ihr hier verdrängte incestuöse und Kastrationskomplexe als Erklärungsprinzipien gelten würden und sie das Erfinden daraus »ableiten«, nur als eine andere Äußerung dieser Verdrängung ansehen würde, ist mir bekannt, und es fiele mir nicht schwer, die Deutung unter diesem Aspekt zu geben. Aber weil es so naheliegt, müssen wir uns ihm entwinden, um zu sehen, ob nicht noch andere Möglichkeiten vorhanden sind, die ebenfalls die Plausibilität für sich haben und darüber hinaus uns psychologisch noch mehr sagen. Man möchte hier den Satz Bjerres, den er bezüglich des Traumes aussprach, zitieren (Psych. Neurol. Wochen-

Fall VI Sch. K., geb. 1886.

Über seine Kindheit sind wir nur aus seinem selbstgeschriebenen Lebenslauf und seinen ergänzenden mündlichen Berichten unterrichtet. Den Vater verlor er als Vierjähriger. Unter der Behandlung seines Stiefvaters habe er schwer gelitten, »Er (der Stiefvater) wollte mich sexuell mißbrauchen, ich widerstand ihm mit meinem ganzen Knabentrotz und das Resultat war, daß sich ein abgrundtiefer Haß zwischen uns entwickelte, dessen Ursache meine Mutter nicht kannte. Oft war ich der niedersten Rachsucht dieses rohen Menschen ausgesetzt.« Mit 12 Jahren sei er zu seinen Großeltern gekommen, bei denen er eine »Reihe echter Sonnentage durchlebt« habe. Dann habe er zur Mutter und dem Stiefvater zurückkehren müssen. Während den 8 Jahren Primarschulzeit habe er ca. 14 bis 15 Lehrer gehabt, und er wisse noch gut, daß er »bei dem einen durch besondere Intelligenz hervorragte, beim anderen aber durch um so größere Dummheit glänzte. Mir scheint aber, daß letztere nur mehr als Reflex von Seite des Lehrers anhaftete«.[1]

Nach Absolvierung der Primarschule sei er mit 16 Jahren in eine Schlosserlehre gekommen, »1½ Jahre später entließ er (der Meister) mich mit der Behauptung, ich sei zu dumm, um ein Schlosser zu werden. Der wahre Grund war aber die Arbeiterbewegung«. Er hatte sich, obwohl »ein äußerst feuriger Patriot«, »Teilnehmer am militärischen Vorunterricht«, seinem anarchistisch tätigen Bruder R. als Hilfskraft zur Verfügung gestellt und habe ihn durch Kolportieren seines »Weckruf« und Geld unterstützt. Da er bei dieser Kolportage einmal auf die Söhne seines Lehrmeister gestoßen sei, »wäre das dann natürlich die wahre Ursache seiner Entlassung« gewesen. Trotzdem habe er weiter als Schlosser sein Fortkommen finden wollen, sei aber nicht vorwärtsgekommen, sondern sei als »Untüchtiger in erbärmlicher Weise herumgeschupft und herumgestoßen« worden. »Die tiefere Ursache meiner Mißerfolge in handwerklicher Beziehung suche ich in erster Linie in meinem geistigen Fluge, meiner mächtigen Phantasie: Mir fehlt verhältnis(mäßig) wenig, um Künstler zu sein, alles aber zum Handwerker, denn diese Phantasie ist es, die mich nach meiner Meinung hindert, mich in genügender Weise in handwerklicher Beziehung zu konzentrieren. Bei meinen Effekten befinden sich einige Arbeiten, die über meine geistigen Fähigkeiten noch am ehesten Aufschluß geben. Es ist zwar nichts Fertiges und noch weniger in bezug auf Darstellung Vollkommenes, trotzdem bildet es einen wesentlichen Bestandteil meines Hoffens. Was wäre ich ohne dieses Hoffen, diesem wenn auch vergehenden Hoffen verdanke ich trotz allem eine tiefe innere Glückseligkeit.« (Aus dem Lebenslauf.)

In diesen Sätzen spiegelt sich bereits ein Stück seines Charakters, wie ihn auch die psychiatrische Beobachtung und Untersuchung fand, und worauf wir unten zurückkommen. Es ist, das sei hier schon erwähnt, nicht seine Phantasie als isolierte Fähigkeit, die dieses Versagen als Handwerker und doch nicht Künstlerseinkönnen bedingt — sie ist nämlich

---

schrift, 27. Jahrg., Nr. 35, S. 343): »Die Behauptung endlich, daß jeder Traum sexuell sei, ist im Grunde ebenso uninteressant wie die, daß jeder Mensch mit einem Geschlechtsorgan ausgerüstet sei.«

[1] Im Lebenslauf, wie auch vielfach in seinen sonstigen mündlichen und schriftlichen Äußerungen liebt er es, etwas »grelle Lichter« aufzutragen, wozu auch seine schriftstellerischen Neigungen beitragen werden. Insoferne sind die Kontraste betont, aber etwas Wahres wird an dieser Schilderung seiner Schulerlebnisse sein, weil sie seiner psychischen Artung adäquat sind. Daß affektive, komplexgebundene Einstellungen zum Lehrer bei neuro- und psychopathischen Kindern in ihren Schulleistungen sich stärker geltend machen als bei normalen, ist eine bekannte Erfahrung.

gar nicht so mächtig —, sondern es liegt in seiner gesamten seelisch-
geistigen Artung. Hervorgehoben sei auch noch das bezeichnende
Schwanken zwischen Bejahen und wieder Zweifeln an dieser Bejahung.

In seinem Lebenslauf schildert er dann weiter, wie » die Beschäftigung mit
den sozialen und politischen Verhältnissen ihm Konflikte und seelische Schmerzen
brachten und er schließlich seine vaterländischen Ideale in Nichts zerrinnen sah«,
so daß ihm »Heimat und Vaterland nur noch ein wesenloses Heimatgefühl, ein
ewig vor ihm herschwebendes unerreichbares Phantom wurden«. Trotzdem und
obwohl er über ein » nicht gewöhnliches Rednertalent verfügt«, habe er niemals
dadurch materielle Vorteile zu erreichen gesucht, das betrachtete er als »moralisch
widerwärtig«. Auch könne er die einseitige Parteipolitik nicht ertragen, er verfolge
»hartnäckig« eigene Ziele und folge nur eigenen Ideen. Seine Weltanschauung
und sein politisches Ideal erwiesen sich als noch unklarer idealistischer Kommunis-
mus, »auf dem Grundsatz der christlichen Nächstenliebe« mit ausdrücklicher Ablehnung des Bolschewismus.

Als Neunzehnjähriger habe er für einen Notdiebstahl die erste Strafe erhalten,
dann sich 13 Jahre nichts zuschulden kommen lassen, weil er es einem alten Pfarrer
versprochen habe. Es sei ihm dies manchmal hart angekommen, habe er doch
einmal 6 Tage nichts zu essen gehabt, als schmutzige Brotkrumen, die er auf der
Straße gefunden habe. »Zum Betteln war ich zu stolz und bin es heute noch«.
Für ihn stehe der Dieb immer noch höher als der Bettler, weil es zum Stehlen eines
gewissen Maßes von Mut und Tatkraft bedürfe. Später beging er noch weitere
Diebstähle und Einbruchdiebstähle, die in Abständen von mehreren Jahren und
immer nur in Notlagen und Verdienstlosigkeit vorgekommen seien. »Die unver-
suchte Tugend kann ja gut glänzen und prahlen, aber wie oft habe ich den Eindruck gehabt, daß Menschen über mich richteten und urteilten, die nicht den zehnten
Teil an moralischer Widerstandskraft aufzubringen vermöchten im Unglück, die
ich aufgebracht habe. Kann ja sein, daß ich mich täusche, mir fehlt natürlich die
Objektivität, um hier ein richtiges Urteil zu fällen.« Soweit sein selbstgeschrie-
bener Lebenslauf.

Die stolze Selbsthaltung, die in diesen Zeilen zum Ausdruck kommt,
bricht aber unter Umständen zusammen und man kommt zu dem Schlusse,
daß sie vielfach gewollt und gemacht, Pose, ist. Als er mir über seinen
ersten Einbruchdiebstahl mündlich erzählte und betonte, daß er sich
an seinem Arbeitgeber — er war damals Reisender —, weil ihn dieser
hintergangen, gerächt habe, allerdings auch 24 Stunden nicht gegessen
hatte und zum Betteln zu stolz gewesen sei, steigert sich seine bisher
in einem nervösen Lächeln zurückgehaltene Erregung bis zu einem
plötzlich ausbrechenden Weinen und zu dem Ausspruch, er wollte zehn
Jahre dahingeben, wenn es nicht geschehen wäre.

Weil er posiert, stark aufträgt, übertreibt, poetisch färbt — ob
und inwieweit (bewußt) gewollt oder nicht gewollt, lassen wir dahingestellt — können wir seinen selbstgeschriebenen Lebenslauf nicht als
Dokument, das auf Objektivität Anspruch machen darf, ansehen, aber
er legt doch auch, wenn man zu scheiden weiß, Zeugnis für seine wirkliche Charakter- und Temperaturartung ab, wie uns die direkten Beobachtungen und Untersuchungen zeigten. Sie offenbaren weiche,
weibliche Fügsamkeit und Sentimentalität hart neben rücksichtslosem

Fordern und eigensinnigem Verfolgen seines Zieles, ruhige Gelassenheit neben Reizbarkeit und Neigung zur Ansammlung starker innerer Spannungen mit folgenden heftigen Entladungen, moralische Einstellungen und feine Differenzierungen neben ungehemmter Hinwegsetzung über sie, Offenheit neben Hinterlist, im Ganzen eine unharmonische, unausgeglichene, in Gegensätzen schillernde Struktur, ein ungünstiges Strukturniveau. Daß ihm Ausdauer, Fähigkeit zur Vollendung fehlen, wird darum leicht verständlich. Sein Selbstgefühl betont er stark, aber es ist mehr zur Schau getragen, gewollt, mehr Protest, Abwehr, mehr Trotz und Aufruhr. Er ist durch seinen Charakter dazu geführt, auf den besondere Jugenderlebnisse stark gewirkt haben, dies aber, weil er für sie erhöht empfänglich war.

In seinen Kundgaben treten Sexualität und Erotik in den Hintergrund, er erwähnt sie nicht, wir können daher ihre Rolle nicht näher angeben. Starke Familienbindung an Geschwister und an die Mutter konnten wir beobachten.

Körperlich zeigt er einen mittelgroßen (167 cm), ins asthenische gehenden Körperbau.

Seine außerhandwerkliche Betätigung, auf die er im Lebenslauf hinwies, und die wir prüften, bezieht sich zunächst auf Zeichnungen und schriftstellerische Versuche. Unter den ersteren befanden sich, abgesehen von den technischen Zeichnungen, auf die wir bald zurückkommen werden, einige Bleistiftzeichnungen von Köpfen und Blumen und die Federzeichnung einer Stickerin. Alle verraten, trotzdem sie nur skizzenhaft hingeworfen sind, eine gewisse zeichnerische Begabung. Als schriftstellerischer Versuch ist ein größeres Stück eines angefangenen Romans mit dem Titel »Robert Zündel«, der im Grunde eine romanmäßig umgebildete Selbstbiographie darstellen dürfte, zu nennen. Die Qualität dieses schriftstellerischen Versuches erscheint als Ganzes mäßig, enthält aber einzelne gut geschaute und dargestellte Partien.

Die technischen Zeichnungen betreffen eine Erfindung, von der er auch mündlich berichtet hatte. Es handelt sich um eine Fernschreibmaschine oder einen Schreibmaschinentelegraph, d. h. einen Apparat, der es ermöglichen soll, die in eine Schreibmaschine am Senderort getippten Zeichen am Empfangsort automatisch wieder mittels Schreibmaschine wiederzugeben. Er hat mir die Grundidee erklärt, sie erschien mir technisch durchführbar. Auf die Wiedergabe muß ich hier verzichten, um nicht etwas preiszugeben, was geistiges Eigentum des Exploranden ist. Völlig durchgeführt hat er sie nicht, sie befand sich noch im unvollendeten Stadium. Auch die erwähnten Zeichnungen hiezu, soweit sie vorhanden, waren meist unvollendet, sonst aber als technische Zeichnungen brauchbar. Von einer praktischen Verwirklichung dieser Idee las ich wenige Wochen nach seiner Mitteilung in einer Zeitung, allerdings ohne nähere Angaben über die technische Durchführung. Inwieweit die Idee des

Exploranden eine objektiv oder wenigstens subjektiv neue war, konnte ich nicht entscheiden. Es interessiert uns übrigens hier mehr nur die Tatsache als solche, daß er sich ernstlich mit einer technisch durchführbaren Erfindung beschäftigte, da es uns darauf ankam, die Gebiete zu bezeichnen, in denen er sich zu betätigen versuchte.

In praktisch-technischer Beziehung zeigte er in der Anstalt rasche Auffassung, sicheres selbständiges Arbeiten, Fähigkeit zur Rationalisierung des Arbeitsprozesses und manuelle Geschicklichkeit. Die Ausdauer konnten wir nicht objektiv feststellen, weil die Beobachtungszeit zu wenig lange dauerte und das Ziel, eine frühe Entlassung zu erringen und sich hiezu in günstigem Lichte zu zeigen, zum Ausharren bei der Arbeit anspornen konnte.

Wenn wir oben der Schilderung der Persönlichkeit dieses Exploranden einen größeren Platz einräumten, obwohl er nicht zu den geisteskranken Erfindern gehört, so geschah das, weil sein Charakter in mehrfacher Beziehung Ähnlichkeit mit dem seiner beiden geisteskranken Brüder zeigt, er aber bei ihm reiner in Erscheinung tritt, nicht durch eine Psychose verändert. Es wird uns das in der nun folgenden Zusammenfassung zur Stützung eines bestimmten Begriffes dienlich sein.

Zusammenfassung. Aus zwei Familien, in denen, so weit wir unterrichtet sind, in früheren Generationen keine Psychosen vorkamen, dagegen sich gewisse Charaktere abhoben, stammen die Eltern unserer drei Brüder. Beide, Vater und Mutter, litten an Psychosen. Von den sechs überlebenden Kindern ist die erste Hälfte psychotisch, von der zweiten Hälfte sind zwei psychopathisch, von einem, dem zweitjüngsten, der als 16jähriger starb, ist die Todesart nicht bekannt und auf Suicid verdächtig.

Von den drei Brüdern, die wir geschildert haben, litten (bzw. leiden) zwei (R. und J.) an einer schizophrenen Psychose, R. ist ein schizoider Psychopath. Der frühe Tod des Vaters, der Einfluß eines brutalen, auf Unterdrückung ausgehenden Stiefvaters und einer erzieherisch unfähigen Mutter, frühes Hinaustreten ins Erwerbsleben und Bekanntwerden mit der proletarischen Bewegung sind ihre gemeinsamen Schicksalsfaktoren.

Diese haben auch zur Ausprägung gemeinsamer oder ähnlicher Charakterzüge beigetragen. Alle drei Brüder, am aktivsten und leidenschaftlichsten der älteste R., bekunden eine revolutionäre, aufrührerische Gesinnung. In ihr offenbart sich ein Protest gegen das harte Schicksal, der sich gegen die Umwelt, besonders die Menschen wendet. Der Eintritt in die proletarische Bewegung gibt dem das spezifische Gepräge: Aufruhr gegen die Unterdrücker. Es liegt nahe, hier an den von ihnen gemeinsam erlebten Unterdrücker ihrer Jugend, ihren Stiefvater, zu denken. Der gegen ihn angesammelte, unterdrückte (verdrängte) Haß, hat sich auf ein anderes Objekt verschoben, so könnte man den

Tatbestand deuten. Der eine der Brüder (K.) gibt selber diese Ableitung, von R. haben wir keine bezügliche Kundgabe und J. legt in seinen Äußerungen hiezu den Nachdruck auf den Tod des Vaters. Die Tatsache, daß sie von einem revolutionären Urgroßvater (mütterlicherseits) abstammen, bringt die Annahme einer erblichen Mitbedingtheit dieser revolutionären Gesinnung nahe.

Bei allen drei Brüdern wird diese aktive Seite abgelöst durch eine passive, auf das erduldende Tragen und Mittragen abzielende, die ihren Ausdruck in der Ausmündung in den christlichen Glauben und ihre Betonung desselben findet. Das aber entspricht einer anderen Seite ihres Charakters.

Wir finden überhaupt bei ihnen ausgeprägt und einander unausgeglichen gegenüberstehend zwei Charaktergebiete, das eine die aktiven, das andere die passiven Charakterzüge umfassend, und diese Charakterzüge, wie die Gesamtstruktur der drei Charaktere zeigen weitgehende Ähnlichkeit. Es handelt sich um eine genetische Korrelation.[1]) Solche gemeinsame Charakterzüge sind: Empfindlichkeit, Empfindsamkeit, Reizbarkeit, Neigung zu Affektakkumulation und Leidenschaften, sowie heftigen Affektentladungen, ferner zu Stimmungen und Verstimmungen mit Betonung des Depressiven, Weichheit, Differenziertheit des Gefühlslebens auf der einen, Rücksichtslosigkeit besonders bei der Betonung des Ich auf der andern Seite, soziale und künstlerische Strebungen und deren Auswirkungen, starkes Streben nach Erleben eines hohen Selbstwertes, verknüpft mit Zweifeln an seiner Erreichbarkeit.

Zwei von diesen Brüdern (J. und K.) sind auch technisch erfinderisch tätig. Wüßten wir nicht genaues um den J. und um die genetische Korrelation, würden wir das bei K. als zufällige Beigabe betrachten, umsomehr als ihn das Erfinden auch nicht besonders erfüllt, und weil ferner Erfinden, angeregt durch die herrschende Einstellung und Lebensanschauung, fast zum allgemeinen Sport gehört, dem sich gelegentlich viele, besonders Jünglinge, hingeben.

Für das vorliegende Buch beansprucht unser Hauptinteresse der eine der Brüder J., dem wir daher über das bisher Gesagte hinaus noch eine besondere Zusammenfassung widmen wollen.

Der frühe Tod des Vaters bedeutete für ihn, nach seinen eigenen Ausführungen, das Zurückbleiben eines unbefriedigten Restes einer Seite seines Gefühlslebens, ein Abbrechen derselben vor ihrem normalen Ablauf. Das lang dauernde und ausgeprägt starke Fühlen dieser Unbefriedigung weist, so sahen wir, auf eine stärker als durchschnittlich sexualerotisch gefärbte kindliche Zuneigung hin. Sie hat — näher erforschen konnten wir es aus äußern Gründen nicht — in mancherlei ungewohnten sexuellen Erlebnissen in früher Jugend ihre Wurzel.

---

[1]) In die möglicherweise auch ihre psychotische Schwester (M) gehört.

Sie mischen sich auch bis in die Gegenwart in seine sexuellen Wahn-
erlebnisse.

Proletarisch-politische Faktoren mitbedingen eine frühe Unstetheit der Lebensführung, der auch Zielhaftigkeit mangelt.

Wahrscheinlich, vielleicht unbewußt anknüpfend an Erfindungsgedanken des Knaben, beginnt er schon als Jüngling sich mit einer
Erfindung ernstlich zu beschäftigen und knüpft daran überschwengliche
Hoffnungen. Diese Idee des »rotierenden Motors« und die daran geknüpften Hoffnungen und Erwartungen, die in seiner leicht leidenschaftlich aufwühlbaren Seele tiefe Wellen schlugen, sowie überhaupt die Sehnsucht nach Erleben von Besonderem und Außerordentlichem waren sehr
wahrscheinlich ausschlaggebend dafür, daß er sich so rasch entschloß
nach Amerika zu gehen. Die Schwierigkeit, in der Heimat Arbeit zu
finden, dürfte bei ihm ein sekundäres Motiv gewesen sein.

Seine Amerikaschilderung zeigt, wie sehr er nicht nur arbeiten,
sondern erleben wollte. Er führte ein unstetes Leben weiter, landete bei
der Gärtnerei. Schließlich wurde er geisteskrank.

Aus der Schilderung des eigenartigen traumhaft-dämmerhaften
Zustandes, den er in der ersten Phase seiner Geisteskrankheit erlebte,
können wir das Auftreten gewisser grundsätzlich wichtiger Phänomene
entnehmen: Das Erleben der Außenwelt wird verändert. Es tritt ein
Fremdheitsgefühl ein, eine Störung der Ichbezogenheit der Erlebnisse,
sie scheinen wie von fremden Mächten kommend. Dann, im Gegensatze
dazu, eine Übersteigerung seiner Sensitivität und Auftauchen einer
Vermenschlichung, einer Beseelung der Naturobjekte, was mit einem
infantilen und menschheitsgeschichtlich primitiven Stadium in Analogie
gestellt werden kann. Schließlich das Auftauchen eines tiefsten Ver-
nichtungserlebnisses, dem ein übersteigertes Selbstwertgefühl folgt,
gleichsam als eine, das erstere überkompensierende Reaktion und
Rettung vor dem Tode. Die ausgeprägten Angsterlebnisse, die dann
folgen, könnten als Ausdruck des Ringens um die Icherhaltung gedeutet
werden.

Diese anfängliche, stürmische Phase der Psychose wird von einer
wenigstens äußerlich ruhigeren abgelöst, die jedoch wiederholt den Wechsel von verzweifelter Depression und übersteigertem Lebensgefühl zeigt.
Im Hintergrund gleichsam erfolgt eine gewisse Formung und Ver-
festigung der halluzinatorischen und wahnhaften Erlebnisse zu bestimmten, in die Außenwelt verlegten Objekten, die dann wieder rückwärts für sein Denken die Ursache seiner psychotischen Erlebnisse abgeben müssen.

Bezeichnend ist dabei, daß es ein technisches Objekt in Form des
geschilderten Apparates ist, das einen Hauptbestandteil des so entstandenen Gebildes darstellt. Es ist nicht nur der mehr oder weniger
sachlich-inhaltliche begründete Name von gewissen naturwissenschaft-

lichen Begriffen (Radio-Strahlen, X-Strahlen), der von Geisteskranken symbolisierend für die psychotischen Erlebnisse, wie Einwirkungen, Beeinflussungen, oft gewählt wird, sondern das Gebilde wird bis zu einem gewissen Grade technisch-physikalisch durchdacht und konstruktiv durchgebildet. Das liegt in seinen technischen Interessen und Fähigkeiten, was beides korrelativ aufeinander bezogen ist, begründet. Die Aufstellung einer bestimmten Theorie hiezu, hier einer Krankheitsentstehungstheorie, liegt in der Tendenz der Wahnsystembildung und ist nicht etwas besonderes bei ihm, wie das technisch-physikalische Moment.

Das Erfinden beschäftigt ihn, sahen wir, seit seiner Kindheit. In der Psychose ruhte es, soweit seine Kundgaben darüber vorliegen, einige Zeit latent und begann dann, neben dem eben erwähnten Wahngebilde — das von immer wieder erneuten halluzinatorischen und andern Erlebnisformen, besonders aus dem Gebiet sexueller Angriffe, Niederlagen und Verfolgungen, begleitet war — sein Leben in übersteigerter Weise auszufüllen und zu beherrschen. Im Dienste desselben sowie, wenn auch wahrscheinlich sekundär, seiner sozialen, in die Psychose hinübergelangten Gemeinschaftsinteressen, seinem Drange, andern, vor allem den Armen und Unterdrückten zu helfen, stehen auch seine immer wieder aufgenommenen, ihm erreichbaren naturwissenschaftlichen Studien, besonders auf physikalischem Gebiete.

Infolge der durch den psychotischen Prozeß bedingten Denkstörung, deren charakteristische Momente wir hervorgehoben haben (Unbestimmtheit, Unabgeschlossenheit, Einfallsmäßigkeit, Versagen im Ausharren beim Denkziel, Unstetheit im Denkinhalt), und der Beimengung übersteigert affektiv, insbesondere wunschgeleiteten Schaffens (Vorwegnehmen der gewünschten Lösung, dies, um dem Affekt zu genügen; postulieren, ohne daß sie wirklich erreicht ist) bekommen die Erfindungen ihr psychotisches Gepräge. Er bleibt, auch wenn der Zielgedanke richtig ist, in Ansätzen, in Andeutungen, in mehr phantasierten bis phantastischen Formen stecken. Das Erfinden selbst, darin eine künstlerische Note aufweisend, erfolgt rauschartig. Es ist mit einem gehobenen Erleben des Selbstwertgefühls verknüpft, dem aber die Vernichtung bald wieder folgt, wie es formal gleich, aber drastischer, sich in der ersten manifesten Phase seiner Psychose zeigte. Dieser formale Ablauf entspricht auch seinem noch als eigen erlebten, sich jeweils bald einstellenden Zweifel an seinem Können, gegen den er vergebens kämpft. Wir sehen darin eine Seite seines Charakters zum Ausdruck gelangen.

Die Erfindungsgedanken kommen von selbst und jedes aus der naturwissenschaftlichen Lektüre entnommene Wissen scheint sich zwangsartig zu einer Erfindungsidee zu gestalten, etwa in dem Sinne, wie einem wirklichen Künstler seine Erlebnisse unbewußt, zwangsartig zum Anlasse für künstlerische Gebilde werden.

Sein Geist ist in unaufhörlicher Bewegung und Unruhe und in ewigem Suchen begriffen. Eine gelungene Erfindung würde, so scheint es aus allem seinem Tun und Denken hervorzugehen, für ihn die Rettung seiner Persönlichkeit bedeuten. Er vermag sie trotz ehrlicher Anstrengung nicht zu finden, er verfällt dem Schicksal seiner Psychose. Der Drang, das Unmögliche zu leisten, drückt sich in der Übersteigerung der Leistungen, die seine Erfindung zeitigen sollen, sowie in dem äußerlichen Versuch, bis an gigantische Ausmaße zu gehen, aus. Es liegt etwas krampfartig Anmutendes in seinem Schaffen.

Das P. m., oder gedanklich diesem Nahekommendes, zeigten wir, bildet den Zentralpunkt seines technischen Denkens. Wir verstehen das, denn im Finden des P. m. läge eine Leistung vor, die das, was er erstrebt, im höchsten Ausmaße bringen würde. Das Suchen nach dem P. m. ist zwar auch bei ihm, wie nicht anders zu erwarten, mehrfach determiniert.

Bezeichnend ist, daß er, trotz gelegentlicher bezüglicher Versuche, die Möglichkeit des mechanischen P. m., im Gegensatze zu Fall II, nur mehr nebenbei behandelt und das physikalische ausdrücklich als möglich bezeichnet. Er verwendet physikalische Kräfte in seinen technischen Gedanken zu einem solchen. Wir nennen diesen Tatbestand für ihn bezeichnend, weil er Ausdruck seiner leidenschaftlich bewegten, Affekte kumulierenden und zur Explosion bringenden Artung ist.

Auf den gedanklichen Inhalt seiner P. m.-Ideen brauchen wir hier nicht mehr näher einzugehen. Wir heben nur jene nochmals hervor, die er in seinem letzten Modell (Fig. 37) verwirklichen wollte, weil sie einen prinzipiellen Gedanken enthält, dem wir bei einem nicht als geisteskrank bekannten Erfinder (Hoffmann) in fast identischer Form begegnet sind, und den unser Patient unabhängig von diesem gebildet hat.

Seine Erfindungen gehören zu verschiedenen der von uns S. 16 u. 17 genannten Klassen; es gibt unter ihnen nicht nur subjektiv, wie die letztgenannte, sondern auch, soweit ich das feststellen konnte, objektiv neue, natürlich unter der Einschränkung, soweit man seine technisch unwirklichen »Erfindungen« überhaupt mit technisch wirklichen vergleichen und damit bestimmten, für letztere aufgestellten Klassen zuordnen kann. Es ist dies nur unter dem Gesichtspunkte zulässig, daß man von dem Moment der möglichen Verwirklichung hiefür abstrahiert.

Als mit dem normalen Erfinden gemeinsame Momente können wir in seinem Erfinden nennen: Das Fassen eines bestimmten Erfindungszieles, die Verwendung physikalischer oder anderer naturwissenschaftlicher Erkenntnisse, der Versuch eines technischen Durchdenkens, der Versuch der Herstellung einer Zeichnung, der Drang der Ausprobung in einem Modell, die bis zu einem gewissen Grade kritische Einstellung zu den Ergebnissen während dieses Prozesses und die sich daraus ergebenden Umänderungen und Verbesserungsbestrebungen bis zum, wenigstens vorübergehenden, Fallenlassen der Idee, das Streben, möglichst einfache Lösungen zu finden.

Was im Besondern die P. m.-Idee anbelangt, so konnten wir zeigen, daß er ihr gegenüber, wenn dazu herausgefordert, eine gewisse kritische Stellung einzunehmen imstande ist. Aber das gewonnene Resultat wird nicht festgehalten, es wird zugunsten der andern, obengenannten affektiven Momente, und wohl mitbedingt durch die Denkstörungen, wieder fallen gelassen und das Unmögliche bleibt für ihn doch möglich.

Über die Beziehungen von Erfinden und Sexualität untereinander einerseits und dieser beiden zu einem Persönlichkeitsaufbau anderseits haben wir oben ausführlich gesprochen. Das wesentliche Resultat war, daß wir eine solche Beziehung finden, wir aber keine zwingende Veranlassung hatten, sie im Sinne der psychoanalytischen Theorie zu deuten. Es ergibt sich daraus, daß trotz der vorhandenen Beziehung das Erfinden nicht notwendiges Korrelat der Sexualität, oder nur eine Auswirkungsform derselben sei. Zum wirklichen Erfinderseinwollen, und noch mehr zum wirklichen, wenn auch in Form und Inhalt psychotisch veränderten Erfindersein sind noch viel mehr Vorbedingungen nötig.

Der Aufbau seines Charakters weist in verschiedenen Momenten auf die bekannte Theorie Adlers hin. Patient kämpft gegen Minderwertigkeitsgefühle, er sucht sie zu überwinden, gerät in Überkompensationen, sucht sein Ich krankhaft zu behaupten, eine Leitlinie, die des Erfinders, festzuhalten. Aber wir sehen darin bestenfalls nur eine Seite seiner Persönlichkeitsstruktur. Sie ist in ihm nur die eine Seite des Ausdrucks für den allgemeinen Kampf des Lebens um die Erhaltung seiner Integrität und Individualität.

Zum Schlusse noch die Frage: Ist sein Erfinden eine Funktion, ein Korrelat des Krankseins seiner Persönlichkeit oder des gesund gebliebenen Kerns?

Uns interessiert vorläufig an dieser, wenn man sie in ihre feinern Wurzeln verfolgt, sehr schwierigen Frage nur die Teilfrage, ob und ev. inwieweit die Geisteskrankheit das Erfinden zum Durchbruch geführt hat. Der leidenschaftliche Drang zum Erfinden war schon vor dem Ausbruche der Krankheit vorhanden. Sie hat es demnach nur beeinflußt und verändert, und zwar in dem Sinne, daß seine kritische Einstellung zum Erfindenkönnen und zum Erfundenhaben, sowie zu den Gedanken, welche zu wirklichen Erfindungen führen können, sehr abgeschwächt bis aufgehoben wurde. Oder kurz: Seine Urteilsfähigkeit als Erfinder wurde weitgehend durch die Krankheit aufgehoben. Abgesehen von den andern Denkstörungen gewannen affektive Momente, die sonst nur eine sekundäre Rolle beim Erfinden spielen, die Übermacht.

Fall VII Tsch. J., geb. 1872, von R. Seit 11. März 1921 in der Anstalt.

Er ist ein uneheliches Kind, obwohl während der Ehe seiner Mutter geboren, indem er von seinem Paten, einem reichen Bauern aus dem gleichen Geschlechte der Tsch., gezeugt und sie dann einem anderen, eben seinem uneigentlichen Vater, für Überlassung eines Bauerngutes angeheiratet wurde. Unser Patient wurde von letzterem als eigen anerkannt. Von seinen Halbgeschwistern sei ein Bruder an »Darmverschlingungen« gestorben, der andere Bruder leide an Epilepsie, von den zwei Halbschwestern sei eine ständig körperlich krank, bei der anderen, jüngeren, habe man in der Gravidität den Ausbruch einer Psychose befürchtet. Eine Schwester seiner Mutter war geisteskrank.

Die Eltern des Patienten lebten viel in Streit, die Mutter sei eine sehr böse, streitsüchtige Frau gewesen, der Vater, eigentlich nur Adoptivvater, ergab sich dem Trunke.

Schon in der Schulz. ‹ fiel bei Patienten auf, daß er an den Spielen der anderen nicht teilnehmen wollte, sondern stets erklärte, er müsse lernen. Er besuchte nur die Primarschule und war unglücklich darüber, daß er seinem Drange, zu studieren, wegen der Weigerung der Eltern nicht folgen konnte. Sein Lehrer habe ihm für das akademische Studium das Talent zugesprochen. Die Eltern zwangen ihn nach Absolvierung der Primarschule zur Landwirtschaft, obwohl er sich einmal geäußert habe, »lieber ins Zuchthaus als bauern.«

Etwa ein Jahr nach dem Schulaustritt (ca. 15. Lebensjahr) habe er sich eine Zeitlang mit Erfindungen abgegeben, berichtet seine Ehefrau, habe es dann wieder liegen gelassen, mit 19 Jahren noch einmal damit angefangen und abermals nach einiger Zeit damit ausgesetzt. (Leider haben wir über die Ideen, mit denen er sich damals beschäftigt hat, nichts Objektives in Erfahrung bringen können.) Erst ca. 22 Jahre später hat er sich, soweit feststellbar, erneut mit Erfindungen beschäftigt (s. unten).

Er selbst schreibt über seine Jugendzeit in einem, seinen technischen Gedanken gewidmeten Berichte folgendes:

»Wie ich meine Kenntnisse erhielt. Professor Forell sagt in dem Buche, die Sexuelle Frage, sehr viel über Vererbung. Ich glaube: Ich habe etwas erbliche Anlagen. Mein Großvater, mütterlicherseits, besaß eine in damaliger Zeit rentable Öle. Auf dem Prozeßweg, in politischer Zeit 1830—48 wurde ihm das Wasser weggenommen; er soll in Konkurs gekommen sein. Ohne Lehrzeit wurde er Holzmechaniker, er baute Mühlen, Sägen, Öl- und Reibwerke aus Holzrädern, wie es damals üblich war; aber auch Häuser, er machte auch Möbel, Spinnräder, Grasbähren, also Wagnerarbeit. Sein Sohn erwarb so ein kleines Vermögen; im Jahre 1890 gab er den Beruf auf; die eiserne Konstruktion kam in Aufschwung.

Mein Erzeuger war meines legitimierten Vaters Bruder. Sagen wir ihm zum Unterschied Göttivater. Er war mein Pate. Dieser war für die damalige Zeit ein gelehrter Mann, er war sehr lange Zeit Gemeindepräsident, Kassier, Armeninspektor des Amts A. usw.

Meine Jugend. Meine Schulzeit verbrachte ich in der Primarschule. Meine Mutter hatte ein sehr gutes Gedächtnis; ich las sehr viel Bücher, die noch mein Göttivater gekauft hatte. Aber die Mutter sah es nicht gerne; ihr war Arbeit die Hauptsache. Ich schmolz Sonntags Blei, versprengte durch starke Ladungen 3 alte Gewehre auf einem Sägeblock, zum Losbrennen nahm ich eine lange Schnur und ging dann auf die Einfahrt und sah durch die Bodenfugen zu, wie es rauchte. Am altertümlichen Schwarzwälderzyt (Wanduhr) war ein Wecker mit Gewicht; da ich in der oberen Stube schlief, übersetzte ich den Wecker, daß oben an meinem Bett eine Kuhglocke läutete; mein Bruder Peter ersetzte die Kuhglocke durch ein Ziegenglöcklein. Das Läuten war fürchterlich. Ich wollte einst einen Schleifstein mit hölzernen Zahnrädern übersetzen, aber das kleine Rad brach bald; ich machte eine Holzrolle, trieb den Stein sehr schnell am Göpel, ebenso die Häkerlingmaschine. Alle Arbeiten begriff ich schnell, ebenso feilen der Sägen, schleifen, dängeln, mähen, aber auch zimmern und mauern.«

Als Achtzehnjähriger habe er von seiner Mutter seine eigentliche Abstammung erfahren, etwa zwei Jahre später wurden die Eltern geschieden. Die Mutter habe ein Bauerngut gekauft und Patient zu dessen Bewirtschaftung beigezogen.

Sein Vater habe ihn bewegen wollen, dessen Haushälterin zu heiraten und ihm dafür ein Bauerngut versprochen. Patient habe sich aber dazu nicht entschließen können, sondern habe die Frau seiner Wahl geehelicht.

Nach seiner Verheiratung habe er zunächst das Landgut seiner Mutter weiter-bewirtschaftet und samt seiner Familie mit ihr im gleichen Hause gelebt. Wegen ihrer Unverträglichkeit sei es aber auf die Dauer nicht gegangen, und er habe 1902 das Haus verlassen, um ein eigenes Geschäft zu gründen. Nach anderen Angaben soll er ausgezogen sein, weil er gewisse Terrainankauf- und Drainagepläne nicht habe durchführen können, und man vermutet, daß er schon damals Verfolgungs-ideen hatte.[1]) Er verkaufte das Landgut und begann ein Zementgeschäft. Im neu-erworbenen Hause habe er die Werkstätte eingerichtet, das Haus um ein Stockwerk erhöht und eine Scheune erstellt, alles selbst. Einige Jahre sei es gegangen, da kam ein elektrisches Kraftwerk dazwischen. Es überbaute (ca. 1910) den Platz am Flußufer, von dem er den Sand für seine Zementfabrik hatte gratis holen können. Das habe ihn sehr hergenommen. Er hätte, um die Fabrik weiterführen zu können, den Sand von weit her holen müssen, was die Rentabilität derselben aufgehoben hätte. Verärgert habe er alles zu billigem Preise verkauft. Das Kraft-werk habe ihm keine Entschädigung für den Sandplatz gewähren wollen, ihm dafür eine schöne Stelle in seinem Betriebe versprochen. Er bekam denn auch eine Stelle als Vorarbeiter.

Er sei, berichtet die Ehefrau, bis zu der Geschichte mit dem Kraftwerk, ruhig, nicht aufbrausend, mit der eigenen Familie und allen Leuten gut gewesen. Aller-dings sei er verschlossen gewesen, viel für sich allein, habe viel »studiert« und sei ungehalten gewesen, wenn sie ihn habe davon ablenken wollen. Am Sonntag habe er lieber ein Buch zur Hand genommen, als auszugehen. Mit Politik habe er sich direkt wenig abgegeben. In der Gemeinde sei er sehr geachtet gewesen und seine Mitbürger hätten gemeint, ohne Tsch. könnten sie nichts beschließen oder aus-führen. Er war Gemeinderat, saß in der Schulkommission, war auch Geschworener.

Seit der Geschichte mit dem Kraftwerk habe er sich merklich verändert und habe stets ihr, der Ehefrau, die Schuld an seinem Unglück zugeschoben. Er blieb 3½ Jahre als Vorarbeiter in dem genannten Kraftwerk. Sein geistiges Befinden war aber nicht gut, und es wurde noch schlimmer, als es hieß, man habe keine Ver-wendung mehr für ihn, und er werde die Stelle verlassen müssen. Das plagte ihn sehr und eines Tages sei er plötzlich von der Stelle weggeblieben und habe anderwärts Arbeit gesucht. Im Betonschleuderwerk L. fand er Beschäftigung (Mai 1914).

Mit dem Kraftwerk wollte er wegen Schädigung einen Prozeß beginnen, ver-weigerte die Annahme einer Entschädigungssumme von 500 Fr., die ihm freiwillig geboten worden war, nahm sie schließlich an, aber all diese Ereignisse und Erleb-nisse waren von einer sichtlichen Veränderung seines geistigen Zustandes gefolgt. Das verschlimmerte sich noch, als ihm ungefähr ein Jahr später ein ca. 16 jähriger Sohn unter nicht näher aufgeklärten Hirnerscheinungen starb.

---

[1]) Nach seinem eigenen schriftlichen Berichte über sein Leben erscheint diese Vermutung begründet. Er habe, schreibt er von 1904, damals schon optische Täu-schungen und »Hypnosen ins Ohr« (s. unten) gehabt. Ja schon in die Zeit von 1893 verlegt er die ersteren.

Immerhin war man an seinem neuen Arbeitsplatz, wo auch seine Söhne Beschäftigung fanden, mit seinen Arbeitsleistungen zunächst zufrieden.

Von seinem Verdienst verbrauchte er einen beträchtlichen Teil für Werkzeuge und Rohmaterialien, um Modelle seiner Erfindungen, mit denen er sich seit 1913 immer intensiver beschäftigte, herzustellen. Er habe hiefür ein Vermögen verbraucht. Die Sonntage und sonstige Mußestunden wurden dem Bau dieser Apparate und Maschinen gewidmet. Immer wieder habe er seine Werke, weil sie ihn nicht befriedigten, zerstört, um neue, abgeänderte zu erstellen. Von ca. 1918 an nahm das Erfinden ganz ausgesprochenen Besitz von ihm. Sein Sohn berichtet, Patient habe die Maschine erfinden wollen, mit der er das genannte elektrische Kraftwerk ruinieren könnte.

Seine nervöse Unruhe und Ungeduld steigerten sich etwa ein Jahr vor dem Eintritt in die Anstalt zu ausgeprägter Erregung und Unverträglichkeit mit den Angehörigen und Arbeitgebern. Er wurde gegen die Söhne und besonders die Ehefrau grob und schließlich tätlich. Er litt an starker Schlaflosigkeit. Seine schon vorher erheblichen sexuellen Anforderungen steigerten sich bis zur Unerträglichkeit. Sie hätte ihm Tag und Nacht zu Willen sein sollen.

Die gefährlichen Angriffe auf die Ehefrau machten endlich die Anstaltsversorgung notwendig. — Er hatte bis 3 Tage vor der Anstaltsversorgung seine tägliche Arbeit versehen, war dann von derselben weggeblieben.

Patient ist ein großer (172 cm), breitbrüstig gebauter Mann. Abgesehen von der Lebhaftigkeit der nervösen Reflexe und einem Finger- und Zungentremor fiel eine Ungleichheit der Pupillen (jetzt nicht mehr vorhanden) mit träger Lichtreaktion auf.

Die Körperhaltung ist aufrecht, steif, ebenso die Bewegungen, das Gesicht unbeweglich, der Blick starr. In den ersten Tagen des Anstaltsaufenthaltes ist er äußerlich ruhig, zieht sich immer mehr von der Umgebung zurück, versteckt sich im Bett, wenn der Arzt sich nähert. Trotz dieser äußerlichen Ruhe merkt der Arzt, daß er innerlich lebhaft beschäftigt ist. Unvermittelt kommt es einmal zu einem Wutanfall. Von da an zeigt sich ein erhöhtes mißtrauisch-aggressives Benehmen gegenüber der Umgebung, was auf Verfolgungsideen schließen läßt. Es kommt dann nach zirka zweimonatigem Anstaltsaufenthalt zu einem Selbstmordversuch.

Den Ärzten verweigert er weiter jede Auskunft, höchstens mit dem Wärter spricht er hie und da einige Worte, auch die Ehefrau wird bei den Besuchen kalt empfangen. Über sein steif unbewegliches Gesicht sieht man manchmal ein Lächeln huschen, ohne zu erfahren, zu welchem Erlebnis es gehört.

Etwa Herbst 1922 beginnt er viel zu schreiben, was er schon vor der Anstaltsversorgung in der letzten Zeit daheim getan hatte, und wo er sich in seinen Schreibereien, nach Auskunft der Ehefrau, viel mit dem Geschlechtsleben abgegeben hatte. In der Anstalt sind es nun seine Erfindungen, über die er jetzt zu schreiben beginnt, wie man allerdings nur gelegentlich und gegen seinen Willen feststellen kann, da er die Papiere sorgfältig versteckt und erklärt, daß diese nur ihn etwas angehen. Bloß seine Ehefrau darf sie in Empfang nehmen, aber mit dem strengen Verbot, sie jemanden zu zeigen.

Die Einstellung zu ihr scheint sich in der Folgezeit überhaupt verändert zu haben, da er im Gegensatz zu früher bei den Besuchen viel mit ihr spricht und seine Kälte ihr gegenüber zurücktritt. Seine Erfindungen und sexuelle Vorgänge sind der Inhalt seiner Gespräche mit ihr.

Sein äußeres Verhalten änderte sich im weiteren Verlaufe seines Anstaltsaufenthaltes wenig. Er blieb verschlossen, gönnte der Umgebung kaum ein Wort, oder dann ein barsch hingeworfenes, wobei er etwa über Hypnotisiertwerden klagte, verrichtete keine Arbeit, außer daß er viel über seine Erfindungen schrieb und zeichnete. Zeitweise, wenn er sich in ein Gespräch einließ, wünschte er eine Werkstatt, um seine Erfindungen auszuführen, wobei er die Idee durchblicken ließ, daß er sich für reich hielt und daher alle Anschaffungen auf seine Kosten erfolgen könnten.

Als ihm dieser Wunsch nicht gewährt wurde, zog er sich wieder völlig in sich zurück. Er saß immer untätig und steif da, reichte mir die Hand mit einer kurzen scharfen Bewegung, wenn ich sie ihm entgegenstreckte, und zog sie nach leiser Berührung rasch wieder zurück. Auf Fragen gab er, dieser Bewegung äußerlich analog, kurze und wie abgerissene Antworten.

Über seine Familienverhältnisse erteilte er, wenn danach gefragt, kurze, bestimmte und richtige Auskunft. Seine Angaben über seine Abstammung hatte ich zunächst als wahnhafte Abstammungstheorie aufgefaßt, bis sie mir von seiner Ehefrau spontan in gleicher Weise als tatsächlich mitgeteilt worden waren. Sprach ich mit ihm über seine Erfindungen, dann bekam sein sonst steif unbewegliches Gesicht einen freudigen Ausdruck, und er erklärte sich bereit, mir darüber zu berichten (Juli 1924). Das Interesse, das ich seinen Erfindungen, über die ich nachher im Zusammenhange berichten werde, bekundete, hatte zur Folge, daß er sich freiwillig zu den Hausreinigungsarbeiten meldete. Nach einigen Wochen ließ er es jedoch wieder sein und erklärte wild, er sei nicht da, um den Diener zu machen. Allerdings war seine Erwartung, eine Werkstätte für den Bau seiner Erfindungsmodelle zu erhalten, noch nicht in Erfüllung gegangen.

Die kurze Periode eines leisen Vertrauens, das er mir entgegengebracht hatte, wich bald wieder dem alten negativistischen Mißtrauen. Inwieweit die sicher vorhandenen taktilen, akustischen und optischen Halluzinationen mitspielten, verriet er nicht. Nur plötzliche Äußerungen, wie etwa, ich solle ihm seinen Bruch nicht aufreißen, ließen darauf schließen. Den Vorschlag, für die Handwerker die Maße der Bestandteile seiner Maschine anzugeben, damit diese angeschafft werden können, wies er wütend ab, das mache er nicht, er wolle nicht, daß sie ihm seine Erfindungen stehlen, er wolle alles selber machen. Einen späteren Vorschlag (7. VIII. 24), nunmehr seinen Apparat zu bauen, fertigte er mit den herausgeschleuderten Worten ab, das sei nicht nötig, der sei schon lang fertig, sei schon am ersten Tage fertig gewesen, als er hierhergekommen war, der Apparat sei für ihn, er brauche ihn niemanden zu zeigen.

Nach meiner vierwöchigen Abwesenheit (Oktober 1924) kam er spontan auf mich zu und erklärte mir, er wünsche mit mir zu sprechen.

Bei der Unterredung frug er zunächst nach dem Kostgeld, das für ihn in der Anstalt bezahlt werde. Er habe eigentlich noch eine Erbschaft von 250 000 Fr. zu erhalten, die ihm bis jetzt nur wegen Fälschung von Testamenten nicht ausgeliefert worden sei. Was nun seine Erfindung anbelangt, setzte er, nachdem er diese Testamentsgeschichte berichtet hatte, spontan fort, so sei ihm diese gelungen. Er habe über derselben jahrelang studiert. Er sei aber hypnotisiert worden und zwar von einer Frau Hitt, die eigentlich eine Frau St. aus J., Gem. W., sei und die auf dem Schlößchen F. wohne und zur Loge gehöre. Von dieser Frau Hitt bzw. von den Erlebnissen mit ihr erzählte er mir in steifer Körperhaltung und in einer automatenhaften Sprechweise eine lange, bis zur Verworrenheit komplizierte Geschichte, in der Reminiszenzen aus eigenem Erleben und aus der Lektüre, insbesondere von politischen und kriegerischen Ereignissen der jüngeren Vergangenheit mit Erlebnissen traumartigen Inhalts äußerlich verknüpft erschienen. Eine ähnliche Geschichte hat er auch unabhängig davon einem anderen Arzte der Anstalt erzählt und schließlich auch in mehreren Heften einen ausführlichen schriftlichen Bericht über all das niedergelegt. Er ist, wenn er sich nicht in negativistischer Einstellung befindet, leicht bereit, immer neue Geschichten bzw. Erlebnisse zu erzählen, und dabei offenbart sich im auffälligen Gegensatz zu seiner sonstigen Verschlossenheit und Wortkargheit, die bis zum negativistischen Mutismus sich steigern kann, eine automatenhaft ablaufende, wortreiche Rede, die nicht stocken will, auch wenn sich der Zuhörer zu entfernen sucht. Und doch hat man nicht den Eindruck eines psychischen

Zwanges zu solcher Rede, sondern eines Sichentleerens, weil ein Hindernis beseitigt worden ist.

Es würde zu weit führen und zu viel Platz in Anspruch nehmen, wollten wir hier diese Erlebnisse, in denen wie im Traum das Geschehen nicht an der objektiven Zeit gemessen wird, nach seinen mündlichen und schriftlichen Berichten wiedergeben. Wir begnügen uns mit Heraushebung wichtiger Momente und Teilinhalte. Das dürfen wir um so mehr, als nähere psychologische Beziehungen zu dem uns vornehmlich interessierenden Thema seiner Erfindungen, daraus nicht entnommen werden konnten. Es sind höchstens äußere Verknüpfungen auffindbar.

Drei Gestalten haben in dem Inhalt dieser Erlebnisse die Hauptrolle, eine Frau Hitt, ein Dr. K. und der Hypnotiseur. Die ersten beiden stehen dem letzteren an Bedeutung voran. Manchmal wird auch die Trennung unklar, indem auch die beiden ersteren aus- oder anhypnotisieren.

Frau Hitt stellt eine »Verschmelzung« dar. Den Namen und einige Bedeutungsmomente hat er einem bekannten Gedichte Frau Hitt, das sich in Schullesebüchern befindet, entnommen. Er sagte es selber, als ich in dieser Richtung suchte, mit folgenden Worten: »Sie ist die oberste Richterin des Landes, Frau Hitt, das ist in Sekundarschulbüchern. Es heißt von ihr ein Lied: Ihr Schlößchen steht auf Bergeshöhen, von Nebel und Stürmen umbraust.« Sie ist zugleich eine Frau St. aus J., Gem. W., die er schon als kleines Mädchen gekannt, und die ihn als 17- bis 18jährigen einfach zu ihren Untersuchungen genommen habe. Sie habe ihn hypnotisiert und in diesem hypnotischen Zustande, der schon 25 Jahre dauere, habe er verschiedenes machen müssen. Vieles habe er davon vergessen, aber er könne noch gar manches erzählen. So habe sie ihn zur Beerdigung der Bundesräte Sch., Br. u. a. genommen, und er habe gehen müssen, er sei dabei »Vertreter der Toten« gewesen, er habe sagen müssen, was sie ihm hypnotisiert habe. Sie sei auch die »Helvetia« und trete als solche in einem langen Mantel gekleidet auf, wobei er sie stets begleiten müsse. Alles, was er darüber erzähle, habe er gesehen, man habe es ihm zwar »aushypnotisiert« (entzogen), aber er erinnere sich doch noch. Er berichtet dazu Folgendes, das wir wiedergeben, um ein Beispiel für die Art dieser Erlebnisse vorzuführen. »Ich war ein gemeiner Soldat mit Brotsack. Sie kam geritten. Sie ritt zu Oberst W., sie sprachen etwas miteinander. Sie kam mit einem mit zwei Pferden geritten, sagte zum Hauptmann, ich soll abtreten und zu ihr gehen. Ich mußte abtreten, auf das 2. Roß neben ihr steigen, neben ihr reiten. Vorne ritten fremde Offiziere. Ich mußte kommandieren Richtung rechtsumkehrt, es war so eine Schleife, ca. 1000 m. Dann mußte ich wieder als Soldat zurück abtreten. Das Ganze war wahrscheinlich, um den Oberst v. Tsch. zu narren. Der bildete sich ein, er könne kommandieren, aber er konnte es nicht.«

(Haben Sie Frau St. gern?) Ich habe nie mit ihr privat verkehrt, nur amtlich, wenn sie mich holte. Ich habe sie gern . . . ich weiß nicht . . . der Frau St. Mutter war meinem Pflegevater seine Frau. Mein eigentlicher Vater ist nämlich nicht mein legitimer Vater. (Die Beziehung ist unklar.)

(Hatten Sie im Sinne, Frau St. zu heiraten?) Nein! Nein! Keine Spur! Sie ist verheiratet. Allerdings, wenn sie mit mir geht, sagt sie, das ist mein Mann.

(Und wenn sie nicht verheiratet wäre?) Nein! Nein! Ich habe eine Frau, bin mit ihr zufrieden. (Das Nein ist laut, scharf abwehrend.)

(Wie erklären Sie sich, daß es Frau St. so mit Ihnen macht?) Das sind Logenbestimmungen. Sie sagte, sie verkehre mit 6—7 Anstalten (Irrenanstalten), sie müsse denen von der Untersuchung (er wird in diesen Anstalten alle 2 Jahre untersucht, weil die internationale Polizei es will) Aufklärung geben.

Frau Hitt gehört nun weiter mit der anderen Hauptgestalt Dr. K. zur internationalen Polizei. Dr. K. sei Redaktor der Zeitung »M.«, allerdings schreibe er sich nur so, in Wirklichkeit sei er Präsident des internationalen Völkerbundes, welcher aus Mitgliedern der Polizeichefs der verschiedenen Staaten zusammen-

gesetzt sei. Dr. K. hat auch große Erfindungen gemacht, wie die »Brunnenbohr-
maschine«, die Patient auch in umständlicher Weise beschreibt. Wie wir noch
sehen werden, spielen Dr. K. und der Hypnotiseur bei seinen Erfindungen eine
Rolle. Dr. K. sei auch Mediziner, Jurist, Astronom u. a.

Mit der Frau Hitt und dem Dr. K. unternimmt nun Patient gemäß seinen
Berichten, und er ist fest überzeugt, daß dem so ist, Reisen in die verschiedensten
Länder der Erde, die mit abenteuerlichen Erlebnissen und oft hohen Missionen
verknüpft sind. Es geht dabei oft wie im Märchen zu, wobei die Frau Hitt und
Dr. K. die allmächtigen Gestalten sind, die alles ordnen und schaffen. Zu ihnen
hat er, wie er selbst sagt, »unerschütterliches Vertrauen bis in den Tod«. Sie hypnotisieren ihn zu diesen Reisen. Die Hypnose definiert er so: »Ein Befehl ins Ohr
und ein Willenszwang; man könne einem im Schlafe etwas einhypnotisieren, was
gar nicht gewesen war. Der Hypnotiseur hält ein Röhrchen im Munde und richtet
die Stimmwellen gegen den Betreffenden.« Es sind also die Stimmen (akustische
Halluzinationen), die er hier als von einem Hypnotiseur eingegeben, von etwas
Fremdem kommend, auffaßt oder erlebt.

Daß man an der Tatsächlichkeit der von ihm berichteten Erlebnisse zweifelt,
weiß er und er schreibt dazu: »Wenn ich z. B. hier schreibe: Ich habe im Tunnel
Kallnach-Niederried neben dem heutigen Papst wochenlang gearbeitet; dann wieder
beim deutschen Kaiser am gleichen Tische gegessen, ebenso beim König von Italien, so wird es eben nicht geglaubt, ebensowenig wenn ich sage: Ich habe das Perpedicum oder das Perduum Lokomobile erfunden, so glaubt es wieder niemand,
und doch ist alles wörtlich war!« (Vom Patienten selbst unterstrichen.)

Auf diesen Reisen und bei den verschiedenen Begebenheiten, die in Anwesen-
heit der Frau H. oder ihr und Dr. K. geschehen, gibt es in seinen Berichten viele
sexuelle Erlebnisse. Seine Kenntnis verschiedener Perversitäten, die er entweder
an sich oder an anderen Personen, welche an den Ereignissen teilnehmen, geschehen
läßt, fällt dabei auf. Wir wissen aber, daß er Forels Sexuelle Frage gelesen hat,
übrigens verrät er es uns gelegentlich selbst, daß er dort seine sexuellen Kenntnisse geholt habe. Seine Mutter habe stets alles Sexuelle vor ihm geheim gehalten.

Er verkehrt mit Frau H. sexuell, daneben ist sie und besonders Offiziere Urheber von verschiedenen sexuellen Handlungen, onanistischen, exhibitionistischen,
sadistischen, die sich mit Kastrationshandlungen verknüpfen, welch' letztere allerdings nicht an ihm selbst, sondern an anderen vorgenommen werden.

In dieser märchenhaft-traumartig aufgebauten Welt lebt er immerfort, und
man kann zu jeder Zeit, wenn nur Bereitschaft zum Reden vorhanden ist, Mitteilungen daraus erhalten. Die übrige Welt existiert dabei nur schemenhaft, und
bei Konflikten zwischen beiden muß sich die für uns andere, wirkliche Welt beugen.
So berichtete er z. B.: Frau Hitt und Dr. K. waren verschiedene Male in unserer
Anstalt. (Dr. K. habe dabei verschiedene Missionen zu erfüllen gehabt. Er habe
eine Expertise zu machen gehabt, die Patient des Näheren bezeichnet.) Der Direktor und der Oberwärter seien auch zugegen gewesen. Als der anwesende Oberwärter das bestritt, bleibt Patient felsenfest bei seiner Darstellung und erklärt,
derselbe habe es vergessen.

In die Gestalt der Frau Hitt gehen wahrscheinlich auch Reminiszenzen an
Frauen ein, mit denen er wirklich einmal in Beziehung stand, vielleicht auch an
seine Mutter, daneben enthält sie Komponenten seiner Phantasie und alles zusammen wird zu einer magischen Gestalt objektiviert, die Unbegrenztes kann
und leistet. Das Sexuelle eben dieser Gestalt hat eine derb-offene Form. Seine
Sexualität tritt ebenfalls unverblümt zutage, oft in einer rationalistischen Form,
in der man die Einflüsse der Lektüre von Forels »Sexueller Frage« findet.

Nunmehr wenden wir uns zu seinen Erfindungen. Wir
haben bereits einiges dazu mitgeteilt und, was speziell seine Knaben-

jahre betrifft, ihn selbst zitiert. Obwohl, wie wir bereits erwähnten, die Dokumente (Zeichnungen, Beschreibungen, Modelle) zu seiner damaligen Beschäftigung mit Erfindungen nicht erhältlich waren, geht doch aus seinen bezüglichen Angaben hervor, daß er in der Anstalt an dieselben angeknüpft, bzw. an den schon gemachten festgehalten hat. Und zwar hat er seit 1915 mit den »Erfindungsgedanken« begonnen, mit denen er sich dann in der Anstalt beschäftigte. Wichtig ist, daß er in einem schon genannten schriftlichen Berichte mitteilt, er habe das Buch »Das Reich der Erfindungen« gelesen.

Zunächst gebe ich, um die Schwierigkeiten aufzuzeigen, die man überwinden muß, um zu verstehen, was er meint oder wenigstens gemeint haben kann, einige kurze Proben der Unterredungen, die ich über seine Erfindungen mit ihm hatte, wieder.

(Wie ist das mit Ihrer Erfindung?) Sie wälzt die Maschinentechnik um. Das fanden sie gleich in Paris auch (eine der obenerwähnten Reisen mit Frau Hitt).

Hier (in der Irrenanstalt) kann ich es (den Apparat oder sein Modell) nicht machen, es müßte aus Metall sein, ich will nicht, daß es andere machen. Ich will nicht, daß mich der Schreiner frägt, wie er es machen soll (was Patient vorgeschlagen wurde, s. S. 128) und dann sagt, er habe es gemacht.

(Wir sagten doch aber, Sie sollen es selber machen.) Das geht nicht. Ich sollte eine Drehbank haben.

Ich habe im Sinne, mit Luftdruck zu stoßen. Der wirkt stanzenartig. Ich mache schon ein Modell in Holz, aber das ist nicht gleich. Ich habe es schon daheim gemacht. Jetzt würde ich es einfacher machen.

Das Prinzip ist: Wenn ich eine Welle habe, auf der einen Hebel von 10 cm und einen von 1 cm, das übersetzt sich, gibt 10fache Kraft. Der Beweis ist damit einfach. Das ist Dezimalwage. Ganz fertig wird es nie. Das ist unmöglich, weil es immer einen gibt, der noch etwas verändert, verbessert. Das ist bei allen Maschinen auf der ganzen Welt so.

Man könnte diese Art zu denken als »Denken in Fragmenten« oder als »fragmentarisches Denken« bezeichnen, wobei noch die Fragmentation eine mehr oder weniger stark ausgeprägte und die aufeinanderfolgenden Fragmente einem Gedanken- und Vorstellungszusammenhang gehören, oder zwei oder mehrere solcher Zusammenhänge sich ablösen und die Fragmente einzeln oder gruppenweise zum einen oder andern derselben gehören. Ein Beispiel hiefür gibt die Fortsetzung der oben wiedergegebenen Unterredung:

»Mit meiner Maschine braucht man z. B. zum Betriebe einer Lokomotive nur einen Dampfkessel von 500 l, jetzt 10000 l. Man kann es auch elektrisch heizen. Ich weiß es nicht. Aber die elektrische Heizung ist nicht praktisch, ist ungesund. Die »Röntschenstrahlen« übertragen

Teilchen, das habe ich gelessen. Geht der elektrische Strom durch, es gibt Widerstand, es erwärmt sich, dabei werden kleine Teilchen losgerissen, diese werden gegen den Leib der Frau geführt, wenn sie beim (elektrischen) Herd steht. Z. B. es ist Vitriol darauf, es werden Teilchen losgerissen, wenn das jahrelang geht, schädigt es die Frau. Der beste Beweis (für die Fortführung der Teilchen) ist der galvanische Strom, wodurch Metall von einem Gefäß ins andere transportiert wird. Es sollte (die elektrische Heizung) auf dem Umwege über den Dampf geschehen. Ich glaube, die elektrische Heizung in den Familien geht zurück, weil sich herausstellen wird, daß sie ungesund ist. Beim Glätteisen ist es gleich, aber es ist nicht so heiß und es (das Glätten) wird nicht fortwährend gemacht.«

Neben dem Prinzip der »Dezimalwage« spielt in seinen Erfindungen noch ein Zweites eine erste Rolle. Es ist die »Drehung durch stillen Druck«. Wir werden das noch näher kennenlernen. Seinen nach seiner Überzeugung grundsätzlich neuen Erfindungen gibt er kurze prägnante Namen, wie »Drehhebel«, »Rutschhebel«, »Zangenmotor«, »Hohlwellenmotor«, »Preßluftmotor«, deren mannigfache Verwendungsmöglichkeiten in verschiedenen technischen Gebieten er in langen Berichten darzustellen sich bemüht. Besonders den Drehhebel betrachtet er als ein neues technisches Element, geeignet, eine Umwälzung der Maschinentechnik herbeizuführen. Er schildert die Anregung zu dieser Erfindung im Anschlusse an die Antwort auf die nachstehende Frage folgendermaßen:

(Wie sind Sie auf die Idee gekommen, Erfindungen zu machen?) An dem habe er schon studiert, als er 18 jährig gewesen . . . früher. (Spontan:) »Der Großvater mütterlicherseits war Mechaniker, Holzmechaniker, für Mühlen usw. Ich habe schon in der Schulzeit probiert.« 1915 habe er in N. beim Heuablegen geholfen. Die Bauern waren im Dienst (Grenzbewachung während des Kriegs). Sie hatten einen Heuaufzug für zwei Mann. Ein Mann mußte 5 Minuten ziehen, bis das Heu oben war. Da habe er gedacht, der Mechaniker ist ein Kalb. Man muß das Heu höher hinaufziehen, es ablegen. Es war ein Aufzug mit einem Flaschenzug, mit einer Kurbel an einer Welle, so Stangen aus Röhren, in denen das war. Da habe er sich gesagt, wenn die Kraft »umgeschaffen« wird, so treibt sie mehr, man muß sie übersetzen. Das glaubt unsere gegenwärtige Technik nicht. Sie kennt den Drehhebel, die Stanze kennt sie nicht.

(Wie ist der Drehhebel?) Die Welle muß einen eingravierten Ansatz haben. (Hiezu zeichnet er spontan Fig. 38). Die Erklärung, die in gedankenfragmentarischer Form gegeben wird, bleibt unklar. Wir wollen im weiteren sehen, ob sich doch noch herausfinden läßt, was er damit meinen könnte (s. S. 138). Eine andere Form des Drehhebels ist die im sog. Zangenmotor, von dem er verschiedene Ausführungsformen kennt, verwendete. Hier kommt das Prinzip der Erzeugung von »Drehung durch stillen Druck« am deutlichsten zur Ausprägung. Seine schriftliche Schilderung eines »Zangenmotors«, in dem schon mehrfach erwähnten Berichte, soll bald wiedergegeben werden.

Bei der Unterredung über denselben berichtet er im Anschlusse an die Darstellung eines Beweises seiner Erfindung als »Zange«, die unklar blieb, von einer Reise nach Frankreich, wo er tatsächlich niemals war — es handelt sich um eine seiner für ihn wirklichen, für uns imagi-

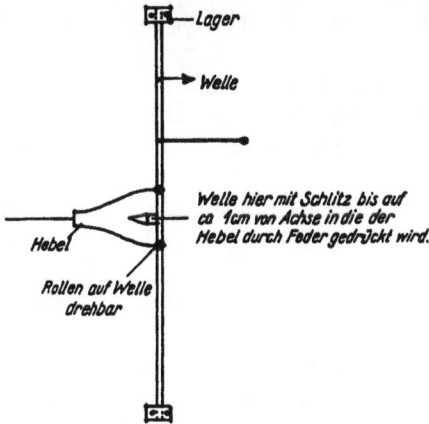

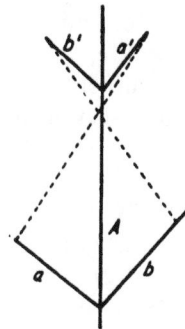

Fig. 38.   Fig. 39.

nären Reisen — und den Erlebnissen dabei. Unter anderem begegnete er auf derselben einem H., der ihm gesagt habe, daß er das auch schon, nämlich an einem Tannenzweig, erfahren habe, daß Drehung ohne Kraft möglich sei. Man brauche hiezu nur einen Tannenast mit zwei Zweigen oben und zweien unten (Fig. 39).

Die Zweige a und a' müßten senkrecht zueinander stehen, ebenso b und b'. Nun verbinde man die Enden von a und a', sowie jene von b und b' durch eine Schnur, unter »Anzug« gegeneinander. Durch den gegenseitigen Zug suche dann a das a' und damit den Ast A nach einer Seite zu drehen, b das b' in gleicher Richtung. Auf diese Weise müsse sich A bei dem ständigen Zuge fortwährend in einer Richtung drehen. Er erklärt sich auch bereit, das an einem Tannenaste zu demonstrieren. Die Ausführung zerschlug sich, weil er einen Ast von einer Form und Beschaffenheit verlangte, die nicht auffindbar war.

Wiederholt stellte er das Gesuch, seine Erfindungen zu verwirklichen. Einem solchen Gesuche läßt er folgenden »Nachtrag« folgen:

»Bei der Probeherstellung des Hohlwellenmotors würde ich nur eine Welle von 60 cm Länge mit zwei Lagern kaufen; das nötige Rund- und Flacheisen, eine Handbohrmaschine, einen Laden würde

als Gestell benutzt, als Preßluftzylinder würde eine starke Velo-Fuß-
pumpe befestigt. (S. unten Fig. 42.)

Die Drehhebel und Stoßhebel würde ich selbst erstellen. Wie
schon gesagt: Dieser Motor ist der wichtigste, er sollte nur als
Probe oder als Beweis gelten, er wird einen kleinen Schleifstein vollständig selbsttätig, also fortwährend laufend treiben.

Nachher wird ein anderer, fix und fertig von mir erstellt werden, mit
Gußgestell, hohler Welle, richtigem Zylinder, Manometer, Preßluft-
flasche, Preßluftpumpe Umschaltung zum Vor- und Rückwärtslaufen
und mit fortwährender Ölschmierung. Kugellager haben hier keinen
Wert.«

»Den Beweis, daß meine Ansicht richtig ist, könnte ich Ihnen auch
noch beweisen, mit dem Zangenmotor, wie ich im Jahr 1920 in L. einen
erstellen wollte, aber nicht fertig machen konnte, da ich in die hiesige
Anstalt verbracht wurde.

In der oberen Anstalt (Neuer Aufnahmspavillon) habe ich viel
gelernt; ich bin sogar vom Glück begünstigt worden, dann als ich
hier in die R. verbracht wurde.

Doch die Idee eines selbstlaufenden Motors habe ich aus meinen
Beobachtungen und Studien.

Der Zangenmotor wurde erstellt mit einem Riemenrad von 10 cm
Durchmesser. Das Rad hätte nur einen Rand, ist ein Rad wie zu einem
elektrischen Motor. Dieses Rad wird mit dem hinteren Rand an einen
Laden geschraubt, in der Mitte kommt die Welle hindurch, der Laden
mit Rad steht senkrecht, das Wellenlager ist hinten am Laden. An
der Welle ist eine Zange mit 2 Rädchen befestigt, die Welle ist vor(n) ein-

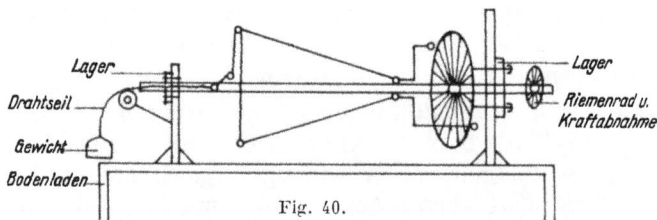

Fig. 40.

gebohrt, mit einer Schnur wird die Zange zusammengezogen durch ein
Gewicht und der Motor läuft ohne Aufhören, bis er gebrochen oder ab-
gestellt wird (Fig. 40).

Natürlich soll diese Skizze nur ein Beispiel sein, der Rand der
Riemenscheibe oder des Riemenrades käme flach auf den Laden; beide
Zangenarme sind gleich lang, die Kraftübersetzung ist sehr minim,
praktisch wird er nie verwendet werden; aber wenn man einer solchen
Zange an den Zangenarmen zwei Rädchen von ca. 5 cm befestigt und
zusammenzieht, so muß sich die Zange fortwährend überschlagen und die
Welle drehen.«

Er fährt fort: »In Zeitungen habe ich oft gelesen: das Per Perpedicum, der Ewige Umgang, oder die selbstlaufende Maschine sei auf mechanischem Wege unmöglich!

Dr. A. erklärte, ohne Kraft gibt es keine Kraft.

Der Scheiningenieur W. erklärte, ein Körper müsse kleiner und größer werden, sonst treibe er nichts!

Das ist nichts ungewöhnliches, alle Techniker haben dieselbe Ansicht, einfach weil der Dreh oder Rutschhebel nicht bekannt ist. Wenn ich ein Lehrbuch über Hebelgesetze und Maschinentechnik hätte, wie es in Sekundarschulen, Kantonschulen usw. verwendet wird, würde ich zwei Lehrsätze als falsch widerlegen.«

Diese Lehrsätze nennt und widerlegt er in einer Unterredung (22. X. 24) wie folgt:

Im technischen Buch der Sekundarschule, das er gelesen, es habe seinem Bruder gehört, sei die »goldene Regel« gestanden: »Je größer die Kraft, desto länger der Weg«. »Das stimmt nicht, das ist falsch. Unser (des Patienten) Hebel hat keinen Weg, er reitet nach. Auf der Stanze (s. unten) ist es nicht so. Hier, beim Flaschenzug, ist es so (wie in der goldenen Regel), da ist es richtig. Beim Drehhebel aber reitet der Hebel auf der Welle, hat also keinen Weg.«

Ein anderer Artikel, der dort falsch sei, sei der, daß eine selbstlaufende Maschine wegen der Rotation je länger, je schneller laufen müßte. »Das ist nicht wahr. Man macht einen Regulator und kann durch diesen den Druck größer oder kleiner machen.« (Es wurde mir nicht klar, wie er es meinte.)

Im obigen Berichte fährt er so weiter: »Wir behaupten: Der Ewige Umgang ist auf mechanischem Wege auf vier verschiedene Arten möglich.«

»Wenn daher in der hiesigen Anstalt eine Probevorführung nicht möglich ist, so möchte ich meinen Antrag umändern in ein:

Endlassungsgesuch

Ich fühle mich gesund und bitte um möglich baldige Endlassung, oder aber um eine Bewilligung zur Ausführung einer Probe über meine Erfindungen.

Der hiesigen Anstalt bin ich sehr dankbar; in Gedanken und Ansichten habe ich Fortschritte gemacht, ebenso in der Technik, jedoch möchte ich von meinen jahrelangen Studien gerne einmal einen praktischen Erfolg sehen.

Meine Familie schwebt in ständiger Lebensgefahr, gerne würde ich meine Wohnung hier in nächster Nähe haben, um mit der Anstalt in ständiger Verbindung zu bleiben.

Es sind hier intelligente Köpfe genug, um ein Patent zu erwerben; erst in der zweiten Abteilung kämen Fabriken, technische Bureau usw.«

Die letzten Sätze sind wohl Denkfragmente über eine Art, wie er sich die Umwandlung eines Teiles der Anstalt in einen technischen Betrieb zur Verwertung seiner Erfindungen gedacht hatte und über eine Verwertungsgenossenschaft hiezu. Über eine solche spricht er denn auch in Schreiben an seinen Sohn.

Die Schilderung seines »Zangenmotors« ist schematisch und lückenhaft, er beschreibt, wie übrigens auch in anderen Schriftstücken die einzelnen Teile, soweit seine technischen Kenntnisse reichen, aber die Erklärung des Wesentlichen fehlt, diese ersetzt er durch die Behauptung, es geht. Immerhin ist erwähnenswert, daß er die seinem Prinzip, der Drehung aus stillem Druck, entgegenstehenden Sätze aus der Mechanik nicht nur kennt, sondern sie auch zu widerlegen sucht, um so gleichsam indirekt den Beweis für seine Behauptung zu liefern. Er hat auch ein wesentliches, dieser Behauptung entgegenstehendes Moment herausgehoben, nämlich, daß der stille Druck keine Drehung erzeugen kann, weil er keinen Weg macht und will dem durch den Drehhebel begegnen, wo die Hebelwirkung ausgenützt werden soll, aber ohne relativen Weg zwischen Angriffspunkt der Kraft und der Last. Er sieht die Unmöglichkeit nicht und behauptet gegen alle Welt dogmatisch seine These. Daß er von ihrer Richtigkeit überzeugt ist, dafür spricht auch, daß er immer wieder verlangt, die Idee zu verwirklichen. Allerdings bleibt hier die Frage, ob für sein Bewußtsein, sein Erleben, die Ausdrücke »richtig, Überzeugung«, den gleichen Charakter in bezug auf die Außenwelt haben, wie beim Geistesgesunden.

Er weist für seine Erfindungen auf Beobachtungen und Studien hin. Es können ihn tatsächliche gewisse Beobachtungen auf solche Gedanken geführt haben, wie z. B. die Erscheinung, die eintritt, wenn ein Rad gegen ein anderes es berührendes unter einem Winkel zur Verbindungslinie ihrer Mittelpunkte gedrückt wird, wobei ein Rutschen des einen Rades und eine kurze Mitdrehung des anderen erfolgen kann. (Der Patient hat denn auch in einer mündlichen Behandlung des Zangenmotors hervorgehoben, daß von den beiden Rollen an dem Zangenende die eine etwas über, die andere etwas unter einem Durchmesser liegen müsse. Es erfolgt dann der Zangendruck unter einem Winkel zur Verbindungslinie von Rollen- und Radzentrum.) Aber diese Beobachtungen wurden physikalisch unrichtig gedeutet und analysiert. Zur richtigen Deutung und Analyse fehlt ihm das notwendige Rüstzeug bzw. es war bereits durch die Denkstörung infolge beginnender Krankheit abhanden gekommen. Der Wunsch, unter allen Umständen die Erfindung zu haben, wurde zum Dogma und zum Wahn, sie bereits zu besitzen.

Bei der ersten Unterredung über seine Erfindung (2. VII. 24.) erwähnte er eine Beobachtung, die er mit ihr in Verbindung brachte. Er berichtete, er habe einem Eber bei der Begattung zugesehen. Der Penis des Ebers sei lang und am Ende wie ein Korkzieher gewunden. Er mache fortwährend drehende Bewegungen und diese drehenden Bewegungen müßten doch einen Druck erzeugen, da der Penis bei denselben immer tiefer in die Scheide der Sau eindringe. So habe er sich gedacht, müsse es möglich sein, durch eine fortwährend drehende Bewegung Druck zu erzeugen. In seiner Erfindung würde dann das Umgekehrte in Wirksamkeit sein.

Es schien danach, als ob die Beobachtung des sexuellen Vorganges beim Eber den Anstoß zu seiner Erfindung gegeben hatte, diese also eine »technische Symbolisierung« des Penis des Ebers wäre.

In einer späteren Unterredung über seine Erfindungen (22. X. 24) lenkte ich ihn mit folgender Bemerkung auf diesen Sachverhalt. »Aber sie sprachen doch früher etwas von einem Eber, wodurch Sie darauf gekommen sind?« Er reagierte so: »Da haben wir das gleiche, einen Zangenmotor.« Damals habe er noch nicht daran gedacht, das kam erst später. Die Begattung des Ebers habe er 1909 in O. gesehen. Den Zangenmotor habe er erst 1918 oder 1919 gefunden, habe aber da noch nicht den Ring (Scheibe an die die Zange drückt, s. Fig. 40) gehabt.

Er habe immer gedacht, wie dreht sich das Glied des Ebers. Er habe einen Eber kaufen wollen, um ihn zu schlachten und daraufhin zu untersuchen, habe es aber aus Geldmangel nicht können. Aber er habe gedacht, er drehe sich durch stillen Druck. Darum, habe er sich gedacht, müsse das Glied des Ebers folgende Einrichtungen haben (s. Fig. 41): Der Penis sei an einem ringförmigen Knorpel befestigt, an den sich zwei Knorpelchen 1 und 2 wie »Röllchen« legen. Diese werden durch »Nerven« (der Dialektausdruck für Muskelsehnen), die mit dem Penis verbunden sind an den Ring gedrückt und versetzen diesen in Drehung. Diese (anatomische) Einrichtung habe er nicht gesehen, aber er meine, sie könne nicht anders beschaffen sein, wie sollte sich sonst der Penis drehen. Daß da so ein Knorpel sei, das zeige ihm auch der Umstand, daß der Metzger den Penis mit einem Längszug herausziehen könne, worauf der Hoden zurückbleibe. Der Hoden müsse daher über dem Knorpel liegen. Es ergibt sich also daraus und deswegen haben wir es angeführt, daß er zuerst die Einrichtung seines Zangenmotors erfunden hatte und sich dann die anatomische Einrichtung beim Penis des Ebers danach hypothetisch ausdachte[1]). Der Zangenmotor ist also nicht technische Symbolisierung des Penis des Ebers, sondern der gedankliche Vorgang geht in entgegengesetzter Richtung. Dagegen bleibt bestehen, daß ihn

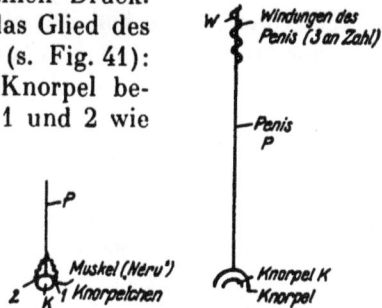

Fig. 41.

---

[1]) Sie ist abgesehen von ca. zwei schraubenförmigen Windungen am Penisende gar nicht so, wie er sie annimmt.

die Beobachtung der Drehung des Penis des Ebers und des aus dessen
Vorwärtsdringen in die Vagina erschlossenen Druckes auf die Idee der
Drehung durch stillen Druck gebracht haben kann, wenn auch das
nicht ganz sicher. Aber auch wenn dem so wäre, ist es nicht einmal
eine reine Beobachtung, sondern eine durch Erschließen eines durch
die Drehung erzeugten Druckes ergänzte, so daß dem sexuellen Vorgang
als solchem eine sekundäre Rolle zukäme.

Wir heben das hervor, um zu zeigen, welche Vorsicht anzuwenden
ist, wenn man sexualistische Deutungen vornimmt.

In dem oben erwähnten Hohlwellenmotor verwendet er eine
andere Form des Drehhebels, den sog. Rutschhebel. Er schreibt zu
diesem: »Ohne Rutschhebel würde eine selbstlaufende Maschine wenig
leisten oder gar nicht gehen. Der Rutschhebel ist der gleiche Hebel
den der Säger und Holzfuhrmann im Kerhaken hat.« Es war mir nicht
möglich, aus seinen Zeichnungen, mündlichen und schriftlichen Erläuterungen ganz klar zu werden, was er meinte. Es scheint aber, daß
es sich um die einarmige Hebelanordnung handelt, wie sie bei der sog.
»Borratsche« angewendet wird. Der Kerhaken, von dem er oben spricht,
ist auch eine Anwendung des einarmigen Hebels mit langem Kraft-
und kurzem Lastarm, beide auf derselben Seite des Hebeldrehpunktes.
Durch Kombination von Rutschhebel und Hohlwellenmotor will er eine
ins »unendliche gehende Kraftübersetzung« erzielen. Eine seiner Zeichnungen eines solchen »Hohlwellenmotors« gibt Fig. 42[1]) wieder.

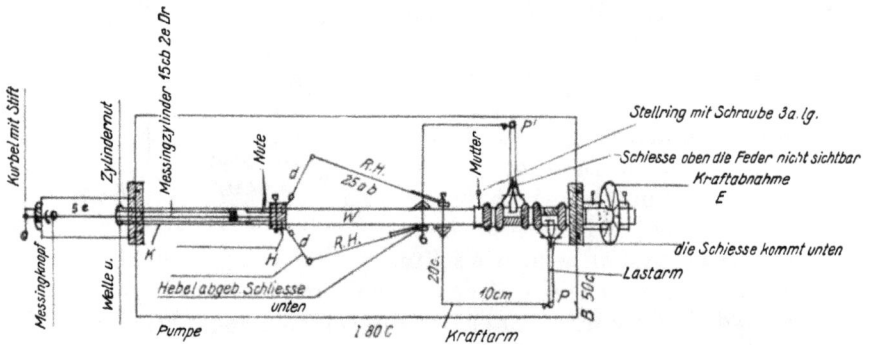

Fig. 42.

Links befindet sich der Luftkompressor (K), für den als Zylinder die
hohl gemachte Welle benutzt wird. Nach dieser Höhlung ist auch der Name
Hohlwellenmotor gewählt. Diese Wahl des Namens nach einem unwesentlichen Teil der Konstruktion ist für sein Denken bezeichnend. Normaler-
weise würde man bei diesem Motor in der Hohlwelle das Wesentliche suchen.

---

[1]) In der Figur sind einige Bezeichnungen durch Verschreiben unverständlich.
25 a b soll heißen 25 c l (= 25 cm Länge), 15 c b = 15 c l, 2 e = 2 c, 3 a = 3 c, ferner
nicht »Schieße«, sondern Schließe.

In der Mitte befindet sich der Rutschhebel (*R. H.*) und ganz rechts das Wesentliche der Konstruktion, wo der'stille Druck in Drehung über- gehen soll, und zwar mittels des Prinzips des Rutschhebels, d. h. einer einarmigen Hebelübersetzung mit »Kraftvermehrung«. Rechts von dem Lager ist dann das Rad für die Kraftabnahme.

Seine Vorstellung von der Funktion dieses Motors ist nun die: Durch den Kompressor *K* wird ein Druck auf die Hülse *H* ausgeübt. Die Hülse verschiebt sich nach rechts, wodurch die Stangen *d* und *d* gegen die Rutschhebelstangen *R. H.* drücken. Dieser Druck wird nun, nach dem Prinzip des einarmigen Hebels vergrößert, durch den Kraft- arm auf den Lastarm bei *P* bzw. *P'* ausgeübt. Da sich der ganze Me- chanismus, durch seinen Aufbau auf der Welle, mit ihr mitdrehen müsse, wird dieser stille Druck bei *P* bzw. *P'* ununterbrochen ausgeübt und be- wirkt eine ununterbrochene Rotation mit Kraftgewinn, welche Kraft dann am Rade abgenommen und z. B. zum Betriebe eines Schleif- steins usw. verwendet werden könne.

Die Beschreibungen, die er weiter hiezu gibt, sind anscheinend ausführlich, betreffen aber unwesentliche Details und gehen nicht auf die Schwierigkeiten ein. Er macht auch einmal eine sog. Berechnung. Daß eine solche nötig ist, weiß er wohl aus seiner technischen Lektüre. Was er aber bringt, sind Maßangaben über Länge, Dicke, Bohrungs- durchmesser an den einzelnen Teilen, daß und wie die Schrauben ge- sichert sein müssen u. dgl. m. Es lohnt nicht, das hier abzudrucken, da es nichts Neues lehren würde.

Die Idee der »Stanze«, die wir auch schon erwähnten, stellt er auch in den Dienst der Erzeugung des stillen Druckes für die Drehung. Es war mir lange nicht möglich zu verstehen, was er mit dem Worte »Stanze« meinte und doch war der Eindruck der, daß er etwas Bestimmtes dabei dachte. Hätte ich es vorzeitig aufgegeben, weiter zu forschen, hätte ich erklären müssen, es sei ein sinnloses Wort.

Er meinte damit, wie durch wiederholte Erläuterungen seinerseits und Zeichnungen schließlich klar wurde, Folgendes: Um die Vorwärts- bewegung des Stempels beim Stanzen zu erzielen, bringt man einen elliptisch geformten Ring an, der bei seiner Drehung, weil seine Peri- pheriepunkte vom »Zentrum« verschieden entfernt sind, einen »Vorschub« bewirkt. »Die Mechaniker haben den Drehhebel«, sagt er dazu, »aber sie wenden ihn nicht an. An der Stanze haben sie ihn.« Alles demnach, was eine Hebelwirkung hat und dabei sich dreht, bezeichnet er als Dreh- hebel, obwohl darunter konstruktiv verschiedene Objekte fallen, was mit der Unschärfe seines Denkens zusammenhängt.

Diese Vorrichtung der »Stanze« will er nun benützen und macht dazu eine Skizze, um auf einen Hebel konstanten stillen Druck auszu- üben, der wieder auf einen Lastarm auf einer Welle übertragen wird (wie in Fig. 42) und diese dreht, und, da wieder der ganze Mechanismus

auf der Welle angebracht wird, soll die Drehung ununterbrochen weiter-
gehen. Abgesehen von diesem Teile, der Stanze, ist alles andere wie in
den anderen Konstruktionen gedacht.

Im Ausdenken von Vorrichtungen, welche stillen Druck in Drehung
verwandeln sollen, strebt er möglichste Vereinfachung an. Er verfällt
dabei auf Auswege, die in ihrer Einfachheit lächerlich wirken und seine
Denkschwäche in dieser Beziehung scharf hervortreten lassen. Eine an
sich richtige technische Tendenz, die er wohl aus seiner technischen
Lektüre übernommen, sich aber, darin liegt das wichtige und ihn cha-
rakterisierende Moment, so zu eigen gemacht, daß sie sein Denken,
möge es noch so gestört sein, formal leitet, führt zu Formen, die die Un-
haltbarkeit seiner Idee, gegen seinen Willen natürlich, offen kundtun.
Er stellte sich nämlich vor und machte dazu ein Modell, es genüge, auf
eine Welle ein Rad zu befestigen und dann einen elastischen Stab, der
etwas durchgebogen wird, in einen Schlitz der Welle mit einem Ende
einzusetzen und das andere Ende gegen eine Speiche des Rades anzu-
pressen, um kontinuierliche Drehung zu erzeugen. Der stille Druck des
durchgebogenen und damit federnden elastischen Stabes auf die Speiche
(die den Lastarm der Fig. 42 zu vertreten hätte), bringe die Rotation
zustande, und da der Stab sich mit der Welle und dem Rad mitdrehe,
höre diese niemals auf. Auf diese Weise sollte ein Ventilator betrieben
werden. Er hatte nämlich in einer Tageszeitung (23. VII. 23) unter den
Inseraten einen Ventilator abgebildet gefunden, mit dessen Antrieb
er nicht zufrieden war, weswegen er mir meldete, daß er einen anderen
mit seinem Prinzip bauen könne. Die Einkapselung seines Geistes geht
also nicht so weit, daß er an diesen »äußeren« Dingen kein Interesse
hätte. Das Eigentümliche ist nur, daß diese Dinge bloß insoweit sein
Interesse erwecken, als sie mit seinen Ideen in Beziehung stehen, und
daß er sie diesen entsprechend ummodelt. Bezeichnend ist hiefür noch
folgendes Beispiel: Er hörte davon, daß es in S. einen Omnibus gebe.
Auf demselben seien die Buchstaben G. F. angebracht. Das heiße »Frei-
gang« (die Umstellung der Buchstaben macht ihm nichts), woraus er
schließe, daß der Omnibus mit seiner Erfindung betrieben werde.
(Sind Sie sicher?) »Ich glaube es.«

Nachdem er sich zunächst immer geweigert hatte, ein Modell herzustellen, wenn man ihm nicht all das von ihm verlangte Rohmaterial und
Werkzeug samt Maschinen von vorneherein zur Verfügung stelle, gab er
schließlich doch (28. VII. 25) seinen Wunsch kund, ein solches wenigstens
aus Papier zu machen. Dies geschah, nachdem er bereits seit einigen
Wochen in unserer maschinell eingerichteten Papierabteilung beschäftigt
war, zu welcher Beschäftigung er sich zu meinem eigenen Erstaunen,
auf die erste Aufforderung hin, bereit erklärte. Er war über 1 Jahr
ununterbrochen dabei. Am 6. August wollte er mir auf Aufforderung
sein Modell zeigen und es in Betrieb setzen. Er erklärte: Er (der

Motor) müsse sofort laufen, er brauche es nur zusammenzusetzen. »Alles ist da bis auf das elastische Stäbchen.« Er versucht ein solches anzubringen, es will nicht gehen. Nachdem er zwei verschiedene versucht hat, bemerkt er, er habe das richtige, mit dem es gegangen wäre, schon fertig gehabt, finde es aber jetzt nicht. Bei seiner Manipulation hatte ich den subjektiven Eindruck, daß er nicht sicher ist, wie er es machen soll und daß er eigentlich merkt, es gehe nicht. So nebenbei sagt er, das soll der Drehhebel sein, es könnte auch mit der Zange gemacht werden, als Zangenhebel, aber er wolle es doch jetzt so machen, als wollte er also sagen, er könnte es schon noch ändern, aber er wolle sich jetzt nicht »drücken«. Nach verschiedenen weiteren vergeblichen Versuchen erklärt er, er wolle es doch ein andermal machen, er brauche eigentlich nur 10 Minuten hiefür.

Zwei Tage später, wieder bei der Arbeit im Papiersaal, sagte er, als ich eine Weile bei der Arbeit zugesehen hatte, plötzlich: Er könne es nicht machen, er, der Hypnotiseur, hindere ihn. Er höre ihn deutlich. Der Hypnotiseur sage ihm, »machst es nicht«. Es komme schon noch, aber er müsse jetzt warten.

Die Sache läßt ihm aber keine Ruhe, denn einen Augenblick später kommt er mir nach und sagt: Er habe es schon vor 12 Jahren gehabt, sei zu seinem Sohn nach O., um es ihm zu sagen. In O. habe er aber nichts davon gesagt, habe es vergessen gehabt, sei heim. Der Stationsvorstand habe ihm das Geld zurückgebracht, er habe doch umsonst fahren müssen. Dann nach kurzer Pause: Er bekomme noch einen Gruß vom Papst. (Warum einen Gruß vom Papst?) Diesen kenne er schon von früher her, er habe neben ihm gearbeitet. Er habe das schon aufgeschrieben, ob ich es nicht gelesen. Mit dieser Bemerkung hatte er recht, denn es steht das bereits in seinem obenerwähnten Bericht, den er viele Monate vorher heftefüllend geschrieben hatte.

Aus dem zuletzt über die Demonstration seiner Erfindung und dem, was darauf folgte Mitgeteilten, ergibt sich etwas psychologisch Interessantes, nämlich dieses: Dieser so sehr in einer eigenen Welt lebende Mensch, der seine wahnhaften Überzeugungen gegen alle Zweifel von außen, denen er logisch nicht widerstehen kann, aufrechterhält, der sich so negativistisch verhalten kann, erträgt es nicht, daß er sich bei der Demonstration der Erfindung blamiert hatte. Er versucht Begründungen zu geben und die Schuld auf eine ihn beherrschende fremde Macht, den Hypnotiseur abzuschieben und auch damit ist er noch nicht zufrieden, vielleicht infolge eines Restes von objektiver Kritikfähigkeit, und will mir in naiver, fast hilflos anmutender Weise sagen, daß er die Erfindung schon lange habe. Sein Versagen bei der Demonstration wäre demnach nur ein zufälliges, solle man daraus schließen. Man versteht allerdings diesen psychologischen Tatbestand, wenn man sich vergegenwärtigt, daß diese Erfindung den letzten oder wenigstens entscheidenden inneren Halt für ihn bedeutet und er bei mir, als dem Leiter der Anstalt, seine Geltung bewahren will.

Aus der Erwähnung des Papstes mitten aus seiner technisch-wirklichen Arbeit im Papiersaal oder der Mitteilung einer langen phantastischen Geschichte über Dr. K. unter gleichen Bedingungen ergibt sich, wie hier zwei disparate Vorgänge in der gleichen Seele gleichzeitig sich abspielen: der eine, unwirkliche, der seinen magisch-märchenhaft-traumartigen Erlebnissen und Phantasien mit akustischen und optischen Halluzinationen, die er als optische Vorstellungen bezeichnet, angehört, der andere, technisch-wirkliche, an die reale Außenwelt angepaßte, seine technische Arbeit betreffende. Dieser letztere ist nun nicht etwa nur »mechanisch«. Er mußte alles zunächst lernen, da er sich vorher mit solchen Arbeiten nicht beschäftigt hatte, mußte sie also mit Aufmerksamkeit in die Hand nehmen. Ja noch mehr: da er alles rasch erfaßte und geschickt anpackte, wurden ihm auch schwierigere, Überlegung und Kombination erfordernde, Arbeiten übertragen. Der Papiermeister stellt ihm das Zeugnis eines »ausgezeichneten Arbeiters aus«.

Also eine in bezug auf die Realität ungeordnete, unangepaßte, mit psychischen Störungen durchsetzte geistige Tätigkeit, geht neben einer geordneten, den Realitäten angepaßten einher.

Zusammenfassung. Der Gesamteindruck, den man von Tsch. J. erhält, ist der einer technischen Ideenarmut im Vergleich mit Sch. J., ja sogar auch mit G. C. Die seelisch-geistige Persönlichkeit des G. C. zeigt längerdauernde psychomotorische Eruptionen, bei Sch. J. sind diese Eruptionen im zeitlichen Übergewicht, bei Tsch. J. gehören sie zur Ausnahme. Bei ihm ist es mehr eine stille Verbissenheit und zeitweise stille Wut, die hinter der erstarrten Maske stecken bleiben.

Über das Familienerbgut der Tsch. J. sind wir zu wenig eingehend unterrichtet. Mütterlicherseits ist eine Psychose vorgekommen und die Mutter selbst scheint ein abnormer Charakter gewesen zu sein. Zur Beurteilung der Erkrankungen und Abnormitäten der Halbgeschwister müßte man deren Verursachung und die Familie ihres Vaters kennen. Wir können also nur schließen, daß er Anlagen für seine geistige Erkrankung ererbt haben kann. Über in der Kindheit durch Krankheiten erworbene Schädigungen haben wir nichts erfahren.

Er selber weist uns auf ein mütterlicherseits stammendes Erbgut hin, das die Neigung zur Technik bedingen und auf eines väterlicherseits, das die Neigung zum Denken, ganz allgemein gesprochen, stärker hervortreten lassen konnte. Das Technische liegt jedem Kinde mehr oder weniger, er scheint aber schon frühzeitig nach selbständigen technischen Kombinationen gesucht zu haben. Das technische Denken im Sinne von Erfindenwollen hat ihn, nach den uns gewordenen Berichten, ebenfalls in der geistigen Entfaltungsphase, in der es auch sonst beim männlichen Geschlecht sich vielfach zeigt, in solchem Maße beschäftigt, daß es auffiel. Wir hörten von einer Erfinderphase im 15., dann im 18. bis 19. Lebensjahre und von einer dritten, andauernden, nach weiteren ca. 22 Jahren. Gerade aber in Rücksicht auf die letztere wird der Verdacht rege, daß seine Geisteskrankheit in der Pubertät möglicherweise bereits begonnen hatte, dann aber einen relativen Stillstand aufwies, bis sie seit 1913 oder 1914 stärker wurde.

Seine eigenen Angaben in den verschiedenen Berichten sprechen auch dafür, da er vereinzelte psychotische Erscheinungen bis in diese Zeit verlegt, dazu aber öfters bemerkt, er habe sie, die »optischen Vorstellungen« (optische Halluzinationen oder Illusionen), damals nicht verstanden. Diese Feststellung ist deswegen wichtig, weil sie auf die Frage, was in seinem Lebensschicksal dem Charakter und was der Psychose zuzuschreiben ist, Licht wirft und uns auch seine Reaktionen auf einschneidende Erlebnisse in dieser Hinsicht richtiger beurteilen läßt.

Sein Charakter, als der eines verschlossenen, viel für sich seienden und auf inneres Erleben eingestellten Menschen (introvertierten nach Jung) fiel schon im Knabenalter auf. Nachher wurde das nur ausgeprägter. Bei dieser Insichverschlossenheit fällt seine intensive Beschäftigung mit Gemeindeangelegenheiten und die Schätzung, die seine Arbeit dabei fand, auf. Sie weist auf eine andere Seite seines Charakters, die auf das äußere, denkend erfaßte Handeln geht.

Das unharmonische bis zerrissene Familienleben seiner Eltern, das eine angepaßte Entfaltung seiner kindlichen Liebesneigungen verhinderte, hat ihn, bei seinem hiefür empfänglichen Charakter begreiflich, noch mehr in die Insichverschlossenheit gedrängt. Ein erstes schweres Erlebnis bedeutete jedenfalls die Eröffnung seitens der Mutter in seinem 18. bis 19. Lebensjahr, daß sein Vater nicht sein leiblicher Vater sei. Das kann die verschiedensten Gefühle geweckt haben. Einmal die Enttäuschung und das Gefühl, betrogen worden zu sein, dann im Gegenteil eine gewisse Befriedigung, daß er nicht von einem trunksüchtigen Vater abstamme. Nun war er eigentlich auf die Mutter allein angewiesen. Gegen sie dürfte aber ein Gefühl in ihm gelebt haben, das aus dem Versagen gegenüber seinem Wunsche, zu studieren und dem Zwang zu »bauern« floß. Wie stark trotzdem die Bindung an sie war, wissen wir nicht näher, stark muß sie immerhin gewesen sein, da er sich von ihr bewegen ließ, nach ihrer Scheidung mit ihr das Landgut zu bewirtschaften, trotz seiner Abneigung gegen diesen Beruf. Immerhin dürfte auch dieses Erlebnis seine Insichverschlossenheit verstärkt haben.

Das Erlebnis des Versagens eines subjektiv stark betonten Lebenswunsches könnte drei Formen von Reaktion haben, entweder, bei einem starken Willen, die Durchsetzung der Erfüllung trotz und gegen

den Widerstand; ein Sichergeben und Abfinden mit dem Schicksal oder
ein Sichinsichselberverschließen mit dem ungelöst bleibenden Konflikte
aus Rücksicht auf die Mutter oder infolge der starken Bindung an sie.
Letzteres war dem Charakter unseres Patienten angemessen.

So haben ihn diese aus dem übrigen Erlebnisfluß herausragenden
Erlebnisse noch mehr in die Insichverschlossenheit getrieben, als sie
schon dem Wesen seines Charakters angemessen schien. Der psychotische
Prozeß, der doch auch schon damals, ziemlich sicher aber im 18. bis
19. Lebensjahr sich, wenn auch leise, auswirkte, trieb den Charakter
in der gleichen Richtung.

Trotz diesem durch Anlage, Erlebnisreaktion und Psychose bedingten, für das Leben sehr unangepaßten Charakter, versteht er es,
dank seines technischen Geschickes, sich noch jahrelang durchzusetzen.
Für den Übergang zur Technik aus der Landwirtschaft war anscheinend
die Unmöglichkeit, in seiner eigenen Familie mit der Mutter gemeinsamen
Haushalt zu führen, ausschlaggebend. Das konnte zwar der Anlaß
zu einem Wechsel der Wohnung sein, mußte aber nicht einen solchen einschneidenden Berufswechsel bewirken. Daß er diesen vornahm, zeigt,
daß der obengenannte Konflikt tatsächlich ungelöst geblieben war
und nun dieser Anlaß benützt wird, um, nachdem die äußere Lösung
von der Mutter erfolgt ist, dem zurückgedrängten Lebenstriebe nach
Auswirkung in der Technik Folge zu geben. Durch die vermutlich
langsam fortschreitende Psychose wird auch noch ein gewisser Wegfall
von Bedenken und damit Hemmungen, in diesem Alter und bei Vorhandensein einer Familie einen so einschneidenden Berufswechsel vorzunehmen, mitgewirkt haben.

Er hat, nach dem was wir erfuhren, seine technische Leistungsfähigkeit hier aufzeigen können. Dann kam ein neues äußeres Ereignis,
das seine selbstaufgebaute Existenz bedrohte. Für ihn bedeutete das
ein schweres Erlebnis. Die Reaktion auf dasselbe war derartig, daß sein
psychischer Zustand sich verschlimmerte, trotzdem ihm eine andere
Lebensmöglichkeit als Vorarbeiter, aber in dem Werke, das ihn sozial
vernichtet hatte, geboten wurde. Wie es in dieser Phase als Vorarbeiter
des näheren gegangen ist, wissen wir nicht. Daß er überhaupt als Vorarbeiter 3½ Jahre in einem elektrischen Kraftwerke arbeiten konnte,
obwohl er nie eine technische Schulung genossen hatte, ist bezeichnend
für seine technische Leistungsfähigkeit. Dafür, daß dieser Lebens-
ausweg schwere innere Konflikte und eine dauernde Reizbarkeit und
Unbefriedigtheit brachte, sprechen seine phantastischen Berichte in der
Anstalt über jene Zeit, vor allem seine ständige negative Kritik an den
Arbeiten und den Vorgesetzten.

Das Verhältnis wurde denn auch unhaltbar, wobei bereits stärkerer
Ausdruck von krankhaften Beziehungs- und Verfolgungsideen mitgewirkt hat und er löste es ganz plötzlich. Er bekam andere Arbeit,

war als Arbeiter ob seiner Leistungsfähigkeit geschätzt, aber als Charakter wurde er immer schwieriger. Nun warf er sich mit aller Intensität auf das Erfinden. Aus der ganzen Einstellung heraus klingt es nicht unwahrscheinlich, wenn sein Sohn meint, er habe eine Erfindung machen wollen, mit der er das gehaßte Kraftwerk vernichten könnte.

Die weitere Veränderung durch die Geisteskrankheit führte schließlich zu einem solchen Verhalten, daß er als 49jähriger in die Anstalt verbracht wurde. Neben seinen magisch-traumartigen Erlebnissen, in denen er in hohen Missionen und Stellen mitwirkt und seinem übersteigerten Selbstwertgefühl huldigt, dem aber immer der andere Charakterzug der Abhängigkeit anhaftet, denn alles das erlebt er nur auf Veranlassung — (durch Hypnose) — der Frau Hitt, neben dem also bilden seine Erfindungsideen seinen Lebensinhalt. Aber auch in der Beschäftigung mit ihnen drückt sich noch seine Abhängigkeit aus, indem er sie sich, zum Teil wenigstens, vom Hypnotiseur eingeben läßt, andere dem Dr. K. zuschreibt. In der Abhängigkeit von Frau Hitt dürfte sich die ungelöst gebliebene Bindung an die Mutter und die Unterwerfung unter sie spiegeln.

Seine krankhafte geistige Veränderung zeigt die bei dieser Form der Geisteskrankheit bekannten Erscheinungen. Die Denkstörung insbesondere, deren eine Erscheinungsform wir als Denken in Fragmenten (unabgeschlossenen, abgebrochenen, durchrissenen Gedanken) bezeichneten, zeigt sich auch in der Darstellung seiner Erfindungen. Sie stehen auch mit seinen Halluzinationen, besonders den Stimmen, als objektivierten Gedanken in Beziehung. Doch ist hier darüber aus seinen Kundgaben weniger zu sagen möglich, als bei den anderen der bis jetzt aufgeführten Fälle. Eine gewisse Anpassung an die Wirklichkeit sahen wir in dem aus früherer Pröbelei herübergenommenen Verlangen nach Herstellung der ausgedachten Apparate und Maschinen.

Seine Erfindungen suchen die technische Verwertung einmal des »Dezimalprinzips«, des Hebels, und dann eines physikalisch unmöglichen Gedankens der Drehung durch stillen Druck. Gerade dieser unmögliche Gedanke ist das einzig Originelle seiner Erfindungen. Im übrigen bleiben sie bei ihm mehr mechanische Schemen. In seinem gedanklichen Ausbau ihrer technischen Verwendungsmöglichkeit liegt noch ein Rest der Beziehung zur Realität. Er beschreibt diese Verwendungsmöglichkeit besonders für die Landwirtschaft in sehr ausführlichen Berichten.

Bezeichnend ist, wenn er im Gegensatz zu Sch. J. betont, daß ein mechanisches P. m. möglich sei, sogar auf vierfache Art, während es diesem auch unmöglich erscheint. Wir sehen darin das Analogon zur ganzen Artung der Persönlichkeit des Tsch. J., wie sie aus Anlage, Erlebnisreaktion und psychotischer Entwicklung geworden ist (s. d. IV. Kap.).

Der Trieb zum Erfinden als Manifestation seines Lebenstriebes überhaupt, war anlagegemäß in ihm und bewahrte seine Intensität bis in die Krankheit. Die krankhafte Veränderung des Denkens hat ihn aber Erfüllungen sehen lassen, wo in Wirklichkeit keine waren. Hiefür ist auch bezeichnend, daß er sich den Titel Ingenieur in der Anstalt beilegt. Seine kritische Beurteilung der Erzeugnisse seines Geistes, ihre Bewertung litt Not.

Eine engere, sachliche Beziehung des Erfindens zur Sexualität fanden wir nicht. Nebensächliche Verknüpfungen sind vorhanden. Daß der Erfindungstrieb ein abgelenkter oder sublimierter Sexualtrieb sei, dafür ergaben sich keine Anhaltspunkte.

Als beachtenswert erschien uns das Problem, welches wir gerade bei ihm so deutlich sahen, nämlich daß im selben objektiven Zeitintervall, oder im räumlichen Bild, im Nebeneinander, eine ungeordnete, der Realität nicht angepaßte und eine geordnete, der Realität angepaßte Tätigkeit zu finden sind. Letztere fiel ins technische Gebiet. Es läge nahe, das aus der starken technischen Anlage bei Patient zu verstehen, bzw. zu erklären. (s. d. IV. Kap.)

Ob das Interesse, das wir seinen Erfindungen entgegenbrachten, ihn so umgestimmt hat, daß er sich zur ständigen Arbeit bewegen ließ, ist eine Frage, die wir nicht einfach bejahen können. Es kann da auch eine sonstige innere Umstimmung mitgewirkt haben, die damit nichts zu tun hat. Es läßt sich kein bestimmter Zusammenhang als wahrscheinlich oder gar als sicher aufweisen.

Fall VIII, P. O., geb. 1880, Lokomotivheizer, ledig, seit 1909 in der Anstalt.

Die väterliche Linie des Patienten galt im ganzen als mit »Eigenheiten« behaftet, besonders hervorgehoben wird jähzorniger Charakter und Neigung zum Alkohol. Eigentliche Geisteskrankheiten seien nicht bekannt. Die Großeltern seien alt geworden. Der Vater des Patienten war Werkmeister in einer Papierfabrik. Er starb in der Anstalt an einer sehr rasch verlaufenden Paralyse, unter deren klinischen Symptomen Reizbarkeit, motorische Unruhe und häufige paralytische Anfälle hervorzuheben sind. Eine Schwester des Vaters heiratete einen Trinker. Aus der Ehe stammt ein geisteskranker Sohn (Katatonie), der in der körperlichen Erscheinung eindrucksmäßig mit dem Patienten gewisse Ähnlichkeiten aufweist. Die Mutter des Patienten wird als friedfertige, gütige Frau geschildert.

Die körperliche Entwicklung des Patienten bot nichts Auffälliges, belangvolle Kinderkrankheiten wurden nicht verzeichnet. Die intellektuelle Begabung und Entwicklung war eine gute. Er habe als begabter Schüler gegolten, besuchte die Primar- und Sekundarschule.

Von klein auf fiel er jedoch betreffs des Charakters auf. Die bezügliche Erinnerung des älteren Bruders reicht bis zum 3. Lebensjahre des Patienten. Er sei »eigen« gewesen, ein »potenzierter Pedant«, habe niemanden an dem Tisch, an dem er arbeitete, geduldet. (Hat es jetzt [1926] auch noch so.) Wenn in seinem Schranke etwas verschoben wurde, nicht die »Zeichnung« hatte, die er zurückgelassen, gab es »hellen Aufruhr«. Er habe keinen Widerspruch geduldet. Immer habe er » übertriebene Reinlichkeit« gezeigt. Sexuelle Betätigungen wurden nicht beobachtet.

Nach Absolvierung der Schule kam er in eine Schlosserlehre. In dieser fielen » außergewöhnlicher Ordnungs- und Reinlichkeitssinn, so daß er mit der Sache nicht fertig werden konnte«, als abnorm auf. Mit seinen Nebenarbeitern gab es oft Reibereien, und er habe nicht gern etwas gemacht, das den Rahmen des Berufes überschritt. (Aus dem ärztlichen Einweisungszeugnis.)

Er habe vier Jahre als Dreher in einem Eisenwerk (C.) gelernt, habe zwei weitere Jahre in der Maschinenschlosserei und auf der Anreißplatte gearbeitet. Nachher hatte er verschiedene Stellen inne als Dreher, Schlosser, Anreißer und war schließlich als Lokomotivheizer ca. 6 Jahre bei der Eisenbahn. Wegen der häufigen Differenzen mit Vorgesetzten und seiner Unzufriedenheit mit den jeweiligen Verhältnissen ließ er sich öfter versetzen, bis sein Verhalten ein derartiges wurde, daß es zum endgültigen Bruch kam (Frühling 1908). Eine letzte Stelle, die ihm sein Bruder verschafft hatte, trat er überhaupt nicht an, weil er eine solche »Hunderei« unter seiner Würde hielt.

Ende 1907 aquirierte er eine Lues, die er sofort spezialistisch behandeln ließ und dann noch daheim auf eigene Faust, weil er alles übergründlich machte, behandelte.

Nach der Heimkehr aus der letzten, nicht mehr recht angetretenen Stelle wurde sein Verhalten gegen seine Mutter und die Geschwister, welch' ersterer er alle Schuld an seinem Unglück zuschrieb, nach und nach unhaltbar. Eine Kur in einer privaten Nervenheilanstalt verlief resultatlos. Er hatte alle paar Tage schwere Reizzustände, in denen er gegen die Mutter vor allem schwere Drohungen ausstieß. Sie waren von Depressionen gefolgt. Diese Zustände führten dann zur Versorgung in unserer Anstalt.

Einer seiner Brüder — sowohl die Mutter als auch die Geschwister zeigten, soweit wir unterrichtet sind, ihm gegenüber ein entgegenkommendes Verhalten — schreibt ihm in einem Briefe (1916), in welchem er sich mit allem Ernste an seine bessere Einsicht wendet, einiges, das auf seinen Charakter und seine Lebensführung vor dem Eintritt in die Anstalt Licht wirft. Es heißt da u. a.: »Soweit ich zurückdenken kann, bist immer Du es gewesen, der in unserer Familie der Zwieträchtige war, der nie wollte, wie alle anderen und vor Brutalitäten nicht halt machte. Bei X.s war es so, in N., im Eisenwerk, im Militärdienst und zuletzt im Bahndienst. Gegen die Leidenschaften kämpftest Du nicht an, sie brachten Dich um die schöne Stelle in Y.... Wie manches Schreiben habe ich für Dich verfaßt, wenn Du den Karren wieder verfuhrwerkt hattest. .... So bedeuten B., D., N. und R. (Orte, in denen er stationiert war) Etappen auf dem langen Wege, den Du in steigender Verblendung, Genußsucht und Unduldsamkeit zurücklegtest. In D. verscharrtest Du Deine Braut. .... Sind es nun alle Deine nächsten Angehörigen, Deine Braut, Deine vielen Mit- und Nebenarbeiter, Deine Vorgesetzten, die stets samt und sonders gegen den einen O. Unrecht hatten? Hast Du noch nie darüber nachgedacht, wohl kaum, sonst würdest Du wohl heute reuevoller und demütiger sein, als Du bist. Solche Betrachtungen brächten Dir unendlich reicheren Gewinn als alle Literatur der Welt.....«

»Du aber hattest Starrsinn genug, die offen zutage liegende Unmöglichkeit einer Neueinstellung nicht einzusehen bis zum heutigen Tag nicht.« (Patient hatte immer wieder eine Neueinstellung bei der Eisenbahn gewünscht, der Bruder hatte sich dafür verwendet, wurde aber wegen des seinerzeitigen Verhaltens des Patienten abgewiesen.) ... Es wird noch berichtet, daß Patient sich dem Alkoholgenusse hingegeben hatte.

Bei der Aufnahme in die Anstalt (1909) »war er ein mittelgroßer, eher schlecht ernährter, etwas anämisch aussehender junger Mann«. (Seither hat seine Leibesfülle erheblich zugenommen.) Die körperliche Untersuchung ergab außer Tremor der Zunge und »Herabsetzung« der Fußsohlenreflexe nichts besonderes. Eine Nachprüfung des Blutes im Jahre 1912 ergab einen positiven Wassermann.

10*

(Symptome einer Pp. sind bis jetzt klinisch nicht festzustellen gewesen.)

In der ersten Zeit seines Anstaltsaufenthaltes drängte er stark fort, hielt sich für gesund und arbeitsfähig, schob alle Schuld auf Mutter, Geschwister und die anderen, zeigte keinerlei Einsicht. Bald folgte auch ein Fluchtversuch. Seinem Groll, besonders über die Mutter, ließ er mündlich und schriftlich (in Briefen an sie) freien Lauf. Ein erster Versuch mit Gartenarbeit in der Anstalt mißlang nach wenigen Tagen, weil er »nach seinem Kopfe handeln« wollte. Ein erneuter Versuch hatte mehr Erfolg, er zeigte sich lenksamer.

Mit den Mitkranken gab es häufig Konflikte. Er war sehr gereizt, aufbrausend und wollte immer alles besser wissen. Immer wieder hetzte und wühlte er gegen Ärzte und Personal, verfaßte Klageschriften an die Behörden. Den Direktor besonders nahm er sich zur Zielscheibe seines Hasses.

Schon 1900 fällt auf, daß er in seiner Lektüre sehr wählerisch ist, die schwersten Stellen für sein Extrastudium vorbehält, alles andere nur als »Mist« bezeichnet und sich Urteile über die Schriftsteller, wie Goethe und Schiller, anmaßt, die ihm bei seiner Bildung und seinem intellektuellen Niveau nicht zustehen und die denn auch Kritikschwäche verraten.

Dieser Zustand und dieses äußere Verhalten hielten in den folgenden Jahren an, wenn er auch äußerlich ruhiger erschien. Nach einer vorübergehenden freundlicheren Einstellung zur Mutter kehrte die alte, negative wieder. Seine Gereiztheit ging so weit, daß er einem Wärter, als dieser seinen Streit mit einem Mitpatienten schlichten wollte, mit dem Tischmesser in heimtückischer Weise am Unterarme eine schwere Verletzung beibrachte (IV. 1915).

Aus dem Jahre 1916 (III.) lautet eine Notiz der Krankheitsgeschichte: »Zeichnet gerne Positionsgeschütze, aber gern dieselbe Stellung in verschiedenen Dimensionen. Liest ziemlich viel, am liebsten weit hergeholtes Zeug, natürlich ohne es zu verdauen. Faust 2. Teil ist ihm zu wenig und stets beschäftigt er sich schriftlich und mündlich mit Vischers Faust 3. Teil, für ein gewöhnliches gutes Buch ist er nicht zu haben. Auch sonst fischt er aus seiner Lektüre die für seine Bildungsstufe abgelegensten Brocken heraus: Evolution, Morpheus, die Odyssee usw.«

Im August 1917 heißt es: »Im Verlaufe dieses Frühlings und Sommers verhielt sich Patient etwas ruhiger als sonst, seine übermütigen Ideen sind zwar noch immer vorhanden, glaubt die besten Geister unserer Zeit (Goethe, Darwin usw.) gut zu verstehen, er drängt sich auf mit seinen Ansichtsäußerungen, im ganzen doch weniger laut und besonders weniger aggressiv. Am meisten schimpft er jetzt über seine Mutter, über den Bruder (der ihm den oben zitierten Brief schrieb) und mißt denselben in total einsichtsloser Weise jede Schuld an seinem Unglück bei. Ab und zu Besuch der Angehörigen, nach jedem Besuche mehr erregt und verstimmt, droht die ganze Zeit mit Selbstmord.«

Diese Beobachtungen und Feststellungen der damaligen Ärzte werden durch folgende, den vorhandenen Schriftstücken des Patienten entnommene Worte ergänzt:

In einer Eingabe an die Regierung wegen Entlassung (13. V. 1912) heißt es, nachdem er seine beispiellose Freude über den Wahlsieg des Freisinns, der »markgesunden Natur-Idee« zum Ausdruck gebracht hatte: »Ich schreibe dies nicht etwa, um mich bei Ihnen, hochgeehrte Herren, einzuschmeicheln; denn ich verehre selbst die Geistesrichtung eines Shakespeare, Gellert, D. F. Strauß, Theod. Friedr. Vischer usw. usw. Vor ca. 4¾ Jahren kam ich durch meine eigene Mutter, meinen Bruder, sowie durch mich selbst ins Unglück.« .... Dann bringt er eine Menge verschiedener Klagen gegen die Anstalt vor.

Aus einem Briefe vom 17. September 1912 an seine Mutter entnehmen wir folgende bezeichnende Stellen: »Kürzlich stand im Jura-Bote so schön, Friede ernährt, Unfriede verzehrt.« In Bewegung, Arbeit ist Leben. Glück macht göttlich. Gellert, Strauß. Man wünscht schließlich auch etwas zu haben, bevor man 80 Jahre alt ist. D. F. Strauß sowie Milton beweisen, daß durch das der Friede kommt. Eine wissende Mutter und die beste Qualität der Literatur werden als selbstverständlich vorausgesetzt. Und nun noch einmal »Lern glücklich machen, durch das allein lehrnst Du am besten selber glücklich sein.« Hier bin ich beim besten moralischen Verhalten immer etwas schwach, selbstverständlich ohne reparierte Zähne, Arbeit, anständige Kost und ohne aus dem Elend irgendwie endlich endlich endlich herauszusehen. Mit Dir selber meine ich es längst nicht etwa wie Du denkst und wie man Dich glauben machen möchte. Du warst gänzlich ungebildet (unwissend) und hieltest nicht viel von Gott. (»Kleine Ursachen, große Wirkungen.«) Ich hatte einen kleinen Anflug von Literatur von der Sekundarschule in B. Daß Du dies nicht teiltest und mich auch nicht weiter leitest, betrübte mich schon jung, indem konntest Du mir nicht geben, was Du selbst nicht hattest, doch dem X (Bruder), der die allerbeste Qualität der Lit. schon sehr zeitig kannte, kann ich das sobald nicht verzeihen. Ich hätte mir schon bald nach des lieben Vaters Tod viel lieber eine Mutter gewünscht, die hart, fest, aber wissend als eine gefühlsd. süßliche leider eben dumme und wenn sie noch so gütlich ist.« Es folgen weitere Vorwürfe gegen sie und die Angehörigen, durch ihr (der Mutter) Übeltun sei er zum Übeltun gekommen, man habe seinen Angelegenheiten zu wenig Interesse entgegengebracht. »Solange als ich im Glück war, kannte ich keine Literatur. . . . Ich kam auf die lange Bank und so betrübte mich namenlos, daß meine Mutter immer gleich ohne Drang nach Literatur immer gleich eitel sentimental und unzufrieden war und nie mit mir fühlte. Wissen ist Leben, ist alles, Unwissenheit ist Tod, Armut, Elend. . . . . Die Literatur, die ich verehre, heißt ungefähr so: Sheakspeare, Milton, Gellert, Goethe, Voltaire, Dante, Strauß, Fischer, Darwin, France und Wilh. Busch. Vor allem den Auszug den Y. (Bruder) hat über die Natur und ein oder zwei gute Büchl. über das Geschlechtsl. die die Unsittl. verdammen und über das Ehel. Aufschluß geben und die Unsterblichkeitslehre der Baronin von Suttner. Dann hat es noch übersetzte griechische und römische Literatur.« . . .

Seine negative Einstellung zur Mutter geht aus diesen Worten deutlich hervor. Auffallen muß nach der Wendung »Mit Dir meine ich es . . .«, die vermuten ließ, er werde eine versöhnlichere Sprache führen, die Rücksichtslosigkeit, mit der er gegen sie loszieht. Was an ihr Lobenswertes war, ihre Güte, setzt er hemmungslos herab und wirft ihr Unwissenheit und Dummheit vor. Diese sollen an seiner Lebensführung und seinem Niedergang schuld sein. Es scheint danach, daß er schon lange ein »Bildungsidol« in sich trug, dem er aber, wie seine Lebensführung zeigt, gar nicht nachlebte, sondern das nur Maske war, die er als Kampfmittel benutzte, um gegen die anders urteilende Welt, seinen Selbstwert hochzuhalten und mit der Behauptung seines Vorhandenseins nicht nur die anderen, sondern auch sich selbst zu belügen. Es ist gut möglich, wenn wir es auch aus Mangel an bezüglichen bestimmten Angaben nicht als sicher hinstellen können, daß dieses Idol oder dieser »Bildungskomplex« mit ein Moment war, das sein Verhalten, auch im Berufsleben, nachteilig beeinflußte. Er wirft seiner Mutter weiter vor, sie sei eitel gewesen, es geht aber aus allem eher hervor, daß dieser Vorwurf nur die Richtung verfehlt und er ihn eigentlich gegen sich selber hätte richten sollen. Die folgenden Sätze, in denen er mit seiner Literaturkenntnis und den Männern, die er verehrt, protzt, sprechen im Sinne des zuletzt Angeführten. Erwähnenswert ist, daß es, wie sich auch aus den ärztlichen Feststellungen ergab, vor allem die naturwissenschaftlichen Geister sind, denen seine Neigung gehört. Daß er bei Erwähnung der guten Büchlein über das Geschlechtsleben besonders heraushebt, daß sie die Unsittlichkeit verdammen, ist bei ihm eher als Heuchelei zu bezeichnen. Er hatte nicht besonders »sittlich« gelebt.

Seine innere Einstellung, insbesondere zum Direktor der Anstalt, symbolisiert folgende »Erscheinung«, von der er in einem Schreiben vom 18. I. 15, an die Mutter gerichtet, berichtet: »Vor einigen Jahren hatte ich einen Traum oder vielmehr ich sah es mit offenen Augen kommen. Ich dachte damals, ob es wirklich möglich sein könne, daß der Herr Gott einen armen Teufel so lange leiden lassen könne wegen dem früheren Irren. Wie ich so dachte, kam aus der Wand links ein Arm über drei Betten hinweg zu mir, drückte mich mit der Hand zurück so 3—4 mal und dann verschwand er wie er gekommen auch so nun in die Wand. Das war ein Arm von Herrn Direktor G. Ein andermal da war ich ein Vogel mit langem Hals (Schwan?) und saß ganz ruhig, da kam ein Sperber und er wollte mich immer in den Hals beißen nicht picken in den Augen des Sperber sah ich den Kopf von Herrn Direktor G.«

Diese Trugwahrnehmung, als das müssen wir sie nach seiner Schilderung ansehen, symbolisiert treffend und wie im Märchen das, was er eigentlich, wenn es auch vielleicht im Momente nicht im Bewußtsein stand, wenigstens sagte er nichts davon, vom Direktor der Anstalt annahm, nämlich, daß er ihn willkürlich in der Anstalt behalte, ihn niederdrücke, ja ihn vernichten wolle.

Am 3. Februar 1917 teilt er in einem Briefe an den Bruder diesem eine andere Erscheinung mit: »Hatte vor Weihnachten eine Erscheinung. Sie zeigte eine gefallene Kette und eine Maschine. Wäre dieses nicht gewesen, so wäre an Weihnacht Gerechtigkeit geschehen.« Was die gefallene Kette symbolisieren kann, ist zu erraten: seine Wunscherfüllung betreffend Entlassung aus der Anstalt. Die Bedeutung der Maschine kann ich selbst vermutungsweise nicht angeben, denn auch der übrige Inhalt des betreffenden Briefes enthält nichts Dazugehöriges, während für die Deutung der Kette noch folgender Satz im Briefe spricht: »Ich habe geschrieben Euch, daß das neue Jahr Gerechtigkeit bringen werde. Der Nachsatz »Wäre dieses...« scheint zwar nicht dazuzustimmen, aber es ist nicht klar, worauf sich das Wort »dieses« bezieht, und die Schriftstücke aus jener Zeit verraten bereits deutlich mangelnden Gedankenzusammenhang, so daß sich dieser Satz auf einen Gedanken oder eine Vorstellung beziehen kann, die von jenen im ersten Satze fern abliegen.

Die ärztlichen Aufzeichnungen vom Ende 1917 (XI.) lauten u. a.: »Der Punkt, um den sich seine Gespräche drehen, ist Faust 3. Teil, aus dem er Verse zitiert, und dann über die Abstammungslehre, über die er einige Büchlein besitzt. Zeichnet einen Wald, vor dem Forts und Kanonen sein sollen. Kann sich nicht zufrieden geben mit der Arbeit und tuscht zum 20. Mal die Bäume usw. Wenn man ihm irgendeine Bemerkung macht, so gerät er in Zorn über das »Fuchsen«.«

Wichtig ist hier die Bemerkung über das Nichtzufriedensein mit der Zeichnung und das wiederholte Verbessern. Wir werden sehen, wie sich die darin liegende Tendenz immer wieder in seinen Arbeiten äußert, und es erinnert uns rückwärts gesehen an die S. 147 wiedergegebene Bemerkung über sein Verhalten in der Lehre.

Aus dem März 1918 heißt es, daß er das ganze Zeit mit dem Zeichnen von Batterien, Aeroplanen usw. verbringt. »Letzthin hat er auch einen Pithecanthropus gezeichnet. Ist sehr stolz auf diese letzte Arbeit, meint es sei ein chef-d'oeuvre ohnegleichen. An den Abbildungen in den Büchern treibt er Kritik. Ist überglücklich gewesen, als er dem Arzt schließlich den 3. Teil von Faust geben konnte.«

Die Beschäftigung mit naturwissenschaftlichen Büchern und Problemen hielt an, auch an der Mathematik versuchte er sich.

Seine naturwissenschaftlichen Erklärungen erscheinen als Ergebnisse unverstandener Lektüre. Es sind mehr einzelne Stücke, Fragmente, die ihn irgendwie fesseln, ihm im Gedächtnisse bleiben und die er dann einfallsmäßig wiedergibt, dabei doch bestrebt, eigene Ansichten und vor allem beurteilende und kritische Bemerkungen hineinzubringen.

Zur Illustration seien hier Teile eines Briefes vom Juli 1919 an seinen Bruder wiedergegeben, in welchem er ihn belehren und auf neue Erkenntnisse aufmerksam machen will:

»Sobald wie ich den F. III. T. (Faust III. Teil) wieder habe, werde ich die zuverläßlichsten Beweise über die ganze Abstammung senden mit Bildern aus Urkeim zu M. (zum Menschen) und Notizen aus deutscher Rundschau von Dr. W. Dames über Gibbon 1 Pithecantropus ... Gibbon ist mild kann singen. Bölsche hat im Mensch der Vorzeit gerade im interessantesten Werk einen Fehler betr. Unsterblichkeit ganz gut ist die Abstammung von Guenther und France. Parallel mit der Abst. geht die ganze Schöpfung, auch findet man in der Abst. die Religion ganz exakt wie Frances Naturreligion ... F. (Faust) I und III Schicksal der Menschen. Cosmos der Astronomen Schöpfung des Universums.«

In einer Nachschrift zu diesem Briefe heißt es: »Streifzüge im Wassertropfen ist der Uranfang der Schöpfung-Entwicklung. Am I. Welttag war der Stoff mit Vorstellung des Lebens, am II T (Tag) die einsam schweifende Zelle usw. die I. Lebewesen waren Pflanzen und Tiere zugleich. Ehedem Adam war w. (wohl?) des Heidelberger (Schädel) allerälteste«. (Wie die Schrift zeigt, ist dieser Brief sehr rasch geschrieben, daher die vielen Abkürzungen, die schlechte Interpunktion und auf ihre Kosten wohl auch zum Teil die sehr ausgeprägt fragmentierte Schreibweise.)

Neben der Naturwissenschaft und gelegentlich der Mathematik beschäftigt er sich auch mit Gegenständen der Technik. Er macht, wie wir schon hörten, verschiedene Zeichnungen und Skizzen von Aeroplanen, Lokomotiven u. a., wobei er Modifikationen und Verbesserungen anzubringen sucht. Alle Ergebnisse seiner Studien und seiner eigenen Ideen unterwirft er steter spontaner Kritik und versucht Verbesserungen anzubringen, von denen er wieder nicht befriedigt ist usw.

Seine Trugwahrnehmungen und Träume, von denen er spontan berichtet, hält er als von einer besonderen Gabe der Natur, die ihm verliehen wurde, herstammend. Geht aber das in seinen »Erscheinungen« Vorausgenommene nicht in Erfüllung, so glaubt er, es sei jemand da, der im Geheimen störend eingreife. Diese Erscheinungen haben inhaltlich auf Gegenwart und Zukunft bezug und klären ihm auch Begebenheiten der Vergangenheit.

Seit Anfang 1921 beginnt er sich mit einer Idee zu beschäftigen, die schon mit dem eben zitierten Briefe seines Bruders anklingt, nämlich mit der »Schöpfung«, und die seither, außer gelegentlichen nebenher gehenden anderen Gedanken und Erfindungen, über die wir noch berichten werden, im Zentrum seines Denkens und zeichnerischen Schaffens steht. Dabei spielen nun seine »Erscheinungen« im Traum und im Wachen eine wichtige konstruktive Rolle. Wir werden, soweit als möglich, auf Grund der vorhandenen Zeichnungen, die ich seit Anfang 1924 in ihrer Entstehung stetig verfolgen konnte, ferner auf Grund zahlreicher Beschreibungen, Erläuterungen und Briefe, letztere an seine Angehörigen, insbesondere an einen seiner Brüder, schließlich auf Grund der Ergebnisse verschiedener psychologischer Untersuchungen eine zusammenhängende Darstellung geben. Abgesehen von der Schwierigkeit, die in

seinem oft fragmentarischen, unabgeschlossenen, unklaren Denken
und Vorstellen liegt, entsteht eine weitere dadurch, daß er vieles an
Zwischengedanken selber vergessen hat.

Die erste bei uns noch vorhandene Zeichnung stammt aus dem
Monat März des Jahres 1921. Wir geben sie in Fig. 43 wieder. Sie zeigt

Fig. 43.

im Vergleich zu den späteren Zeichnungen der Schöpfung noch recht
einfache Formen.

Eine seiner frühesten »Erläuterungen« zu solchen Zeichnungen der
Schöpfung lautet folgendermaßen:

»Das Perpetuum Mobile.

Wie man weiß, heißt es schon in Dantes göttlicher Komödie: So
wie ein Rad das gleicher Umschwung treibet, dann kommt Galilei mit

seinen ganz bedeutenden Entdeckungen, sowie mit seinen Pendelgesetzen, diesen gingen wie bekannt die alten Griechen mit hauptsächlich Aristoteles voran. Dann lehrt wie bekannt Newton, Gravitation, Anziehungskraft und unendlicher Raum. Im letzten Punkt traut ihnen der Philosoph des 18. Jahrhunderts Voltaire nicht, und zwar aus guten Gründen, wenigstens nicht in der Unendlichkeit des bekannten Raumes; denn auf der nördlichen Sternkarte ist die Polarsonne die oberste und auf der südlichen ist die unterste Kreutzsonne die unterste, weiter schreibt Goethe willst du ins' unendliche schweifen, gehe nur im endlichen nach allen Seiten und im Faust III. Teil heißt es, wie Sie ja wissen wahrhaft ewig unendlich in sich ist der Geist nur das wahre reine Ich. In dem Cosmos bewohnte Welten von Herrn Dr. Wilhelm Meyer, Direktor der Sternwarte Berlin, heißt es auch das Schöpfungsperpetuum Mobile und die Anordnung der Sterne verraten es auch. Der schöne Spruch von Herrn Klopfstock in dieser Sache lautet auch: Monde wandeln um Welten, Welten um Sonnen aller Sonnen Heere wandeln um eine große Sonne, Anbetung Dir der die große Sonne mit Sonnen und Welten und Monden umgab. Wie man aus einem Werk von Goethe, sowie aus dem Cosmos Weltschöpfung von Hrn. Dr. Direktor Wilh. Meyer weiß, ist der springende Punkt bei diesem Perpetuum Mobile der, daß es in keinem Falle ruhen darf. Im gleichen Kosmos heißt es auch, wie etwas im Allerkleinsten ist, so ist es im Allergrößten und gerade die Anordnung und Größe hier ermöglicht den ewigen Bestand. Zu den beiden Sternkarten nun kommt wie überall wo etwas unvollständig ist, das *technisch nötige* und die Sache ist fertig. Zart schreibt in seiner Atomtheorie, genannt Bausteine des Weltalls (Cosmosbändchen): Wir wissen nicht was die Erde in ihrer Bahn um die Sonne hällt. Was denn als Abstuffung, Gravitation, Rottation, Anziehung durch über 100. mehr Durchmesser enthaltende Sonne; da ja Jupiter und Saturn von sehr dicken Gashüllen umgeben sind und Uranus und Neptun nur lockere Materie haben. Nach Abzug dieser Gashülle wäre Jupiter ungefähr so dick wie die Erde 109:1 und die Abstuffung also überall mehr als 100:1. Auf meiner Skizze bedeutet Gb. Gravitationsbank, K. Konopus größte Sonne, Gravitationssonne. P. Pendel mit II. größter Sonne in Verbindung mit der Größten.« Die Skizze, auf die sich diese und die folgenden Bezeichnungen dieser Erläuterung beziehen, ist nicht die von Fig. 43, sondern schon eine vollständigere, wir besitzen sie aber nicht. Doch kehren die meisten dieser Bezeichnungen später wieder und werden dort angeführt werden. Der Schlußsatz dieser Erläuterung lautet: »Das Ganze ist das Weltgebäude also die Schöpfung.«

Wir sehen daraus, daß er seine Ansichten über den Aufbau des Kosmos aus sehr heterogenen Bestandteilen zusammenstellt: einen Vers in Dantes göttlicher Komödie oder einen solchen aus dem Spottstück Faust III. Teil, stellt er neben die Ansichten erster Naturforscher wie Newton. Es spricht ihm für die Endlichkeit des »bebauten Raumes«, daß auf der Sternkarte oben die Polarsonne die oberste, unten die Kreuzsonne die unterste ist oder daß es in Faust III. Teil heißt, nur der Geist sei ewig unendlich. Darin, sowie auch in schiefen bis falschen Hineindeutungen, wie etwa die Behauptung, es heiße bei Meyer, Weltschöpfung (Cosmosbändchen), es sei bei diesem Perpetuum mobile der springende Punkt, daß es in keinem Falle ruhen darf, was sich wahrscheinlich darauf bezieht, daß Meyer an einer Stelle sagt, wir dürfen nicht von einer völlig gleichmäßigen Verteilung der Materie im Weltenraum ausgehen, wenn wir zu einer aus den bekannten Naturkräften ableitbaren Erklärung des Aufbaues des Kosmos gelangen wollen, — von einem P. m. spricht er natürlich nicht — zeigt sich seine Kritik- und Urteilsschwäche, die bei seinem Bildungsgang und der praktischen Stellung, die er eingenommen hat, auffällt. Sie ist bereits Folge des psychotischen Prozesses. Der »Bildungskomplex«, der an sich auch geeignet wäre, seine Urteilsfähigkeit in diesen Dingen abzuschwächen, genügt bei einem sonst geistig durchschnittlich Begabten zur Erklärung des obigen nicht.

Sehr wichtig ist der Satz, weil er seine gesamte Einstellung charakterisiert: »Zu den beiden Sternkarten ... das technisch nötige und die Sache ist fertig«. Das heißt mit anderen Worten, und wir werden noch im folgenden von ihm selber Belege hiefür anführen, den eigentlichen Aufbau, das innere Getriebe des Weltgebäudes, oder wie er sagt der Schöpfung, liefert die Technik. So unverständlich uns daher die Fig. 43, trotz der oben wiedergegebenen Erläuterung und allen Bezeichnungen bleiben muß, so begreifen wir damit doch bereits eines: Technische Elemente und Gedanken sind darin zu suchen.

Fig. 44 zeigt uns eine zweite Etappe in der Konstruktion des Weltgebäudes. Zwischen beiden liegen eine große Reihe von Zwischenstufen, die wir nicht abbilden. Die Originalzeichnung zu Fig. 44 hat uns der Patient am 2. August 1924 übergeben, sie ist aber das Produkt zahlreicher Verbesserungen und hat eine längere Entwicklung durchgemacht.

Welche Vorstellungen, Gedanken und Tendenzen mitgeholfen hatten, wollen wir nunmehr zusammenstellen:

»In der Schule sagte man uns, die Erde dreht sich um die Sonne, das sah ich nicht, sah Tag und Nacht. In C. (Eisenwerk, in dem er die Lehre gemacht hatte) sah ich Räder, Zahnräder, habe sie genau konstruiert. Dachte da schon, wie sich das dreht, dreht sich auch das andere (Erde usw.) Nur muß alles in ungeheuer großem Maßstabe sein«.

Das könnte zwar eine nachträgliche Reflexion, die er nun in jene Jugendzeit verlegt, sein und wir können nicht beweisen, daß dem nicht so ist. Es könnte aber auch eine wirkliche Erinnerung sein, da erfahrungsgemäß solche in der Jugend auftauchende Gedanken spätere Entwicklungen vorwegnehmen können, obwohl sie bald vergessen und erst viel später gelegentlich wieder erinnert werden. Ferner kommt hiezu,

daß ein solcher Gedanke schon damals bei ihm auftauchen konnte, da
er eine ausgesprochene Neigung zur Technik und Naturwissenschaft
hatte. (Was trieb Sie, dieses Planiglobuim, so nennt er auch seine
»Schöpfung«, zu erfinden?) »Wenn ich eine Wurst haben will, muß ich
30 Rappen (Centimes) haben. Dann habe ich gehört, daß man schon
für mittelmäßige Sachen etwas bekommt. Dann habe ich in der Zeitung

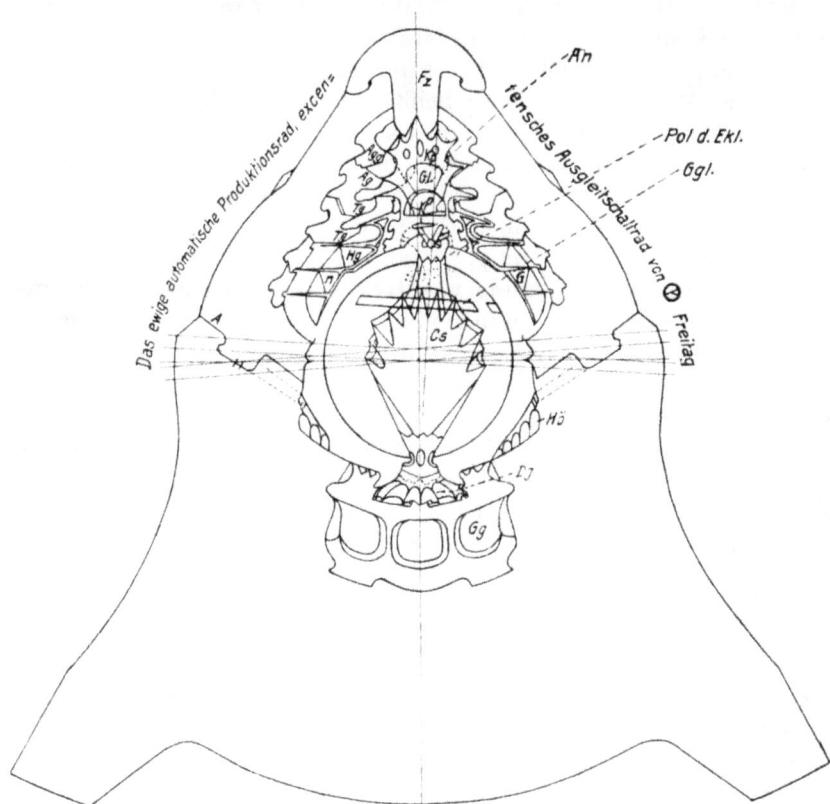

Fig. 44.

gelesen, eine gute Idee bringt etwas ein. Da dachte ich, warum könnte
es nicht auch bei mir sein, habe manches gelesen, gesehen, gelernt,
Bücher gelesen ... wenn ich bei Besuch einen Batzen bekam (so kaufte
ich mir Bücher wäre wohl zu ergänzen) ... (der Besuch) Buch gebracht.
Habe die Sternkarte angesehen, angesehen. Da dachte ich, wenn mir
das auch glückte, daß ich den Brüdern vom Kragen käme (d. h. daß sie
nicht mehr für ihn das Pflegegeld aufbringen müßten, was der Fall
ist). Die Mutter und die Brüder sehen mich »lätz« (schief) an«. (Tatsächlich fällt ihnen, wie sie es schon zum Ausdruck brachten, die finanzielle

Belastung schwer) ... Alles, was ich gelesen und gesehen, habe ich verwertet.

Wenn ich auf die »Erscheinungen« (Trauminhalte, Halluzinationen und Illusionen) gehen kann, »wäre mir der Preis sicher«.

Dann bekäme ich »Anerkennung, einen Preis«, könnte anders leben. »So wie hier (in der Anstalt) habe ich noch nie gelebt, obwohl ich nicht von »Herrenleuten« bin. Wir hatten zwar eine Wirtschaft. Die Mutter konnte dreimal heiraten. Hatte so dummes gelesen. So Schweizer Sagen. Hat viel Richtiges daran. Eine Hölle kann man schon hier haben. Wie es im Goethe heißt (zitiert mit Pathos): Gott und Natur! Was wär ein Gott, der nur von außen stieße, im Kreis das All, am Finger laufen ließe, ihm ziemts die Welt im Innern zu bewegen, Natur in sich, sich in Natur zu hegen, so daß, was in ihm webt und lebt und ist, nie seine Kraft, seinen Geist vermißt«.

Diese Sätze sprach er stetig, so daß äußerlich eine Assoziationsreihe mit »sprunghaften« Vorstellungen zutage trat. Aber man kann nicht umhin, dahinter tragende, verbindende Gedanken zu denken, gleichsam dahinter schweben zu sehen, nicht herausgearbeitet, gegeneinandergestellt. Daher ist ihre Verbindung eine lose, über weit auseinanderliegende Themata sich erstreckende. Der Anfangsgedanke ist, daß er sich durch den Preis für seine Erfindung ein anderes Leben, als er es in der Anstalt habe, schaffen könnte. Daran knüpft sich der Vergleich mit dem früheren Leben und er muß, ist der weitere Gedanke, das gegenwärtige als schlecht bewerten, obwohl er nicht ein besonders gutes gewöhnt sei. Doch will er wieder den Gedanken nicht aufkommen lassen, als ob sie es schlecht gehabt hätten, das läßt sein »Stolz« nicht zu. Es fallen ihm daher Reminiszenzen ein, die dieses beglaubigen sollen, nur werden sie einfallsartig, als Bruchstücke oder Fragmente unverbunden nebeneinandergesetzt. An diese Reminiszenzen reihen sich andere aus jener Zeit an, die einen anderen Komplex betreffen, die Vorwürfe an seine Angehörigen, daß sie sein Bildungsbestreben zu wenig beachteten. Dann steigt wieder der Anfangsgedanke auf und damit der Vergleich seines Lebens mit dem in einer Hölle. Dadurch kommt er erneut auf seine Schöpfung.

Der »Assoziationsstörung« liegt also eine Denkstörung zugrunde. Die Vorstellungen folgen den Gedankeneinfällen und Gedankenfragmenten.

(Haben Sie sonst noch eine Befriedigung bei Ihrer Konstruktion?) »Natürlich, es hat mich interessiert, habe gelesen, gesehen, daß alle Sachen (Darstellungen) über die Schöpfung irgendwo abbrechen, während anderes vollständig dargestellt war. Ebenso wie Heine, zuerst optimistisch, dann den Kopf hängen lassen. (Sie meinen am Schluß seiner Gedichte?) Ja. (Wie sind Sie auf die Idee dieser »Schöpfung« gekommen?) »Planiglobium, wo ich Schwager B. bekam, erhielt ein Sternkärtchen mit

Drehscheibe (die bekannten käuflichen Planiglobien, er besitzt seines noch heute). Vorher hatte ich alles studiert, was die Schöpfung angegangen ist. Ich dachte, Direktor Meyer von der Sternwarte (s. früher) schreibe »cheibe« (sehr) gut! Da habe ich in der 2. Sternkarte im Sternatlas gesehen, da ist der Pol der Ekliptik schon drin. Ich habe in C. (Eisenwerk) auch Exzenter gedreht (die Ekliptik erinnert ihn an exzentrische Bewegungen). Und dachte da ist im Atlas der theoretische Pol, in Wirklichkeit muß er (der Pol) an einem festen Ort sein.« (So baut er ihn dann auch in seine »Schöpfung« ein.) In dieser Weise geht es weiter.

Ob die Gedanken, als sie zum erstenmal bei ihm auftauchten, in dieser Form und Reihenfolge erschienen, ist nicht ausgemacht, es ist gut möglich, daß sie damals eine andere war. Das ist schon deswegen möglich, weil die Merkfähigkeit, auch wenn sie für Wahrnehmungen und Erlebnisse eine gute ist, es nicht für seine eigenen ungeordneten Einfälle sein muß.

Öfter kam der Ausdruck »Gabelgleichgewicht« (s. auch Fig. 43 u. 44, Ggl.), ohne daß dessen Bedeutung erkennbar war. Erst wiederholte Versuche brachten die Auflösung. Das dabei in Frage kommende psychische Phänomen ist bezeichnend und wir schildern es hier, als Beispiel für viele andere analoge, ausführlicher. Ein Wärter hatte ihm das »Gabelgleichgewicht« gezeigt, d. h. folgendes mechanische Experiment: Ein Geldstück, z. B. Fünffrankenstück wird mit seinem Rand an den Rand eines Trinkglases gelegt und dann links und rechts vom Zentrum nahe der Peripherie zwischen die Zinken je einer gewöhnlichen Tischgabel mit gegen das Glas gerichtetem Heft, gefaßt. Hat man sie richtig eingestellt, so schwebt das Fünffrankenstück mit den beiden Gabeln, nur an einem »Punkt« seiner Peripherie am Glasrand angelegt, frei in der Luft, höchstens kleine Schwingungen um jenen Auflagepunkt als Drehpunkt beschreibend.

Dieses mechanische Gleichgewicht überträgt er nun in einem Vorstellungssprung, der eben einem Geisteskranken möglich ist, auf die Milchstraße am Himmel und erklärt, daß auch diese auf Grund eines solchen Gleichgewichtes im Raume schwebe. Er wählt daher auch für sie als Synonym das Wort Gabelgleichgewicht. Das Wort soll, könnte man vermuten, irgendwie auch die Sache hineintragen.

An Stelle des (stützenden) Wasserglases sollen »Gluten der Zentralsonne« stützen. Im weiteren schreibt er hiezu in einer Erläuterung zu Fig. 44, betitelt: »Zu dem Weltengebäude mit seinem Perpetuum mobile« die in der Schöpfungsepoche Freitag gemachten Sterne, hauptsächlich die der ungeheuerlichen mehrfach gewundenen Spirale des Olympsonnenrings (Milchstraße genannt) mit dem beim Ophiochus vorhandenen Gleichgewichtsausschnitt (Kohlensack genannt), dem Gabelgleichgewicht, gebildet aus Cassiopeia, Cepheus, Schwan, Leier,

Herkules, Drache, kleinen Bären, Krone, Boetes dem großen Bären und dem kleinen Löwen und dem großen die übrigen Cirkumpolarsonnen das Zubeißgewicht der Kreutzer mit seinem Gürtel helfen nun nach erfolgtem erstem Anstoß, Andruck, weiter bewegen, ziehen. drücken und dasselbe bewegt sich so immer und immer wieder.«

Der letzte Teil bezieht sich auf seine Vorstellung über die von selbst weitergehende p. m.-artige Bewegung der »Schöpfung«. Das Zubeißgewicht ist aus einer technischen Beobachtung hervorgegangen, die er bei der Einstellung des Schiebers an der Dampfmaschine von Lokomotiven gemacht hat. Es ergibt sich das aus Folgendem: (Was ist Zubeißgewicht?) Wenn man eine Lokomotive bewegen will in der Werkstatt, um den Schieber zu stellen, so geht man mit einem Hebeisen heran, um sie ein wenig zu heben, das nennt man Beißen. Es wird also die Vorstellung der Hebeeisenwirkung auf Sterne übertragen, die in gleicher Weise bei der Rotation der Gestirne »helfen« sollen.

Er hat mir auf seiner Sternkarte (am 11. VII. 24) die Sterne gezeigt, die nach ihm das Gabelgleichgewicht bilden, wie er es mir mündlich (9. VII.) und schriftlich geschildert hat. Er verbindet sie theoretisch durch eine gabelförmige Doppellinie nach Art der Konstruktion von »Sternbildern« am Himmel, die man bekanntlich erhält, indem man sich die einzelstehenden Sterne, etwa des Bären, theoretisch durch eine Linie verbunden denkt.

Die Bezeichnung Kohlensack ist dem schon zitierten Buche Meyers entnommen. Es wird damit in der Astronomie das auf der südlichen Halbkugel befindliche »dunkle Loch« in der hellen Milchstraße bezeichnet.

Mit dieser Analyse ist der »Unsinn« des Gabelgleichgewichts (in der Milchstraße) und des Zubeißgewichtes nicht zu einem Sinn gemacht, aber der, man möchte fast sagen, logisch abenteuerliche Weg aufgezeigt, auf dem er entstanden ist. Man sieht, die geistige Veränderung des Patienten erlaubt ihm eine riesenhafte Gedankenkluft zu überbrücken; das Wort Gleichgewicht mit Beilegung einer unbestimmten Bedeutung ist hiezu die unzulängliche Brücke.

Der Patient spricht in der eben zitierten Stelle von den in der »Epoche Freitag« entstandenen Sternen. Es ergab die nähere Verfolgung dieser Vorstellung, daß er sich die »Weltschöpfung« in Schöpfungsepochen zerlegt denkt, die er, wie die Bibel, nach den Wochentagen bezeichnet. Wir kommen damit auf die Frage, wie er sich die Entstehung der Schöpfung bis zu der Epoche Freitag, die er in seinen Zeichnungen meist festzuhalten angibt, vorstellt und denkt. Es war darüber Folgendes zu ermitteln:

Er sei, sagt er, in einer Unterredung über die »Zentralsonne« (s. unten) spontan von dem ausgegangen: Im Anfang ist Gott gewesen und da es im Faust (III. Teil) heißt, s'ist Ehrenpunkt, der Teufel war da-

bei, so sind auch die Erzengel dabei gewesen, da er (der Teufel) ein gefallener Erzengel ist oder sein soll. (Die Bibel, die er sonst dem Wilhelm
Busch nachsetzt, dient also hier wieder als Beweismittel.) Daß gleich
von Anfang an genügend Stoff da war, die Schöpfung zu bauen, glaube
ich nicht. Alle Lebewesen müssen sich durch etwas erhalten, so habe er
gedacht, müßten sich die ersten durch etwas erhalten, die ersten Größten,
Gott, Erzengel. Das haben sie sich selber beschaffen müssen. Da die
Schöpfung so ungeheuer groß ist, ist ein großer Arbeitsaufwand für sie
nötig. Daher mußten sie schon vorher die Mittel zur Unterhaltung
haben, bevor die Schöpfung so war, wie sie jetzt ist.

Er spreche nicht gern aus, wie es vom Stoff weiter gegangen sei,
bis genug Stoff da gewesen sei, die Schöpfung zu bauen. Das ist »eine
Mutmaßung, halbe Gründe«: Von Uranfang war sicher nicht genug
Stoff da, so ein ungeheures Ding zu machen. (Was mutmaßen Sie?)
Es tut mir leid, daß ich es nicht sagen kann.

(Der allererste Anfang?) Patient lächelt verlegen. Die ersten großen
Mächte (Gott, Erzengel) mußten an einem Orte sein, sahen es so einzu-
richten, wie sie es mit ihrem Geiste machen konnten.

Das habe er noch niemanden gesagt. Das zieht sich ins »Schmutzige«
hinein, geht den Chemiker an, ist doch nur Vermutung. »Heute mach
ich es nicht gern (es sagen), ein anderes mal mehr.«

In zwei Schreiben (19. und 20. XI. 24), die die Antwort auf diese
Frage enthalten sollten, spricht er im zweiten nur vom Beruf und der
Erkrankung des Vaters und einem Streit seiner Eltern, mit verschiedenen Personen, im ersten sagt er, wenn während einer Jahrmillion Gummibäume gewachsen und »transformiert« worden wären, hätten sie schon
»ein wenig Stoff« gegeben und dann: »Ich gehe von dort aus, wo genügend
Stoff vorhanden war, wie Herr Dir. Wilhelm Meyer von der Urania in
Berlin und schon deshalb weil, wie ich schon sagte, ich für solches kein
Wissen habe und hauptsächlich nichts von der Chemie verstehe« und
wieder kommt er auf die Gummibäume, die verbraucht worden sein
konnten.

Er weicht also der Frage zum Teil aus, weil er etwas nicht sagen
will. Sonst hält er nämlich mit seinem Wissen nicht zurück. Das Wort
»schmutzig« ist verdächtig und könnte auf irgendeine sexuelle Vorstellung hindeuten.

In diesem Stoff bildet sich ein Kern, der am besten aus Diamant sei.
Aus der Schöpfungsepoche Donnerstag werden sich ganz ungeheuerliche
Massen von Materie in Gas und Staubform auf den Kern aufgewunden
haben.

Er hat hier, wie auch im Folgenden, zum Leitbild die Ausführungen
in dem Kosmosbüchlein »Weltschöpfung« von Meyer genommen, was
ein Vergleich mit den Ausführungen in diesem Werke leicht lehrt. Für
die Festigkeit des Kerns, des Ausgangspunktes für eine Sonnenbildung,

genügt ihm aber nicht die von Meyer aufgeführte Verdichtung der ursprünglichen Nebelmasse, sondern er setzt dafür in naiver Weise Diamant.

So entstehe in der Schöpfungsepoche Donnerstag die Zentralsonne. Diese hat nun wie Fig. 43 und 44 lehrt, eine eigentümliche Form. Gefragt, wie er auf diese Form gekommen sei, erklärt er: »Ich muß gestehen, daß ich im Traum korrigiert werde«, d. h. wenn an einem Orte (seiner Zeichnung) etwas nicht recht gewesen sei, »da habe er es auf einmal im Traum gesehen, wie er es machen müsse.« Manchmal sei er dabei auch »an der Nase geführt« worden. Er ist, setzt er spontan hier fort, auf mich nicht mehr so gut zu sprechen, wie früher. (Wer?) Der Herrgott. Habe mich vom Teufel einziehen lassen. In R. bei L. (sein letzter Arbeitsort, wo es zum endgültigen Bruch kam) bin ich »heimgesucht« worden. Einmal habe ich eine Stimme nachts gehört: »Dir kann geholfen werden.« (Haben Sie auch Stimmen beim Zeichnen korrigiert?) »Nein, das (Korrekturen) habe ich nur im Bilde gesehen. Ich habe den Vater gesehen, wie er mit der Mutter in einer schönen Landschaft spazierte und dabei gehört: »S'perpetuum mobile.« (Was war damit gemeint?) Schöpfung ist perpetuum mobile. Ich habe auch gedacht, wenn der Herrgott das alles bewegen müßte durch alle Zeiten, Tag und Nacht und noch die Schicksale der Menschen leiten, »er möcht selbst nit gcho«, obwohl ich glaube, daß die Erzengel als Himmelsmeister anzusehen sind und die ihm helfen müssen. Nicht alle Astronomen wissen vom Gabelgleichgewicht.«

Wir erfahren daraus, daß ihm die Formen für die Zentralsonne, wenigstens zum Teil, im Traum eingegeben werden und diesen Eingebungen glaubt er, wie wir schon wissen. Sie, aber nur die optischen, spielen bei seiner Konstruktion oft eine wichtige Rolle. Wir hören auch, daß er aus einer Halluzination erfuhr, die Schöpfung sei ein P. m.

An anderer Stelle sagt er, daß die Zentralsonne die Form eines Kaktus haben müsse und er hat in Büchern immer wieder nach einer passenden Kaktusform gesucht. Die Übertragung ist ihm ermöglicht durch seine Glaubenssätze: Alles ist im allergrößten wie im allerkleinsten und »Alles ist Technik in der Schöpfung«. Das sucht er durch verschiedene Einzelbeispiele aus seinen naturwissenschaftlichen Literaturkenntnissen zu belegen. Die Vorstellung für eine solche Form der Zentralsonne hat er aus der Darstellung Meyers (S. 35) über die Sonnenflecken, die eigentlich Vertiefungen in der Lufthülle der Sonne sein sollen.

Nachdem die Zentralsonne genug Stoff »aufgewunden« (Vorstellung der Spiralnebel, als Anfang der Bildung von Gestirnen aus Meyer) hatte, »ist sie sehr wahrscheinlich eine Zeitlang so weiter gelaufen bis der Glutstoff sich ganz eingesickert, ganz angeschmiegt hatte. Dann hat der Herrgott Kerne von anderen Sonnen schon gemacht gehabt, dann hat er den Diamantkern von unserer Sonne z. B. in die

Magnetsphäre der Zentralsonne gebracht, die ihn mitgenommen hat, infolge von der ungeheuren Abstufung (Durchmesserverhältnis). Dann wurde der Kern mit Glutstoff von der Zentralsonne übergossen, der sich wieder an den Kern anschmiegte. Nachdem das lang so gelaufen ist, wurde der Kern der Erde in die Magnetsphäre der Sonne gebracht, die ihn wieder mitgenommen hat, infolge ungeheurer Abstufung, übergoß ihn mit Glutstoff, wie vorher bei der Sonne, und so ging es weiter, wahrscheinlich auch beim Mond. Es glauben viele Gelehrte, fällt ihm hier ein, der Mond habe Risse, er (Patient) glaube es nicht. Das neue amerikanische Fernrohr wird es zeigen (es stand in den Zeitungen von einem neuen sehr großen Teleskop). Es kann auch ein Kristall sein, wie im Glas, wenn ein Tropfen herunterfließt (man sieht dann eine weiße Linie)«.

Bevor die Epoche Freitag, also bevor die Zentralsonne usw. da war, wurde, »als genügend Stoff da war, das Gotteshaus gemacht, das Haus wo die Schöpfung hineinkam. In der Mitte dieses Hauses war ein Zylinder, ein Zapfen in der Mitte bis zum Dach hinauf« (s. Fig. 45 nach einer Skizze des Patienten während der Unterredung, erstellt ist). Über das Detail *f* und *r* konnte er keine bestimmte Auskunft geben, er bezeichnete *f* als Fackel, *r* ein Rad »nach einer Version«. Es wird sich um irgendeine »Lesefrucht« handeln, an die er sich nicht mehr erinnern konnte und die er in einem der schon gekennzeichneten Gedankensprünge hieher übertrug.

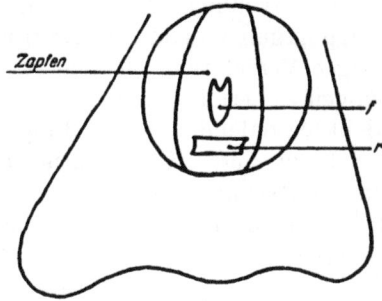

Fig. 45.

»Und da (am Dache) ist das Gewölbe gemacht worden, das Domdach über dem zukünftigen Himmelsgewölbe«. »Als das Dach fertig war, ließen sie die Stützen noch eine Zeitlang stehen. Dann wurden die Verstrebungen oben zuerst weggenommen ungefähr bis zur Mitte und darauf wurde das Pendel (*P* Fig. 44) aufgesetzt.

(Was hat das Pendel zu machen?) Es muß die Verbindung machen mit der Gravitationssonne. (Warum?) Weil in der Mitte des Pendels der Knopf ist, »wo die Gewölbe (Himmelsgewölbe) ausgleiten. Die Himmelsgewölbe haben genügend lange Hebel (Arme) um das Pendel und die Zentralsonne zu bewegen, ohne gar zu stark forcieren zu müssen.«

Das Himmelsgewölbe müsse, so habe es ihm eine »Stimme« (akustische Halluzination) gesagt, aus »Kristall« sein. Diese Stimme mag von der geläufigen Vorstellung von der kristallenen Bläue des Himmels herrühren. Damit es nicht zu schwer werde, müsse es in »Rippenformen« erstellt sein (s. Fig. 43). Es habe die Form eines halbkugeligen »Taßli« (Täßchen).

Aus den obigen Erläuterungen zur Fig. 45, wo er vom »Domdach«
spricht, ist zu entnehmen, daß er hier irgendwie an den poetischen
Vergleich des Himmelsraumes mit einem Dom denkt und daß er die
ihm bekannte Art der Konstruktion und des Baues einer Domkuppel
auf den Bau des Himmelsgewölbes überträgt. Darauf weist auch hin,
daß er von einem Gewölbeknopf spricht. Gott stellt er sich als nach
technischen Prinzipien vorgehenden Baumeister vor. Mit der ganzen
Vorstellung verbindet er jene eines angehängten Pendels. Dazu werden
ihm seine Kenntnisse über die Beobachtungen Galileis und des Pendel-
versuches zum Rotationsbeweis der Erde gedient haben. Er sagte
einmal, als er mir berichtete, wie er alles Auftreibbare gelesen habe:
»Galilei sah im Dom zu Pisa am Leuchter die Pendelbewegung. Und was
sie in Paris probiert haben mit dem Pendel, im Pantheon glaube ich . . .«
(habe ich auch gelesen).

Das Himmelsgewölbe hängt mittels »Traggängen« (*Tg*) und Auf-
hängungsgängen (*Ag* und *Agg*) am Gotteshaus (s. Fig. 44). Diese eigenartigen Verzahnungen beider Gebilde sollen wohl einer gegen Verschie-
bungen sichernden und die Bewegung nicht hindernden, sowie das Gewicht verteilenden Verbindung derselben dienen. Wie er des näheren
gerade zu dieser Konstruktion gekommen ist, habe ich nicht erfahren.
Das Gotteshaus selber hat als Ganzes die Form einer Glocke, bei
der speziellen Formgebung haben noch irgendwie technische Konstruk-
tionsgedanken mitgespielt. Auch die Zweiteilung bei *A* hängt mit der
Konstruktions- und Montierungsmöglichkeit, dieses von ihm als real
gedachten und von dem »Ingenieur Gott« hergestellten Gebildes zusammen.

Gemäß der naiven Vorstellung ist die Hölle (*Hö* in Fig. 44) unterhalb
des Himmelsgewölbes angebracht.

Die Zentralsonne (*Cs*) dreht sich. Für diesen Zweck läuft sie in ein
konisches Ende aus, für das das Lager im »Drehgestell« (*Dg*) sich befindet und das seinerseits in die »Graivitationsbank« (*Gg*) eingelassen
ist. Welche Vorstellungen und Gedanken die Formgebung dieser Gebilde bedingten, hat er nicht klar zum Ausdruck gebracht. Auch an
ihnen hat er immerfort geändert, wobei ihm »Erscheinungen« immer
wieder neue Formen lieferten. Viel Mühe bereitete ihm auch die Frage,
aus welchem Material sie sein müßten. Es müßte, sagte er, das »härteste«
Material sein und er entschied sich für »Diamant Nr. 10«.

Das Gewölbe (Himmelsgewölbe) bewirkt, nach seinen unklaren
Andeutungen, Bewegungen des Pendels, die weiter zur Zentralsonne
gehen. Um dieser Bewegung oben einen Halt zu geben, baut er den
»Führungszapfen« (*Fz*, Fig. 44) ein. Für diese Bewegungsverknüpfung
bedarf es nun weiter einer »Kupplung« zwischen Pendel und Zentralsonne. Er sagt dazu: »Die Kupplung zwischen Pendel und Zentralsonne
wollte nie glücken. Ich könnte sie jetzt noch verbessern, es ist mehr als

einfache Sicherheit.« Welches die Vorstellungen und Gedanken sind, die er hier hineinlegte, wurde nicht klar. Er sprach hierüber, wie auch sonst oft, dunkel und in Andeutungen. Die »Verbesserungen« an derselben hörten nie auf.

Die für Gott und die Erzengel bestimmten Räume verlegte er in die durch die Rippenkonstruktion des Gewölbes entstandenen Räumlichkeiten. Über ihre nähere Ausstattung ließ er sich nicht aus.

Die Konstruktion um den »Pendelkopf« (*KP* in Fig. 44) haben wir damit nur in »großen Zügen« festgehalten. Über ihr Detail erhielten wir keine Auskunft. Wenn ich danach frug, kamen irgendwelche unwillig herausgestoßene Brocken, mit denen ich nichts Rechtes anfangen konnte. Dabei hatte es eher den Anschein, als wisse er selbst nicht recht, wie er dazu gekommen und was er sich dabei vorgestellt hat.

Wie nun die Bewegung in dieser Schöpfung ablaufen sollte, darüber erhielt ich von ihm nur dunkle Andeutungen. Er sagte: »Nach einem erstmaligen Ausgleiten — haben Gleichgewicht — zogen — haben etwas Voreilung — kam Bewegung vom Himmel, drückte das Pendel etwas von Osten nach Westen«. Oder: »Vom Gewölbe aus hat es schon einen Hebel. Wenn es da etwas gedrückt, gezogen, gleitet das Himmelsgewölbe etwas nach rechts und hinten auf den Pendelkopf der Zentralsonne ab, etwas von Norden nach Osten, das Gewölbe senkt sich etwas auf die Seite, hat es aber doch mitgenommen bei der proportionellen Einstellung der Sache«. Weiter: »Verschiedene Sterne, wie der große Bär, drücken etwas auf die Zentralsonne. Der Milchring senkt sich und zieht, bewegt sich, etwa wie ein Ährenfeld, wenn es etwas gezogen hat — erfolgt Ausgleitung und so geht es weiter«.

Exzenter und Ausgleitung hat er auch in den Titel (s. Fig. 44) seiner »automatischen Produktionsmaschine« der Schöpfung hineingenommen.

Die Sache bleibt dunkel. Wenn wir uns erinnern, mit welcher Art von Analogien und Gedankenverbindungen er arbeitet, können wir annehmen, daß ihm selber die Sache dunkel und unklar ist und es nicht an der Ausdrucksmöglichkeit fehlt.

Unter möglichster Vermeidung willkürlicher Deutung, die etwa nur in Vorstellungen begründet wäre, welche der Deuter hat, können wir hiezu Folgendes sagen:

Wegen der »Ekliptik« ist die Rotation der Zentralsonne nicht eine mit dem Himmelsgewölbe konzentrische. Eine solche Bewegungsverbindung denkt er sich nach Art eines »Excenter«. Daher ist das Pendel gegenüber dem Himmel exzentrisch eingesetzt (s. Fig. 44). Die Kupplung selber kommt in den »Pol der Ekliptik«. Die Zentralsonne, die bei ihm die Form eines Kegels hat, der oben durch eine Halbkugel mit der durch die Sonnenflecken bedingten »kaktusartigen Oberfläche« abgeschlossen ist, die ihrerseits wieder in den Kupplungszapfen ausläuft,

11*

beschreibt eine Rotationsbewegung, aber nicht um die Kegelachse, sondern um eine entsprechend der Ekliptik davon verschiedene, durch die Mitte der Kupplung gehende Rotationsachse. Nun stellt er sich vor, daß am »Anfang«, d. h. nach Fertigstellung der »Schöpfung«, Gott ihr den ersten Anstoß zur Bewegung gab und dann die Sache von selber weiter ging. Möglich ist, daß er dabei irgendwie unbestimmt an die Erhaltung der Bewegung dachte, wie er sie vom (mathematischen) Pendel nach Einleitung des ersten Stoßes, irgendwo gelesen haben wird. Um die Zentralsonne erfolgt aus ihrer Entstehung heraus die Bewegung der übrigen Sonnen und Welten. Wesentlich ist für ihn, daß sich diese bewegt, da alles andere mit ihr um sie »kreisen« muß.

Gefragt, was er unter einem P. m. verstehe, definiert er es so: »Ein Rad, das sich selber bewegt, infolge richtiger Anordnung der Gleichgewichte. Anordnung macht alles aus. Es ist bei Maschinen auch so. Andere P. m. als das seines Panglobiums habe er nicht gemacht, aber in Büchern auf Bildern solche gesehen.«

Aus dieser Definition ist noch zu obigem ergänzend zu entnehmen, daß nun die »Anordnung« der Gleichgewichte (Gabelgleichgewicht, Zubeißgleichgewicht, vielleicht auch noch das Pendel) alles andere für die Bewegung Nötige übernehmen müssen.

Trotz seiner »Erläuterungen« und unserer daran anknüpfenden Deutung, bleibt der Bewegungsmechanismus auch innerhalb dieses irrealen Gebildes und unter Annahme der von seinem »Konstrukteur« genannten Voraussetzungen, dunkel. Es kann sein, daß er das selber irgendwie gefühlt hat, vielleicht besonders auch als er bei unseren wiederholten Fragen merken konnte, wie viel ihm von seinen früheren Vorstellungen, die ihm dabei geholfen hatten, entschwunden war.

Jedenfalls verließ er diese ganze Konstruktion eines Tages vollständig, nachdem er sich mit dem Bau eines sich selbst (automatisch) bewegenden und noch »Kraft« liefernden Rollenrades zu beschäftigen begann und er glaubte, daß ihm ein solches gelungen sei.

Der Grundgedanke des Rollenrades ist der, den wir im II. Kapitel (s. S. 21, Fig. 9) kennen lernten und beim Fall II G. C. wieder antrafen. Aber unter seinen Händen entfaltet es sich in ungeahnt vielen Variationen.

Begonnen hat er mit dieser neuen Konstruktionsform des »Antriebes« in seiner »Schöpfung« im Herbst 1924, nachdem er sich also beinahe 4 Jahre mit der anderen Konstruktion abgemüht hatte.

Wir geben in Fig. 46 ein Bild, das uns die neue Konstruktion in einem Stadium zeigt, welches bereits eine ungefähr einjährige Vergangenheit der nie aussetzenden Abänderungen hinter sich hat. Es sind darin bezüglich der neuen Antriebskonstruktion zwei Varianten, die eine links (oben), die andere rechts (oben) dargestellt. Er schlug uns selbst vor beide Varianten hineinzunehmen. Er bildet sich nämlich darauf, daß er verschiedene Lösungsmöglichkeiten der gleichen Aufgabe hat, etwas ein (s. unten). Fügen wir gleich noch in Fig. 47 einen »Grundriß« der Konstruktion bei, so werden wir leichter verstehen, wie er sich die Sache vorstellt. Fig. 47 entspricht in einigen Details nicht der Fig. 46, sondern einem früheren Stadium. Die Masse in diesen, wie auch in den Fig. 43

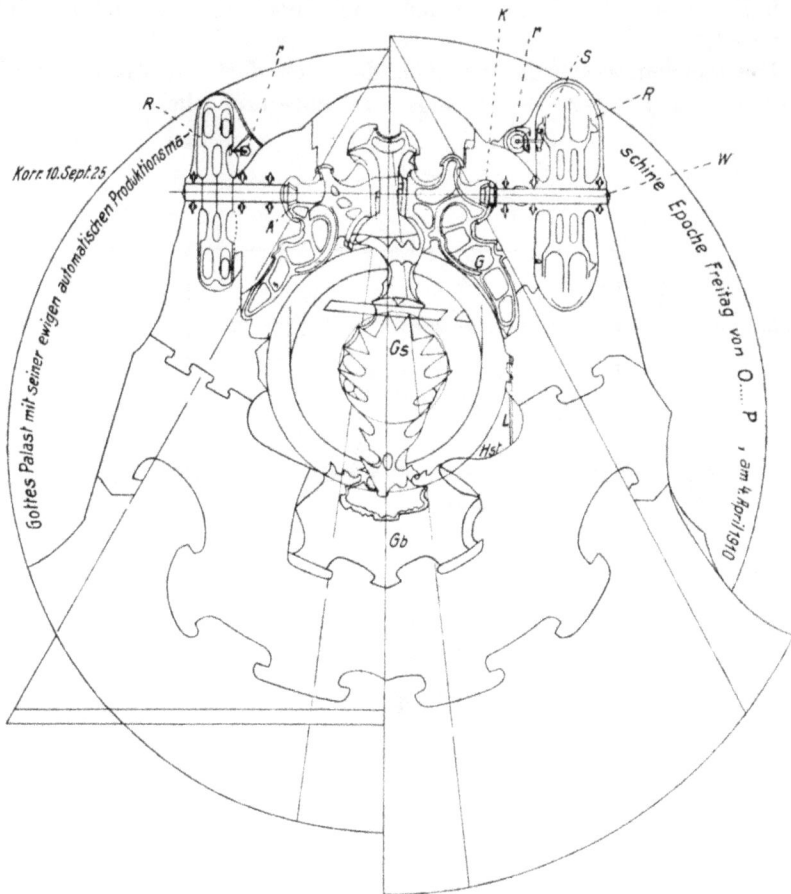

Fig. 46.

und 44, sind nach seiner Ansicht nicht willkürlich, sondern der Sternkarte (die er besitzt, s. S. 154) entnommen bzw. an sie angepaßt.

In Fig. 46 sehen wir zunächst die Schöpfung oder das Panglobium oder den »Palast Gottes«, wie er das Ganze jetzt auch nennt, in ihrem unteren und mittleren Teil mit unwesentlichen Abänderungen in der gleichen Gestalt wie in Fig. 44. Neu ist darin die konstruktive Zweiteilung des unteren Teiles des »Hauses« und ein mit »L« bezeichneter Doppelstrich zwischen Himmelsgewölbe und Hölle. Es soll dieser Doppelstrich nach seiner Angabe einen Lift andeuten, der vom Himmel in die Hölle führt. Diese Vorstellung ist wahrscheinlich an eine Szene von Faust III. Teil angeknüpft, wo geschildert wird, wie Faust mit Valentin aus dem Vorhimmel durch einen Kamin in die Hölle hinabfuhren, um dort die dem Faust vom Teufel auferlegten Aufgaben zu lösen. Daß solche Verbindungen bei ihm vorkommen, wissen wir bereits.

Das Zeichen *Hst* soll anzeigen, daß sich dort ein »Stauwerk« befindet, dessen sonstige Bedeutung mir unbekannt blieb.

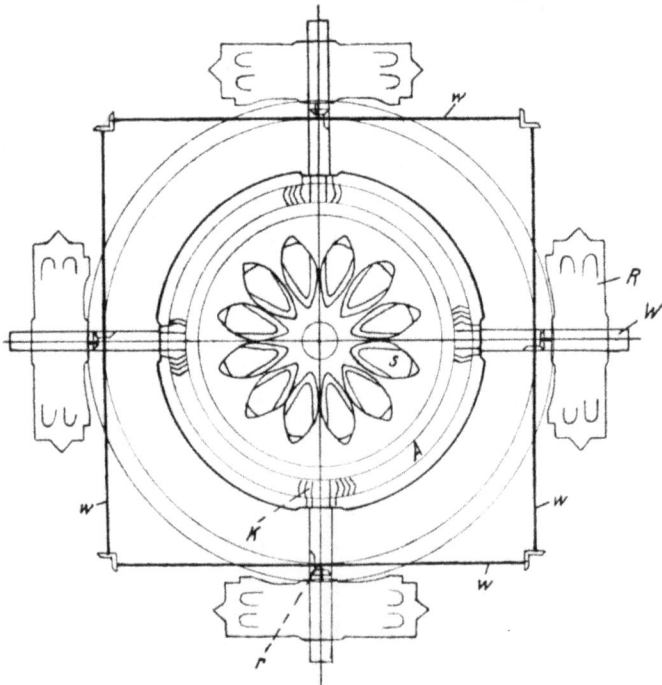

Fig. 47.

Die hauptsächliche Veränderung betrifft den oberen Teil: Das Himmelsgewölbe ist erheblich einfacher konstruiert. Wo der Buchstabe *G* steht, sei der Raum Gottes, wo sich das *E* befindet, jener der Erzengel, wie früher. Die Pendelachse liegt nun in der Achse des Himmelsgewölbes: »Pendel hängt nun senkrecht, ist zur Kupplung abgekröpft, Himmel hat also keine Ekliptik, sondern nur die beiden Sternkarten«[1].

---

[1] Aus einem Briefe vom 9. XII. 24 an die Angehörigen. »Abgekröpft« ist der technische Ausdruck für die Ausbiegung einer Welle aus ihrer Drehachse.

R sind die automatischen Rollenräder, deren Zahl, wie sich aus dem Grundriß (Fig. 47) ergibt, vier ist. Auf ihrer Welle sitzt ein kegelförmiges Zahnkölbchen K (kleines Zahnrad), dessen Zähne in diejenigen des großen Zahnrades A eingreifen und es zur Rotation bringen. Das große Zahnrad A ist aber aus einem Stück mit dem Himmelsgewölbe, bringt also auch dieses in Rotation. Mit ihm dreht sich dann der Zapfen, der durch die exzentrische Kupplung mit der Zentralsonne verbunden ist und damit auf diese die Bewegung überträgt.

Nunmehr ist der ganze Rotationsmechanismus klar herausgearbeitet, die ganze Konstruktion des »Antriebes« vereinfacht und technisch verständlich gemacht.

Die Drehung des Zahnrades A muß eine gleichmäßige sein. Dazu ist, sagt er, nötig, daß die 4 Rollenräder ganz gleich schnell und gleichmäßig laufen, nicht einander vor-, bzw. nacheilen. Darum bringt er (s. Fig. 46, rechts ist es deutlich) an dem Rollenradkranz Zähne an, von denen ein kleines Zahnrädchen getrieben wird. Auf dessen Welle sitzt ein Kegelzahnrad r, das in eines auf der Welle w (Fig. 47) eingreift. Das gleiche findet sich bei jedem Rollenrad. Auf diese Weise seien die 4 Rollenräder in ihrer Bewegung nicht mehr unabhängig, weil durch die 4 Wellen w mit ihren Zahnrädern verknüpft. Ihre Bewegungen würden sich, meint er, auf diese Weise ausgleichen.

Die Rollenräder R sind als Doppelrollenräder gebaut, wie aus den Fig. 46 und 47 ersichtlich ist, um den »toten Punkt« zu vermeiden. Wir werden das weiter unten noch näher erläutern.

Die Welle W (Fig. 46) werde, sagt er, einen ungeheuer großen Durchmesser haben. Um daher die Reibung zu vermindern und das Heißlaufen hintanzuhalten, baue er noch die Röllchen L ein.

Die automatischen Rollenräder, die sich nach der Montierung in alle Ewigkeit weiter drehen und das Weltrad A antreiben werden, machen das Ganze zu einem P. m., einem »ewigen Umschwung«.

(Wer gibt den ersten Anstoß, damit die Rollen zu laufen beginnen?) Patient lacht etwas spöttisch und meint: »Das braucht es nicht. Die werden unterstützt«, wie die Maschinen, »bis man sie braucht«, wie er es in C. gesehen. Dann, wenn man sie braucht, nimmt man die Unterstützung weg, und die Geschichte läuft von selbst.

(Und wer nimmt die Stütze weg?) Das muß der Herrgott mit den Erzengeln machen, jeweilen die es gemacht (konstruiert, er denkt hier an seine Erfahrungen im Eisenwerk) haben.

Die 4 Räder müssen gehalten werden, bis man will, daß sie laufen.

»Das (Ganze) ist montiert, wie anderes, nur in ungeheurem Maßstab. Den Maßstab bringe ich heraus, wenn ich die Sternkarte, um die ich dem Bruder geschrieben, habe. Das ist dann keine Schwierigkeit.«

Gelegentlich (30. XII. 25) frug ich ihn, wie die Rollenräder hergestellt würden, ob man sie (aus Eisen) gießen werde. Er gibt zunächst keine Antwort, scheint über die Frage ungehalten. Als sie einigemale wiederholt wird, sagt er: »Ja, man würde sie gießen, d. h. wir Menschen würden sie gießen, aber wie es der Herrgott macht, das kann ich nicht sagen«.

Nachdem ihm die Sache »gelungen« war, schrieb er (16. X. 24) an seinen Bruder u. a.: »Sende Dir hier nun zwei Pausen, enthaltend Antrieb ... Ich träumte, jetzt werde meine Sache gewogen usw. ... Träumte etwas ein wenig beunruhigendes von der l. Mutter (zu der er unterdessen eine positive Einstellung gefunden hatte), soll nun diesmal meine Sache glücken, so teile es ihr dann allmählich mit, so auf Umwegen. Ich sende Dir dieses nun leider mit großer Verspätung, es ging aber leider nun einmal nicht anders, weshalb ich Dich lieber K. oder, wenn nicht möglich, Deine Frau von ganzen Herzen bitte, diese zwei Pausen sobald wie Ihr sie habt dem betreffenden Astronom (er hatte seit Jahren von seinem Bruder wiederholt verlangt, er solle seine Schöpfungskonstruktionen einem Astronomen zur Beurteilung vorlegen, wobei ihm negative Urteile den Glauben an seine Sache nicht nahmen) oder dem Leiter des Polytechnikums zu bringen, sonst ist es bei Gott dem Allmächtigen zu spät und so käme ich dann nicht in die Lage meinen l. Brüdern endlich zurückzuerstatten, was ich alter Lümmel (Selbstironie) sie während 16 Jahren (Anstaltsaufenthalt), schreibe sechzehn Jahre gekostet habe. Das, wozu mir Gott half, wird nun wohl gehen ... Also noch einmal, ich meine es diesmal wirklich ernst ... Mit diesem wo ich Dir sende, glaube ich jetzt ganz fest mich endlich ins Freie gekämpft zu haben; denn die Erscheinungen sind gerade jetzt ganz gut mit Ausnahme der wo ich von der l. Mutter sah, zwar war dies für gegenwärtig nicht gefährlich. Nicht wahr K., dies hat der alte Affe einmal pfiffig gemacht. «

Und am 17. XI. 24 sagt er mir: Der automatische Antrieb der Schöpfung, »der ist jetzt endlich geglückt«. (Ist das jetzt definitiv?) »Ja, Sie wissen ja, wenn etwas richtig ist, erklärt es sich von selbst, dadurch daß es geht, es muß gehen. Was nicht hindert, daß noch ein kleines Fehlerchen kommt.« Die letzte Einschränkung ist sehr berechtigt, denn solcher »Fehlerchen« fand er noch viele und ist 1 Jahr später, noch immer nicht am Ende, obwohl er seither schon wiederholt erklärt und geschrieben hat, nun sei es definitiv das Richtige und nichts mehr zu ändern.

Das wichtigste technische Teilstück der neuen Konstruktion ist das automatische Rollenrad, zu dessen gesonderter Besprechung wir jetzt übergehen. Um sofort ein Bild zu vermitteln, geben wir in Fig. 48 eine seiner Zeichnungen eines solchen wieder. Es betrifft ein einfaches, nicht ein Doppelrollenrad, wie er es in Fig. 46 aufgenommen

hat. Die Rollennuten, die Rollenkanäle, sieht man in der Vorderansicht in der speziellen Verlaufsform, die er ihnen hier, nachdem er
verschiedene andere versucht hat, gegeben hat. Diese Nutenform soll
verhindern, daß die Kugeln beim Nachaußengleiten nicht »anschießen«.
In Fig. 48 sind 8 Rollen, doch hält er an dieser Zahl nicht fest, sondern
versucht es auch mit andern Zahlen. Auf diese Rollenräder ist er nicht
von selbst gekommen, sondern hat solche, wie er selbst bei entsprechender Befragung angab, vor 14 Jahren in einem Buche hier in der Anstalt

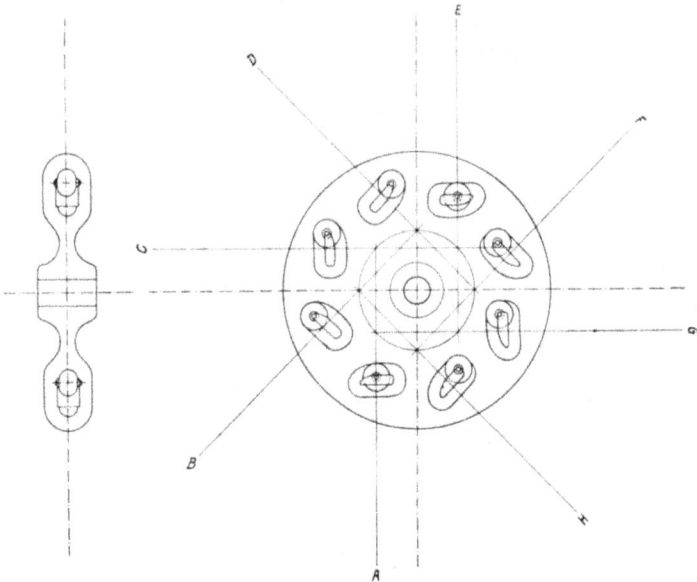

Fig. 48.

gesehen. Nur seien sie dort »primitiv« gewesen, ein Rad wie eine
Riemenscheibe, in deren Speichen Rollen waren. Es seien noch andere
P. m. dort abgebildet gewesen. Gegen die Vermutung, er habe dieselben vom Fall G. C. übernommen, wehrt er sich entschieden, obwohl
er zugibt, daß dieser einmal darüber Andeutungen fallen ließ. Die
beiden Patienten benützen nämlich den gleichen Aufenthaltssaal. Den
Titel des Buches konnte er nicht angeben. Nach seiner Beschreibung
desselben wird es sich um einen Band einer illustrierten Zeitschrift mit
einem kurzen Aufsatz über das P. m. gehandelt haben, wie solche in
diesen Zeitschriften von Zeit zu Zeit erscheinen.

Die Kräftewirkung, die die immerwährende Bewegung dieses
Rollenrades erzeugen soll, erklärt er einmal so: Die Rollen links haben
mehr »Druckkraft«, als zum Hinaufziehen derer, die rechts liegen, nötig
ist. Die Differenz gibt die »Triebkraft«.

Um die Druckkraft zu erhöhen, ersinnt er immer neue Formen und Kombinationen der »Rollen«. Fig. 49 zeigt eine solche noch relativ einfache Form mit Gewichtsklötzen, von denen die inneren schwerer sein sollen. Sie sind mit Zahnrädern verbunden, so daß die durch das Gewicht bewirkte Drehung des einen Klotzes, durch Vermittlung derselben, den anderen mitnehmen soll. Patient demonstrierte mir (14. II. 25) diese neue Konstruktion. Vielleicht muß, meint er spontan, noch das Gewicht des inneren Klotzes vergrößert werden. Genau berechnen

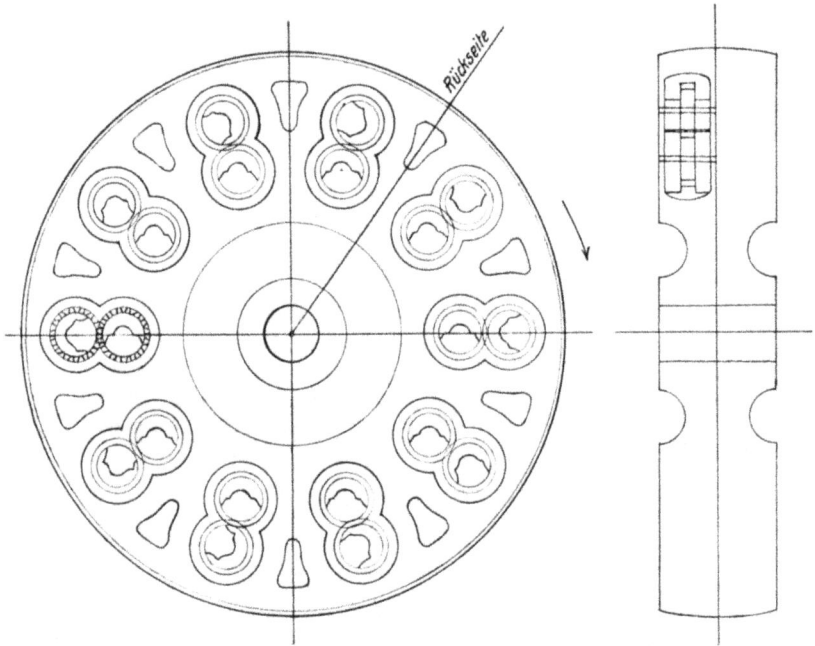

Fig. 49.

muß das der Techniker, der Ingenieur. Das kann ich nicht, habe es nicht gelernt. (Wird überhaupt eine Bewegung des Rades zustandekommen, werden sich nicht die Drehkräfte links und rechts das Gleichgewicht halten?) Er stutzt ein wenig, dann erklärt er: Es liegen doch die Außenklötze rechts nach außen, links nach innen, also müsse eine Drehung nach links zustande kommen. Er glaube, es werde gehen. (Die Reibung zwischen den Zahnrädern wird vielleicht so stark sein, daß schon deswegen keine Bewegung möglich wäre?) Er stutzt etwas, und verneint dann die Reibung. (Und die Reibung der Achsen der Räder in ihren Lagern?) Er glaube nicht an diese Schwierigkeit, wenn doch Lager gemacht werden mit Schmiernuten und gutem Öl und dann komme noch der Maßstab, wenn das Rad in großen Dimensionen erstellt werde, dann werde die Reibung keine Rolle spielen.

Einige Tage später wende ich ihm nochmals ein, ich hätte in einer Abhandlung gelesen, ein solches selbstlaufendes Rad sei unmöglich, es laufe höchstens ganz kurze Zeit und dann komme ein Moment, wo die linksdrehenden Kräfte gleich den rechts drehenden seien, und das Rad stehe still. Er entgegnet: Das tritt nicht ein, denn deswegen habe ich vorne und hinten Rollen am Rande angebracht (s. Fig. 49), die um einen Winkel gegeneinander verschoben sind. So werde der »tote Punkt« vermieden, indem, wenn vorne die Rollen im Gleichgewicht seien, es bei den hinteren nicht der Fall sei, also nie ein Stillstand eintreten könne. Auch können noch — hier denkt er an die »Schöpfung« (Fig. 46 u. 47) — die verschiedenen Räder gegeneinander um einen Winkel verstellt werden, wodurch, nach seiner Meinung, die Möglichkeit des toten Punktes erst recht ausge-

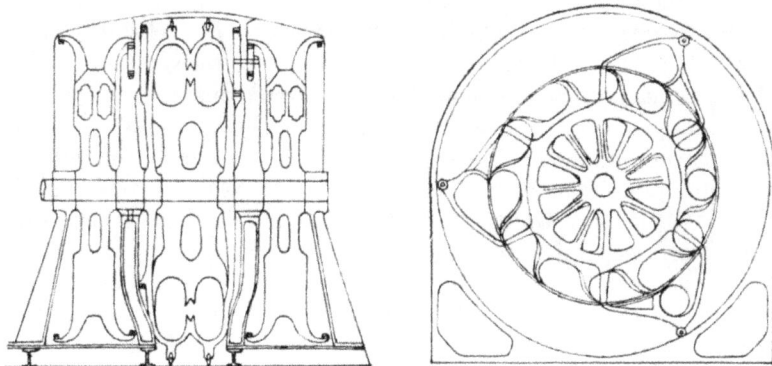

Fig. 50.

schlossen werde. Daß damit die Schwierigkeit nicht behoben ist, kann er nicht erkennen und einsehen. Vielleicht ginge es noch, wenn sein Glaube »es gehe«, der hier die Kraft einer Wahnidee erhält, nicht so stark wäre.

Bei anderen Konstruktionen des Rollenrades treten an Stelle der einfachen Rollen- oder Gewichtsräder, wie in Fig. 49, Gewichte, die mittels komplizierter Hebeleinrichtungen, Federn oder Puffern die vermehrte »Druckkraft« zur automatischen Bewegung des Rades liefern sollen.

Für den gleichen Zweck verfällt er aber auch noch auf Wege, die in ganz anderer Richtung die Lösung suchen. So zeichnet er eine Rollenradkombination, wie Fig. 50 in der Vorderansicht zeigt. Das innere Rad führt die Gewichtsrollen, welche die automatische Bewegung bewirken sollen. Das äußere dreht sich vermittels einer Räderübersetzung in entgegengesetzter Richtung als das innere. Der Räderantrieb erfolgt von einem zweiten, neben dem ersten liegenden Rollenrad (siehe Seitenansicht der Figur). Die unterste Kugel soll vermöge einer entsprechenden Schaufelstellung in ein Fach des äußeren Rades hineinrutschen und von

ihm, vermittelst der entgegengesetzt gerichteten Bewegung nach oben
befördert werden, wo sie dann wieder in ein Fach des inneren Rades
fallen soll. Wie das nun alles ohne äußere Kraftzufuhr gehen soll, darüber
macht er sich keine Gedanken, ihm genügt, wenn der »Schein« vorhanden ist, daß die »Druckkraft« erhöht ist und wieder eine neue Konstruktion vorliegt.

Diese Konstruktion wird nun noch dahin »verbessert«, daß ein Arm
konstruiert wird, der auf einer zweiten zur Welle des Rollenrades
parallelen Welle sitzt und der nun im richtigen Augenblick die Gewichts-
kugel, wenn sie unten angelangt, also ihre »Druckkraft« erschöpft ist,
faßt, sie nach oben hebt und wieder ins Rollenrad fallen läßt, wodurch
sie abermals durch ihr Gewicht wirken könne. Auch das soll ohne äußere
Kraftzufuhr gehen.

Solche Konstruktionen ließen sich, etwa von Federkraft getrieben,
zu ganz netten mechanischen Kinderspielzeugen verwenden.

Warum machen Sie verschiedene Konstruktionen, wenn Sie doch
schon eine haben, die geht, wird er gelegentlich gefragt. Patient lachend:
»Es ist gut, wenn man eine Auswahl hat.« Dann gibt er mir doch halb die
Berechtigung der Frage zu und meint, eine ist im stabilen Gleichgewicht.

(Was ist stabiles Gleichgewicht?) Das Buch da. (Weist auf ein
auf dem Tisch liegendes Buch hin.)

(Was ist labiles Gleichgewicht?) Er ist zuerst unsicher, meint, es
stehe im Physikbuch. Dann fällt ihm doch etwas ein. Er stellt das Buch
auf die Kante, weist auf den Schwerpunkt und auf die horizontale
Distanz desselben von der Kante hin, lacht mich spöttisch an, bleibt
aber in diesen Andeutungen stecken, die etwas richtiges enthalten, ohne
daß er es formulieren könnte.

(Wie können Sie mit dem labilen Gleichgewicht arbeiten, wenn Sie
doch nicht wissen, was es ist?) So viel weiß ich schon davon, um damit
zu konstruieren.

(Und das indifferente Gleichgewicht?) Das ist die Kugel, das Rad,
wo die Schwere durch den Mittelpunkt geht.

Einige Tage später ersucht er mich spontan, ihm das labile Gleichgewicht zu erklären. Beim erstenmal ließ es wohl sein »Stolz« nicht zu,
seine Unwissenheit, der er überführt wurde, zuzugeben. Nachher läßt er
sich doch indirekt dazu herbei. So reagieren auch Normale, wenn sie an
einem »wunden Punkt« angegriffen werden.

Aus seinen wiederholt abgegebenen Erläuterungen über das Funktionieren des Rollenrades (s. auch oben S. 169) war es deutlich, daß er die
Sache ganz grob empirisch nahm. Den Begriff eines Hebelarmes kannte
er nicht. Soweit habe er die Sache nicht studiert, erklärte er. Was ein
»Drehmoment« ist, wußte er auch nicht. Dagegen gelang es ihm in einer
von mir gestellten Aufgabe mit einem zweiarmigen Winkelhebel die
Kräfteverhältnisse, wenn auch mehr erratend, richtig zu beurteilen.

Mit anderen P. m.-Ideen, als den geschilderten, beschäftigte er sich nicht ernstlich. Erst später, als er die Rollenräder bis zu einer gewissen »Höhe« gebracht hatte, zeigte er mir gelegentlich eine P. m.-Konstruktion, die das Prinzip des Auftriebes in einer Flüssigkeit (s. S. 63) benutzt. Er erklärte auf Befragen, daß er glaube, es werde gehen, in einem Tone, als wäre das etwas selbstverständliches. Doch hat er sich um diese Konstruktion nicht weiter bemüht und sie auch in der Folge nicht weiter verbessert. Sie interessiert ihn demnach anscheinend nicht näher.

Intensiv hat er sich mit Fallschirmkonstruktionen beschäftigt und hat hiefür eine sehr große Anzahl von Zeichnungen, die aber durchwegs schematisch gehalten sind, entworfen.

Aus einem persönlichen Bedürfnis heraus entstanden zwei Erfindungen, die er zwar wiederholt unter den übrigen aufzählt, sie aber den oben ausführlicher geschilderten bezüglich Wichtigkeit nachstellt. Es ist dies ein Pfeifenkopf mit besserer Reinigungsmöglichkeit, als bei dem, welchen er besitzt, und ein Federhalter mit einer neuen Vorrichtung zum Festklemmen der Feder in demselben (»mit Fälleli und doch geripptem Gummigriff«) sowie ein Zirkelfußhütchen. Erstere Verbesserung erscheint neben anderen im Handel vorhandenen von geringer Bedeutung, die zweite bürgt nicht für größere Sicherheit, wie die gebräuchliche; die dritte ist belanglos. Technisch durchführbar sind sie jedoch.

Neben der Anfertigung der Zeichnungen zu seinen Erfindungen und Konstruktionen und meist populär-naturwissenschaftlicher Lektüre beschäftigt er sich mit nichts. Was nicht auf dem Wege seiner eigenen Ideen liegt, interessiert ihn nicht. Er geht auf bezügliche Anregungen für den Moment, aber mehr aus »Opportunismus«, um nicht den Anschein zu erwecken, er könne es nicht, ein, läßt sie dann aber liegen, oder erklärt, erst müsse er seine Sache fertigmachen, er komme später darauf zurück, was aber nicht geschieht.

Es ist daher bisher unmöglich gewesen, ihn von seinen Konstruktionen abzulenken.

Seine Sorge gilt, abgesehen von der eben erwähnten Beschäftigung, seinem persönlichen Wohl, über das er sehr wacht. Wenn dasselbe oder sein Selbstbewußtsein irgendwie verletzt wird, kommt sofort sein herrischer, unduldsamer Charakter zum Vorschein und er gerät leicht in die heftigsten Wutausbrüche, in denen er rücksichtslos gegen die Umgebung ist. Wenn ihm etwas versprochen wird, so muß es sofort oder in knappster Frist erfüllt werden, sonst wird er ungeduldig und verzichtet beleidigt und gekränkt auf alles. Seinen Reinlichkeits- und Ordnungszwang hat er beibehalten. Er reicht dem Arzt nicht die Hand, weil er, wie er mir einmal erklärte, Übertragung von Unreinlichkeiten auf seine Hand fürchtet, indem ich doch bei meinem Rundgang vielen Patienten die Hand gebe.

Meist hat er dem Arzt nichts zu sagen, außer wenn er Aufklärung über einen wissenschaftlichen Ausdruck haben oder mit etwas Gelesenem »prunken« will. In den vielen Briefen an seine Brüder bestürmt er sie immer wieder, indem er ihnen Pausen seiner neuesten Verbesserungen und Erklärungen derselben sendet, seine Erfindungen durch Gelehrte, Ingenieure oder die technische Hochschule beurteilen zu lassen. Auch bei deren Besuchen berichtet er von nichts anderem als seinen Erfindungen, denkt gar nicht daran, sie nach anderem zu befragen, obwohl er seinen Austritt aus der Anstalt immer wieder erwartet, man also meinen könnte, er würde zumindest darüber mit ihnen reden. In diesen Briefen berichtet er auch oft von den »Erscheinungen«, die ihm Zukünftiges voraussagen oder Bilder für Ideen zu Umänderungen und Verbesserungen an seinen Erfindungen und Konstruktionen liefern.

Wir wollen im Folgenden einige solche Stellen wiedergeben. Sie bestätigen und ergänzen das bisher über ihn Gesagte:

(12. XI. 24.) »Sende Dir hier schon wieder eine Pause, es ist die beste bis jetzt gemachte und von dieser muß ich dann sobald als irgend möglich wissen, ob und wann Du sie erhalten hat und ob sie dem Herrn Astronomen oder was vielleicht besser wäre in diesem Fall, da es ja doch technische Skizzen sind, technischen Fachmännern vorgelegt worden sind.« »Meine Skizze heißt jetzt Gottes Palast mit seiner ewigen automatischen Produktionsmaschine, Epoche Freitag von O. P. den 12. Nov. 24. Alle guten Dinge sind ja vier, Gott und die drei Erzengel, vier Sternkartendurchmesser hat der von Gott bebaute Raum, vier Riesenperpetuum mobile-doppelräder treiben die Schöpfungsmaschine durch das Druck- und Laufgewicht von 24 Diamantkugeln von je einem Durchmesser von 3 Sternen erster Größe. Diese 24 Kugeln gehen an der Peripherie der 4 Räder nach unten, während die anderen 24 Kugeln an den Naben hinaufkommen, so gibt es wie schon geschrieben Vorgewicht, das hier nun natürlich gleich als Triebgewicht benutzt werden kann und muß.«

(27. XI. 24.) »Sende Dir hier noch eine Pause, die die richtigen automatischen Rollenräder zeigen soll.« (3. XII. 24.) »Sende Dir hier höchstwahrscheinlich die letzten Korrekturen und Erklärungen dazu. So ein Rollenrad geht im Monat einmal um, der daran befestigte Kolben muß 12mal weniger Zähne haben, als das große Winkeltriebrad, welches im Jahre einmal umgeht.« (An die zeitliche Ungleichheit der Monate zu denken geht schon über seine Umsicht, obwohl das in diesem mechanischen Werk von großer Bedeutung wäre.)

(10. XII. 24.) »Muß und darf Dir nochmals eine Pause mit Korrekturen senden... Sah meine Skizze visionär in einer Zeitung auf gleiche Weise sah ich vorgestern eine A 3/5 also eine Schnellzugslokomotive vor den Fenstern des Schlafzimmers, Richtung O. (Halluzination). Es ist keine Rede davon, daß die Sache jetzt nicht recht,

also gut ist.« Er frägt weiter, was das Polytechnikum zu seinen Skizzen sage und fährt fort: »Ich sah seither visionär ja auch eine andere Autorität als Prüfer, halte Dich an das wo vom Himmel kommt, es ist mein letzter Wunsch (seine »Skizzen« prüfen zu lassen und ihm zu berichten) und fordere von Dir oder Deiner Frau die letzte Aufopferung für mich.«

(17. XII. 24.) »Sende Dir hier höchstwahrscheinlich die Abschlußskizze begleitet mit einer Pause von den Rollenrädern und ihrer Verschalung.« Im weiteren sichert er sich in diesem Briefe gegen ein etwaiges ungünstiges Urteil: »Auf das Urteil eines Einzigen, einer einzigen Autorität, wenn es ungünstig lauten sollte, könnte und dürfte ich natürlich nicht abstellen. Astronomie ist halt doch nur eine Wissenschaft und mit einer Wissenschaft, speziell Astronomie allein, könnte man die Schöpfung nie erklären.

·(31. XII. 24.) Neben dem Hinweis auf die Pause eines Rollenrades heißt es diesmal: »Letzte Nacht sah ich auf einmal bevor ich schlief, aus einer Nute meines automatischen Rollenrades ein Rad werden, welches gleich zum Irrenhaus hinaus lief (!). Während ich, wie schon hin und wieder an einer epochemachenden Erfindung von Jemand in der Welt draußen dachte, sah ich plötzlich, wie ich dessen Arbeit so verbessern kann, daß dessen Arbeit dann halt leider nicht mehr wäre was sie jetzt noch ist, nicht mit diesem konkurrieren könnte und vielleicht gezwungen wäre, wieder zu verschwinden (nicht verbessern sondern umgestalten). Es wurde mir während der ganzen Zeit wo ich hier skizzierte nie so, war ganz aufgeregt, bekam sogenannte Gänsehaut, denn das würde so bedeutend werden, wie ich es jetzt nicht auszusprechen wage. — Dies wo ich Dir lieber K schicke, muß heute noch vor Mitternacht ins Polytechnikum weitergeleitet werden.«

Über die »gewaltige Idee«, von der er hier berichtet, und deren subjektive Begleiterscheinung, als Zeichen der inneren Erschütterung, bei ihrem bildhaften Auftauchen — ob als wirkliche optische Trugwahrnehmung, lasse ich offen — er schildert, haben wir nichts weiter gehört. Wie so oft in seinen »Visionen« handelte es sich wahrscheinlich auch hier bloß um eine trughafte Wunscherfüllung als Befriedigung seines Strebens, ein »großer Erfinder« zu sein.

Die Meldungen von der endgültigen Form seiner Rollenräder und anderer Konstruktionen, sowie deren erneute Verbesserung, wiederholen sich in der Folgezeit in gleicher Weise. Mit der Tatsache, daß die so drängend verlangte technische und astronomische Beurteilung seiner »Skizzen« nicht kommt, findet er sich auch weiter in wechselnder Weise ab. Wir sahen das schon im Vorangegangenen. Am 25. II. 25 schreibt er dem Bruder: »Am 23. und 24. d. Monats glückte es endlich« (das Rollenrad)... »Es könnte mir nun Wurst sein, ob meine Schöpfungsskizzen anerkannt werden oder nicht, obgleich sie nicht mehr widerlegt werden können und so gut sind wie die Räder. — Mit einigen

meiner Räder wird man das größte Schiff beladen bewegen können, so
gut wie mit Dampf sei es aus Kohle oder Öl erzeugt. Ganze Werke
wie z. B. die der Weltfirma Krupp, wie Kraftwerke für elektrischen
Strom z. B. der Eisenbahnen ebenfalls so Phonograph und Wanduhr etc. Meine Räder sind die automatische Gewalt im großen Maßstab.
Will sie einer großen Weltfirma zur technischen ingeniösen Prüfung vorlegen, welche sie, wenn sie sich bewähren, dann für besagtes machen
wird. Zu mir, so bald wie Du frei hast.« Und in einer Ergänzung zu
diesem Brief am 26. II.: »Die Nacht bevor mir das zweite, das labile (ein
Rollenrad mit nach seiner Ansicht im labilen Gleichgewicht gelagerten
Druckgewichten) glückte, sah ich mich ganz närrisch vergnügt am kommenden Tag« (also im Traum oder einer optischen Trugwahrnehmung).

Die gehobene Stimmung mit stärkerer Betonung der wahnhaft
übersteigerten Selbsteinschätzung schwindet bald wieder. Der Brief
vom 13. III. tönt erneut bescheidener. Er möchte wissen, was die Leitung
der Technischen Hochschule sage; das labile Rad sei noch nicht abgeschlossen. Weiter heißt es: »auch folgt dann noch einmal ein Sonnen-
kern mit sechzehn Zähnen im Schnitt, die in der Hauptsache ganz gleich
sind, wie das neue schweizerische Gewehrgeschoß, nur 2 mm (in der
Zeichnung) dicker und ohne den Konus in der Hülse«.

Zum Schlusse noch einige Stellen aus einem Briefe vom 27. VII. 25,
die ihn wieder in steigender Selbsteinschätzung zeigen:

»Sende Dir hier noch eine Pause mit zwei verschiedenen automatischen Rädern, habe noch ca. ein Dutzend andere notiert... Die Schöp-
fungsskizze darf natürlich schon veröffentlicht werden, beispielsweise in
der illustrierten Schweizerzeitung oder in der schweizerischen Techniker-
zeitung, nur die Antriebsräder... nicht.« Die Großantriebs- und An-
triebsmaschinen der nächsten, sowie der fernsten Zukunft sind also die
Turbodynamos, die Elektromotoren und meine automatischen Räder-
gruppen, welche dann die Turbodynamos antreiben. Also wird dann auch
bei Lokomotiven die Turbolokomotive nicht lange mehr weitergemacht
werden, wenigstens kreisweise. Ich dachte nämlich immer, da Kohle,
Öl, Petroleum, Naphta usw. nicht nur nicht für sozusagen unendliche
Zeit, sondern kosmisch gesprochen nur noch für ganz, ganz kurze Zeit
reichen, so mußte dann halt Gott als ewiger Sorger irgend jemanden
neue Wege offenbaren gegen die Zeit der Not, vorausgesetzt, daß bis
dorthin etwa Niemand etwas dies ersetzendes gefunden hätte. Was tut
es, daß es nun ein wenig vorher ist (durch ihn, P. O., mit den Rollenrädern), und daß dies langt solange die Sonne glüht — denn nach einem
Riesenarmaturenring den ich im neuen Universum gesehen habe, können
meine Räder auf einer Vertikalkopfdrehbank dann gewiß auch groß genug
gemacht werden... Ich wußte und weiß jetzt noch ganz genau, daß
da noch viele solcher Räder sind; wenn Sie Gott Einem gerade so ohne
Weiteres offenbaren würde, oder vorzeitig dürfte. Nun einiges ist ja

geschehen, ist doch wie ja schon geschrieben auch schon ziemlich gegangen« (bei ihm, P. O.).

Zusammenfassung. Komponenten, die zu einer abnormen geistigen Entwicklung die biologische Grundlage liefern konnten, sind in seinem Erbgut väterlicherseits als vorhanden anzunehmen. Gewisse frühzeitig sich zeigende Charaktereigenschaften sprechen dafür, daß er die väterliche Linie fortsetzt. Seine »potenzierte Pedanterie« und vor allem seine Reinlichkeitssucht würden nach Freudscher Psychoanalyse Beweis für verdrängte Analerotik sein. Ich konnte, trotzdem ich danach fahndete, einen solchen Zusammenhang nicht nachweisen, was natürlich kein absoluter Gegenbeweis für ihn ist. Aber auch wenn vorhanden, wäre er keine biologisch hinreichende Erklärung für das Auftreten dieser Charaktereigenschaften. So weit wir wissen, brach sich bald nach Abschluß der Pubertät seine Heterosexualität durch und er hat ihr in starkem Maße gefröhnt.

Seine Charakterentwicklung zeigt in der Pubertät keinen ausgesprochenen Knick, er setzt in ihr und nach ihr den Charakter seiner Kindheit fort, nur wird er mannigfaltiger und die der Pubertät auch sonst eigene starke Selbsteinschätzung, die sich später wieder ausgleichen kann, fixiert sich, nimmt übersteigerte Formen an und fördert so noch die anderen ungünstigen Charakterseiten, wie die Reizbarkeit, Unduldsamkeit, die Eigensinnigkeit, Trotzigkeit und Eitelkeit, sowie seinen Egoismus. Der übermäßige Alkoholgenuß konnte die Charakterverwilderung noch verstärken.

Seine Lebensführung ist die Konsequenz seines Charakters. Die Erlebnisse hatten wenig Einfluß auf seine Entwicklung, er hat sie, soweit er sie beachtete, nach dem was seine Brüder berichteten, nicht verarbeitet. Die Einsicht in den dominierenden Eigenanteil seiner Persönlichkeit an seinem Schicksal mangelte ihm.

Diese Einsichtslosigkeit gegenüber seinem eigenen Ich setzt sich auch in der Anstalt fort und geht allmählich in die mangelnde Einsicht für seine Krankheit über. Die eigene Schuld projiziert er nach außen in seine Brüder und vor allem seine Mutter, gegen die sich seine Rachsucht und sein Haß wenden. Sogar telepathisch möchte er ihnen ein Leid antun, um sich für das ihm angeblich angetane Unrecht zu rächen. Erst nach längerem Anstaltsaufenthalt weicht diese negative Einstellung einer mehr positiven, ohne sichtbare Korrektur dessen, was sie hervorgerufen hatte. Allerdings hatte unterdessen eine deutliche Demenz in seinem Denken Platz gegriffen, die sich besonders in einer Lockerung bis Fragmentierung des gedanklichen Zusammenhanges und Herabsetzung der Urteils- und Kritikfähigkeit mit ihren psychischen Folgen zeigte. Die innere Möglichkeit, diese Korrektur vorzunehmen, ist demnach wohl auch verschwunden, wozu noch die fortschreitende allgemeine gemütliche

Abstumpfung beigetragen haben wird. Unter der Decke dieser gemüt-
lichen Stumpfheit lebt aber eine gefährliche Reizbarkeit und Neigung
zu maßlosen und rücksichtslosen Wutausbrüchen weiter. Diese sind so,
daß wir immer wieder die Frage nach einer epileptischen Erbkomponente
bei ihm erwägen, ohne sie bisher nachgewiesen zu haben. Ob das Auftreten motorischer Paroxysmen in der Paralyse des Vaters in diesem
Sinne verwendet werden könnte, möchten wir aus einem Einzelfall nicht
entscheiden. Jedenfalls würde es uns nicht wundern, wenn bei ihm auch
noch epileptiforme Krampfparoxysmen auftreten würden, ohne eine
Paralyse, die bei ihm, weil er eine Lues durchgemacht hat, noch kommen
könnte. Nachweisen konnten wir sie bis jetzt nicht. Seine Reizbarkeit,
die Neigung zu Wutanfällen hat er, wie wir sahen, bereits seit früher
Kindheit.

Nach seinen Kundgaben zu schließen, hatte er in der Pubertätszeit,
vielleicht schon früher, ein gewisses Bildungsidol sich geschaffen. Dieses
ist dann anscheinend unter den »Stürmen des Lebens« zurückgetreten.
Erst die Muße der Anstalt förderte dasselbe wieder an die Oberfläche.
Er wirft sich, seiner wahnhaft übersteigerten Selbsteinschätzung entsprechend, auf die Lektüre von Büchern größter Geister, unter ausdrücklicher Verachtung der anderen. Neben den Dichtern beschäftigt er sich
vornehmlich mit Naturwissenschaftlern, wobei er sich nicht mit passiver
Aufnahme begnügt, sondern sich gleich auch Kritik anmaßt. In dieser
Kritik offenbart sich bereits seine Kritikschwäche (1900). Besonderen
Eindruck macht ihm die Spottdichtung (Faust, III. Teil), aus der er
sich ganze Stücke, die ihm in seine Anschauungen zu passen oder sonst
bemerkenswert scheinen, auswendig merkt und sie auch gern zitiert.

Neben dieser »literarischen« Beschäftigung gehen technische Zeichnungen, aber anscheinend zunächst mehr als spielerische Übungen. Er
hat sie später nicht mehr hervorgeholt.

Auf diese Weise sammelt er nach und nach einen reichlichen und
sehr heterogenen Wissensstoff, der ihm in Fragmenten im Gedächtnis
bleibt und daher ein geistig unverdautes Agglomerat bildet, mit dem
er aber gerne der Umgebung zu imponieren sucht und sich mit diesem
Wissen als über die Menge erhaben fühlt.

In einer solchen populärwissenschaftlichen Schrift stößt er auf Darstellungen der Weltentwicklung (ca. 1919). Diese Gedanken packen ihn
in besonderer Weise. Er sieht in diesen Darstellungen eine Lücke — sie
brechen irgendwo ab — und diese Lücke will er nun, in maßloser Über-
schätzung seiner geistigen Kräfte, ausfüllen. Noch hat zwar die Idee in
seinem Geiste nicht ganz festen Fuß gefaßt, aber es scheint, daß sie
nicht mehr ganz verschwand und bildlich gesprochen einen Kristallisa-
tionspunkt in seinem Denken und Streben zu bilden begann. »Erscheinungen« in Trugwahrnehmungen und Träumen, an die er als an göttliche
Eingebungen restlos glaubte, halfen dabei mit. Es ist die Weltschöpfung,

die er erklären und deren Mechanismus er darstellen will. Er glaubt sich durch die vorangegangenen Studien dazu genügend vorbereitet. Indem er sich an das Höchste des Menschengeistes wagt, wird seine wahnhafte Icherhöhung manifest. Er nimmt seine Schöpfungskonstruktion, der er seit Anfang 1921 zeichnerischen Ausdruck gibt, sehr ernst und wird nicht müde, Änderungen und Verbesserungen anzubringen. Die Zeichnungen sind, wie bei seiner Pedanterie und seinem technisch-zeichnerischen Geschick zu erwarten ist, peinlich sauber gezeichnet.

Wir haben den Entwicklungsgang dieser »Schöpfungskonstruktion« ausführlich geschildert, sie kritisch betrachtet und das gestörte Denken, auf dem sie aufgebaut ist, aufgezeigt. Bei seinen Angaben über den Uranfang des Stoffes benahm er sich so, daß wir die Vermutung hatten, es seien da verdrängte sexuelle Vorstellungen im Spiele. Direkt nachweisen konnten wir es nicht.

Das ganze Gebilde erscheint trotz all der wissenschaftlichen Gedanken, die er hineinlegt oder nicht selten mehr hineingeheimst, als ein kindlich naives Gebilde, wie ein Spielzeug. Man wird bei dieser Feststellung an die Theorie der Psychoanalytiker über Regression erinnert.

Die erste Reihe der Konstruktionen bis zur Einführung des automatischen Rollenrades als Bewegungsmechanismus der Welt hat ihn anscheinend selber wenig befriedigt. Die ewige Erhaltung der Bewegung war denn auch da auf ein gar zu unklares Gedankenagglomerat aufgebaut. Sicherer fühlte er sich erst mit diesen Rädern. Tatsächlich erscheint diese Lösung, wenn wir uns in das Gedankengebilde des Patienten, es als real nehmend, versetzen, als technisch einfach, übersichtlich, »elegant«. In dem Suchen nach einer solchen einfachen, »eleganten« Lösung gibt sich ein gesundes technisches Streben kund.

Wesentlich ist, wie sich aus seinen eigenen Kundgaben herausstellt, daß er die Technik über alles stellt. Technisch ist nach ihm alles, den Schöpfer selber nennt er Ingenieur. Die Analyse zeigte uns deutlich, wie er richtige Beobachtungen aus seiner technischen Praxis auch diesem Weltbau zugrunde legt.

Es stellt demnach seine »Schöpfung« die krankhaft übersteigerte Form einer Allherrschaft technischen Denkens dar. Mit dem Kosmos als P. m. macht er wörtlich ernst. Er spottet (in einem Briefe vom 26. XII. 25) über seinen Bruder, daß er anscheinend fürchte, sich durch Demonstration seiner »Schöpfung« vor Autoritäten lächerlich zu machen, »indem er Gottes des ewigen allmächtigen Herrens unbegreiflich hohe Werke vermeintlich vermessen in technischen Formen vorgelegt hätte.« Daß man sein P. m. dahin deuten könnte, es stelle auch die Symbolisierung der Zeugung dar, darauf werden wir unten (S. 226) hinweisen. Es wäre dies im besten Falle ein treibendes Moment seines »Schöpfungs-Perpetuum mobile« unter anderen.

12*

Das was er erreichen wollte, nämlich die Darstellung über die Weltentstehung so zu geben, daß sie nicht abbreche, gelang ihm natürlich nicht. Gott, aber nicht der Gott der Religion, die er abweist, sondern der, wie er in der Vorstellung des »deus ex machina« früherer Philosophie lebt, greift ein. »Der größte Geist, also Gott, formte den Stoff und ordnete die Formen so zueinander, daß sich der Stoff, wie beabsichtigt, hinfort von selbst bewegte und automatisch nach seinem Willen tanzte.« (Brief vom 27. XI. 25). Er wird denn auch bei ihm ganz zum Techniker. Daß daneben auch noch eigentliche religiöse Vorstellungen und Gefühle in ihm leben und wirken, wie der Glaube an die Eingebungen, die Anrufung von Gottes Hilfe, hat nichts zu besagen, denn an Widersprüchen ist sein Geist, wie bei seinem gestörten Denken nicht anders zu erwarten, auch sonst reich.

Die Stimmung über sein Werk wechselt, wie wir sahen, zwischen der trotzig behaupteten Sicherheit, daß es vollendet und geglückt sei, und dem bald leiseren, bald stärkeren Zweifel mit scheinbaren Einsichten in sein Unvermögen. Vorherrschend ist die aus seiner Größenidee fließende erstere Einstellung.

Zur Herstellung von Modellen drängte es ihn nie. Er verlangte im Gegensatz zu den früheren Fällen niemals danach, so sehr war er überzeugt oder, was auch aus seinen Briefen hervorgeht, so sehr zweifelte er — vielleicht mehr unbewußt — an seiner Leistung und wollte die Verantwortung für die Ausführung anderen überlassen. Er hat auch sonst nicht Verantwortungen auf sich genommen, sondern gern die Schuld auf andere projiziert. Dies gilt auch für die leicht ausführbaren anderen Erfindungen die wir oben aufgezählt haben.

Objektiv neu ist nichts an den Grundgedanken seiner Erfindungen, soweit sie so genannt werden dürfen, außer vielleicht bei dem Federhalter mit dem »Fälleli«. Auch subjektiv neu sind sie nicht, insbesondere nicht seine Haupterfindung, die Rollenräder, mit der er nicht nur den Weltmechanismus treiben, sondern auch die ganze übrige Energietechnik umgestalten will, indem er glaubt, daß Gott ihn dazu auserkoren hat, die Welt davor zu schützen, keine Energiequellen mehr zu haben. Subjektiv neu ist, und wohl auch objektiv neu kann, ein Teil der verschiedenen Konstruktionsvariationen sein, die er zeichnerisch darstellte, und von denen wir sagten, daß einzelne als Kinderspielzeuge, etwa mit Federkraft getrieben, Verwendung finden könnten.

Daß es sich um eine paranoide Form der Schizophrenie handelt, sei noch ausdrücklich beigefügt. Die an einen epileptischen Einschlag erinnernden Symptome haben wir erwähnt. Eine Paralyse kann noch kommen. Daß sie Schatten vorauswerfend bei der Konstruktion der Schöpfung mitgewirkt hat, wäre nicht ausgeschlossen. Mehr können wir zurzeit nicht sagen.

Wie sich die Entwicklung weiter gestalten wird, ist noch nicht vorauszusehen. Vielleicht wird sich doch der technische Ideengang erschöpfen, möglicherweise mit fortschreitender Demenz ganz zerfallen. Daß man ihn zu einer manuellen nützlichen Beschäftigung doch noch wird hinlenken können, erscheint bei seiner Struktur wenig wahrscheinlich. Doch ist es vorläufig noch schwer, in solchen Dingen sichere Prognosen zu stellen.

Fall IX. Bei dem Suchen nach gedruckter Literatur über das Perpetuum mobile begegnete ich der Broschüre »Das Problem einer immerwährend gehenden selbsttätigen Maschine, mit vergleichenden Betrachtungen auf den Weltkrieg 1914/17 und den Kosmos (Die universelle Welt, der Erdkörper), von Jacques de Rix. Sie ist in der Verlagsbuchhandlung für Lebenswissenschaft H. Reichl, Nürnberg, erschienen. Das Erscheinungsjahr fehlt, ist aber in oder nach 1918 anzusetzen. Der Inhalt der Broschüre erwies sich nämlich als stark gekürzte Darstellung und Empfehlung eines im gleichen Verlage im Jahre 1918 erschienenen Buches mit dem Titel »Das bergauflaufende Rad«, eine populäre Darstellung der Erfindung des Perpetuum mobile, mit 13 Abbildungen, zweite Auflage von H. N. L.[1]).

Der Inhalt der Broschüre von de Rix, sowie insbesondere des Buches von H. N. L., dessen Gedankenführung und Vorstellungsverbindungen sind derart, daß es nicht nur als Paradigma für eine gewisse Literatur über das Perpetuum mobile aus unserer Zeitepoche des Triumphes von Naturwissenschaft und Technik Beachtung verdient, sondern, daß ich seine Vorführung im Rahmen der speziellen Fälle meines Themas als berechtigt erachte. Die Begründung für diese Berechtigung werden die nachfolgenden Zeilen, in denen ich den Verfasser möglichst selbst zum Worte kommen lassen werde, bringen. Persönlich kenne ich ihn nicht. Da er im Vorwort erklärt: »Die vorliegende Schrift: ‚Das bergauflaufende Rad' wurde verfaßt, um einen Gedanken populär und verständlich zu machen[2]), der bis jetzt sehr viel Kopfzerbrechen verursacht hat. Die Perpetuum mobile-Idee«[2]), so darf ich annehmen, daß auch mir seine Gedanken verständlich sein sollten. Ich habe mich denn auch bemüht in dieselben einzudringen und meine Ausführungen im ersten Kapitel zur P. m.-Idee zeigen wohl deutlich, daß ich mich in meiner Einstellung zu ihr nicht von vorneherein in engen Bahnen bewege.

Im Vorwort sagt uns der Verfasser weiter, daß »sich der Inhalt der Schrift auf eine gemachte, jedoch noch der Ausarbeitung und Vollendung harrende Erfindung stützt.«

»Die Schrift soll es dem Erfinder möglich machen, seine Erfindung auszuarbeiten und praktisch verwendungsfähig zu machen. Der Verfasser möchte daher den Wunsch äußern, es möchte die Schrift große Verbreitung erfahren und einen möglichst großen Leserkreis gewinnen.«

---

[1]) Das Buch umfaßt 175 Seiten in Kleinformat.
[2]) Von mir unterstrichen.

Der eigentlichen Darstellung seiner Gedanken schickt er auf der dem Vorwort folgenden Seite ein sechsstrophiges Gedicht voraus, das ich hier abdrucke:

Der bewegte Kreis.

Endlich ist er erfunden,
Der Kreis, der immer geht;
So wie die Zeit und Stunden
Er nimmer stille steht.

Es ringt nach einem Kreise,
Der andere schließt sich an;
In fortbewegter Weise
Er niemals ruhen kann.

So wie der Geist dran schaffte
Mit nimmer müder Hand
Es zum Gelingen brachte,
Woran ein Sinn sich band.

So geht er seine Wege
Voran, bergauf und zu,
Wie Erd- und Weltenstege
Und findet keine Ruh.

So ewig, wie die Zeiten
Der Gang des Kreises ist,
Wirkt er in ew'gen Zeiten
Unsterblich, wie du bist.

Unsterblich, wie die Geister
Fort zur Unendlichkeit,
Geht die Bewegung weiter.
Symbol und Wirklichkeit.

In der Broschüre von de Rix ist das Gedicht auch zu finden. Es hat dort, abgesehen von kleinen textlichen Verschiedenheiten, noch eine weitere Strophe, die den eben wiedergegebenen vorangeht und die lautet:

Es dreht sich fort und weiter,
Fort, ohne Unterlaß,
Es gleicht dem wilden Reiter,
Der reitet seinen Paß.

Der »Einleitung« ist der Satz von Leo Gilbert, dem Verfasser des Buches »Neue Energetik«, der auch sonst vielfach herangezogen wird, »Jedes Gleichgewicht bildet die Störung eines anderen Gleichgewichtes« vorangeschickt. Darauf folgen die Sätze: »Es gehört jedenfalls zur neueren und neuesten Auffassung, daß das P. m. (= »ewig Bewegtes«) als System nachweisbar ist. Dieses System stützt sich auf ein fortbewegendes, nicht auf ein ruhendes Gleichgewicht. Nach diesen kommen wir zu der Erkenntnis: Alles ist in fortwährender Bewegung; es gibt keine absoluten Gleichgewichte — nirgends — soweit unser Denkvermögen reicht. Damit kommen wir zu den neuen Resultaten: Es gibt keine Ruhe, wie wir sie uns vorstellen. Es gibt wohl ein momentanes ruhendes Gleichgewicht für unser sinnliches Auge, einen stabilen Zustand. Der stabile Zustand ist jedoch nicht Ruhe. Die Beharrung und Trägheit in der Natur, das, was wir Ruhe nennen, ist als solche begrenzt und nur scheinbar ruhend.«

»Die Bewegung zu erklären, führt nun zu der P. m.-Idee. Diese steht allerdings nicht nur im Widerspruch zur Ruhe, sondern auch im Widerspruch zu den heutigen wissenschaftlichen Beweis- und Erfahrungssätzen. Es wird durch sie jedoch nicht die ganze Wissenschaft absolut verneint, sondern vielmehr im erkenntnis-technischen (!) Sinne ergänzt und erweitert.«

Damit hat H. N. L. sein Programm bis auf einen gewissen Umfang aufgestellt, wenn auch nicht gerade »populär und verständlich«, wenigstens in dem Sinne, wie man diese Worte gewöhnlich meint. Er sagt uns, daß das P. m. — und daß er weiß, was darunter zu verstehen ist, zeigen seine späteren Ausführungen — möglich ist, und zwar auf dem Gedanken basierend, daß sich hinter jeder scheinbaren Ruhe Bewegung verberge. Es ist ihm bewußt, daß er sich mit der Behauptung der Möglichkeit des P. m. in Gegensatz zur Wissenschaft stellt. Er weiß auch, wie wir noch sehen werden, welchen ihrer Sätze er widerspricht. Doch erkennt er das nicht als Mangel an, sondern will zeigen, daß sich daraus eine Bereicherung für sie ergibt.

Auf der folgenden Seite (S. 8) bedauert er, daß er durch den »beschränkten Umfang der Schrift (des Buches) gezwungen ist — für manchen wohl leider — von weitschweifigen Erklärungen, wie dieser und jener Gedanke entstand, abzusehen.« Er fährt dann fort: »Wie sich der Verfasser im allgemeinen Bewegung, den dauernden Fluß der Kräfte im Unterschied zur Ruhe, besonders in bezug auf das Leben — den Menschen — denkt, der die ewige Bewegungsidee insbesondere darstellt, können uns in sehr klarer einfacher Weise[1]) nachfolgende Sätze illustrieren.

Es ist etwas schief geraten. — Senkblei her! Wasserwage her! Winkel und Bleigewicht müssen dem Aufbau eine ansehnliche Form geben. Das ist schief, das verletzt das Auge. Es fällt; es droht zu stürzen; es will sich bewegen! Nun wird's ins Gleichgewicht gesetzt, nach dem Senkblei und der Wasserwage, und fest steht der Pfahl, der Apparat ohne sich zu rühren. Ruhe, Gleichgewicht; es muß ein solches geben. Sonst fällt alles um, nur recht fest — solide — damit sich nichts bewegt — sich nicht die fließenden Gedanken Gottes offenbaren können.

Stabiles Gleichgewicht beherrschte bis jetzt die menschliche Geisteswelt. Stabil, fest, was bedeutet es? Daß der Mörtel sitzt, die Steine aufeinander ruhen, das Haus gebaut werden kann ...«

Klar kann man das nicht nennen, denn der »dauernde Fluß der Kräfte« wird dadurch weder klar noch anschaulich dargestellt.

»Nach unserer Schrift hat Materie Energiewert. Optimistisch und lebensbejahend können wir den Fuß auf die Erde setzen: Glanz, Lust, Freude, Liebe, Schönheit pflegen. Wir können die Materie in ihrem Wert schätzen, aber nicht als Fetisch, wie der Geizhals, sondern nach dem, was wir durch sie aus dem Menschen machen können ...« (S. 12).

Wie der erste und die folgenden Sätze dieses letzten Abschnittes zusammenhängen versteht man zunächst nicht, auch nicht, wenn man alles vom Verfasser schon Gesagte hinzunimmt. Es ist ein Sprung im

---

[1]) Von mir hervorgehoben.

Gedankengang, wobei aber für den Verfasser irgendein dahinter stehender Sinn nicht ausgeschlossen sein muß.

»Unsere Verwirrung liegt in der verfehlten Auffassung, es sei die Materie das alleinige Reizmittel zur Anspornung der Tätigkeit und des Strebens . . .«, heißt es weiter. Hier wird also Materie im physikalischen Sinne und im vulgären Sinne, wie im »Materialismus« (materieller Besitz) verschmolzen. Man erkennt das auch aus dem auf der gleichen Seite dieses Buches stehenden Satze: »Unsere Verwirrung kommt von dem Ungeklärtsein, über das, was Materie, Ruhe, Besitz, Bewegung und Kraft ist«, denn man verstünde sonst nicht, wie der Begriff »Besitz« da hineingehörte. Damit kämen wir auch dem verbindenden Sinn im obigen Gedankensprung näher.

Diese Zitate aus der Einleitung des Buches von H. N. L. werfen bereits deutliches Licht auf die Artung seines Denkens.

Das I. Kapitel betitelt »Die Wissenschaft und das bergauflaufende Rad« sagt uns Folgendes über diesen wichtigen Punkt:

»Bis jetzt nahm man an, daß Gegenstände immer nur abwärts fallen, nicht auch aufwärts. Diese Annahme läßt keine Ganzheit des Weges oder einen geschlossenen Kreis zu . . .

Unser bergauflaufendes Rad soll nun ein Prinzip darstellen bei dem nicht bloß ein Rad bergaufwärts läuft, sondern bei dem sich Kraft und Bewegung unausgesetzt wiederholen; also auch ein Rad bergauf- und bergabwärts und wieder bergauf läuft o d e r e i n e n g e s c h l o s s e n e n K r e i s l a u f vollzieht. Es handelt sich dabei jedoch weniger — was wir gleich wegen der Klarheit bemerken wollen — um Bewegungserscheinung von bergaufwärts oder bergabwärts als vielmehr um K r a f t oder einen geschlossenen K r a f t r i n g. Über unser Prinzip sagt Helmholtz einige wichtige Sätze, wenn er auch dessen Unausführbarkeit als Axiom voraussetzte« (S. 13/14). Nun folgt die bekannte Stelle aus Helmholtz über den Beweis des Satzes von der Erhaltung der Kraft aus der Unmöglichkeit eines P. m.

Und H. N. L. nimmt folgendermaßen dazu Stellung:

»Kraft, Weg und Wiederholung bedarf es demnach zu einem P. m. oder, was dasselbe ist, einem bergauflaufenden Rad. Bei einem bergauflaufenden Rade handelt es sich in der Hauptsache um genügende Kraft oder daß die Kraft bei ihrer Betätigung und ihrem Vorwärtstreiben größer, auf einen geringeren Widerstand — der Steigung — wirkend ist, und stets immer die gleiche Größe der Kraft nach jedem Moment der Bewegung sich vorfindet. Es ist dieses das dauernde Plus zwischen Angriff und Widerstand, das oben Helmholtz verlangt[1].

---

[1] Bei Helmholtz heißt der Satz, daß die Arbeit, die notwendig sei, um ein System, das in eine andere Lage gebracht wurde, in die Anfangslage zurückzubringen, die gleiche sein müsse, wie die zur Erzielung dieser anderen Lage aufgewendete, weil im anderen Falle ein P. m. möglich wäre, was ausgeschlossen sei.

Das bedeutet in der Praxis tatsächlich die Möglichkeit einer immer laufenden Maschine. Es ist jedoch überhaupt nirgends in der Natur eine Bewegung oder Arbeitsleistung möglich, bei der nicht Kraft und Widerstand einen Unterschied aufweist. Wir stehen — indem sich um uns Bewegung und Arbeit äußert — vor einem perpetuierlichen Weltwirken. «

Es sieht also so aus, als ob H. N. L. unter Benützung einer Forderung Helmholtz' den Beweis für die Möglichkeit eines P. m. erbracht hätte. Tatsächlich hat er das angenommen, was Helmholtz ausschließt.

Er macht diesen Fehlschluß wohl nur, weil er von vorneherein den Glauben an die Möglichkeit des P. m. hat. Er nimmt an, was er beweisen soll. Dabei wird irgendwie folgende Gleichsetzung gemacht: Kreisbewegung = Kraftring = P. m. = bergauflaufendes Rad. Und das alles geht wieder irgendwie im Begriffe eines perpetuierlichen Weltwirkens auf. Das Verbindungsglied scheint der fühlartige Gedanke von der stets und überall vorhandenen Bewegung zu sein.

Im folgenden Abschnitt wird der Satz von der »Erhaltung von Kraft und Stoff« ausdrücklich als richtig anerkannt, aber eingewendet, wir wüßten nicht, was Kraft und Bewegung sei. Es kommen dann ganz unklare Betrachtungen, die in die Sätze gipfeln: Das Weltwirken ist nämlich Bewegtes durch Differenzierung der Materie; ist Zu- und Abnehmen der Bewegung, Bewegung durch dauernd veränderte Konstellation (Konstruktion) der Materie.«

Diese Sätze werden weiter wie folgt erläutert (S. 16):

»Leider: Diese Differenzierungsnotwendigkeit — nach der jede einzelne Bewegung eine zusammengesetzte ist — wird von der Wissenschaft nicht beachtet. Es ist aber das, was uns nach jeder Richtung auf den Grund der Dinge führt.

Zum Beispiel eine geschlossene Kreisbewegung: Es bewegt ein großer Kreis (Angriff) einen kleinen Kreis (Widerstand), entsprechend seinem größeren Umfang oder Rauminhalt entsprechend schneller. Die Bewegung wird bedingt vom größeren oder kleineren äußeren Volumen. Dieses Verhältnis bestimmt die raschere oder langsamere Schnelligkeit z. B. zwischen zwei Sternbällen. Zwei verschiedene rotierende Sternbälle enthalten, von der Perspektive betrachtet, alles Volumen, allen Inhalt, alle Bewegungsschnelle. Ein dritter, vierter usw. dazu getan, hebt den Zusammenhang von Volumen, Inhalt und Bewegungsschnelle nicht auf, sondern erweitert, verlangsamt oder erhöht ihn nur, je nach Maßgabe der angesetzten Materiengrößen. Alle Materie ist schon vorhanden, beansprucht nach ihrem Umfang ihr wirkendes Sein, den Weg und Raum. Nichts von ihr kann erhalten werden, auch nichts an Kraft. So stellt das ganze unendliche Weltendasein mit allen Sternbällen eine einzige Größe von Materie und Kraft dar. Es bleibt sich im geschlossenen Ganzen der Inhalt oder die Materie und Kraft immer gleich.«

Man kann sich zu diesen Ausführungen, die, wie sich aus dem Vergleich mit den bisherigen Zitaten ergibt, als typisch für den Verfasser zu bezeichnen sind und sich durch das ganze Buch ziehen, verschieden einstellen. Man kann sagen, es ist eine »populäre« Darstellung, wenn man als Leser unklare Köpfe voraussetzt, die von vornherein glauben, daß man sie Wahrheiten lehrt und die eine Art gedanklichen Dunst darüber haben wollen, daß sie es auch begriffen haben. Insoferne kann man auch sagen, es sei »verständlich«. Ist man als naturwissenschaftlich denkender Leser zum Verfasser sehr wohlwollend eingestellt, kann man finden, daß da trotz aller wissenschaftlich verwerflichen Begriffskonfusion (Umfang und Rauminhalt, Bewegung bedingt von größerem oder kleinerem äußeren Volumen usw.) physikalische Erkenntnisse anklingen. Objektiv beurteilt fällt aber das nicht in Betracht und das Resultat ist, trotzdem in dem vom Verfasser gesperrt gedruckten Satz der Erhaltungssatz bezogen auf den Kosmos deutlich zum Vorschein kommt, nichts anderes als ein konfuses Gedankengebilde, bestehend aus verschwommenen, unklaren Begriffen und Gedanken, die in der Hauptsache als Agglomerat nebeneinander gesetzt sind.

Die Anmerkung zu diesem Zitat zeigt uns die Anwendung des gewonnenen »Resultates« auf das »bergauflaufende Rad«. Sie verrät uns einen wichtigen Inhalt seiner Erfindung. Darum sei sie hier auch angeführt: »Unser ‚bergauflaufendes Rad’ oder unsere ‚P. m.-Maschine’ kann deshalb auch niemals eine neue Materie oder neue Kraft erschaffen. Es reden die P. m.-Leugner darum von einer benötigten Kraft aus nichts. Sie stützen sich dabei auf etwas, das sie Kraft nennen, wovon sie aber nur eine Erfahrungsannahme, aber keine Erkenntnis besitzen. Unsere Maschine kann nun — und zwar durch ihre Konstruktion, Konstellation oder Organisation der Teile —, was alle Bewegungskraft tut —: Nämlich Formwechsel und Bewegungsschnelle der Materie bewirken. Wir selbst können danach auch Schaffer, Schöpfer oder Erzeuger neuer Formen sein; aber wie aus obigem hervorgeht, nur im Anschluß an den Gesamtinhalt der Natur. Es ist aus nichts nichts und braucht nichts zu sein.«

Die »Erfindung« soll also eine Maschine sein, die durch die »Organisation ihrer Teile« allein Formwechsel und Bewegungsschnelle der Materie bewirken und damit, wenn ich recht deute, Bewegung erzeugen und Arbeit leisten.

»Der Kreis, der auch ein Rad sein kann, spielt bei einer Maschine mit wiederholender Bewegung die wichtigste Rolle. Schon in der alten Mythologie wurde das Rad in religiösem Sinne mit der Gottheit verglichen... Die Wiederholung der Bewegung ist das Symbol der Ewigkeit.« (S. das Gedicht, Strophe 6). »Das Rad, der Kreis oder der kontinuierliche Hebel ist das hauptsächlichste Element für sämtliche Maschinen, die auf mechanischen Wirkungen eingerichtet sind ... Man kann schon gefühlsmäßig, wenn man die herrliche, goldsprühende Sonne frei und majestätisch sich am Himmelsrande emporheben sieht, auf den Gedanken der immerwährenden Bewegung gebracht werden.«

Der Gedanke des »kontinuierlichen Hebels« begegnete uns bereits im Fall VII (Tsch. J.).

Daß der Verfasser auch physikalische Sätze richtig aus seiner Lektüre aufgenommen hat, sahen wir bereits. Ein weiteres Beispiel ist dieses (S. 20): »Das, was die Veränderung hervorruft, nennen wir gewöhnlich Kraft. Das Wesen der Kraft kennt die Wissenschaft nicht, lediglich die Wirkung der Kräfte.« Dann aber folgen wieder Sätze wie: »Feste Körper lassen keine elastische Ausdehnung zu« (S. 21).

»Die Ausdehnung und Zusammendrückbarkeit der Körper oder die Elastizität«, worunter auch die Wärmeerscheinungen mit verstanden werden, die Elektrizität, die Schwere werden als Prinzipe für ein P. m. abgelehnt (S. 21 u. f.).

Als Prinzip für ein P. m. wird das »Rad«, der Kreis, der Ring, als Kraftring hingestellt mit folgenden Worten, die in dem Abschnitt »Die noch nicht erkannte oder beschränkte Auffassung der Bedeutung des Rades oder Kreises durch die heutige Wissenschaft« stehen (S. 27/28) und die, soweit man in diesen Gedanken einen Sinn finden kann, eigentlich wieder annehmen, was sie beweisen wollen: »Ist nun das Fallen eines Gegenstandes nach der modernen Wärmelehre oder der heutigen Kenntnis von der Kraft keine eigentliche Kraftleistung, so ist doch die Erscheinung noch nicht geklärt. Nach der Wissenschaft ist das Fallen eines Gegenstandes nicht mehr als eine einseitige Bewegungsrichtung. Erst die P. m.-Idee läßt uns heute umfassender sehen. Erst diese kann uns einen geschlossenen Ring der Materienkräfte und der Gravitation nachweisen. In den P. m.-Ring wirkt jede Bewegung einer Materie, wie wir uns z. B. am besten vorstellen, ähnlich wie in einem geschlossenen Perlenstrang, in welchem die Perlen auf einer Schnur gefaßt sind, so daß die geringste Bewegung einer Perle immer den ganzen Kreis durchzieht. Einen solchen Kraftring, den die Wissenschaft noch nicht kennt, stellt der Kosmos dar (»P. m.-Kosmos«).. Es ist also jedes Stück Materie auch ein Kraftelement mit einer unendlichen Wirkungsbetätigung. Für die Wissenschaft dagegen ist z. B. ein gefallener Stein, sobald er auf der Erde ruht, als Bewegungskraft erledigt«.

»Trotz aller Anstrengungen hatte man«, steht am Anfang des Kapitels ‚Mechanische Experimente' ein P. m. nicht erfunden, nach den wissenschaftlichen Einsichten nicht finden können. Unmöglich lautet der diktatorische Spruch der Wissenschaft. Wenn damit auch die Frage wirklich restlos erledigt wäre, so hätte es keinen Zweck, darüber weiter zu schreiben. Aber die Bewegung scheint in der Natur gegenüber der

Ruhe nach Sieg zu drängen. In vielen menschlichen Herzen findet der Gedanke an das P. m., die ewige Bewegung, einen ahnungsvollen Widerhall[1]) (S. 33).

Für die Art seiner mechanischen Beweisführung diene Folgendes als Beispiel: »Warum bewegt der Druck auf das Zentrum eines Rades dieses nicht, warum schieben sich zwei Fäuste nicht, die mit gleicher Kraft sich gegeneinanderstemmen? Weil ihnen der Weg fehlt. Aus der Einheit zweier Kräfte geht keine Bewegung hervor. Sollen zwei Fäuste gegeneinandergestemmt, Bewegung möglich machen, so muß die eine Faust nachgeben. Soll beim Rad Bewegung durch Druck möglich werden, so darf der Druck nicht auf das Zentrum wirken, sondern in einem Winkel zum Zentrum auf die Peripherie des Rades. Der Druck auf das Zentrum des Rades ist nichts anderes, als Druck auf eine feste Achse mit gleichem Gegendruck. (‚S. an Abb. 2‘, die in Fig. 51 wiedergegeben ist.) Druck und Gegendruck, die absolut gleich sind, lassen aber keine Bewegung zu, da der Weg für Bewegung fehlt. Also gilt das Resultat: Einer absoluten Einheit von Kräften fehlt die Bewegungsmöglichkeit, oder zwei absolut gleiche Kräfte lassen keine Bewegung zu (S. 35/36)«. Der erste Teil des Resultates ist begrifflich nichtssagend, der zweite falsch, denn zwei absolut gleiche und gleich gerichtete Kräfte lassen wohl eine Bewegung zu.

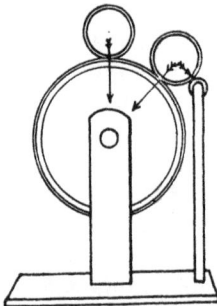

Fig. 51.

Es wird nun am Schlusse dieses Kapitels an Hand einer einfachen Winde gezeigt, daß »Kraft mal Weg sich deckt und macht demnach ein größerer Hebelarm gegenüber einem um die Hälfte kleineren einen doppelten Weg, wenn er eine nochmal so schwere Last heben soll. Es nützen also, von dieser Seite gesehen, Übersetzung von Rädern zu einer Kraft, die imstande wäre, Bewegung durch eine mechanische Vorrichtung zu erzeugen, nichts. Damit dürften wir, ohne uns auf hohe mathematische Auseinandersetzungen, für deren Verarbeitung der Laie doch keine Zeit hat, eingelassen zu haben, so ziemlich die bekannten Gesetze, die die Unmöglichkeit einer Schwerkraftmaschine nach der heutigen wissenschaftlichen Auffassung darstellen, besprochen haben. Es ist ausgeschlossen, daß es danach eine solche Maschine gibt, bzw. eine solche zu erfinden wäre. Die Möglichkeit der Maschine zu verneinen, ist danach nicht unverständlich. «

Die ganze Beweisführung ist sonderbar und unklar.

Immerhin, da nach dem Verfasser, wie wir gesehen haben ein P. m. doch möglich ist, muß ein anderer Weg zu demselben vorhanden sein.

---

[1]) Von mir hervorgehoben. Es deutet wohl auf eigene »Herzensbedürfnisse« des Verfassers hin. S. unten.

Er erörtert daher im folgenden III. Kapitel die Frage: »Gibt es eine andere Auffassung?« und schickt als Motto den Satz voraus: »Die bloße Erfahrung ist demagogisch. Die Wissenschaft darf nicht in Demagogik ausarten, indem der Geist zu seinem Wachstum Spielraum verlangt.« Und er sagt uns sofort: Obige Frage wird bejaht. »Es wird, sagen wir, gewagt, den Bann zu brechen.«

»Die Sätze der Erhaltung von Kraft und Stoff, die nach der Wissenschaft die Unmöglichkeit des P. m. beweisen sollen, sind Erfahrungssätze. Und zwar bezeichnet die Wissenschaft die Wärme als Kraft der Kräfte. Ihre heutigen Experimente mit dieser stellen ihre Erfahrung dar. Neben der Methode des Verstandes und der Erfahrung wollen wir aber auch hier zunächst das Gefühl, das über die Erfahrung hinauszugreifen sucht, betonen. Wie sollten auch andere Organe als Gefühle und Geist eine Seh- und fortschreitende Entwicklungsleistung bewerkstelligen können. ‚Die seelische Konfiguration ist eine Konstellation der Psychoide‘[1]), schreibt Gilbert, und zwar nach mannigfachen Grundplänen: Gesicht-, Gehör-, Tastempfindungen, Gemüt (Stolz, Freude), Verstand, Vernunft. Es steigt der Aufbau immer mehr an durch Neubildungen von überlagerten höheren Empfindungsorganen, d. h. die Menschenseele entsteht durch gelegentliche Superpositionen, zu denen die lang dauernde Differentiation emporführt.«

»Braucht es da wohl nicht auch zur Erkenntnis der P. m.-Idee oder ‚Realisierung des Ewigen‘ fortgeschrittenere Entwicklungen — neue Superpositionen der Seele, des Hirns und damit auch des Gemütes? Wir brauchen uns da nicht zu wundern, wenn eine materialistische Zeitperiode die P. m.-Idee nicht lösen konnte. Es ist dies aber auch Grund darauf zu achten, was uns diese Idee offenbaren kann. Es handelt sich hier nicht um Bedeutungsloses.«

Die Erfahrung und die auf ihr gegründete Naturwissenschaft, das gibt der Verfasser zu, schließen ein P. m. aus. Aber diese arbeite mit dem Verstande. Demnach muß es, da doch nach der Überzeugung des Verfassers ein P. m. möglich ist, eine andere Seelenkraft sein, die zu dessen Idee führe und das sei das Gefühl. Dieses und der Geist ermöglichen uns, Erkenntnisse zu finden, die dem Verstande unzugänglich seien. Und da nach Gilbert in der Seele auch Superpositionen von Empfindungsorganen entstehen, so braucht man nur anzunehmen, daß für die Erfassung der P. m.-Idee solch eine Superposition nötig ist. Dann aber, müssen wir weiter folgern, hat der Verfasser diese Superposition, weil er die Erkenntnis dieser Idee zu haben angibt, und alle anderen die sie nicht mit ihm teilen, haben diesen Grad von geistiger Differentiation noch nicht.

---

[1]) Von H. N. L. gesperrt.

Auf S. 44 führt H. N. L. aus, daß es »die Gefühle des Unbefriedigt-
seins« sind, die, trotz der bisher widersprechenden Erfahrungen, die
Menschen treiben, ein P. m. zu konstruieren. Diese Gefühle sollten befriedigt werden, ansonst »Stockungen« in den »Gefühlszentren« entstehen, die neuen Gefühlsströmen hinderlich sind. Dann fährt er
fort: »Kant hielt die P. m.-Sucher für seelisch belastete Menschen,
die über die Erfahrung hinaus wollen. Was heißt aber hier belastet?
Ist dies nicht auch der Kaufmann, der ein Geschäft machen will,
von dem er sich nicht im vornehcrein sagen kann, ob es absolut
gelingt! . . .«

H. N. L. widerlegt also hier scheinbar Kant, indem er von dessen
Begriff belastet, »weit abspringt«, und von etwas ganz anderem redet.
Solche scheinbare Beweisführungen sind bei ihm sehr häufig.

Gegen Jchak, die sagt, es gebe nur zwei Wege, um ein P. m. zu
suchen, entweder die Wissenschaft zu ignorieren oder sie zu überflügeln,
welchen Satz er als richtig anerkennt, führt er an, daß das erstere dem
verständigen Erfinder nicht leicht sei, es »bleibe ihm daher nur für das
letztere die Wahl, wenn er sein Problem nicht aufgeben wolle«. Dieses
»Überflügeln« werde gegen die Erfahrungssätze der Wissenschaft möglich,
weil der (P. m.-) Suchende das Gefühl habe, sie sei »in ihren Auffassungen
einseitig«. »Das Gefühl, das uns besonders zu einer tieferen Auffassung
der Erscheinungswelt führen kann, wird leider als Mittel zur Wahr-
heitsforschung der Wissenschaft nicht anerkannt« (S. 51). »Das Gefühl kann uns genau sagen, was in der Welt fehlt« (S. 52). Auf S. 53
wird »der Glaube an ein P. m. als unausrottbar« bezeichnet. Dieses
Übergewicht des Gefühls für die Entscheidung, ob ein P. m. möglich sei,
wird auf S. 56/57 nochmals ausdrücklich betont. Da die Wissenschaft
mit ihren Erfahrungssätzen gegen das »Gefühl eines P. m.-Suchers
sei, das zu ihm für eine sichtbare, wiederholende Bewegung mit Hilfe
einer Konstruktion oder der P. m.-Maschine, spreche, müsse sie es schon
gestatten, daß der Einzelne bei seinem Weg, den er zu gehen denkt,
sich zunächst auf seine Gefühle stützt, um diese erst durch den Verstand
zu ordnen und zu realisieren.«

Unter falscher Ausnutzung der philosophischen Lehre, daß wir
unsere Begriffe und Ideen nicht in die Dinge der Außenwelt hineinlegen,
sondern, daß wir sie bilden, weil die Natur sie fordert, wozu er ein Zitat
von Goethe bringt, erklärt er: »Die Ideen des P. m. sind — sobald wir
sie uns denken und sie gefühlsmäßig erfassen können — in diesem
Sinne Wirklichkeit, d. h. müssen an der uns umgebenden Erscheinungswelt aufgezeigt werden können«. Danach müßten auch alle Phantasie-
produkte, alle Märchengebilde, da wir sie »denken und fühlen«, in der
Erscheinungswelt aufgezeigt werden können. Aber, wir treffen mit
dieser Kritik wohl nicht das Richtige, denn die Logik ist hier nur die
Konzession, die der Verfasser an die Wissenschaft macht und hinter

dieser Argumentation verbirgt sich der mystische Glaube an die magische Kraft dessen, was gedacht und gefühlt wird.

Wir sind nach dem bisher Ausgeführten nicht mehr erstaunt, wenn der Verfasser das V. Kapitel, betitelt »Der Hebel«, so beginnt: »Das mechanische, eigentlich das bewegende Prinzip finden wir im Hebel. Der Hebel umgekehrt gelesen heißt lebe. Lebe ewig scheint dies zu bedeuten« (S. 60).

Nachdem verschiedene Beispiele von Hebeln aus der allgemein zugänglichen Erfahrung, angeführt worden sind, heißt es dann (S. 64): »Unser Sternensystem mit seiner glühenden Sonne und Sternen, das große ‚P. m. des Kosmos', mit allen Sonnen, besteht aus vollkommensten Hebelwerken. Wer eine P. m.-Maschine erfinden will, kann eine solche nicht ausführen, ohne ein Hebelwerk zu konstruieren. Es gehört wohl zu einem P. m. noch etwas anderes, wohl die einfachste mechanische Bewegungserscheinung, die uns so kompliziert erscheinende und noch so schwer begreifliche bewegte Gegenstütze.«

Was die »bewegte Gegenstütze« bedeuten soll, ist hier nicht ersichtlich. Auf S. 25 wird darüber etwas gesagt, und zwar meint er damit, soweit ich es verstehen kann, die Tatsache, daß dieses Hebelwerk eines P. m. nicht isoliert betrachtet werden dürfe, sondern in den Zusammenhang des Weltganzen gestellt, in einen »Kraftring« nach Gilbert eingeschlossen werden müsse. Er erläutert das dort an einem fallenden Stein, indem er dagegen polemisiert, daß »nach der Wissenschaft«, ein Stein, sobald er soweit gesunken sei, als er gehoben wurde, in Ruhe verharre. »Auch dies dürfte,« schreibt er dort, »etwas anders sein.« Die Erde, auf die der Stein falle, sei kein feststehender Boden, sondern »stütze« sich auf die übrigen umgebenden Weltkörper und so ins Unendliche. Allerdings wird durch diese Erläuterung nicht wesentlich klarer, was er meint.

Auf S. 65 spricht er vom ungleicharmigen Hebel und dem bekannten Verhältnis von Kraft, Last und Hebelarm bei demselben und sagt dann: »Dieses Verhältnis, das wir auf S. 38 nach der negativen Fallrichtung erörtert haben (s. S. 188 dieser Arbeit), zu einem System geordnet, in dem die Länge des Weges und die damit bedingte Schnelligkeit keine störende und hemmende Rolle spielt für ein gegenseitiges Kreisstreben gegenüber der zu bewältigenden Last oder umgekehrt, stellt eine P. m.-Maschine dar, wie diese Schrift eine solche auffaßt. Es spielt dabei das nach außen gerichtete Volumen zur Masse oder Inhalt eine Rolle. Die Maschine verfügt fortwährend, je nach dem Grade der Differenz zwischen den Hebelrädern, über einen Überschuß an Bewegungsschnelle (ein Überschuß an Bewegungsschnelle ist für die Maschine die Hauptsache.)« »Übrigens einen Überschuß an Bewegungskraft, die die verschiedene Bewegungsschnelle ausmacht, müssen auch die Weltkörper haben, denn sonst wären ihre künstlichen Wege und Rotationen nicht möglich. Dieser Überschuß beruht auf erwähnten gegebenen Differenzen.«

»Bewegungsschnelle« scheint demnach soviel wie Beschleunigung zu bedeuten. Wir begegneten dem Ausdruck »Schnell« in einem ähnlichen, wenn auch nicht ganz identischen Sinne, bei unserem Fall II. Diese Beschreibung seines P. m. ist höchst unklar, man könnte sagen, er hätte es nicht unklarer darstellen können, wenn er es absichtlich hätte verschleiern wollen. Aber das will er nicht, sondern es populär und verständlich ausdrücken, wie er am Anfang des Buches sagt. Kein klar physikalisch Denkender kann sich aus dieser Schilderung eine bestimmte Vorstellung bilden und doch ist die Darstellung des P. m. zumindest mit ein Hauptzweck des Buches.

In der oben erwähnten Broschüre von J. de Rix findet sich auf S. 5 eine Schilderung dieses P. m., die zwar im ganzen nicht klarer ist, wie die eben wiedergegebene, aber doch noch einige Elemente mehr enthält. Sie lautet: »Bei der allgemeinen Diskreditierung und absoluten Annahme der Unmöglichkeit einer Schwerkraftmaschine der heutigen wissenschaftlichen Erkenntnis, dürften hier die nachstehenden Sätze nicht unangebracht sein: Halten sich zwei ungleich schwere Körper an einem ungleicharmigen Hebel das Gleichgewicht und wird dieses Gleichgewicht weiter gestört, so suchen die Kräfte wieder ins Gleichgewicht zu gelangen. Bei einer unvollkommenen Schwerkraftmaschine, die jede Wage oder jeder Hebel ist, geschieht dies nicht von einem Maschinenelement zum andern, sondern es geschieht in mißlicher Weise durch die Anziehung der Erde unterhalb des Drehpunktes. An diesem Punkte hört sozusagen die zur Bewegung notwendige individuelle, künstlerische Organisation auf. Man kann diesen Stillstand der Bewegung der Maschine mit dem Stillstehen des menschlichen Herzens vergleichen, bei dem auch der menschliche Körper der vollständigen Anziehungskraft der Erde ausgesetzt ist. Werden aber die beiden ungleicharmigen Hebel in relativer Selbständigkeit gehalten, so sucht der für das Gleichgewicht zu weit entfernte Hebel dieses Gleichgewicht durch größere Bewegungsschnelle zu erreichen. Kann dieses durch entsprechende mechanische Anordnung nicht gelingen, die auch den Weg freiläßt, den toten Punkt nicht berührt, das Ganze aber gleichwohl zu einem Kreisstreben organisiert ist, so entsteht eben eine sich wiederholende Bewegung nach dem gesuchten Ziel des toten Punktes, ohne daß dieser erreicht wird. Das schönste P. m. ist dann fertig.«

Vergleicht man diese Darstellung mit den Versuchen unseres Falles II, ein mechanisches P. m. zu konstruieren, so wird uns der sonst unverständliche Inhalt etwas erhellt, wozu noch folgende Stelle auf S. 2 der Broschüre beiträgt, welche lautet: »Ist nun bei einem ungleicharmigen Hebel, nach dem kleineren Gewichte zu, die Entfernung größer, als es zum Gleichgewichte nötig ist, so hebt auch ein kleineres ein größeres Gewicht.« Auch dort handelte es sich um einen ungleicharmigen Hebel, bei dem ein Arm über das Maß etwas verlängert würde, welches gerade zur Gleichgewichtserhaltung nötig war, und wobei es darauf ankam, den »toten Punkt« zu umgehen. Auch er spricht von dem »Schnell« durch diesen verlängerten Hebel.

Von H. N. L. übernehmen konnte er es nicht, da er nachweislich dessen Buch und die Broschüre von de Rix nicht kannte, übrigens darin sehr wahrscheinlich nichts verstanden hätte, und weil H. N. L. gar keine Zeichnung zu dieser Darstellung gibt. Wir haben daher hier eine eigenartige Übereinstimmung.

Unser Fall II spricht (s. S. 46) davon, daß es, um ein P. m. zu finden, gelte, die Natur zu »überlisten«. Diesen Ausdruck, die Natur überlisten, führt H. N. L. (S. 73), indem er aus »Ruhmesblätter der Technik«[1]) die Sätze zitiert: »An dem Tage, da der Mensch zum erstenmal die Natur überlistete, begann die Kultur. Als es Nacht wurde, zündete er ein Holzscheit an« usw., an, polemisiert aber aufs heftigste gegen sie mit den Worten: »Warum die Natur überlisten? Es ist gut, daß ein Listiger diese Maschine nicht erfand, ein Makler, ein Überlistender, ein Schwindler, der durch List von der Natur leben will, ohne Arbeit zu leisten, einer, dessen Sinn List ist.« Diesen sehr stark affektbetonten Ausbruch verstehen wir, wenn wir hören, was Feldhaus zu dem »Verlangen der Menschen, eine immerwährende Kraft aus dem Nichts heraus zu erzeugen«, sagt. Er bezeichnet es als »unsinnig« und meint weiter: »Darum gehört die ganze Geschichte des Problems vom P. m. in die Geschichte der menschlichen Narrheit, nicht zur Geschichte der Naturwissenschaften«. Allerdings widerspricht er sich im Ausdruck selbst, wenn er oben sagt, »an dem Tage, da der Mensch zum erstenmal die Natur überlistete, begann die Kultur«, und auf der gleichen Seite gegen die P. m.-Sucher erklärt: »Natur bleibt wahr, immer und ewig. Sie kennt keine List und läßt sich darum nicht überlisten.«

H. N. L. weist in dem oben herangezogenen Kapitel »Die Reibung«, die Forderung ab, ein P. m. müßte eine »reibungslose Bewegung« enthalten. Er bezeichnet sie als unsinnig und »nur so weit vernünftig, als man Reibungsflächen zum Zwecke der Kraftersparnis nach Möglichkeit reduziert«.

Die folgenden vier Kapitel übergehe ich im Rahmen dieser Arbeit. Ihre Titel lauten: »Die Welt ist beides, mechanisch und organisch; Das ‚Eins‘ der heutigen exakten wissenschaftlichen Auffassung; Die Differenzierung der Erscheinungswelt; Was ist ewig?«

In dem Kapitel »Die Gattung steht über allem« spricht H. N. L. über nervöse Leiden und speziell über die Folgen der Onanie und darüber, wie er durch Aufklärung mit dem Ziel, das »lebendige Gleichgewicht zwischen den Unterschieden von Geist und Sinnlichkeit, und zwar eines

---

[1]) Es handelt sich um das Buch von F. M. Feldhaus, s. Anmerkung S. 12. Diese Stelle findet sich im Kapitel *Perpetua mobila* S. 89.

lebendigen bewegten Lebens, das Beherrschungskraft erzeugen kann«, herzustellen, verschiedenen Menschen geholfen habe. Hiefür werden Zeugnisse abgedruckt. Er führt hiezu aus: »Alle Einseitigkeit nach der Seite des Sinnlichen wie nach der geistigen Seite wirkt störend. Nach der Richtung des Sinnlichen führt sie zum Tierischen, Häßlichen, nach der Richtung des Geistigen zur Übereinbildung, Überspannung, einseitigen Verstandesherrschaft und Wahnsinn. Alle Geisteskranken sind entweder nach der geistigen oder nach der sinnlichen Seite einseitig. Diese Erscheinung ist das Wesen ihrer Krankheit, ist auch das, was sie krank machte, irgendeine Einseitigkeit im Leben oder eine ganz einseitige Lebensrichtung. Alles Einseitige ist ungesund, indem es zur Stockung der Bewegung führt, zugrunde geht, indem es nicht mehr der Bewegungsidee des Geistes des Weltwirkens entspricht ... Gestörte Gesundheit ist Störung der Gesetze nach dem Ewigen oder Unendlichen hin«.

Und in der Anmerkung zu diesen Ausführungen heißt es: »Manche, die unbedingt ein P. m. erfinden wollten und keine Ahnung hatten, daß ein solches Werk ideell die ganze Weltidee umfaßt, endeten wegen ihrer Einseitigkeit im Irrenhaus, und zwar, indem sie fortwährend einseitig an den nach allen Seiten geschlossenen Kreis dachten. Es erklärt sich die tragische Folge damit, daß sich die Weltbewegungen nicht in einem einseitigen circulus vitiosus (Kreislauf) vollziehen, sondern auch einen unendlichen Weg durch die Spiralenkreise verlangen[1].«

Im 12. Kapitel, »Der Sieg des Menschen«, schreibt er (S. 130): »Der Sieg gehört dem menschlichen Geiste. Dieser Sieg des Menschen ist ein Hirnsieg, er ist ein Erkenntnissieg — bewußtes P. m. Es gibt hier eigentlich zwei P. m. Das unbewußte der Weltenkonstruktion, mit dem der Mensch eins ist, und das bewußte, das der Mensch ist oder es werden kann und wird, das er in seiner Erkenntnis — in seinem Hirn trägt. Das bewußte P. m. im Menschenhirn, ist die andere Seite der unbewußten Weltenkonstruktion. Der Mensch bzw. sein Hirn ist die andere bewußte Seite des Unbewußten, ist das Bewußtsein der Weltschöpfung. Eine fortsteigende Hirnevolution drängt uns nach dieser Seite des Bewußtseins.«

Es wird hier also zu sagen versucht, daß unser Bewußtsein das P. m. (besser die P. m.-Idee) habe oder haben könne, weil es nur die andere Seite des tatsächlich vorhandenen P. m. des Kosmos ist, mit dem wir eins sind. Die Möglichkeit des P. m. wird demnach durch eine religiösmystische Anschauung gestützt.

Die Bedeutung der P. m.-Idee wird in dem Buche weiter in die verschiedensten Gebiete hinein verfolgt. So stelle auch die »umfassendste

---

[1] Auf die ganz falsche Auffassung des Ausdruckes *circulus vitiosus* sei nur nebenbei hingewiesen.

Entwicklungsidee als P. m.-Idee die vielsagendste und zutreffendste Bezeichnung dar«.

Dann heißt es S. 142: »Um wieder auf unsere Maschine zurückzukommen: Alles ist gegensätzlich. Jeder Körper spielt eine Doppelrolle. Nicht nur hinsichtlich seiner Form — der Erscheinung —, sondern auch hinsichtlich seiner Bewegung. Wollen wir ein P. m. konstruieren, muß die Kraft sowohl abwärts wie aufwärts, also doppelt wirken. Das Doppelte finden wir überall. Dem Lichte steht die Finsternis gegenüber, der Wärme die Kälte, umgekehrt steht der Innennatur die Außennatur gegenüber, dem Schwarz das Weiß, dem Körperlichen das Geistige usw. Das bedeutet aber niemals ewige Ruhe, sondern fortwährend durch seine andere Seite sich fortzeugende Bewegung. Es bedeutet das P. m. (ewig Bewegtes).«

»Durch die Gegensätzlichkeit, die jede Erscheinung aufweist, befinden sich alle Körper in unausgesetzter Spannung (Arbeit) latent oder aktiv.«

»Um ein P. m. zu konstruieren, erfordert es die passive, gestützte und aktive Arbeit (Bewegung) von in Spannung versetzten Materieelementen. Hier kommen wir allerdings zu einem Punkt, der über das Gilbertsche Werk hinausreicht. Ein P. m. ist ein Kunstwerk wie jede Maschine« (S. 148).

Im letzten (14.) Kapitel betitelt, »Nochmals das bergauflaufende Rad, wie es mechanisch und letzten Endes durch das Weltall funktioniert«, kommen noch einzelne für das Denken von H. N. L. und seine Einstellung zum P. m. bedeutsame Stellen vor. Wie wenn sich der Verfasser entschuldigen wollte, daß er letzten Endes dem Leser doch nicht sagt, wie sein P. m. konstruiert ist, schreibt er S. 154/155: »Wir dürfen vielleicht annehmen, daß die meisten Leser, die bis jetzt die vorliegende Schrift verfolgten, das Gefühl haben, daß das sinnliche und betastbare Sein, das uns ja tagtäglich umgibt, z. B. bei einer Maschine die mechanischen Teile, nicht so sehr ‚an sich' interessant sind, als vielmehr ihre Deutung. Es dürfte nicht schwer fallen, das gleiche auch auf das bergauflaufende Rad, das P. m. oder dessen mechanische Konstruktion anzuwenden. Nicht der Besitz, sagt hier Gilbert treffend, macht das Wissen, wie es die heutige Schulgelehrtheit annimmt, sondern seine Deutung. Wir wollen daher zum Schlusse unserer Schrift nochmal das bergauflaufende Rad, wie es eigentlich funktioniert, zum Teil wiederholend und zum Teil von neuen, noch nicht genügend ausgesprochenen Seiten erörtern und auch das Eigentliche — was die bewegende Seele der Maschine ist —, hervorheben.«

Was allerdings in diesem letzten Kapitel gesagt wird, erfüllt diese Aufgabe nicht. Es wird da nochmals von allem Möglichen, was nach dem Verfasser in die P. m.-Idee eingeht, gesprochen. Seine Maschine selbst, die er erfunden haben will, lernen wir nicht kennen. Denn die nach-

13*

folgend wiedergegebenen Sätze, welche darauf Bezug haben, können das sicher nicht leisten. Es heißt da S. 167/168: »Alle Bewegung, Kraft und Spannung beruht, wie schon aus unseren Experimenten und Abbildungen S. 33—38 hervorging, auf Differenzierung der Elemente. Für unsere Maschine auf ihren tatsächlichen Differenzen und zugleich Gleichheit dieser, d. h. auf den Differenzen und der Gleichheit von Inhalt-, Masse und Volumen-Weg oder Zeit. Alles dies stellt der Kreis dar.

Es ist dies nicht so schwer verständlich zu machen. Allerdings, wäre die Vorführung des Maschinenmodells des Erfinders in dieser Schrift möglich, wäre das Verständnis erleichtert. Es zeigt uns jedoch auch jeder in Bewegung und Rotation befindliche Kreis die genannten Verhältnisse: Den Inhalt = Masse, den Umfang = Volumen, den Weg = Zeit, den dieser zu einer einmaligen geschlossenen Drehung macht. Der Kreis ist also eine leicht erklärbare differenzierte Einheit. Komplizierter wird er bei mehreren größeren und kleineren Kreisen.«

S. 171: »Also: 1. Kraft und Schnelligkeit beruht auf der Differenz des Widerstandes von Materie zu Materie oder in der gegebenen Größe des Unterschiedes. Es ist dadurch Arbeitsleistung möglich (Bewegungsschnelle der Materie, Formänderung).

2. Ist danach nicht einzusehen, warum ein P. m. unmöglich sein soll, da dieses Verhältnis die Voraussetzung zu einem P. m. enthält (Erhaltung der Bewegung durch Erhaltung der Unterschiede).«

Und endlich S. 173: »Die Umsetzung der Schwere, d. h. die bewegende Kraft der Materie, findet auch nach der P. m. Erkenntnis — das ist das große Neue unserer Schrift — nicht durch die Energie der Sonne oder einer anderen einseitigen chemischen Energie, sondern durch den Hebel, d. h. durch die Differenz zwischen Weg, Volumen und Dichte (Schwere) der Materien statt. Mit anderen Worten: Durch das uns bekannte Gattungsprinzip von Außen- und Innennatur (= auch Festes und Flüssiges, vgl. S. 79 und 87), durch kunstgerechte entsprechende Zusammensetzung von Materieteilchen oder im Falle unserer Maschine von Maschinenelementen.«

»Damit soll nun hier das, wie das bergauflaufende Rad funktioniert, ein Körper nicht bloß sinkt, sondern auch gehoben wird, im Rahmen unserer kleinen Schrift besprochen sein.«

Dieses »große Neue«, von dem H. N. L. spricht, ist, das müssen wir leider sagen, ein »Nichts«, Worte, die nur einen Sinn haben, wenn er damit mystisch-magische Wirkungen verbindet. Daß diese Annahme bei ihm zulässig ist, darauf weisen die Auseinandersetzungen auf S. 191 hin.

Das Buch entläßt uns, nachdem es den Kampf gegen die P. m.-Idee als »Oberflächlichkeit und Schwäche des Geistes« bezeichnet hat, mit dem Satze: »In der P. m.-Idee kann gerade das gefunden werden und wird gefunden, was jeder wahrheitsliebende Mensch sucht und wonach wir uns alle sehnen: Nach Wahrheit und Klarheit über das Sein und seine Gesetze.«

Zusammenfassung. Es ist im Rahmen des Themas der vorliegenden Arbeit nicht meine Aufgabe, auf die Analyse und Kritik des ganzen Buches von H. N. L. einzugehen, obwohl uns das in ein zweifellos reizvolles und wichtiges Problem der Psychopathologie in der Kultur, wie sie sich in solcher »populärwissenschaftlicher Literatur« manifestiert, führen würde. Für den Mediziner erhöht sich der Reiz dadurch, daß auch kurpfuscherisohe Tendenzen damit verbunden sind (s. S. 193). Als Lesepublikum für ein solches Buch kann man sich nur unklare oder verworrene Köpfe denken, in deren Fühlen und nebelhaftem Denken für solche Lehren, wenn sie nur mit suggestiv wirkender Überzeugung, gestützt von Scheinbeweisen mit Zitaten aus der Literatur vorgetragen werden, Aufnahmebereitschaft vorhanden ist. Ihre Annahme dieser Lehren bedeutet dann nicht Erkennen ihrer Richtigkeit, sondern Bestätigung aus konvergentem Fühlen, Hoffen und Wünschen heraus.

Hier interessiert uns das Buch nur insoweit, als es vom P. m. handelt, wobei die Beziehungen zu unseren geisteskranken P. m.-Suchern im Vordergrund stehen.

Da wir vom Verfasser nichts anderes, als das Buch kennen, ist eine psychopathologische Diagnose nur mit der Reserve zu stellen möglich, die in solchen Fällen, wo Angaben über die Entwicklung und direkte Untersuchung und Beobachtung fehlen, geboten ist.

Festgestellt haben wir unklares, konfuses Denken, unscharfe und verschwommene Begriffe, Begriffsverschmelzungen, Agglomeration von Gedanken, statt logisch zusammenhängender Beweisführung, falsche Schlußfolgerungen, Annehmen dessen, was zu beweisen war, weil letzteres von vornherein im »Glauben« feststand, dies alles in gehäufter Weise; ferner magisch-mystische Anschauungen, neben unklaren philosophischen; eigenartige Wortdeutungen, wie in der Umkehrung von Hebel in lebe (s. S. 191) und einen sonderbaren, geschraubten Stil. Diese Denkstörungen gestatten uns die Diagnose, daß es sich um schizophrenieartiges Denken handelt.

Die Möglichkeit des P. m. steht für H. N. L. von vornherein fest, er glaubt an sie und es ist wohl nur eine Konzession an die Forderungen unseres wissenschaftlichen Zeitgeistes, wenn er einen wissenschaftlichen Beweis für sie in seinem Buche erbringen will. Dieser Glaube ist das psychologische Moment hiefür, daß er dort, wo er entscheidend zu ihrem Beweise ansetzt, in offensichtlicher Weise voraussetzt, was er beweisen will und so Scheinbeweise bringt. Der Glaube an die Möglichkeit des P. m. hat bei ihm seinen letzten Grund in einer magisch-mystischen Anschauung. Weil man die P. m.-Idee fühlen und denken könne, meint er, sei das P. m. auch wirklich möglich. Sie umfaßt den Kosmos als P. m.-Kosmos, nur liegt sie in ihm unbewußt (unbewußtes P. m.). Die Fortpflanzung des Menschen gehöre auch in die P. m.-Idee. »Wenn sich Mann und Weib im Zeugungsakt verbinden, steht der Geist des Welt-wirkens über ihnen, der sich neu materialisiert und sich materiell für die Zukunft zum Ausdruck bringt, wenn sie selbst nicht mehr sind. Die ganze Idee der Weltschöpfung waltet im Zeugungsakt. Die Mutter denkt schon bei der Geburt an eine Hochzeit (hohe Zeit) ihres Kindes, wenn nicht schon bei der Zeugung. Es wird ein Glied geknüpft im ewig Be-wegten des Lebens —, ein lebendiges Glied in das Lebens-P. m. eingefügt, das wieder die Bewegung weiter trägt« (S. 104/105). Sinnlichkeit und Geist müssen in ein ewig bewegtes Gleichgewicht eingegliedert sein. Die »Verschwendung der Zeugungskraft« in der Onanie wirkt dieser Idee entgegen, indem sie »Bewegungsunlust« schafft (S. 112 ff.). Die Geistes-krankheiten und überhaupt alle Krankheiten werden auf »Stockung der Bewegung«, »Störung der Gesetze nach dem Ewigen und Unendlichen« hin zurückgeführt. Auch in alle übrigen Gebiete des Lebens und der Welt überhaupt wird diese Idee hineingetragen.

Dadurch ist der religiös-mystische Untergrund der P. m.-Idee bei H. N. L. ebenfalls aufgezeigt. Die Psychoanalytiker würden sie auf Grund des Gesagten überhaupt bloß als Symbol der Zeugung betrachten, und die Erweiterung auf den ganzen Kosmos nur als abgeleitet oder pro-jiziert ansehen. Wir können das, da wir theoretisch unvoreingenommen sind, nicht behaupten. Es erscheint uns wahrscheinlich, daß die mystische Versenkung, das Einswerden mit dem Kosmos, das Allumfassende der Idee für L. ergibt und demnach ihr Finden in der Zeugung nur eine Aus-wirkungsform bedeutet, wie er es auch selbst sagt.

Das wirkliche P. m., das er sucht, ist darnach dann Symbol der P. m.-Idee des Kosmos, des P. m.-Kosmos. In diesem Sinne ist das Wort wohl am Ende der sechsten Strophe des Gedichtes zu verstehen. »Der Sinn, der sich daran (an das Suchen des P. m.) band« (dritte Strophe des Gedichtes) wird ein mehrfacher gewesen sein, nebel-haft alle diese Manifestationen der P. m.-Idee, wie sie L. sieht, um-fassend.

Da er sich aber vornimmt, »wissenschaftlich« zu beweisen, daß ein P. m. möglich ist, muß er zu den Lehren der Wissenschaft, die dem wider-sprechen, Stellung nehmen. Es geschieht dies dadurch, daß er diese Sätze anerkennt, darauf verzichtet, sie mit ihren eigenen Methoden zu schlagen, dafür aber erklärt, daß diese Methoden (Erfahrung und Ver-stand) nicht alle Wege des Geistes erschöpfen. Die Wissenschaft muß »überflügelt« werden, und das sei mittels des »Gefühles« als wissenschafts-methodischem Mittel möglich. Dem »unausrottbaren« Gefühl, daß ein P. m. möglich sei, muß genügt werden. Das P. m. muß daher möglich sein.

Das Gefühl ist etwas Subjektives, und wenn aus ihm ein Glaube entspringt, können dagegen Verstand und Vernunft nichts ausrichten. Diesen Glauben an das P. m. hat L., wie wir gezeigt haben, er mußte daher zu ihm als dem Ausgangspunkt zurückkehren, ihn als das Mittel finden, mit dem ein P. m. möglich sein müsse. Er sucht es daher, trotz der Wissenschaft und gegen sie weiter.

Was er uns über seine Konstruktion positiv sagt, ist aber höchst unklar und in der Schlußdarstellung (S. 196) konfus. Er behauptet eigentlich immer nur, er habe es und verlangt, daß man es ihm glaube. Er sagt uns darüber konkret und positiv weniger, als unsere Geisteskranken, obwohl er, wie wir zeigten, schließlich die gleichen physikalisch-mechanischen Prinzipien verwendet, wie diese, besonders wie Fall II (G. C.). G. C. hat uns seine Idee in Zeichnungen niedergelegt und ein Modell versucht. H. N. L. leistet nicht einmal das.

Trotz des geringen Ergebnisses bezüglich technischen Schaffens war uns der Fall H. N. L. wichtig, weil er uns Quellen der P. m.-Idee aufdeckte, die wir bei den von uns beobachteten Kranken nicht oder nur angedeutet fanden.

Fall X G. R. geb. 1869, Zimmermann. In der Anstalt vom 2. Oktober 1908 bis 8. Juni 1922. Diagnose: Dementia paranoides.

Persönlich habe ich den Patienten nicht gekannt, da er bereits entlassen war, als ich die Anstaltsleitung übernahm. Eine Einladung zu einem Besuche (VII. 25) erreichte ihn nicht, das Schreiben kam wieder zurück. Wir hatten von ihm wieder gehört, weil sich das Gericht mit ihm wegen eines Deliktes zu beschäftigen hatte. Mein Material besteht demnach aus der Krankengeschichte, nebst einigen mündlichen Ergänzungen seitens des Assistenzarztes, der ihn noch persönlich gekannt hatte.

Er war seit jeher als »sonderbarer Bursche« aufgefallen, hatte Zeiten, in denen er gut arbeitete und solche, wo er nichts tat und viel trank. Er sei immer eigensinnig gewesen und habe sich abgeschlossen. Etwas mehr als ein Jahr vor dem Eintritt in die Anstalt (X. 08) habe er geheiratet; Kinder sind keine da. In der Ehe führte er sich sonderbar auf, glaubte, die Ehefrau habe es mit anderen und lief viel von zu Hause fort.

Mehrere Wochen vor dem Anstaltseintritt verschlimmerte sich der Zustand, er vagierte arbeitslos umher, fiel als geisteskrank der Polizei auf, wurde von ihr aufgegriffen und auf Rat des Arztes in die Irrenanstalt verbracht.

Die körperliche Untersuchung ergab nichts Krankhaftes. Psychisch erschien er als dement, staunte viel vor sich hin, wurde gereizt und unruhig, wenn man an ihn Fragen richtete, schloß sich von seinen Mitpatienten ab, lebte zunächst anscheinend stumpf und apathisch dahin. Einsicht in die Krankhaftigkeit seines Zustandes war keine vorhanden.

Nach einiger Zeit wurde er lebhafter, verlangte selbst nach Arbeit. Gelegentlich machte er Äußerungen, des Inhaltes, daß die Leute ihn so beleidigend ansehen, durch ihre Blicke verfolgen.

Am 2. Nov. 1908 notiert der Arzt: »Ist viel zugänglicher als am Anfang, behauptet, daß ihm das Gehen der Mitpatienten beständig ein krankhaftes Gefühl in den Füßen und Beinen verursache, das bis in die Herzgegend hinauf steige. Und am 5. Nov.: »Heute sehr erregt, sagt, daß jeder Schritt ihm in die Nerven hinauffahre und zwar scheint es, daß seine eigenen Schritte gemeint sind, obschon er vorher stets das Umhergehen der Mitkranken beschuldigte. Seit 2 Tagen höre er vom Körper aus immer Stimmen, die von »Kriegszeug« bereitmachen sprechen. Er gibt auch zu, daß er schon daheim Stimmen gehört hatte, ebenso während des ganzen bisherigen Anstaltsaufenthaltes«.

Unter dem Einflusse der Wahnideen und Trugwahrnehmungen wurde er in der Folge tätlich gegen seine Mitpatienten. Diese Neigung zur Tätlichkeit unter Zeichen von starker Erregung wechselte in ihrer Intensität, während die Wahnideen und Trugwahrnehmungen anscheinend unverändert weiter lebten. Zeitweise verweigerte er auch die Nahrung.

Im Juli 1909 fällt auf, daß er »alle Personen verwechselt, in einer ganz anderen, als der wirklichen Welt lebt«. Trotz der Steigerung der psychotischen Symptome arbeitete er vom Juli bis November 1909 in der Anstaltsschreinerei und leistete gute Arbeit. In der Folge schwankte die Arbeitslust bis zu völligem Darniederliegen derselben. Im März 1910 erklärte er dem ihn besuchenden Gemeindevorsteher, er sei Franzose, habe mit seiner Heimatgemeinde nichts mehr zu tun.

Von 1911 an wurde er äußerlich ruhig, Erregungszustände traten nur noch selten auf. Seine mündlichen Äußerungen verrieten das völlige Erfülltsein von Verfolgungsideen und Trugwahrnehmungen bis zur »Verwirrtheit«.

Im Juli 1916 wird notiert, daß er gern Figuren zeichnet, im August 1917, er zeichne nun weniger als früher. Zeitweise bindet er sich ein Tuch turbanartig um den Kopf, ohne den Grund angeben zu wollen, wie er auch sonst sehr negativistisch ist.

Im Oktober 1918 heißt es: Zur Arbeit ist er unbrauchbar, mitunter bekommt er einen Betätigungsdrang und zeichnet fürchterliche Figuren, will dieselben bei der Visite stets verstecken und gibt keine Auskunft über ihre Bedeutung. Erst im Mai 1919 ist er dazu bereit (s. S. 206).

Trotzdem er die Zeichnungen vor dem Arzte zu verstecken sucht, verschenkt er sie einige Tage später an irgendwelche seiner Zimmerkollegen. Diese Episoden stärkeren Zeichendranges wiederholen sich in den folgenden Jahren, abgelöst von Zeiten, in denen er anscheinend

ganz stumpf dahinlebt, hie und da sich das Gesicht mit einem Taschentuch verbindend.

Im Jahre 1921 war die Beruhigung so fortgeschritten, daß er in
ein offenes Haus versetzt werden konnte. Dort entwich er (V. 22) von
der Arbeit, vagierte einige Tage und Nächte umher, fand keine Arbeit
und wurde, mit geschwollenen Füßen, in erschöpftem Zustande von der
Polizei angehalten, der er ohne weiteres angab, woher er komme. Diese
brachte ihn in die Anstalt zurück.

Sein Zustand besserte sich in der Folge noch weiter. Er war ein
fleißiger, andauernder, regelmäßiger Arbeiter geworden, man konnte
keine Trugwahrnehmungen mehr nachweisen, er sprach nicht mehr von
seinen unsichtbaren Verfolgern und fertigte keine Zeichnungen mehr an.
So kam es zur Entlassung. Seither hat die Anstalt nur noch einmal
von ihm gehört. Wir haben es schon erwähnt.

Entwicklung, Gestaltung und Verlauf dieses Falles von paranoider
Form der Schizophrenie bietet an sich nichts Besonderes. Die Ver-
anlassung, ihn hier zu bringen, liegt in den Zeichnungen, von denen im
Vorstehenden bereits einigemal die Rede war. Sie sind ganz eigenartig,
wie ein Blick auf dieselben lehrt (Fig. 52 und 53). Weder in dem Buche
von Prinzhorn, Bildnerei der Geisteskranken, noch in jenen von R. A.
Pfeifer, »Der Geisteskranke und sein Werk«[1]) und Marcel Réja,
L'art chez les Fous[2]), habe ich ähnliche gefunden. Im Prinzhornschen
Werk klingen höchstens gewisse der plastischen Arbeiten an sie an,
aber hier handelt es sich nicht um Plastiken, sondern um Planzeich-
nungen, die auch nur als solche gemeint sind. Allerdings hat sie ein
Zimmermann von Beruf angefertigt und sie verraten ihre Herkunft
von einem solchen deutlich genug. Darin wird auch das ausschlaggebende Moment für das gemeinsame Merkmal mit jenen Plastiken zu
suchen sein. Sie sehen aus, als wären sie aus primitiv bearbeiteten Holz-
stücken zusammengesetzt, nicht einmal wie geschnitzt. Dies tritt
uns noch ausgeprägter in der Fig. 54 entgegen. Auch das wäre aber
kein genügender Grund, sie hier wiederzugeben, um so mehr als bereits
Flournoy[3]) eine von dem gleichen Patienten abstammende Zeichnung
abgebildet hat. Ihm handelt es sich dort allerdings mehr um die Heraushebung eines Details, nämlich der schlüsselartigen Form der Sexualorgane.

Der Grund für ihre Veröffentlichung im Rahmen dieser Arbeit wird
uns im folgenden klar werden.

In Fig. 52 sehen wir die Gestalten, die, in dem charakterisierten
Stil Menschen darstellen: Ein großer Kopf, der deutlich in einen Hirn-
und einen Gesichtsteil gegliedert ist. Die Mund- und Rachenhöhle wird

---

[1]) Verlag Alfred Kröner, Leipzig 1923.
[2]) Paris, *Société du Mercure de France*, 1907.
[3]) Symbolisme de la Clef. *Intern. Zschr. f. Psychoan.* VI. Jhrg. 1920, S. 269.

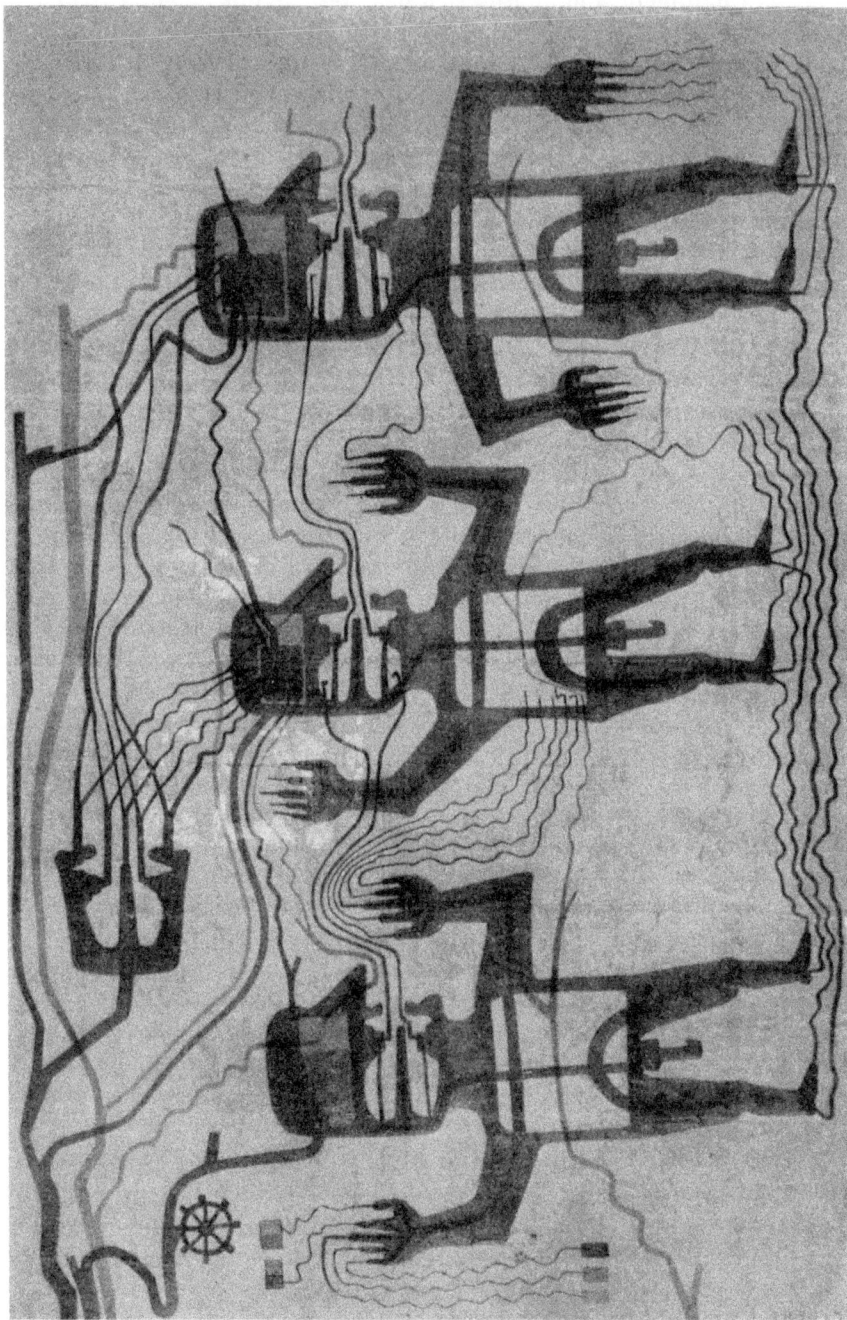

Fig. 52. (Orig. 49/74 cm, auf Packpapier gez.)

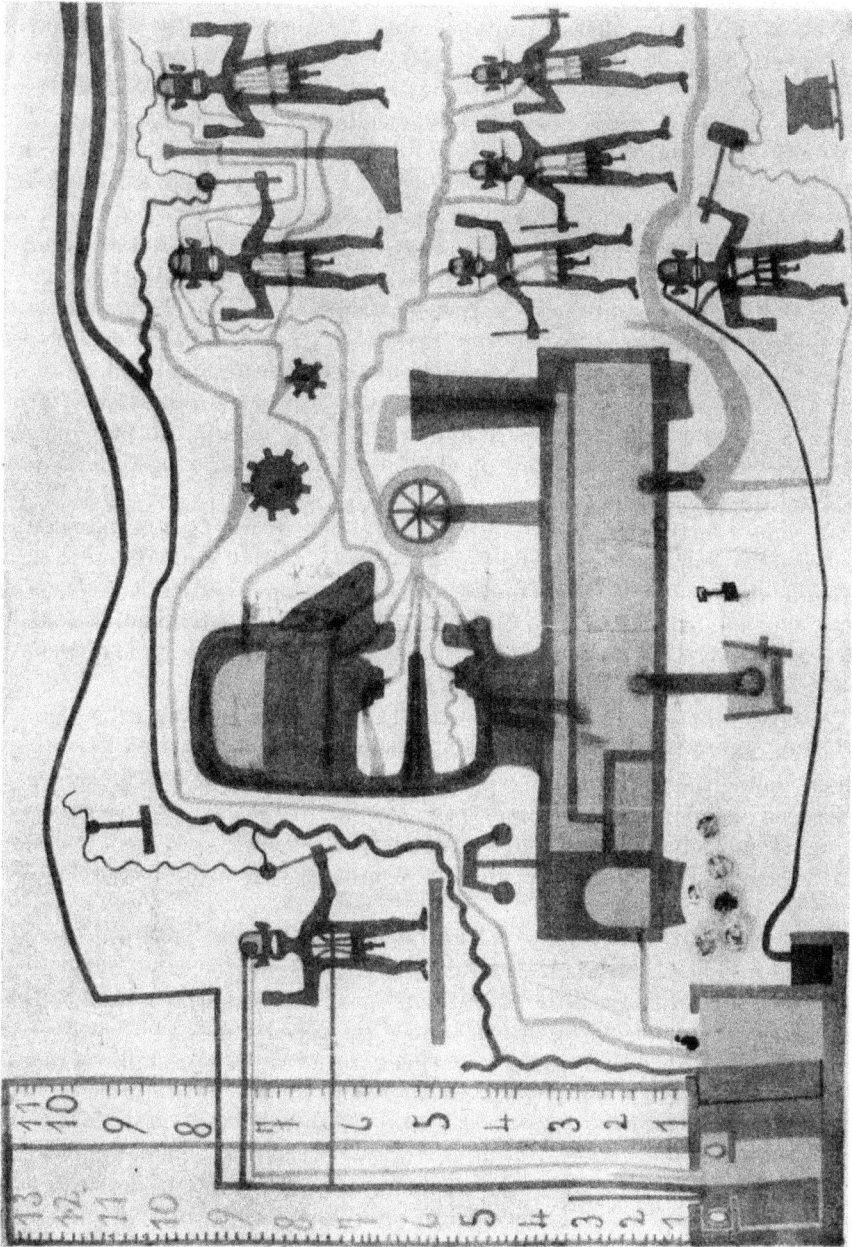

Fig. 53. (Orig. 50/70 cm, auf Packpapier gez.)

durch die hinten von der Rachenwand ausgehende Zunge in eine obere und untere Hälfte geteilt, die ihrerseits wieder in je zwei Kammern geschieden sind. In der oberen Hälfte könnte die obere, horizontale Wand dem harten und weichen Gaumen entsprechen, nur zieht sie sich bis an die Rachenwand. In der unteren Hälfte ist eine symmetrische Wand, die etwa dem Mundboden, der allerdings in Wirklichkeit keine hohle Kammer nach unten begrenzt und nicht von der Rachenwand ausgeht, entsprechen. Ober- und Unterkiefer mit Zähnen sind gezeichnet, ebenso Ober- und Unterlippe. Der ganze Kopf ist im Schnitt dargestellt, gegenüber dem Rumpfe um einen rechten Winkel gedreht. Der Hals ist kurz, aber deutlich gegen Kopf und Rumpf abgegliedert. Wirbelsäule und Schultergürtel sind durch einen kreuzförmigen, der Beckengürtel durch einen bogenförmigen breiten Strich gekennzeichnet. Oberarm, Unterarm und Hand, ebenso Oberschenkel, Unterschenkel und Fuß, sind abgegliedert. Das männliche Sexualorgan in Schlüsselform ist relativ zu den übrigen Körperteilen zu groß gezeichnet. Die ganze Figur wirkt schematisch, aber doch der »Zimmermannstechnik »angepaßt.

Welche Bedeutung den violetten[1]) Teilen im Kopfe, gegenüber den schwarzen zukommt, wissen wir nicht sicher. Man könnte vermuten, er meine damit speziell das Vorderhirn, das »Denkorgan« im engeren Sinne, umsomehr als er den restlichen Teil des Hirnschädelinhaltes noch mit einem schmalen violetten Band umzieht und in Fig. 53 das Feld über die ganze Breite violett ausfüllt.

Was uns aber in dieser Zeichnung besonders interessiert, das sind vor allem die vielen »Drähte«, die zwischen diesen menschlichen Figuren ziehen, dann irgendwo aus dem Raume heraus, in die Köpfe derselben eindringen. In den Verlauf dieser letzteren Drähte sehen wir eine gabelförmige Figur eingeschaltet, die wie ein herausgelöstes Mund-Rachenhöhlenorgan aussieht, in dem nur die Gaumen- und Mundbodenplatte fehlen.

In den Fingern stecken kurze Drahtstifte oder längere Drähte, die von der 1. Figur (Fig. 52) rechts in den Leib der Mittelfigur ziehen. Vom Kleinfinger der linken Hand der Mittelfigur geht ein Draht in den Hals der Figur rechts, von der rechten Hand dieser zu den Zehen der Mittelfigur. Die Drähte der Finger der rechten Hand der Figur links enden in eine Art Elektrodenplatten. Zu und von den Füßen dieser drei Figuren ziehen ebenfalls mehrere Drähte. Eigenartig ist auch die Verbindung zwischen den Mund- und Rachenpartien der Köpfe: Vom Oberkiefer der Figur links geht ein Draht zu der Gaumenplatte der Mittelfigur, der in einem hammerartigen Kopf über derselben endet, ebenso

---

[1]) In den Reproduktionen erscheinen die violetten Flächen des Originals heller.

Fig. 54 (Orig. 17/22 cm).

vom Unterkiefer zur Mundbodenplatte, analog von der Mittelfigur zu
jener rechts[1]).

Erinnern wir uns nun, daß Patient darüber klagte (s. S. 200) daß ihm
das Gehen der Mitpatienten beständig ein krankhaftes Gefühl in den
Füßen und Beinen verursache, das bis in die Herzgegend hinaufsteige,

---

[1]) Was das violette Zahnrad links in der Zeichnung, das sich mit einem Zahne
gegen einen Vorsprung des dicken Drahtes und Bandes stemmt, zu bedeuten hat,
ist mir unklar geblieben. (Siehe auch zwei solcher Räder in Fig. 53.)

so gehen wir wohl nicht fehl, wenn wir annehmen, daß die Drähte zwischen den Füßen, die, wie man bei genauerem Zusehen erkennt, in die Beine hinaufsteigen, dieses Gefühl, dieses Erleben in einem »technischen Bilde« darstellen sollen, ob symbolisch, in dem Sinne, daß er diese Drähte nicht halluzinatorisch wahrnahm, sondern sie nur in der Zeichnung gleichsam »interpolierte« oder in dem Sinne, daß er sie halluzinatorisch tatsächlich wahrnahm und nur einfach in seinen Zeichnungen wiedergab, was er wahrnahm, wobei im letzteren Falle sie für uns und objektiv symbolisch wären, nicht aber für sein subjektives Erleben, kann ich nicht völlig entscheiden. Für die letztere Annahme spricht, daß er (IV. 21) dem Arzte auf die Frage, warum er sich den Mund mit einem Taschentuch verbinde, erklärte, »damit kein Rauch zu ihm gelange«, womit er den Rauch aus den Leitungen, die er gezeichnet hatte, meinte (siehe Fig. 53).

Da sich nun aber der Patient auch sonst, nicht nur durch das Gehen der Mitpatienten, verfolgt und geplagt fühlte, was, wie es so häufig bei der Dem. paran. der Fall ist, mit Körpergefühlshalluzinationen verbunden war, so werden wohl die Drähte, die irgendwo in den Körper eindringen, diesem Momente zuzuschreiben sein. Die Drähte zwischen den Hirnteilen der Köpfe könnten dem »Gedankenentzug« und der »Gedankenübertragung«, und die Drähte, die irgendwo aus dem Raume, sowie aus jenem oben geschilderten gabelförmigen Gebilde kommen bzw. zu ihm gehen, der Beeinflussung und den Plagereien der unsichtbaren Verfolger dienen. Dafür spricht die Erklärung, die er im Mai 1919 dem Arzte zu diesen Zeichnungen gab: Sie lautet: »Aus der Wasserquelle fließt der Strom durch die Drähte zu denjenigen, die mich plagen.« Diese Erscheinung scheint sich allerdings direkter auf die Zeichnung in Fig. 53 zu beziehen.

Mit dieser letzten Erklärung eröffnet sich uns aber noch die Möglichkeit zu einer weiteren Deutung. Alle die Ströme, die ihn und die anderen beeinflussen, kommen aus einer Wasserquelle, aus einem Etwas also, das der Natur angehört und ziehen in Drähten irgendwo im Raum. Es sind das wohl Kundgaben für das eigenartig veränderte, dem Magischen des Primitiven sich nähernde Weltgefühl der Schizophrenen.

Daß die »Wasserquelle« Symbol für die Geschlechtsorgane ist, woran die psychoanalytische Schule zunächst denken würde, erachte ich als unwahrscheinlich, da in der Fig. 52 die Sexualorgane an den Drahtverbindungen nicht teilhaben, in Fig. 53 die Drähte aus irgend etwas ziehen, das einer Grube gleicht (links in der Figur), das aber nicht ohne gewaltsame Deutung als Symbol eines Sexualorgans anzusprechen wäre und wir dürfen doch aus andern Erfahrungen annehmen, daß er diese Symbolbeziehung irgendwie zum Ausdruck gebracht hätte. Wir sehen aber, wie in dieser Zeichnung (Fig. 53) Drähte zum Unterleib der kleinen menschlichen Gestalten ziehen, was darauf hinweist, daß die »Unterleibsorgane« auch als beeinflußt erlebt wurden. Es wäre also jedenfalls eine solche rein sexuelle Deutung für den vorliegenden Fall eine unbewiesene und auch nicht wahrscheinlich gemachte Annahme. Die Drähte zwischen Kieferplatte einerseits, Gaumen- bzw. Mundbodenplatte andererseits dürften einer Sprachübertragung dienen. Noch komplizierter als die bisher ausführlicher besprochene Zeichnung der Fig. 52, ist jene der Fig. 53. Wir sehen da in der Mitte wieder einen solchen Kopf, nur größer, wie in den menschlichen Gestalten der Fig. 52. Es fehlt bloß die Gaumen- und Mundbodenplatte. Statt des Rumpfes sehen wir ein Gebilde, das wohl eine Dampflokomotive darstellen soll. Wir erkennen links den Zentrifugalregulator mit den 2 Kugeln, rechts den Schornstein, links die bogenförmig begrenzte Tür zur Feuerung des Kessels. Das unten in der Mitte angehängte Gebilde, das dort liegt, wo er sonst das schlüsselartige Sexualorgan zeichnet, könnte irgendwie zum Abfangen des Kondenswassers gedacht sein. Das Ganze ist ein unbestimmtes Gebilde, in dem heterogene Teile verschmolzen sind (ein technisches Agglomerat[1])). Daran, sowie sonst an der Zeichnung weiter herum zu deuten, ohne weiteres Material seitens des Patienten, würde zu unsicheren Schlüssen führen. Man kann höchstens noch sagen, daß diese Lokomotive das Symbol für die Erzeugungsstätte der Ströme sein wird, die sich anscheinend um das Rad zum Teil sammeln, um dann zu Menschen zu ziehen, die mit dem »Kriegszeug bereitmachen« zusammenhängen könnten (s. S. 200), da ein Teil von ihnen so etwas wie Keulen in der Hand hat und unten ein Schmied abgebildet ist.

Das Material, das wir vom Patienten haben, um seine Zeichnungen zu deuten und damit dem Verstehen näherzubringen, ist zwar spärlich. Es reichte aber aus, um wenigstens einige Hauptinhalte derselben mit einer gewissen, zum Teil erheblichen Wahrscheinlichkeit zu deuten.

Als Ganzes genommen sind sie ein Beispiel dafür, wie psychotische Erlebnisse in technischen Formen erlebt oder zumindest in solchen symbolisiert werden. Das war der hauptsächliche Grund, warum wir den Fall hier vorgeführt haben.

Fall XI K. R., geb. 1883, ledig, seit 22. I. 23 in der Anstalt.

Er stammt aus einer Familie, die der Heimatgemeinde schon große Schwierigkeiten bereitet hat. Der Vater war trunksüchtig, starb an Lungentuberkulose. Von den 14 Kindern leben noch vier, fünf starben sehr früh, die anderen später, der älteste der letzteren an Lungentuberkulose, ein Mädchen sicher, ein männliches Glied möglicherweise an Epilepsie. Patient selber bot schon seit früher Jugend Schwierigkeiten und wurde in einer Anstalt erzogen. Er begann nach seinem Berichte drei verschiedene Berufe, Schuhmacher, Schlosser, Metzger, lief aber aus

---

[1]) Bei den Skalen ganz links denkt man an Wasserstandsanzeiger und Manometer. Für ein Thermometer passen die Zahlen nicht.

jeder Lehre nach mehr oder weniger langer Zeit davon. Dann schlug er sich in der Welt herum, wurde 14 mal wegen Diebstahl bestraft, schließlich „wegen Totschlagsversuch, gegen einen Polizisten gelegentlich einer Verhaftung, der er sich widersetzte, zu 4 Jahren Zuchthaus verurteilt. Im Zuchthaus lernte er die Schuhmacherei nochmals. Er machte dort große Schwierigkeiten, glaubte sich vom Gefängnisarzte absichtlich falsch behandelt und verspottet, behauptete, dieser habe ihn mit der verordneten Medizin vergiften wollen. Schließlich kam es zu einem Angriff gegen den Gefangenenwart mit nachfolgendem Tobsuchtsanfall, in welchem er in seiner Zelle alles zusammenschlug. Daraufhin wurde er in die Irrenanstalt verbracht, von der er als geisteskrank der heimatlichen Anstalt überwiesen wurde.

Hier hielt er an seiner Vergiftungsidee fest, baute um diese weitere Verfolgungs- und Beeinträchtigungsideen, brach mit einem zweiten Patienten aus der Anstalt aus und konnte nur mit großer Mühe und Gefahr, da er sich mit Verteidigungswerkzeugen die, wie sich nachträglich herausstellte, schon seit dem Zuchthaus in den Schuhsohlen versteckt waren, zur Wehr setzte, in die Anstalt zurückgebracht werden.

Da es für die Beurteilung der technischen Seite, um derentwillen wir den Fall hier bringen, ohne Bedeutung ist, wollen wir auf die Krankheitsentwicklung, den Krankheitsverlauf und die besonderen Formen und Inhalte seiner Wahnideen nicht weiter eingehen.

Abgesehen von den erwähnten und anderen psychotischen Symptomen (Halluzinationen sind bisher nicht nachgewiesen), die zur Diagnose einer hebephrenen Form der Schizophrenie führen, findet sich bei ihm eine angeborene,intellektuelle Debilität, so daß wir es mit einem Falle sog. Propfschizophrenie zu tun haben. Sein gegenwärtiger Charakter zeigt eine ausgesprochene innere Gegensätzlichkeit. Auf der einen Seite dumme Gutmütigkeit, Bereitschaft, einem Schwächeren oder Angegriffenen zu helfen, instinktives Mitfühlen und sentimentale, von Tränen begleitete Anwandlungen, auf der anderen, neben Reizbarkeit und Mißtrauen, Egoismus mit brutaler Rücksichtslosigkeit in der Verteidigung seiner egoistischen Strebungen und Wünsche, in denen ein Fehlen moralisch sozialen Fühlens und Denkens scharf zutage tritt, dies auch außerhalb seiner Wahngebilde. Hier sieht er alles, was er begangen, als selbstverständliche und adäquate Mittel der Selbstverteidigung an.

Seine manuelle Geschicklichkeit und seine praktische Findigkeit sind gut entwickelt. Mit den einfachsten Instrumenten weiß er aus Abfällen die verschiedensten Objekte herzustellen. Aus Knochen fertigt er die verschiedensten Gegenstände her, vornehmlich allerhand Zierat für Uhrketten. Im Herstellen von Nachschlüsseln und Ausbruchsinstrumenten leistet er Bedeutendes und er erklärt einmal in einem Schreiben: »geben Sie mir ein Schloß wo ein komplizierter Schlüssel fehlt, so werte ich in machen, mag einer sein wie er wil es ist mir kein

Schloß wo ich den Schlüssel nicht machen kan.« Allerdings neue Formen selber erfinden, das kann er nicht. Er betrachtet nur scharf, was ihm vor Augen kommt und merkt es sich. Den erwähnten Uhrenanhängseln — sie sind wenigstens in der Anstalt ein Lieblingsgegenstand seiner Kunstfertigkeit —, aber auch anderen von ihm verfertigten Gegenständen fehlt Eleganz und Schönheit der Formen. Sie haben alle, ob groß oder klein, etwas Grobschlächtiges.

Schon seit 1923 beschäftigt er sich nun auch mit »Erfindungen«. Diese liegen ganz außerhalb seiner psychotischen Symptome, insbe-

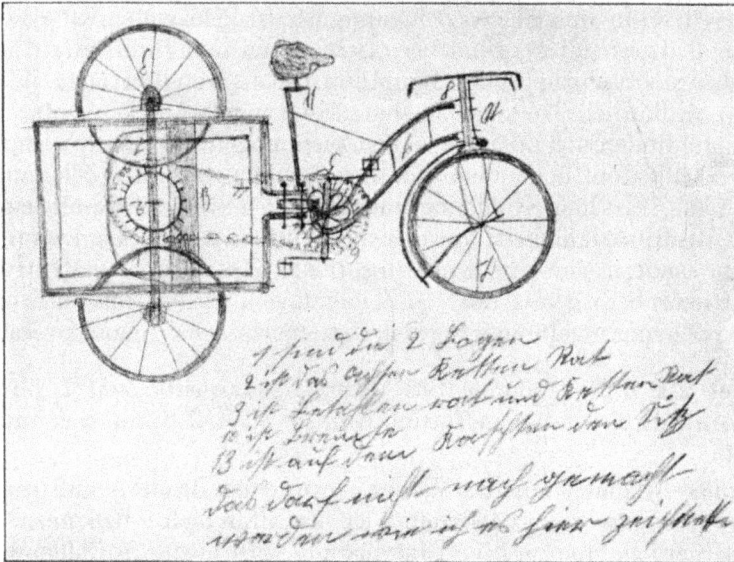

Fig. 55.

sondere auch seiner Wahngebilde. Sie sind nüchtern praktisch, dienen nur der Nützlichkeit. Er ist sehr stolz auf dieselben und betont gerne, wie ihm beim Erdenken wichtig war, die betreffenden Objekte möglichst billig aus alten, leicht beschaffbaren Stücken herzustellen.

Der Umfang seiner Ideen ist klein. Es sind vornehmlich Velos und Motorräder mit und ohne Seitenwagen, die er erfinden möchte. Seine Erfindungen sind in Wirklichkeit keine, sondern im besten Falle Konstruktionen nach gesehenen Mustern, höchstens in einer anderen Zusammensetzung der Teile, die er dann als Verbesserung ansieht, was sie objektiv nicht ist. Er konstruiert plump, ungefüg, primitiv, ohne angemessene technische Abmessungen der Teile. Sinn für schöne Formgebung und feine Ausarbeitung kommt darin nicht zum Ausdruck. Die ganze Zeichnung erweckt den Gesamteindruck von etwas Plumpem, Grobgedachtem. S. Fig. 55.

Dies alles steht in Übereinstimmung mit seiner geistigen Struktur, die auch in der Schrift zum Ausdruck kommt s. Fig. 55. Der Vorteil, der in der Fig. 55 dargestellten Konstruktion soll u. a. auch der sein, daß der Lenkersitz in der Längsachse des Vehikels liegt, während beim Motorvelo mit Anhängewagen, dies nicht der Fall ist, was er als Nachteil betrachtet. Was uns darin außer dem Gesagten auffällt, das ist ein Darstellungsfehler, der in allen seinen Zeichnungen dieser Art vorkommt, der ihm aber, soweit ich feststellen konnte, nicht bewußt ist. Die Bestandteile des Objektes sind teils im Aufriß (Vorderansicht), teils im Grundriß (Ansicht von oben) gezeichnet. Diese Vereinigung zweier Ansichten (Risse) in der gleichen Zeichnung ist ein Fehler, den wir als einen solchen nicht geschulter, primitiver Zeichner und dann bei Kindern finden. Er ist hier nicht schizophrenes Symptom, das aus einfallsartigem, inkohärentem, willkürlich Teile nebeneinandersetzendem Denken entspringt, denn hiefür finden sich in keiner seiner Zeichnungen oder den von ihm verfertigten Objekten, noch auch in seinen Schilderungen der Zeichnungen Anzeichen. Es ist hier Kundgabe einer niedrigen Stufe technisch-zeichnerischer Ausdrucksfähigkeit, die aber nicht durch Abbau (Regression) entstanden, sondern eine **Erscheinung des Stillstandes der Entwicklung dieser Fähigkeit ist.** In Zeichnungen, wie sie sonst bei schizophrenen Zeichnern gefunden werden, hat er sich bisher niemals versucht.

Fall XII Z. N., geboren 1865, ledig, Landarbeiter, seit 2. VI. 1915 in der Anstalt, bis zu diesem Datum, vom 28. VIII. 12 an, in einer anderen Anstalt.

Außer Alkoholismus des Vaters, sowie eines Bruders und geistiger Abnormität eines weiteren Bruders ist hereditär nichts bekannt. Über seine körperliche und geistige Entwicklung wird nichts Auffallendes berichtet. Er sei ein guter Schüler gewesen. Die geistige Störung hat schon mehrere Jahre vor 1912 bestanden, und die ersten Spuren geistiger Veränderung im Sinne von Beeinträchtigungswahn reichen wahrscheinlich bis in die Adoleszenz zurück. Mit 19½ Jahren verließ er das Elternhaus, um »das Gerede« nicht mehr zu hören. Mit der Zeit stellten sich ausgesprochene Verfolgungsideen, sowie der halluzinatorische Wahn, sexuell mißbraucht zu werden, vornehmlich zu Zwecken der Päderastie, ein. Er sagt in einem Briefe an die Schwester (27. XII. 17): »Es ist unbegrenzbar, was unzählige falsche und schlechte Menschen mir die Familie ganz letz (verkehrt, schlecht) Lernte und mich als dummer Schmutziger Ungeschickter Mensch darstellen... « »Alles was ich hasse und gehasset habe wird mir zu leid getan.«

In der ersten Anstalt, in der er Aufnahme fand (1912), arbeitete er fleißig in der Landwirtschaft, trotzdem er ständig unter dem Einflusse zahlreicher Wahnideen und Halluzinationen im eben gekennzeichneten Sinne stand.

Diese Arbeitsbereitschaft hielt auch in unserer Anstalt an. Äußerlich war er geordnet und reinlich. Er hält sich meist für sich, pflegt mit den Mitpatienten keinen Umgang, gibt aber dem Arzt willig Antwort, wobei dann unter einem stereotypen, maliziös-spöttischen Lächeln die zahlreichen halluzinatorischen und wahnhaften Erlebnisse zum Vorschein kommen. In diesen kann man wohl gewisse Kernideen erkennen, wie die einer entgangenen großen Erbschaft, der Verhinderung einer Heirat, der Mißgunst und Verfolgung von Menschen seiner früheren Umgebungen, einer gewissen wahnhaften Selbsteinschätzung, im übrigen aber zeigt sich ausgesprochene Inkohärenz. Irgendeine geordnete Diskussion ist mit ihm unmöglich, er wiederholt immer stereotyp jene Wahnideen. Die Beziehungen und Zusammenhänge, die er um diese genannten psychotischen Erlebnisse erfährt, erscheinen ihm selber unbestimmt und rätselhaft. Er weiß selber nicht, wie das alles zugeht, aber daß es so ist, daran hält er fest. So sagt er (IX. 18): »Man spricht, man spricht davon überall, es wird mir alles verweigert, unterschlagen«. Indem er flüchtig an die sehr günstige Heirat erinnert, die sich ihm geboten haben soll, fügt er bei, »alle haben es verhindert, ihm sei es aber selber kurios, es ist etwas, etwas inzwischen gegangen«. Er weiß aber nicht was es ist.

Bei der Arbeit kommt eine ausgesprochene Neigung zur Kritik der Anordnungen anderer zum Vorschein. Seine Selbsteinschätzung läßt ihn alles besser wissen. Aber in dem, wie es anders gemacht werden soll, ist er sehr unbestimmt. Er schreibt (27. XII. 17) in einem Briefe an die Schwester: »Wenn ich auch bei manchem Landwirt gewesen bin, so verstand es keiner wie Ich[1].«

Zeitweise verstärkten sich seine psychotischen Erlebnisse derart, daß er die Arbeit aussetzte. Doch war das zunächst nicht häufig. Seit 1922 ging er überhaupt nicht mehr zur Arbeit auf das Feld, half nur noch auf der Abteilung beim Gemüsezurüsten.

Die äußere Haltung des sehr kräftig gebauten, breitbrüstigen, hochgewachsenen Mannes ist bisher die gleiche geblieben, wie sie oben geschildert wurde.

Diesen 60jährigen Mann nun, der von Beruf Landwirt ist und bis anhin außer dem Gemüserüsten keine andere als landwirtschaftliche Arbeit verrichtet hatte, der, wie wir berichtet haben, zahlreiche halluzinatorische und wahnhafte Erlebnisse hat, die allerdings dadurch, daß sie sein Denken und Fühlen fast völlig mit Beschlag belegten, zu einer Gedankenarmut geführt haben, bei dem eine ausgesprochene Inkohärenz des Denkens und Fühlens besteht, mit dem man keine geordnete Unterredung führen kann, bei dem also die höheren geistigen Funktionen krankhaft gestört sind, forderte ich eines Tages auf, in unserer maschinell

---

[1]) Von ihm selbst unterstrichen.

eingerichteten Papeterie zu arbeiten. Er erklärte sich dazu bereit und ist seit mehr als einem Jahre darin tätig.

Rasch arbeitete er sich in das ihm ganz neue und bisher fremde Gebiet ein, so daß er bald auch an die von Hand betriebenen Maschinen gelassen werden konnte, an denen er unter Assistenz eines jüngeren Patienten die in Betracht kommenden Arbeiten durchführt. Er ist ein exakter, zuverlässiger Arbeiter, weiß sich in neuen Situationen zu helfen, weist seinen Gehilfen gut und ruhig an. Er ist bei allen Arbeiten peinlich genau, findet selbst neue Kunstgriffe. Er ist bei der Arbeit ausdauernd, interessiert sich für dieselbe, geht ihr aufmerksam nach und doch, man braucht nur eine Frage an ihn zu richten, die sich nicht auf sie bezieht, und sofort kommt er mit seinen, demnach immer in ihm lebendigen psychotischen Erlebnissen, Gedanken und Vorstellungen.

Seine Neigung zur Kritik gibt sich zwar auch in der Papeterie kund. Er duldet nicht jeden als seinen Meister. Dem Papiermeister, an dessen Arbeit er zwar auch Kritik übt, fügt er sich noch bezüglich der Arbeitsanordnungen, den jüngeren Wärter, der den ersteren in dessen Abwesenheit vertritt, akzeptiert er jedoch nicht. Wenn demnach der Papiermeister nicht da ist, erklärt er einfach, er arbeite dann nicht und bleibt auf der Abteilung.

Was nun an diesem Falle besonders interessiert, ist folgende Tatsache: Die manuelle Fertigkeit und technische Intelligenz bleiben lange erhalten, trotz weitgehender manifester Störung der höheren geistigen Funktionen. Währenddem in dieser, bildlich gesprochen, höheren intellektuellen Schicht völlige Inkohärenz herrscht, besteht in dieser tieferen Schicht, Kohärenz und Fähigkeit, neues zu lernen und zu schaffen. Das ist auch der Grund, der uns veranlaßte, den Fall hier vorzuführen.

Ein ähnlicher, aber noch ausgesprochenerer Fall (F. XIII), ist derjenige eines 60jährigen, völlig ergrauten Patienten H. L., der seit Jahren auf der Abteilung für ganz demente, abgelaufene Schizophreniefälle lebt, der auch starke Vernachlässigung des Äußeren aufweist. Mit ihm kann man überhaupt kein Gespräch, auch nicht ein ungeordnetes, führen. Er geht auf Fragen in Wirklichkeit überhaupt nicht ein, höchstens auf die Frage, wie es ihm gehe, erhält man etwa die stereotyp herausgestoßene Antwort »gut, gut«, sonst lacht und schwätzt er für sich und macht stereotype Bewegungen.

Auch diesen Patienten bestimmte ich eines Tages für manuelle Papierarbeiten. Er lernte nur einige einfachere dieser Arbeiten, wie Falzen, Kleben und Ausbessern von anderen unexakt verfertigter Stücke. Diese Arbeiten aber macht er sehr exakt und zuverlässig. Es ist ein eigener Reiz, ihm beim Arbeiten zuzusehen. Der Papiermeister bemerkte einmal: »Es ist merkwürdig, er schwatzt, lacht mit sich selber und macht gleichzeitig ‚exakte‘ Arbeit«. Tatsächlich habe ich wiederholt durch Beobachtung bei der Arbeit Folgendes festgestellt: Fast die ganze Zeit, mit nur kurzen Pausen, die in gar keinem Zusammenhange damit stehen, ob er gerade arbeitet oder nicht, sieht man ihn für sich selber lachen, plötzlich stark auflachen, Ausrufe ausstoßen, dann wieder ganz inkohärent mit seinen Stimmen Reden führen. Gleichzeitig sieht man ihn sich über das Arbeitsstück, z. B. einen Briefumschlag beugen, ihn genau mustern, die Ecken, auf deren scharfe Ausarbeitung es ankommt, genau betrachten und, wenn er alles gemacht hat, geordnet auf ein Häufchen legen.

Sind ihm die Arbeitsstücke ausgegangen, dann sitzt er da, blickt links und rechts, spricht und lacht für sich selber, schiebt sich aber keine neuen Stücke, die nicht weit von ihm auf dem Tische liegen, zu. Hiezu fehlt ihm der Antrieb. Sobald ihm aber jemand neue Arbeit zuschiebt, arbeitet er sofort weiter.

In dieser völlig inkohärenten und dem Außenleben ganz abgewendeten Seele ist also noch eine manuell technische Insel praktischer Intelligenz erhalten, die von außen in Bewegung gesetzt werden muß, um sich auszuwirken, dann es aber in der tieferen Schicht, abgespalten von der oberen ablaufend, geordnet tut, nicht rein automatisch, aber stark mechanisiert.

Ähnlicher Fälle könnte ich noch eine Anzahl vorführen, diese zwei mögen jedoch zur Illustration genügen.

IV. Allgemeine Ergebnisse und Schluß-folgerungen.

1. Das Denken der vorgeführten Geisteskranken, von dem wir zunächst die funktionale Seite betrachten, liegt, abgesehen von den bald zu besprechenden eigentlichen Störungen, in bezug auf sein allgemeines Niveau, verglichen mit jenem von theoretisch gebildeten, mathematisch geschulten Technikern, auf einer niederen bis mittleren Ebene. Es gilt dies auch von den Erfindern im engern Sinne unter diesen Geisteskranken (Fälle II, V, VII u. VIII). Die Mathematik erhebt sich nicht über eine elementare Stufe. Das Gesagte stimmt übrigens auch für den Fall I, bei dem wir keine eigentliche Geisteskrankheit diagnostizieren, sondern, aus den zur Verfügung gestandenen Unterlagen, nur eine psychische Insel wahnförmigen Erfindungsglaubens feststellen können.

Er erhebt sich nun die Frage, ob das ganz oder nur teilweise Folge der psychotischen Veränderung ihres Denkens ist. Daß es nicht ganz der Fall sein muß, dafür spricht schon die allgemeine Erfahrung, daß es zahlreiche, geistig gesunde Erfinder gab und gibt, bei denen dieses allgemeine Niveau auch nicht höher liegt. Eine genauere Antwort erhalten wir aus folgender Überlegung: Keiner von diesen Geisteskranken hat eine höhere technische Ausbildung genossen. Die meisten haben nur eine Volksschule beendet (Fälle II—VII, X—XIII), einige (Fälle IV—VI, VIII, X, XI) eine handwerkliche Lehre durchgemacht, wenige (sicher V und VIII) eine gewerbliche Fortbildungsschule besucht. Die Analyse ihrer Vorgeschichte ergab nicht, daß sie sich durch Selbststudium auf das Niveau des theoretisch gebildeten, mathematisch geschulten Technikers erhoben hätten, wenn auch Versuche zu solcher Fortbildung nicht fehlten (Fälle V u. VII).

Die durch die Psychose bedingten Denkstörungen blieben natürlich nicht ohne Einfluß, der sich bei den einzelnen Fällen verschieden stark zeigt. Inwieweit sich die intellektiven Funktionen bei ihnen der psychotischen Veränderung gegenüber als widerstandsfähig erwiesen, werden wir noch zusammenfassend zu erläutern haben. Jedenfalls können wir für unsere Fälle die Antwort auf die gestellte Frage dahin formulieren, daß ihr **allgemeines Niveau nur teilweise Folge** der psychotischen Veränderung und im übrigen aus dem präpsychotischen Zustand hinübergenommen ist.

Interessant und lehrreich wäre es gewesen, zu sehen, welches Bild sich bei einem geisteskranken Techniker, insbesondere einem Erfinder ergibt, der eine höhere technische Schulung genossen hatte. Daß sich unter unseren Patienten kein solcher befindet, ist natürlich Zufall. Bei unseren weiteren Schlußfolgerungen werden wir immerhin diesem Tatbestande Rechnung zu tragen haben.

Für die Höhenlage der genannten Ebene, um in diesem räumlichen Bilde zu bleiben, ist das Vorhandensein bzw. Zurücktreten des abstrakten Gebietes ein Kennzeichen. Dieses Zurücktreten ist am stärksten ausgeprägt bei den Fällen XI, II und VII, wenn wir den ausgesprochensten voranstellen und nur die in diesem Zusammenhang näher interessierenden berücksichtigen.

Bei den andern nehmen abstrakte Vorstellungen und Begriffe einen mehr oder weniger großen Platz ein.

Sie arbeiten dagegen alle ausgiebig, die erste Gruppe bis fast völlig, mit anschaulichen Elementen, mit einem fühlartigen Denken, Fühldenken, oder mit einem Erfassen physikalischer Vorgänge dadurch, daß sie gleichsam das tragende, drückende, ziehende Objekt vermenschlichen oder zumindest biologisieren und sich in dieses dann einfühlen. Sie setzen sich fühlend an die Stelle des Objektes und fragen sich, was sie dann erleben würden. Wir sahen, daß sich auch das entwickelte technische Denken solcher Hilfen bedient, aber es verwendet sie nur zur Veranschaulichung abstrakter Überlegungen, dort jedoch vermitteln sie überhaupt erst das Erfassen. Daß das kein Kennzeichen psychotischen technischen Denkens ist, sondern nur eines primitiveren, eines auf tieferer Ebene stehenden, haben wir ausgeführt. Es nimmt hier überhand, weil ein höherentwickeltes aus äußeren Gründen nicht erreicht wurde oder wegen der erbbedingten natürlichen Entfaltungsgrenze nicht erreicht werden konnte.

Eine solche Art technischen Denkens birgt, durch die Unschärfe seiner Begriffe, die Gefahr von ungenauem bis falschem Erfassen der Tatbestände in sich. Gegenüber dem scharf formulierten begrifflichen Denken, wie es insbesondere die Mathematisierung der Technik mit sich bringt, erscheint es leicht nicht nur als unscharf, sondern auch verschwommen. Unberechtigte Gleichsetzung von Begriffen ist eher möglich. Voreilige Schlußfolgerungen machen sich leichter geltend, besonders dort, wo erst durch exakte Begriffe und Mathematik eine Kontrolle der Überlegungen möglich ist. Es ist jedoch zu sagen, daß diese Art technischen Denkens bei der großen Masse der Menschen die vorherrschende ist.

Der in ihm liegende Mangel, der einzelnen unserer Patienten bewußt ist, bringt es auch mit sich, daß ihnen das Probieren, die »Prob«, so wichtig ist und ein Teil derselben danach drängt, zu ihr zugelassen zu werden.

In dem verhältnismäßig kurzen Abschnitt über das normale technische Denken im II. Kap. haben wir besonders an drei Stellen, bei der »Umformung« des Turmes zu einem zweiarmigen Hebel, der Verselbständigung der Kraft im linearen Kraftbegriff und bei der Ausschaltung der Zwischenglieder für die Energieberechnung an Maschinen darauf hingewiesen, daß da »Gefahren« liegen, welche für die Entstehung von fehlerhaften Überlegungen und Schlüssen verantwortlich zu machen sind, und daß sich diese unter besonderen Umständen, insbesondere auch bei Geisteskranken erhöhen. Daß wir damit recht hatten, zeigte die Analyse unserer Fälle. In bezug auf den zweiten Punkt fanden wir z. B. die Bestätigung bei den Fällen I und V, wobei sich das hervorhebenswerte Resultat ergab, daß der sonst nicht geisteskranke Hoffmann und der schwer geisteskranke Sch. J. auf einen fast gleichen physikalischen Gedanken gekommen sind.

Die psychotischen Denkstörungen zeigen bei unseren genauer analysierten, geisteskranken Patienten weitgehende Übereinstimmung, was daraus begreiflich wird, daß es sich bei ihnen insgesamt um eine paranoide Form der Schizophrenie handelt. Beim Fall IX kamen wir durch die Analyse auf die Feststellung schizophrenieartigen Denkens.

Die Zusammenstellung der bei den verschiedenen Fällen vorgefundenen, wichtigsten Störungen lautet wie folgt: Unklares, unabgeschlossenes Denken (über Gedankenentzug klagten die Patienten nicht, was nicht ausschließt, daß dieses Symptom phänomenologisch vorlag); Begriffsverschmelzung und sachlich unberechtigte Gleichsetzung von Begriffen; Vorherrschen von Gedankeneinfällen, die nicht in einen einheitlichen Bedeutungszusammenhang gebracht, sondern in der Hauptsache als Agglomerat nebeneinander gesetzt werden (Denken in Fragmenten oder fragmentiertes Denken); starkes Hervortreten unsachlichen, affektgebundenen (agglutinierten, v. Monakow) und Wahndenkens; Kritik- und Urteilsschwäche. Alle diese Störungen beschlagen nicht durchgehend und gleichmäßig sämtliche Denkinhalte.

Hervorzuheben sind ferner die Einschaltungen und Einbrüche von Trugwahrnehmungen, besonders akustischer, der »Stimmen« in den Denkvorgang. Meistens handelt es sich um Trugwahrnehmungen im Wachzustande, nur P. O. (Fall VIII) spricht auch von »Eingebungen«, und zwar häufig solchen des optischen Gebietes, die ihm aus dem Traumleben kommen[1]).

Auf den funktionalen Zusammenhang ihrer »Stimmen« mit ihrem Denken sind wir, soweit unsere Analyse in ihn eindringen konnte,

---

[1]) Vgl. hierzu den Fall 10 in meiner bereits zitierten Arbeit: Einseitig talentierte und begabte Schwachsinnige unter besonderer Berücksichtigung eines technischen Zeichners.

eingegangen, weil das auch für die Beurteilung ihres technischen Schaffens von Bedeutung war. Bei G. C. (Fall II) konnten wir denselben besonders genau verfolgen. Wir fanden bei ihm das spezielle Resultat, daß »Stimme« (als akustische Trugwahrnehmung) und ihr Gedanke im Echoverhältnis (in dem dort, S. 48 näher erläuterten Sinne) zueinander stehen. Er verteilte die Stimmen auf zwei voneinander wesentlich verschiedene Kategorien, wenn auch diese Einteilung nicht durchgehend eingehalten wurde. Die eine Kategorie von »Stimmen«, inhaltlich dem technischen Bereich zugehörig, ohne imperativen bzw. zwanghaften Charakter, die andere, mit dem ureigensten Kern seines Ich, seinem Trieb- und Affektleben (dem »Es«) verbunden, mit einem solchen. Sie betrachtete er wie ein selbständiges »Organ«.

Die aus der Denkpsychologie bekannte Erscheinung des Gegensatzes von subjektiver und objektiver Zeit[1]), tritt uns in einer krankhaften Form besonders deutlich bei Tsch. J. (Fall VII) entgegen. Die Tatsache, daß die aus seinen Halluzinationen und seinem Wahndenken stammenden Erlebnisse, die er als real nimmt und denen gegenüber unsere reale Welt sich beugen muß, objektiv zeitlich nicht möglich sind, weil die objektive Zeit während des Erlebens viel zu kurz war, damit sie sich als Ereignisse in ihr abspielen könnten, wird ihm nicht bewußt. Erlebnis, das in einer subjektiven Zeit sich abspielt, eben im Erleben, welches ähnlich wie im Traum in einem Moment Vergangenheit, Gegenwart und Zukunft und weite Zeiträume umfassen kann und das in der objektiven Zeit ablaufende Ereignis werden nicht unterschieden.

Verschwommenes, unklares, undeutliches Denken, Denken in Einfällen (»Verlieren des Fadens«) sind auch vom geistig Gesunden bekannt. Sie entsprechen zum Teil niedrigen, zum Teil individuellen Eigentümlichkeiten auch bei hochstehendem intellektuellem Niveau, und treten im Ermüdungsdenken in ausgeprägter Form auf. Carl Schneider[2]) versucht darzutun, daß die Phänomene des Ermüdungsdenkens mit dem schizophrenen Denken in Parallele zu setzen sind. Die Berechtigung dieser Theorie haben wir hier nicht zu untersuchen, immerhin weist uns das Gesagte darauf hin, daß wir auf diesem Wege dem Verständnis des schizophrenen Denkens näherrücken.

Wir haben hier auch nicht auf eine allgemeine Theorie der schizophrenen Symptome einzutreten, das muß besonderen Arbeiten vorbehalten bleiben. Unser Bestreben ging dahin, dieselben, soweit es unsere Fälle zuließen, zu analysieren und derart einen Beitrag zur Lehre der schizophrenen Symptome überhaupt, zum schizophrenen Denken im

---

[1]) Vgl. Hönigswald, Die Grundlagen der Denkpsychologie, 2. Aufl. 1925, Teubner.

[2]) l. c.

besondern, in erster Linie, entsprechend unserem Thema, im technischen Bereich zu geben. Unter anderem möchten wir noch, als auf ein instruktives Beispiel, auf die Analyse der Zahlensymbolik bei G. C. (Fall II) mit seiner Hauptzahl 8 hinweisen.

Als ein allgemeines Resultat dieses Beitrages heben wir hervor, daß wir bei der Analyse des Denkens unserer Geisteskranken keine Veranlassung fanden, zum Verständnis der Denkstörungen auf eine Ableitung derselben von Assoziationen und deren Störungen zurückzugreifen. Wir haben in einem Beispiele umgekehrt paradigmatisch gezeigt, wie sich scheinbare Assoziationsstörungen in Denkstörungen auflösen. Es entspricht dies unserer allgemeinen Ansicht, daß uns mit Hönigswald das Denken ein unableitbares, ursprüngliches psychologisches Grundphänomen ist[1]).

2. Die technischen Inhalte des Denkens unserer Patienten zeigen gegenüber denjenigen geistig Gesunder gewisse Eigentümlichkeiten. Den technischen Elementen will Tsch. J. (Fall VII) ein neues, den »Drehhebel«, beifügen. Daß derselbe der bisherigen Technik unbekannt sei, hebt er ausdrücklich unter bestimmt gehaltener Betonung hervor. Seine Wichtigkeit betrachtet er als ungeheuer groß. Auch P. O. (Fall VIII) scheint in der ersten Form der automatischen Bewegung seiner »Schöpfung« (s. S. 163) etwas zu meinen, was aus der bisherigen Technik nicht bekannt wäre, aber es ist doch nicht näher abgrenzbar, weil die zugehörigen Angaben ganz unklar und unbestimmt gehalten sind.

Sch. J. (Fall V), arbeitet in ausgedehntem Maße mit dynamischen (elektrischen, kalorischen, chemischen) Energieformen. Die anderen Erfinder unter ihnen beschränken sich in der Hauptsache fast ganz auf mechanische Energie- und Kraftformen.

Der Umfang ihrer Erfindungs- und Konstruktionsideen ist im Vergleich zu dem gewaltigen Umfange moderner Technik sehr beschränkt, und an hochkomplizierte Aufgaben wagen sie sich meist überhaupt nicht heran, was allerdings aus dem über ihre Intelligenz allgemein Gesagten, sowie daraus, daß wir keinen modernen Techniker mit höherer technischer Bildung unter ihnen haben, begreiflich wird.

Die Anwendungen, die sie von ihren wirklichen oder vermeintlichen Erfindungen und Konstruktionen machen wollen, bewegen sich in auch dem geistig gesunden Menschen bekannten Gebieten. Nur P. O. (Fall VIII) geht mit seiner »Schöpfung« über alles menschlich Erreichbare hinaus. Gott selber wird zum Techniker und Ingenieur, dessen technische Baupläne und Formen, nach denen der Kosmos von ihm gebaut wurde, er zu kennen oder finden zu können vermeint. Letzteres läßt er in seiner psychotischen Denkschwäche unentschieden, was wir daraus schließen, daß er eine erste Grundform der Bewegung in seiner

---

[1]) l. c. S. 3.

Schöpfung ganz verlassen und zu einer andern mit den automatischen Rollenrädern übergegangen ist, sowie daraus, daß er mit Verbesserungen und Abänderungen auf Grund seiner Gedanken und »Eingebungen« nicht fertig wird. Erst jüngst (Jan. 1926) sagte er uns, Rollenräder mit Federn an den treibenden Gewichten (s. S. 171) können für die »Schöpfung« nicht in Betracht kommen, weil die Federn dann so groß wie die Sonne würden. Eine eigentliche Erfindung oder Konstruktion von praktischer Brauchbarkeit hat, wenn wir von den Banalitäten des eben erwähnten P. O. (Pfeife, Federhalter, Zirkelspitzenschützer), die in auffallendem Gegensatze zu seinen höchsten Zielen in der »Schöpfung« stehen, absehen, keiner von ihnen geliefert.

Dies ergibt sich, obwohl bei ihnen formal auch die dem geistig gesunden, technisch Schaffenden zugehörige Eigenschaften, Einstellungen und Strebungen nicht fehlen. Wir erwähnen das Vorhandensein des »mechanischen Sinnes«[1]), das Ausgehen von Beobachtungen, den Realisierungsdrang, Probieren an Modellen, Herstellen der »Maschinen«, das Streben, durch wiederholte Verbesserungen und Umänderungen möglichst einfache Lösungen zu finden, teilweise kritische Einstellungen zur Möglichkeit oder Unmöglichkeit der aufgestellten Ideen und gesuchten Lösungswege, Ausdauer bei der technischen Arbeit. Ferner das Im-Auge-haben eines bestimmten Zieles, was sich in ihren Ausführungen über die Anwendbarkeit ihrer Erfindungen und Konstruktionen für bestimmte kulturelle Aufgaben, besonders bei den Fällen V, VII und VIII, zeigt.

Es überwogen demnach die aus der Psychose stammenden Störungen. Sie vereitelten in der Hauptsache das Finden praktisch brauchbarer Resultate, soweit es sich um Erfindungen oder wirkliche Neukonstruktionen handeln sollte. Daß die Patienten dagegen bei handwerklichen technischen Aufgaben, Gutes bis sehr Gutes leisten konnten und dabei auch neue manuelle Auswege fanden, haben wir hervorgehoben (s. bes. Fälle II, VII, XI und XII).

3. Das Perpetuum mobile. Das Versagen ihrer erfinderischen Bestrebungen liegt aber auch darin begründet, daß sie sich auf ein Problem, das Perpetuum mobile, werfen, welches das normale physikalisch-technische Denken mit Recht als unlösbar erklärt. In diese Gruppe von Erfindern zählen auch die Fälle I und IX, welch letzterer allerdings, wie wir sahen, eigentlich nur von dem spricht, was er erfinden will, und welche Gedanken er dabei, dem »bergauflaufenden Rad«, hat, sowie welches nach seiner Ansicht die theoretischen Grundlagen für die Möglichkeit der Lösung sind, wobei er im Grunde für die gesuchte Problemlösung weniger gibt als unsere Anstaltspatienten.

---

[1]) Sommer, Psychologie und Organisation des Erfinderwesens. *Psychologie und Medizin*, herausg. von R. W. Schulte, I. Bd., 1. Heft, 1925. Verlag Ferd. Enke, Stuttgart.

Was sie mit dieser Bestrebung verfolgen, ist allerdings mit ein Hauptproblem der Technik überhaupt, nämlich die Energiegewinnung. Besonders deutlich hebt das unter unseren Geisteskranken P. O. (Fall VIII) hervor, wenn er von der Erschöpfbarkeit der bisherigen Energiequellen (Kohle, Öl, Petroleum, Naphtha usw.) spricht und auf die Notwendigkeit einer neuen, die in seinen automatischen Rollenrädern gegeben sein soll, hinweist, welche ihm »Gott als ewiger Sorger offenbart« habe.

Die Perpetuum-mobile-Idee, diese Kernidee ihrer erfinderischen Bestrebungen, die, wir haben es im III. Kap. aufgezeigt, so sehr ihr Denken, Wünschen und Hoffen erfüllt und bei den einen dauernd, bei den andern über längere Zeit im Vordergrund ihres Bewußtseins steht, darf man nun nicht, wie es Feldhaus[1]) tut, bloß lächerlich machen und verspotten. Damit schafft man sie, wie die Erfahrung lehrt, nicht aus der Welt. Man muß versuchen, ihr sachlich näher zu treten. Wenn nicht nur Geisteskranke, sondern auch geistig Gesunde sich immer wieder mit ihr beschäftigten und beschäftigen, und zwar auch solche, die wir nicht samt und sonders als bewußte Betrüger bezeichnen können, so muß doch irgend etwas Geistiges, das nun einmal da ist, in ihr stecken.

Wir haben im II. Kapitel (Abschnitt 3c) ausführlich gezeigt, daß dieses Geistige auf eine Uridee zurückgeht.

Überblicken wir die bei unseren Anstaltspatienten aufgefundenen P.m.-Ideen: G. C. (Fall II) versucht mittels der »Schwerkraft« im Gewichtsrad (Fig. 23) und dann vor allem, in seinem »Dezimalmobile« (Fig. 19) mit dem Prinzip des ungleicharmigen Hebels, bei dem, weil ein kleineres Gewicht ein größeres hebt, ein »Kraftgewinn« winkt, ein P. m. zu finden. In einer andern Form soll die Schwerkraft im Gewichts-P. m. (Fig. 23) eine Lösung ergeben. Außerdem, aber doch in zweiter Linie, beschäftigt ihn die »ewige Uhr« mittels eines Magneten (Fig. 24) und nur nebenbei ein P. m. vermittels des Auftriebes im Wasser (Fig. 22). Dem Prinzipe nach sind sie, wie wir gezeigt haben, seit jeher den P.m.-Erfindern bekannt gewesen. Der Form nach am originellsten ist die im Modell versuchte und schließlich als vorläufig unmöglich aufgegebene Idee, die dem Gewichts-P. m. zugrunde liegt. Ich habe sie in der mir zugänglich gewesenen Literatur nicht gefunden, während er die andern wahrscheinlich der Lektüre entnommen hat. Welche Beobachtungen ihm wegleitend waren, hat er uns genannt, inwieweit er sie falsch aufgefaßt hat, haben wir ausgeführt (s. die Analyse des Falles im III. Kap.).

Sch. J. (Fall V), dem die gleiche Lektüre zur Verfügung steht und der sehr vielseitige Interessen hat, geht eigene Wege. Bei ihm finden

[1]) l. c.

wir die alten und geläufigen P.m.-Ideen nicht. Sein »Druckmotor«
(Fig. 37) verwendet, was wir schon erwähnten, einen ähnlichen physikalischen Gedanken wie Fall I. Kein anderer unserer geisteskranken
Erfinder kam darauf, und auch für Sch. J. ist er als zumindest subjektiv
neu zu betrachten.

Tsch. J. (Fall VII) geht ebenfalls eigene Wege, für ihn ist der
»Drehhebel« das wichtigste neue technische Element, das er gefunden
und für den »Zangenmotor« (Fig. 40), den »Rutschhebelmotor« usw.
verwendet. Auch diese Idee gehört nicht zu alten und geläufigen und
ist subjektiv und objektiv — was allerdings, weil sie falsch ist, nichts
weiter zu bedeuten hat — neu.

P. O. (Fall VIII) arbeitet, außer einer nebensächlichen Ablenkung
(S. 173), mit einem auch bei G. C. erscheinenden Prinzip, das zu den
alten und geläufigen P.m.-Ideen gehört. Er hat es auch der Lektüre,
wie er selbst angibt, entnommen, es ist demnach für ihn auch subjektiv
nicht neu. Aber unter seinem, man muß schon sagen unermüdlichen
Suchen, erhält es eine ungeahnte Mannigfaltigkeit von Formen, die
wenigstens zeichnerisch realisiert werden. Die genaue tägliche Beobachtung bei seinen Arbeiten erlaubt, zu erklären, daß er diese spontan, aus eigenem Suchen gefunden hat.

Was das P. m. als Maschine leisten soll, wissen sie alle. Sie wollen
nicht nur den »ewigen Umgang«, die ewige Bewegung, mit demselben
realisieren, sondern auch noch Maschinen damit treiben. Tsch. J.
(Fall VII) weist ausdrücklich die Behauptung, ein mechanisches P. m.
sei unmöglich, zurück, und er versucht, positiv darzutun, daß es auf
vierfache Art möglich sei, und zwar vor allem mittels seines Drehhebel-
prinzipes. Am deutlichsten spricht sich Sch. J. (Fall V), der auch
sonst am meisten mit abstrakten Begriffen operiert, darüber aus. Er
weiß auch, daß er sich mit dem Versuch, ein P. m. zu finden, mit den
bekannten Naturgesetzen, insbesondere mit dem Energieerhaltungssatz, in Widerspruch setzt. In der Diskussion ist es manchmal oft
so, als sollte der erhaltene Rest seiner sachlichen Kritikfähigkeit ob-
siegen und er die Idee aufgeben. Letzten Endes bleibt er doch bei der
Möglichkeit des P. m., und es soll gerade der von ihm versuchte Druckmotor, für den er damals das Modell (Fig. 37) in Angriff zu nehmen
begann, beweisen, daß der Energieerhaltungssatz nicht richtig sei.
Facht man den erhaltenen Rest von Kritikfähigkeit nicht von außen
zur Tätigkeit an, ihn derart zur Manifestation reizend, dann ist er der
Möglichkeit der Idee des P. m. gegenüber kritiklos. Diese Möglichkeit
ist dann selbstverständlich.

Dies zeigte sich, wenn auch in geringerem Maße, weil man mit
ihnen in der Diskussion nicht so weit gehen konnte, bei den andern
Fällen ebenfalls. Tsch. J. ist in seinem Negativismus und wegen der
außerordentlich starken Erfülltheit mit halluzinatorischen und Wahn-

erlebnissen nicht zur Diskussion über solche Fragen zu bringen. Bei
P. O. ist es in der Psychose vor allem sein Selbsteinschätzungswahn,
der ihn gegen Kritik gereizt und unzugänglich macht. G. C. hat ein
zu niederes theoretisches Intelligenzniveau, um in abstrakten Vorstellungen und Begriffen sich bewegen zu können. An Hand der praktischen
Ausführung seines Modells des Gewichts-P.m. zeigte er jedoch fast noch
mehr Selbstkritik als Sch. J.

Wir sehen also, daß diese P.m.-Erfinder die Möglichkeit der Realisierung der Idee auf verschiedene Weise festzuhalten suchen, und
zwar: G. C. indem er die Natur »überlisten« will (wenigstens in seinen
beiden Hauptideen, dem Dezimalmobile und dem Gewichts-P.m.),
Sch. J., indem er durch seinen »Druckmotor« gleichsam experimentell
zeigen will, daß der Erhaltungssatz nicht absolut gilt — eine Möglichkeit, die wir im Abschnitt über das P. m. im II. Kap. theoretisch abgeleitet haben —, Tsch. J., indem er ein neues mechanisches Prinzip
aufstellen, P. O., der am wenigsten originelle, indem er durch konstruktive Ausgestaltung (Doppelräder statt einfacher, mit hinten und vorn
gegeneinander versetzten Rollenanordnungen; Kuppelung mehrerer
Rollenräder, s. S. 171), den toten Punkt, das Versagen der Konstruktion,
umgehen will.

Von den übrigen nicht unseren Anstaltspatienten angehörenden
P.m.-Erfindern will Hoffmann überhaupt nicht zugeben, daß es sich
um ein solches handelt, er will — allerdings geschieht es (s. S. 36)
mit unzulänglichen Mitteln — beweisen, daß seine Erfindung mit
den bekannten Naturgesetzen in Übereinstimmung ist, und H. N. L.
wählt den erkenntnistheoretischen Weg, indem er den Intellekt als
einzig maßgebende Erkenntnisquelle ablehnt und das Gefühl, das die
Möglichkeit des P. m. fordere, als ebenso maßgebende Erkenntnisquelle
postuliert.

Von Fall X (G. R.) wissen wir zwar nichts davon, daß er ein P. m.
erfinden wollte, aber seine Drähteverbindung, die eine alles verbindende
Beeinflussung darstellen soll, kann auch als Sinnbild einer unaufhaltsamen
Bewegung gedeutet werden.

4. Nun erhebt sich die Frage nach der **Genese,** den Momenten, die
unsere Geisteskranken zum technischen Schaffen bestimmen und die
Vorbedingung für dasselbe bilden, sowie insbesondere nach der Genese,
des Perpetuum-mobile-Wahns, und dem Verstehenszusammen-
hang, »Sinnganzheit«, in die er gestellt ist oder sein könnte.

Wie sich Kielholz, als Vertreter der Freudschen psychoanalytischen
Schule, die Genese des Erfinderwahns denkt, haben wir oben[1] ausgeführt und dort auch kritisch dazu Stellung genommen.

---

[1] Siehe S. 2.

Wir haben versucht, den Beziehungen der Sexualität zu ihrem technischen Schaffen und Erfinden bei unseren Fällen nachzugehen.

Unter Voraussetzung des Kielholz-Freudschen psychosexuellen Mechanismus, so hoben wir hervor (S. 3), wäre es nicht zu begreifen, warum es selbst unter den paranoiden Schizophrenen relativ so wenige Erfinder gibt. Dieser Einwand wiegt um so mehr, als, wie wir hier hinzufügen, unter ihnen viele sind, die »mechanischen Sinn« haben, also eine technische Bedingung des Erfindens erfüllen.

Zur Illustration des Gesagten seien einige Zahlen vorgeführt, die sich auf die Insassen der beiden mir unterstellten Anstalten stützen und die auch unabhängig von diesem Zusammenhang von Interesse sind. Die Gesamtzahl der Insassen betrug (1. I. 26) 493 Personen, wovon 248 männlichen und 245 weiblichen Geschlechtes. Fälle von paranoider Schizophrenie (mit den wenigen Fällen von Paranoia) waren 53 Männer, 64 Frauen, zusammen 117. Unter diesen Kranken gab es im ganzen 8 »Erfinder«, wovon 4 im engeren Sinne (die Fälle II, V, VII u. VIII)[1] und 4, bei denen es sich bloß um die verbale Behauptung, sie hätten den »ewigen Umgang« oder etwas anderes erfunden, handelt. Sehen wir von diesen ab, so haben wir 7,5% Erfinder unter den paranoiden Männern, 3,5% unter allen Paranoiden. Sämtliche Erfinder, auf alle Männer berechnet, machen etwas mehr als 1,5%. Dabei ist zu beachten, daß das Gebiet, aus dem unsere Kranken stammen, in größeren Teilen stark industrialisiert ist (Uhrenfabrikation, Maschinenbau, Spinnerei, Papierfabrikation).

Bei den bezüglich der genetischen Momente für ihr technisches Schaffen näher analysierbaren Fällen haben wir Folgendes festgestellt: Sch. J. und Tsch. J. haben in früher Jugend technischen Dingen, gegenüber dem gleichaltrigen Durchschnitt, erhöhtes Interesse entgegengebracht. Während der erstere diesen Interessen stetig nachgehen konnte, war dies Tsch. J. infolge seiner beruflichen Lebensgestaltung nicht möglich. G. C. dagegen hat keine besonderen technischen Interessen in der Jugend bekundet, den Uhrmacherberuf ergriff er nicht aus Neigung, eher gegen sie, aus dem Zwang des Milieus heraus. Auch bei P. O. sind solche besondere technische Interessen aus früher Jugend nicht bekannt geworden. In der Pubertät, als er in die Schlosserlehre trat, schienen sie lebhaft gewesen zu sein, ohne aber Erfindungsdrang zu verraten. G. C. zeigte ihn in der Jugend ebenfalls nicht. Von Z. N. (Fall XII), der uns hier auch noch interessiert, obwohl er nicht zu den Erfindern zählt, ist aus der Jugendzeit bezüglich besonderer technischer Interessen nichts bekannt.

---

[1] Alle 8 sind Männer. Daß sich unter den Frauen keine befinden, während Kielholz solche nennt, mag Zufall sein.

Bei Sch. J. und Tsch. J. weist die Anamnese darauf hin, daß, um uns unverbindlich auszudrücken, in ihrem Familienerbgut der technische Bereich betont ist, sie deshalb eine bezügliche Erbanlage mitbekommen haben können. Daraus wäre das frühe Durchdringen technischer Interessen und ihr Festhalten auch gegen Lebensschicksale bei Tsch. J. biologisch bereits dem Begreifen nähergebracht[1]).

Bei P. O. könnte man, weil dessen Vater Werkmeister, also technisch Schaffender war, auch ein solches Erbmoment erwarten. Wir müßten aber noch mancherlei allgemein und für diesen individuellen Fall speziell wissen, um erklären zu können, warum bei ihm technische Interessen erst in der Pubertät wach wurden und auch hier zunächst keine besonders große Intensität aufwiesen.

Aus diesem erblichen Moment können wir ein dynamisches Moment dafür entnehmen, daß Sch. J. und Tsch. J. dauernd bei ihren Erfindungen beharren, während sie bei G. C. zurücktreten können und bei P. O. erfinderische Ideen, auch im Rahmen des Erfindens Geisteskranker betrachtet, stark in den Hintergrund treten. Die technische Vorbildung können wir hierfür nicht heranziehen, weil diese bei letzterem gerade die ausgiebigste war.

Soviel zur Frage einer speziellen technischen Erbanlage unserer Fälle und ihrer Bedeutung für ihr technisches Schaffen. Die Analyse der Triebgrundlage für dasselbe ist aber damit keineswegs erschöpft. Ganz allgemein liegt ihm der Schaffenstrieb zugrunde, der sich im Spiel des Kindes schon ausgiebig manifestiert und dessen phylogenetische Entwicklung und Verstärkung aus Lebensnotwendigkeiten erklärlich wird. Dieser Schaffenstrieb potenziert sich auch bei unseren geisteskranken Erfindern zum ausgeprägteren »Schöpfungstrieb«, zum Trieb nach Schaffen von Neuem, der bei ihnen so stark wird, daß sie in ihrer durch ihn mitbedingten Denkgebundenheit und Begrenzung etwas geschaffen zu haben glauben, auch wenn sie für Momente sehen, daß sie es nicht geschaffen haben. (Das Finden des P. m.) Dieser Glaube wird bei ihnen zum Wahn. Der Schaffenstrieb ist inhaltlich ein Trieb nach Gestaltung. Bei unseren Erfindern ist es der spezielle Trieb nach Schaffung technischer Gestalten, der technischen Objekte. Wir fanden ihn bei allen, am deutlichsten in seiner dynamischen Auswirkung bei Sch. J., dem ideenreichsten. Wir zeigten, wie es ihn drängt, jede naturwissenschaftliche Erkenntnis in eine technische Erfindung zu gestalten. Daß sie falsch und praktisch unbrauchbar sind, ist hier Nebensache, wo es sich um die Herauslösung des dynamischen Faktors handelt.

------

[1]) Bei Sch. J. fanden wir durch die Mitbetrachtung zweier Brüder das Vorhandensein einer genetischen Korrelation ihrer Begabungen.

Zum technischen Erfinden genügt es nicht, nur Ideen zu haben, die Erfindungen im »Kopfe« auszudenken. Sie müssen im räumlich-zeitlichen technischen Objekte realisiert werden; der Erfinder muß praktisch zeigen, daß »es geht«. Diesen Realisierungsdrang des echten Erfinders sehen wir besonders ausgeprägt bei Sch. J. und G. C. Bei Tsch. J. schwankt seine Intensität jetzt, während er nach der Anamnese in der Periode vor dem Anstaltsaufenthalt sehr intensiv war. Er fehlt bei P. O., der sich mit der Idee und ihrer zeichnerischen Darstellung begnügt, die Realisierung aber anderen überläßt. Er äußerte niemals den Wunsch, eine »Prob« zu machen, ein Modell herzustellen. Sein Selbsteinschätzungswahn gestattet ihm einerseits zu glauben, daß gehen muß, was er findet und — so dürfen wir vermuten — verhindert ihn, die »Prob« zu versuchen, um ihn nicht aufgeben zu müssen.

Auch bei H. N. L. überwiegt, soweit wir aus seinem Buche schließen dürfen, das Genügen bei der theoretischen Möglichkeit, die er »glaubt«, über den Realisierungsdrang, während er bei Hoffmann sehr stark war und sich weitgehend durchsetzte.

Mit ihren Erfindungen wollen unsere vier geisteskranken Erfinder ihrem Geltungsbedürfnis dienen, sie wollen dadurch mehr gelten als die andern Menschen, wollen etwas Besonderes geleistet haben. Dieses Geltungsbedürfnis, das sie, außer G. C., aus tieferen, dem Trieb und Gefühlsleben entstammenden Motiven, unbedingt befriedigen wollen, ist ein weiteres Moment dafür, daß sie gefunden zu haben glauben, was sie tatsächlich nicht gefunden haben (das P. m.).

Zum Geltungsbedürfnis in enger Beziehung steht der Erwerbstrieb, der bei keinem der vier geisteskranken Erfinder fehlt. Er drängt sich am meisten vor bei P. O. Bei Sch. J., der ihn auch spontan kundgibt, ist er mit einem starken sozialen Mitgefühl verknüpft, das sich den Armen und Bedrückten zuwendet. Ihnen möchte er durch seine Erfindungen helfen. Tsch. J. legt den Hauptnachdruck auf Umgestaltung und Verbesserung der Technik, die er mit seiner Erfindung herbeiführen möchte.

Geltungsbedürfnis und Erwerbstrieb sind bei diesen vier Männern, aber auch sonst bei dem Großteil der Menschen so eng verknüpft, daß nicht zu entscheiden ist, was primär und was sekundär ist. Geld, Macht, Ansehen, Geltung bilden eine verschlungene Kette. Der am wenigsten materiell Gesinnte ist noch Sch. J.

Über die Beziehung der Sexualität zu ihrem technischen Schaffen, insbesondere zu ihrem Erfinden, haben wir, unter möglichster Objektivität gegenüber den gefundenen Tatbeständen gefunden: Bei G. C. ergab sich nicht, daß Sexualität und Erotik bei seinem technischen Schaffen als unmittelbares dynamisches Moment zu betrachten sind. Bei Sch. J. kamen wir zum Resultat, daß der Lustgewinn der Befriedigung im sexuellen Erlebnis und im Erfinden als der gemeinsame Nenner beider zu bezeichnen sind, daß der Patient sie zu differenzieren sucht, sie sich ihm aber gegen seinen Willen vermengen. Eine zwingende Veranlassung, die bei ihm zwischen Erfinden und Sexualität gefundene Beziehung einfach im Sinne der psychoanalytischen Theorie zu deuten, daß nämlich Erfinden ein notwendiges Korrelat der Sexualität oder nur eine Auswirkungsform derselben ist, ergab sich jedoch bei ihm nicht. Bei Tsch. J. fanden wir keine Anhaltspunkte für engere sachliche Beziehungen von Erfinden und Sexualität oder dafür, daß der »Erfindungtrieb« ein abgelenkter oder sublimierter Sexualtrieb sei. Nur nebensächliche Verknüpfungen waren nachweisbar. Bei P. O. haben wir ebenfalls eine unmittelbare Beziehung von Erfinden und Sexualität nicht nachweisen können. Dagegen können wir gewisse seiner Kundgaben in diesem Sinne deuten, ohne ihnen Gewalt anzutun. Sie bleiben aber Deutungen, also Vermutungen, und nur für den Psychoanalytiker dürften sie »Wissen« bedeuten.

Für seine Ansicht über den »Uranfang des Weltstoffes« kamen wir z. B. auf eine solche Vermutung. Ferner finden wir, daß man seine »Schöpfung« als Symbolisierung der Zeugung deuten könnte und im Sinne der Kielholzschen Ausführungen könnte man noch weiter gehen und sagen, daß das ganze Gebilde (Fig. 46), mit der Zentralsonne in der Mitte, den Uterus mit dem Embryo darstelle, die beiden Rollenräder die Ovarien oder, wenn man noch freier deuten wollte, könnte man sagen, es seien das die Hoden, so daß hier irgendwie die Vereinigung von männlichen und weiblichen Genitalien dargestellt wäre. Ich kann aber bei solchen Deutungen das Gefühl, daß hier Willkürlichkeiten liegen, nicht los werden. Jedenfalls ergibt uns die eingehende Analyse, daß das im besten Falle nur ein dynamisches Moment unter anderen für sein Schöpfungs-P. m. wäre.

Dieser bei P. O. nur erdeutbare Zusammenhang von Schöpfung und Zeugung findet sich bei H. N. L. (Fall IX) direkt ausgesprochen in dem Satze »die ganze Idee der Weltschöpfung waltet im Zeugungsakt« (s. S. 198). Aber wir kamen bei ihm zu dem Schlusse, daß das auf einem religiös-mystischen Untergrund ruht und daß die Zeugung nur eine Auswirkungsform der darin liegenden allumfassenden Idee ist.

Endlich bei G. R. (Fall X), der allerdings nicht zu den Erfindern gehört, konnten wir eine zur Sexualität unmittelbar gehörige Symbolisierung in seinen eigenartigen Zeichnungen (Fig. 52 u. 53) nicht wahrscheinlich machen. Eine andere Deutung aus dem, dem Magischen des Primitiven sich nähernden, »Weltgefühl« des Schizophrenen erachteten wir als wahrscheinlicher.

Das über die Beziehung von Erfinden und Sexualität eben Gesagte zusammengefaßt, kommen wir zu folgendem Schlusse: Solche Beziehungen bestehen, aber meist bloß mittelbare und von differierender Enge. Nur in einem Falle konnten wir eine Deutung als plausible Vermutung finden, welche im Sinne der Kielholzschen Schlußfolgerungen liegt, aber auch hier mußten wir dieses Moment als eines unter anderen ansehen. Abgesehen von diesem Falle, können wir bei den andern in den von ihnen verwendeten Formen (s. die Figg.) »Symbolisierungen der Genitalien ihrer Erzeuger« nicht finden.

Damit ist auch schon über die Genese der P. m.-Idee und der Versuche, sie zu realisieren, einiges ausgesagt. Spontan und direkt hat sie P. O. mit dem Kosmos in Zusammenhang gebracht. Seine »Schöpfung« als technisches Werk des »Ingenieurs Gott« verwendet als technisches Element für die ewige Bewegung des Kosmos die automatischen Rollenräder, die ein P. m., getrieben durch die universelle Schwerkraft, sein sollen. Der Kosmos wird dadurch zu einem, von einem menschlichen Geiste gefundenen P. m., aber seine Idee betrachtet P.O. als ihm von Gott eingegeben, als Offenbarung des göttlichen Geistes. Dadurch wird die Verbundenheit der P. m.-Idee mit der Idee des Kosmos als P. m. und mit der universellen göttlichen Schöpfungskraft zu, wenn auch naiv-psychotischer, sinnbildlicher Darstellung gebracht. Bei den übrigen der vier geisteskranken Erfinder kam diese Verbundenheit von P. m.-Idee in den von ihnen gesuchten P. mobilia und dem Kosmos als P. m. nicht spontan zur Kundgabe. Auf bezügliche Fragen und Anregungen (»Reize«) wurde sie aber von allen, in verschiedener Form, entsprechend ihrer geistigen Artung und Einstellung bejaht. Direkt ausgesprochen wird sie noch von H. N. L. (Fall IX), der sich in dieser Beziehung unserem Fall VIII (P. O.) nähert.

Jedenfalls bewerten alle ihre Erfindung des P. m. als etwas Höchstes, als Ausdruck einer außerordentlichen Schaffens- und Schöpfungskraft, die ihnen verliehen ist. Das zu können, was niemand, was nur ein Gott kann, ist der Inhalt des Größenwahns bei G. C. und P. O. Sch. J. nimmt seinen Maßstab aus den lebenden Erfindern, indem er in seinem Größenwahn glaubt, er habe nicht nur tausendmal mehr Erfindungen als Edison, sondern auch daß dieser ihm seine Erfindungen gestohlen hat. Tsch. J. ist der bescheidenste, er erhebt sich nur bis zur Beilegung des Titels »Ingenieur« und bleibt auch im Technischen in Abhängigkeit von fremden Mächten, vor allem vom »Hypnotiseur«, der magische Kräftewirkungen ausüben kann.

Bei G. C. haben wir zu zeigen versucht, daß das Bewußtsein, dieses Höchste zu können, mit dem religiösen Größenwahn zusammenhängt. Nachdem er sich früher mit dem Gedanken, das P. m. sei unmöglich, abgefunden hatte, erscheint es ihm nun möglich. Er will nun das Unmögliche doch leisten. Wir kamen zur Annahme, daß das aus dem Größenwahnerlebnis stammende Gefühl unendlichen schöpferischen Könnens ihm

15*

dieses Bewußtsein gab. Das verstehen wir noch mehr, wenn wir uns erinnern, daß der religiöse Größenwahn ein Ausdruck für den Versuch war, seinen Selbstwert gegenüber den lebensbedrohenden fremden Mächten zu retten.

Ein ähnliches Erlebnis fanden wir bei Sch. J., nur daß bei ihm die unmittelbare Beziehung mit dem Gefühl, ein P. m. erfinden zu können, nicht aufweisbar war. Bei Tsch. J. kam das P. m. aus einer Art trotziger Einstellung gegen die, welche so schwer in sein Lebensschicksal eingriffen. Er habe sie mit seiner Erfindung vernichten wollen.

Wir dürfen demnach aus alledem schließen, daß bei allen vieren, wenn auch in verschiedenem Grade der Deutlichkeit, die P. m.-Idee mit mystisch-magisch-kosmischen Vorstellungen, Gedanken und ahnenden Gefühlen zusammenhängt, die in der Psychose zur Wirksamkeit kommen konnten. Eine Uridee (siehe Abschn. 3 c, Kap. II) kommt darin wieder zum Vorschein, und der Versuch ihrer Realisierung wird gemacht.

Daß es für den Versuch ihrer Realisierung nicht unbedingt einer eigentlichen Psychose bedarf, zeigen die andern ehrlichen P. m.-Erfinder, die auch an dessen Möglichkeit glauben.

5. Mit ihren eigenen Erfindungsideen beschäftigen sie sich aber nicht etwa nur spielerisch. Sie verfolgen damit auch, wie wir im III. Kapitel gesehen haben, bestimmte Zwecke. Indem wir diese ins Auge fassen, kommen wir zu der Beantwortung der Frage über die **Beziehungen des technischen Schaffens unserer Geisteskranken zur Kultur.** Als allgemeinsten Zweck der Technik als Kulturerscheinung nannten wir oben[1]) die Ausgestaltung und Vervollkommnung der Lebensbedingungen, als die leitende Idee die geistige Höherentwicklung und Vervollkommnung des Menschen.

Im Bewußtsein des G. C. tritt dieser Zweck bei der Beschäftigung mit seinen technischen Ideen, insbesondere dem P. m., sehr wenig hervor, es sind höchstens Andeutungen davon vorhanden. Ihm bedeutet die Beschäftigung damit eher ein geistiges Spiel, er möchte mehr nur zeigen, daß er es auch könne. Es herrschen also subjektive Zwecke und Bewertungen vor.

P. O. denkt öfter an die Verwendung seines automatischen Rollenrades zur Energiegewinnung der Zukunft und nennt auch, mehr nebenbei, spezielle Verwendungsmöglichkeiten. Im Vordergrund stehen ihm aber egoistische Interessen. Er will materiellen Gewinn und Ruhm ernten. Weiter denkt er nicht und hätte es, selbst wenn er nicht psychotisch geworden wäre, nach dem was wir über seine präpsychotische Persönlichkeit gehört haben, nicht getan. Seine Haupterfindung, die

---

[1]) Vgl. S. 40 dieser Arbeit.

»Schöpfung«, gehört seiner psychotischen Welt an, entspricht seinem andern Weltgefühl. Sie ist eine Übertragung technischer Ideen in kosmische Zusammenhänge, die höchstens in symbolischen Bildern zulässig ist, in seinem Weltgefühl aber reale Bedeutung annimmt.

Anders ist es bei Sch. J. Den geistigen Genuß, den er vom Denken und Erfinden hat, hebt auch er hervor. Immer drängen sich aber die Kundgaben vor, welche zeigen, daß in seinem Bewußtsein ein allgemeiner Zweck, dem seine technischen Erfindungen dienen sollen, wenn auch in wechselnder Stärke und Deutlichkeit, lebt. Er will damit, neben der eigenen sozialen Hebung, vor allem die Lebensmöglichkeiten der Menschen verbessern, wobei ihm als früherem Sozialisten, die ärmeren Klassen vor Augen stehen. Da aber seine Erfindungen, objektiv, keine sind, fällt auch jede Auswirkung derselben dahin. Die leitende Idee nennt er nicht direkt, sie klingt aber aus gewissen Kundgaben durch und konnte aus ihnen als wirkend erschlossen werden.

Tsch. J. sieht ebenfalls in seinem psychotisch veränderten Geiste bereits die Umgestaltung der gesamten Technik durch seine Erfindung. Er beschreibt in langen theoretischen Ausführungen ihre Auswirkung besonders in der Landwirtschaft. Der Zweck ist ihm also bewußt. Von der leitenden Idee haben wir bei ihm auch nicht Andeutungen gefunden. Das tatsächliche Resultat ist bei ihm wie bei Sch. J.

Von einer allgemeinen Beziehung und Auswirkung seiner P. m.-Idee in die gesamte Kultur spricht auch H. N. L. (Fall IX). Er stellt sie ins Zentrum kulturellen Denkens. Wieviel bzw. wie wenig er für die Aufzeigung dieser Beziehung tatsächlich leistet, haben wir oben des näheren ausgeführt.

Zusammenfassend ist also zu sagen, daß ein Teil unserer Geisteskranken ihre technischen Erfindungsideen auch in den Dienst objektiver Kultur stellen wollen. Bei der objektiven Fruchtlosigkeit derselben ist jedoch das tatsächliche Resultat null.

Daß unter besonderen Umständen einem Geisteskranken bei der Verfolgung einer Wahnidee eine positive Leistung gelingen kann, das wollen wir am **Fall XIV (V. O.)** zeigen.

Es handelt sich um einen 1877 geborenen Mann, Landwirt und Wagner von Beruf. Er war vor 9 Jahren in der Anstalt, wo die Diagnose auf »Dementia praecox paranoides« gestellt wurde. Nach 5 Monaten wurde er in gebessertem Zustande entlassen. Ungefähr 6 Jahre nach der Entlassung kam es zu einer ambulanten psychiatrischen Begutachtung[1]) zwecks Entscheidung der Bevormundungsfrage.

---

[1]) Diese Begutachtung erfolgte durch Dr. Christoffel, der mir in bereitwilliger Weise sein Gutachten zur Verwendung überließ, wofür ich ihm auch an dieser Stelle bestens danken möchte.

Aus dem bezüglichen Gutachten (Nov. 1923), das zum Schlusse kommt, »V. O. litt und leide auch jetzt zur Zeit der Begutachtung an einer paranoiden Form der Schizophrenie« entnehme ich wörtlich den folgenden hier interessierenden Abschnitt:

»Obschon Expl. nicht unfähig ist, logisch zu denken, so läßt er doch im gegenwärtigen Zustande gerne zwei sich widersprechende Möglichkeiten da nebeneinander bestehen, wo er wünscht, daß die in Wirklichkeit ausgeschlossene zutreffend sein möchte. Beispielsweise erhält er die Vorladung in seiner »Entvogtungsstreitsache« (Ref. stützt sich bei seiner Schilderung rein auf diejenige von V. selbst und weiß nicht, ob das zitierte Wort wirklich auf der Vorladung gestanden hat). V. weiß, daß Frau und Schwager seine Bevormundung anstreben. Nun macht er folgende Überlegung: eigentlich bin ich schon bevogtet, und zwar durch meine Frau. Und nun soll ich wieder durch gerichtliches Urteil von dieser Bevogtung frei, soll entvogtet werden! V. holt sich nun aber keineswegs eine große Enttäuschung, wie er vor Amtsgericht seinen Wunsch nicht verwirklicht findet, sondern neuerdings erfährt, was er vorher schon gewußt, aber nicht gern geglaubt hat, daß er bevormundet werden soll. Am Nachmittag des regnerischen 8. Oktober muß V. zu mir nach B. zur Untersuchung kommen. Er könnte zu Fuß und per Tram von H. in etwas weniger als zwei Stunden bei mir sein und für den Rückweg würde er etwas mehr Zeit benötigen. Nun sagt er sich, da die Untersuchung vor dem Abschluß steht, er werde wohl bald bevormundet und damit nicht mehr sein eigener Herr und Meister sein, solange er es aber noch sei, wolle er es noch genießen, auf eigenem Gefährt nach B. kutschieren. So spannte er seinen jungen Ochsen an seinen Pritschwagen und fuhr in (nach seinen Angaben) gut 3 Stunden nach B., den Rückweg nahm er dann so gemütlich, daß Expl., nachdem er gegen 7 Uhr abends aufgebrochen, erst um 1 Uhr nachts wieder zu Hause ankam, er habe nicht nur sich unterwegs da und dort etwas gegönnt, sondern auch das Stierli habe es nicht bös haben dürfen; besonders da es sein Vordereisen verloren und er das andere habe entfernen müssen, habe er das »Stierli« gehen lassen, wie es dem beliebt, und es habe es so gemütlich genommen, daß es auf der ganzen Heimfahrt habe wiederkäuen können. Daß es während Stunden immer wieder tüchtig regnete, so daß V. schon ganz durchnäßt bei mir ankam, tat seiner Stimmung keinen Abbruch. Wenn V. zum Vorwurf gemacht werde, er übe seinen Beruf, auf dem er guten Verdienst hätte, nicht mehr aus, so ist dies seiner Meinung nach anderer Leute Privatmeinung.

Bald nach der Entlassung aus der Anstalt aber fühlte er sich körperlich wieder hergestellt und begann nun wieder auf seinem Berufe zu arbeiten, jedoch interessierte ihn die Wagnerei nicht mehr, sondern er wandte sich der Konstruktion einer Flugmaschine und eines »Ewigen Werkes«, eines Perpetuum mobile[1]) zu.

Hinter verschlossenen Türen suchte er seine Ideen, von denen eine die andere jagte, in größtem Maßstabe zu verwirklichen. So wurde nie etwas fertig, abgesehen davon, daß V. immer wieder Enttäuschungen erlebte, das Perpetuum mobile natürlich nicht gehen wollte usw. Was von Material und Arbeit in diesen Versuchen steckt, zeigt ein jetzt noch vorhandener und mir von V. vorgewiesener Teil dieses »Ewigen Werkes«, zu dessen Herstellung Expl. erst in seinem Walde eine kräftige Eiche fällen mußte, es ist eine Hohlwelle von etwa 130 cm Länge und einem Gewicht von ca. 70 Pfund. V. hat alle diese ersten Konstruktionen demoliert und auf einen Haufen geworfen, nachdem sein Interesse sich in einer andern Richtung entwickelte. Anfangs 1922 wollte er vor seinem Hause eine Jauchegrube graben, respektive ein Schöpfloch dafür. Ca. 70 cm unter der Erdoberfläche

---

[1]) Von mir unterstrichen.

stieß er auf eine schwarze Masse, eine Erzader, wie er meinte. Von dieser Entdeckung an war er überzeugt, daß im Boden seiner Liegenschaft reiche Erdschätze liegen. Er hegt gegenwärtig die Vermutung, daß gerade aus diesem Grunde ein unbekannter Feind, der Lunte gerochen, ihm seine Schätze streitig machen wolle, dadurch, daß er V.s Leute zu einer Bevormundungsklage veranlaßt habe. Die »Erzader« soll sich 1,40 m dick gezeigt haben. V. verheimlichte den Fund so gut wie möglich und war anderseits bestrebt, zu erfahren, woraus dieses vermutliche Erz bestehe. Er kaufte verschiedene Lötlampen, und es gelang ihm, mit deren stärkster ein Stückchen der lavaähnlichen schwarzen Masse zu schmelzen. Zugleich überzeugte sich Explorand, daß die Masse den elektrischen Strom nicht leite. Er hatte bis zur Untersuchung bei mir die Überzeugung, das nämliche oder ein ähnliches Material gefunden zu haben, wie es für elektrische Schalter und ähnliche elektrotechnische Zwecke benutzt wird, also Hartgummi. V. hatte sich weder bemüßigt gefühlt, zu erfahren, woraus diese elektrotechnischen Artikel bestehen, auch das Wort Hartgummi blieb ihm unbekannt, noch ob der Hartgummi oder etwas ihm Entsprechendes überhaupt im Boden sich finden könne. Vorsichtige Erkundigung bei einem Vetter aus Amerika ergab, daß das gefundene Material nicht wertvoll sein könne. V. bekümmerte sich nicht um diese Auskunft, und weitere Erkundigungen zog er nicht ein, weil er unter dem Regiment seiner Frau sei. Es ist übrigens interessant und für die Beurteilung von V.s Zustand wesentlich, daß, nachdem er von mir, dem begutachtenden Arzte, erfahren, es sei ausgeschlossen, daß er Hartgummi gefunden habe, er selber auf die Idee kam, die lavaähnliche Masse könnte Schlacke aus einer früheren Glashütte sein, eine Vermutung, welche mir von geologischer Seite, der ich Probestücke vorlegte, bestätigt wurde. Daß V. die Idee, mit dieser Schlacke etwas Wertvolles gefunden zu haben, leichten Herzens aufgeben konnte, hängt noch mit folgendem zusammen. Als er nämlich vom Innern des Hauses vom Kellerboden aus wieder zu graben anfing, stieß er vorerst bloß auf gewöhnlichen Lehm, in dem nur noch spärlich Schlacke sich fand. Nachdem er jedoch 2 m in die Tiefe gelangt war, stieß er auf eine reine weiße Schicht von fast 1½ m Dicke. Nun war V. überzeugt, Seife gefunden zu haben. Er kaufte sich Bücher und fand endlich, daß Seife nichts sei, das im Boden sich finden könne. Unter der weißen folgte eine fast ½ m dicke rote Schicht (vermutlich eisenhaltiger Ton).

Diese Überraschung macht V. erst recht neugierig und bestärkt ihn in der »Idee, wissen zu wollen, was dort drunten sei«. Schon 4 m unter dem Kellerboden geriet V. auf Fels; mit Hammer und Meißel ging er ihn an und durchbrach ihn, obschon der Kalkstein 2 m dick war. Dann, in einer Tiefe von 6 m, ging die Arbeit wieder leichter. »Es folgte eine gelbliche Grienschicht und zuletzt weißer, brüchiger Grien.« Wie V. 2 m dieses Materials mit Schaufel und Kessel nach oben befördert hatte und eben daran dachte, seine Nachtarbeit abzubrechen und schlafen zu gehen, wurden ihm — es war dies im November 1922 — die Füße plötzlich feucht und als er noch einige Kessel Grien gehoben, strömte das Wasser derart stark aus den Seitenteilen der Tiefe, daß V. die Grube verlassen mußte und am andern Tage sich in die Unmöglichkeit versetzt sah, sie wieder zu betreten, da das Wasser einige Meter gestiegen war. Nur durch eine Saugpumpe an kleinem elektrischem Motor, V. hat das alles sehr geschickt eingerichtet, gelang es, den Schacht zu entleeren. Die Quelle ist nach den glaubwürdigen Angaben V.s den ganzen Sommer 1923, währenddem in H. größte Wasserarmut herrschte, nie versiegt, sondern hat im Minimum 20 Minutenliter Wasser geliefert, im Maximum 70 Minutenliter. Ich habe am 11. Oktober einen Augenschein vorgenommen. V. war stolz, seine Quelle zu zeigen und keineswegs mißtrauisch. (Dagegen war es ihm nicht ganz recht, daß ich auch das alte Gerümpel, das von seinem »ewigen Werk« übriggeblieben, besichtigen wollte, wie er überhaupt mir gegenüber erst dergleichen getan hatte, er habe bloß über solche Erfindungen »nachgedacht«.) Sorgfältig wies er mich an, wie ich in den 8 m tiefen, über 1 m im Querdurchschnitt messenden, mit solider Holzverschalung ausgekleideten Schacht die bis in den Grund reichende Leiter hinabzusteigen habe, wo eine elektrische Glühbirne an langer Schnur über dem ca. metertiefen klaren Wasser hing, das, trotzdem es durch den Motor in einem Strahl von Kindsarmdicke oben aus der Röhre in die Kanalisation gepumpt wurde, im Laufe der ¾ Stunden dauernden Kellerbesichtigung nur soweit entfernt wurde, daß noch eine Schicht von ca. 30 cm stand, die durch das seitwärts aus den Schachtwänden zurieselnde Wasser leicht bewegt wurde.

Vor V.s Haus steht einer der Dorfbrunnen, höchstens fingerdick floß hier langsam das Wasser aus der Röhre, im auffälligen Gegensatz zu der frisch und kräftig sprudelnden Quelle V.s.

Es darf ihm wohl geglaubt werden — und ich habe mich darüber auch an sachverständiger Stelle erkundigt —, daß das von ihm entdeckte Wasser gegenwärtig die stärkste Quelle von H. bildet und vielleicht imstande ist, dieser wasserarmen Gemeinde aus ihrer Kalamität zu helfen. V. steht wegen Verkaufs der Quelle in Unterhandlungen, er hofft, sie für 18 000 Frs. abtreten zu können. Für Rohrleitung aus dem Schacht und einen Elektromotor zum Pumpen hat ihm die Gemeinde gesorgt, wie er mir sagte, und, was die Verhandlungen im Gemeinderat betrifft, Frau V. mir bestätigte.«

Auf meine (M. T.) Erkundigung bei der Heimatgemeinde Anfang Januar 1926 erhielt ich folgende Antwort: »Derselbe (V. O.) hat tatsächlich seinerzeit in einem Keller ein ca. 6 m tiefes Loch gegraben und ist dabei auf Grundwasser gestoßen. Die schlechten Wasserverhältnisse, wie wir sie in unserer Gemeinde noch heute haben, reichten im trockenen Sommer 1924 nicht mehr aus, und so stellte V. seine im Keller gelegene Zisterne zur Verfügung, die uns dann auch willkommene Dienste leistete. Von einem Ankaufe durch die Gemeinde konnte natürlich keine Rede sein, da die Quelle für eine allgemeine Wasserversorgung zu wenig Wasser lieferte.«[1])

V. O. hat also nicht nach Wasser gesucht, sondern nach Erz, das er auf Grund seiner Wahnideen, möglicherweise auch Stimmen oder sonstigen Eingebungen folgend, worüber aber in dem Gutachten nichts steht, wir es daher aus Analogie mit den oben vorgeführten Kranken nur vermuten, zu finden glaubte. Wesentlich ist nun, daß er, als er auf Wasser stieß, nicht nur einfach das Graben aufgab, weil er das gesuchte Erz nicht gefunden hatte und die Sache liegen ließ, wie er es anscheinend mit seinen Erfindungen getan hatte, wenn sie nicht gehen wollten, sondern daß er sogleich der Realität angepaßte Handlungen ausführte, wodurch ihm eine positive kulturelle Leistung gelang. Ob diese der Realität angepaßte Handlung auch in direkter Konsequenz aus richtigem Denken entsprang, können wir, da wir über die inneren Vorgänge dabei nicht unterrichtet sind, nicht sagen. Es ist jedoch dies die einfachste Annahme, die übrigens auch im Einklange mit verschiedenen anderen Erscheinungen, die auf richtiges Denken bei ihm zurückzuführen sind, stehen würde.

Die Grundlage für diese positive Leistung ist einem Zufall zu verdanken, nämlich dem, daß er gerade dort Erz suchte, wo Wasser zu finden war. Ob ihn als Nebenströmung zu seiner Wahnidee unbewußt

---

[1]) Aus den weitern Ausführungen des Berichts ergibt sich, daß V. noch nicht geheilt ist.

oder irgendwie dunkel bewußt, doch eine Ahnung wenigstens Wasser zu finden, trieb, gerade dort noch immer tiefer zu graben, können wir an dem vorhandenen Material nicht entscheiden. Unmöglich wäre es nicht, da ihm der Wassermangel in der Gemeinde bekannt und dieses Wissen irgendwie in seiner Seele vorhanden war, oder zumindest sein konnte.

Hervorheben möchten wir noch, weil es in Hinsicht auf unsere Fälle von Interesse ist, daß auch er u. a. technischen Ideen ein P. m. bauen wollte und noch so viel Selbstkritik aufbrachte (vgl. den Fall II), um es aufzugeben, nachdem es nicht gelingen wollte. Ob er es damit dauernd aufgegeben hatte oder, was in Analogie zu unseren Fällen wahrscheinlicher ist, nur vorübergehend, können wir ebenfalls nicht entscheiden.

Die genannte positive Leistung ist ihrem Wesen nach zu unterscheiden von jenen, die Geisteskranken neben ihren Wahnideen, direkt aus gesundem Denken heraus gelingen, denn der Ausgangspunkt ist hier eine Wahnidee.

Wir kommen damit auf die grundsätzliche Frage, ob positive technische Leistungen überhaupt aus einem psychotisch veränderten Seelengebiete entspringen können oder ob sie, soweit tatsächlich vorhanden, nur dem gesund gebliebenen Reste zuzuschreiben sind. Für die eben angeführte Leistung des V. O. ist diese Frage auf Grund des Gesagten nicht ganz sicher zu beantworten, weil die bezügliche psychologische Analyse fehlt. Für die in dieser Richtung genauer analysierten Fälle unserer direkten Beobachtung müssen wir auf Grund des im III. Kapitel im einzelnen ausgeführten erklären, daß es der gesund gebliebene Rest ist, dem sie zuzuschreiben sind, und werden darum nicht fehlgehen, wenn wir es auch für V. O. tun. Was der Psychose dabei zukommt, das ist die Herabsetzung bis Befreiung von Bedenken, Skrupeln, Gefühlen des Nichtkönnens, die Erleichterung des Ideenflusses, das Herbeiführen eines Betätigungsdranges, nicht nur einer Betriebsamkeit[1]). Es werden also Hemmungen gegen das technische Schaffen in der betreffenden Richtung beseitigt.

6. Unter diesen positiven Leistungen betrachten wir nunmehr die Ergebnisse über die handwerklichen, kurz das eigentliche **technische Arbeiten**. Alle die von uns selbst beobachteten technisch schaffenden Geisteskranken waren vor Ausbruch der Psychose technische Arbeiter, in dem weiten, im Vorwort gekennzeichneten Sinne, ein kleiner Teil ausschließlich oder vorwiegend in der Landwirtschaft. In der Geisteskrankheit hat sich ihre technische Arbeitsfähigkeit erhalten, sie wurde nur in ihrer Auswirkung für kürzere oder längere Zeit unter dem Ein-

---

[1]) Vgl. R. A. Pfeifer, Der Geisteskranke und sein Werk, Verlag Alfred Kröner, Leipzig 1923, S. 142.

flusse der psychotischen Vorgänge gehindert, in den Latenzzustand versetzt. Dieser Latenzzustand erstreckte sich bei einem Teile (z. B. Fälle VII, XII, XIII) über Jahre. Bemerkenswert ist, daß sie (Fälle II, VII, XII, XIII) trotz Anhalten der psychotischen Veränderung noch fähig blieben, ein, wenn auch relativ einfaches, neues technisch-handwerkliches Gebiet zu erlernen, sich also die nötigen Mechanismen, Automatismen und höhere neure-muskuläre Apparate (s. II. Kap., Abschn. 4) anzueignen. Am bemerkenswertesten sind in dieser Beziehung die Fälle II und VII. Der erstere (G. C.) hat sich in kurzer Zeit in ein ihm bis dahin fremdes handwerkliches Gebiet, die Schreinerei, eingearbeitet, ist hier schon seit mehr als einem Jahre tätig und leistet unter Leitung des Schreinermeisters Befriedigendes, der zweite (Z. N.), bis dahin Landwirt, ist ein wichtiges Glied in einem organisierten, zum Teil maschinell betriebenen Produktionsprozeß der Papierverarbeitung, die ich in der Anstalt organisiert habe, geworden.

Die technische Lernfähigkeit für Neues blieb also im handwerklichen Gebiete in einer Form erhalten, die eine regelmäßige Ausübung innerhalb der Ordnung der Anstalt zunächst gestattet. Insofern blieb sie also realitätsadäquat. Im Gegensatze dazu sehen wir, daß die theoretische Lernfähigkeit (bes. Fall V u. VIII), was übrigens leicht begreiflich ist, unter den psychotischen Veränderungen stark litt in einer Weise, wie es sich aus den früheren Ausführungen deutlich ergibt, wir es also hier nicht zu wiederholen brauchen.

Die praktische Intelligenz, können wir daher in der im II. Kapitel erläuterten Namengebung sagen, bleibt nicht nur bei den hier in Betracht fallenden dementiven Prozessen besser erhalten, sondern zum Teil auch befähigt, sich Neues anzueignen, die theoretische Intelligenz dagegen wird abgebaut. Es ist dies also einerseits die Bestätigung einer bekannten allgemeinen Erfahrung der Psychiater, anderseits wird damit aus dieser allgemeinen Erfahrung etwas Besonderes herausgehoben, nämlich die verbleibende Fähigkeit zur Aneignung eines Neuerwerbes innerhalb der praktischen Intelligenz.

Es ist dabei leicht einzusehen, daß sich der Umkreis dessen, das in diesen Neuerwerb eingehen kann, um so mehr einschränken, bzw. auf um so einfachere technische Arbeiten zurückziehen wird, je weiter der Abbau der theoretischen Intelligenz, die von der praktischen, wie wir gesehen haben, nicht scharf abzugrenzen ist, sondern mit ihr eine Einheit mit Polgebieten bildet, vorgeschritten ist. In dieser Hinsicht ist auf Fall XIII (H. L.) als Beispiel besonders hinzuweisen. Je weiter nämlich der Abbau der theoretischen Intelligenz bereits reicht, um so mehr wird er im allgemeinen auch elementarere Denkvorgänge ergreifen, die für das Arbeiten innerhalb der praktischen Intelligenz nötig sind.

Für solche Kranke muß man möglichst einfache manuelle Beschäftigungsmöglichkeiten haben. Hat man innerhalb der Anstalt einen organisierten Produktionsprozeß, so kann man einen Teil derselben, wie es bei uns z. B. in der erwähnten Papierverarbeitung geschieht, für Teilarbeiten — eine Partie — verwenden, dergestalt die verbliebene Arbeitsfähigkeit nutzbar machen und, soweit möglich, erhalten.

In einem solchen Produktionsprozeß lassen sich dann natürlich nicht nur demente Patienten der hier genannten Kategorie, sondern auch andere verwenden. Außerdem können mit ihnen Schwachsinnige in die Produktionsreihe an eine passende Stelle, die bei uns im wesentlichen durch den praktischen Versuch auf Grund einer Vorprüfung bestimmt wird, untergebracht werden. Bei allen Patienten wird der praktische Versuch so durchgeführt, daß sie zunächst zu einfachen und dann zu schwierigeren Arbeiten verwendet werden, und zwar solange bis die Grenze ihrer Leistungsfähigkeit erkannt ist. Ihre definitive Verwendung geschieht dann bei einer Teilarbeit unter dieser Grenze.

Hier handelt es sich also um die Organisierung eines Produktionsprozesses im Rahmen einer Irrenanstalt. Für Sinnesgebrechliche (Blinde, Taubstumme), aber auch für leicht Schwachsinnige mit und ohne Sinnesdefekt sind solche Versuche auch in eigentlichen Fabrikbetrieben mit Erfolg angewandt worden. Besonders der Krieg hat für die erste Kategorie, im speziellen für Blinde, dann für Kopfschußverletzte mit psychischen Folgezuständen, die Notwendigkeit solcher Einrichtungen für Teilarbeiter in einem Produktionsprozeß ergeben[1]).

Die Frage, ob und in welchem Maße die Irrenanstalten in dieser Hinsicht etwas tun können, um möglichst viel der brachliegenden praktischen Arbeitsfähigkeit nutzbar zu machen, ist auf Grund des Gesagten zumindest berechtigt. In unserer Anstalt konnten wir, wie gezeigt worden ist, einen ersten Anfang machen.

Bei der andauernden, bald schärfer, bald weniger scharf zutage tretenden Erwerbskrise, die sich fast auf alle Erwerbskreise erstreckt, wird allerdings die Einführung solcher Produktionsprozesse in Irrenanstalten auf Schwierigkeiten stoßen, die, je nach der Art des produzierten Gutes, verschieden groß sein werden. Sie liegen im wesentlichen darin, daß sich die geistig Gesunden dadurch um einen Erwerb geschmälert sehen und daher protestieren können, und dann darin, daß der Produktionsvorgang in der Anstalt verteuert wird. Auch das haben wir praktisch in unserer Anstalt erfahren, und es bedarf besonderer Umstände, um diesen Schwierigkeiten begegnen zu können. Was die Ver-

---

[1]) Vgl. W. Poppelreuter, Die psychischen Schädigungen durch Kopfschuß, Bd. I u. II, Verlag Leopold Voß, Leipzig 1917 u. 1918.

teuerung anbelangt, so werden wir besonders dort, wo wir in den Produktionsprozeß nicht nur die verlorenen, sondern auch die akuteren Fälle einreihen können, den therapeutischen Gesichtspunkt in den Vordergrund rücken und daran denken, daß jede Therapie Kosten verursacht.

Der Untersuchung zu unterwerfen ist nunmehr noch die Frage, inwieweit das geschilderte Verhalten der Intelligenz theoretisch dem Begreifen nähergebracht werden kann. Die Tatsachen sind folgende: 1. Das längere Erhaltenbleiben der praktischen Intelligenz gegenüber der theoretischen mit Andauer der Befähigung der ersteren zu Neuerwerb, bei zur Demenz führenden psychotischen Veränderungen. 2. Das der gleichen objektiven Zeit angehörende Funktionieren eines realitätsadäquaten praktischen und eines realitätsinadäquaten bis inkohärenten theoretischen Denkens.

Man kann hierfür zunächst anführen, daß es sich bei der ersteren Tatsache, wie wir auch an verschiedenen Stellen erläutert haben, um eine phylogenetisch ältere und damit, bildlich gesprochen, dem Organismus tiefer eingegrabene Funktion handelt, die demnach gemäß Erfahrung und Forschung (s. z. B. v. Monakow) dem psychotischen Abbau gegenüber größere Resistenzfähigkeit zu zeigen imstande ist. Es wäre das der chronologische Grund. Hinzu kommt der biologische. Es handelt sich hier um eine biologisch hochwertige Funktion, die in erster Linie im Dienste der Selbsterhaltung steht und deren Verlust den Menschen, ohne äußern Schutz, der Vernichtung preisgibt. Daß dem so ist, sehen wir innerhalb unserer Kultur, sowohl an den zur Inaktivität herabgesunkenen sekundär, wie an tiefer stehenden primär Dementen, bei denen es zur Ausbildung einer der Selbsterhaltung zweckadäquaten Aktivität überhaupt nicht kommt.

Die höheren Funktionen des Intellektes leiden demnach bei den genannten Geisteskranken zuerst und stärker, wie sie anderseit bei den primär Dementen nicht zur Ausbildung kommen.

Der in der oben als zweite angeführten Tatsache im besonderen enthaltene Sachverhalt zeigt uns nun weiter eine bemerkenswerte Spaltfähigkeit dieser beiden Funktionsgebiete und offenbart sie uns in ihrer relativen Selbständigkeit. Wir müssen daraus auf eine isolierende Funktion der psychotischen Veränderung schließen, für die wir in der Psychopathologie die Affektivität als bestimmendes Moment finden können, was sich im wesentlichen als komplexgebundenes, nach v. Monakow der agglutinierten Kausalität angehörendes Denken manifestiert. Allein diese psychologischen Momente genügen zum Verständnis nicht, wie wir schon angeführt haben, hier greifen auch aus der physischen Seite stammende Erscheinungen ein.

Diese können wir an Hand der pathologischen Physiologie und Anatomie studieren. Letztere liefert uns bereits Resultate, die hierfür verwertbar sind. Doch wollen wir hier nicht näher darauf eingehen, nur noch bemerken, daß uns auch die hirnanatomischen, insbesondere die rindenhistologischen Ergebnisse an primär Dementen zeigen, daß es die Bausteine in erster Linie der oberen Rindenschichten sind, welche den höheren Funktionen dienen. Sie weisen daher bei ihnen, wie bei den sekundär Dementen gewisse pathologische Verhältnisse auf, wodurch auch die genannte Spaltung anatomisch erfaßt werden kann[1]).

7. Nunmehr fragen wir, ob sich aus dem technischen Schaffen unserer Geisteskranken für eine Geisteskrankheit überhaupt oder wenigstens für die besondere Form, welche wir bei ihnen fanden, **pathognomische Symptome**, d. h. solche, aus deren Vorhandensein auf das Bestehen einer geistigen Erkrankung und umgekehrt geschlossen werden kann, ergeben. Was hier in Betracht kommen kann, das ist die Beschäftigung mit der P. m.-Idee und die Versuche, sie zu realisieren. Die zweite Teilfrage ist aus der auf S. 223 mitgeteilten statistischen Zusammenstellung ohne weiteres beantwortbar, da sich nachweislich nur ein kleiner Prozentsatz, selbst jener Menschen, die an der hier in Frage stehenden speziellen Form der Schizophrenie leiden, damit abgibt. Die Antwort auf dieselbe lautet: Der Schluß von dem Vorhandensein dieser Psychose auf Beschäftigung mit dem P. m. und Realisierungsversuche desselben ist nicht gestattet.

Die andere Teilfrage ist nicht so leicht zu beantworten. Zunächst müssen alle Personen aus der Betrachtung ausscheiden, die sich mit der P. m.-Idee nur theoretisch beschäftigten ohne Realisierungsversuche oder wenigstens ohne an ihre Realisierungsmöglichkeit zu glauben bzw. die sie, nach gewissen Versuchen, als unmöglich aufgaben, wie z. B., um einen der Größten zu nennen, L e o n a r d o d a V i n c i. Ferner müssen jene ausgeschieden werden, die entweder von vorneherein mit ihrem angeblichen P. m. auf Schwindel und Betrug ausgingen oder sich darauf verlegten, als sie sahen, daß sie es nicht erfinden konnten. Hierfür bietet die Geschichte des P. m. zahlreiche Beispiele[2]).

Es verbleiben also diejenigen, welche an die Realisierungsmöglichkeit fest glauben und an ihr trotz aller mißlungenen eigenen und fremden Versuche und trotz aller wissenschaftlichen Gegenargumente unentwegt festhalten. Hierher gehören sicherlich unsere sämtlichen geisteskranken P. m.-Erfinder, denn auch der eine, G. C., der in der Belehrbarkeit

---

[1]) Vgl. auch folgende meiner Arbeiten: Studien zur Rindenstruktur und Oberflächengröße des Gehirns der 49jährigen Microcephalin Cäcilia Gravelli. *Arbeiten aus dem Hirnanatomischen Institut in Zürich*, hrsg. von v. Monakow, Heft IX, 1914; Die Messung und Entwicklung der Rindenoberfläche des menschlichen Großhirns. A. gl. Ort Heft X, 1916; Untersuchungen zur pathologischen Anatomie des Zentralnervensystems bei der Epilepsie. *Schweiz. Archiv für Neurologie und Psychiatrie* Bd. II, Heft 2, 1918.

[2]) Vgl. Ichak l. c. und Feldhaus l. c.

durch seine mißlungenen Versuche am weitesten ging, gab sie, wie wir gezeigt haben, doch nicht ganz auf. Bei ihnen ist also der Glaube an die Realisierungsmöglichkeit eines P. m. ein Wahn, aber er steht als solcher nicht isoliert da, sondern neben vielen anderen Wahngedanken und noch anderen psychopathologischen Symptomen. Er könnte daher nur als pathognomisches Symptom im engeren Sinne Geltung haben, wenn sein Bestehen das der anderen, der speziellen Form der Geisteskrankheit zuzählenden Symptome miteinschließen würde.

Das jedoch können wir nicht behaupten, weil die letzteren, wie wir gezeigt haben, ohne ihn vorhanden sein können. Wir vermögen daher höchstens zu sagen: aus seiner Kenntnis ist die V e r m u t u n g für das Bestehen einer geistigen Erkrankung gestattet und ihr tatsächliches Vorhandensein muß erst aus weiteren Untersuchungen und Beobachtungen nachgewiesen werden.

Eine weitere Frage ist, ob dieser »Wahn«, falls er bei einer Person als isoliertes psychologisches Gebilde erwiesen wurde, stets als pathologisch zu bezeichnen ist. Die Antwort darauf wird davon abhängen wie dessen nähere psychische Struktur ist und wieweit man den Begriff des Pathologischen faßt. Den Versuch einer definitiven Erledigung des Problems muß ich mir versagen, weil mir entsprechende, ausreichend eingehende Untersuchungsmöglichkeiten bis jetzt nicht zur Verfügung standen. Aus dem gleichen Grunde kann ich eine Antwort auf die Frage nicht bringen, ob — in der neuesten Nomenklatur gesprochen — nur schizophrene bzw. schizoide und schizothyme oder ob auch dem cyklischen (syntonen, Bleuler) Formenkreise zugehörige Personen, eventuell im letzteren Falle bloß, wenn sie einen »Einschlag« aus dem ersteren Formenkreise haben, auf die Erfindung eines P. m. verfallen. Theoretisch könnte man die Meinung vertreten, daß nur Menschen des ersteren Formenkreises oder solche mit einem »Einschlag« desselben in Frage kommen.

8. Das schließt aber nicht aus, daß wir unter einem anderen Gesichtspunkte die Frage zu beantworten versuchen, ob **zwischen Charakter bzw. Persönlichkeit und technischem Schaffen eine Beziehung** aufzeigbar ist.

Unter Charakter verstehen wir hierbei, im Sinne Pfänders, »die eigentümliche Wesensart der Persönlichkeit«. Es handelt sich also nicht bloß um den moralischen Charakter.

Wir haben die Persönlichkeit unserer vier geisteskranken Erfinder in den Einzelanalysen und deren Zusammenfassungen geschildert und die wesentlichen Züge ihres Charakters herausgehoben. Hier interessieren uns nur gewisse Seiten derselben.

Es stehen sich nämlich unter ihnen zwei Gruppen von Persönlichkeiten gegenüber. Zur ersten Gruppe gehören die Fälle G. C., Tsch. J. und P. O., die zweite ist durch Sch. J. vertreten.

Die drei Fälle der ersten Gruppe zeigen zwar, wie die eben erwähnten Einzelanalysen ergeben, unter sich erhebliche individuelle Verschiedenheiten, nicht nur bezüglich ihrer präpsychotischen Artung, sondern auch in Verlauf und Gestalt ihrer Psychose. Aber, neben diesen individuellen Verschiedenheiten, zeigen sie auch Gemeinsamkeiten. Alle weisen eine, auch zeitlich überwiegende, geringe geistige Beweglichkeit auf, die sich bei Tsch. J. zum Eindruck der Starre steigert. Sie bleiben darum an wenigen Ideen haften. Ihre Interessen sind stark eingeschränkt. Affektiv sind sie im ganzen ausdrucksarm, außer in Zeiten, in denen besondere Umstände vorliegen. Unter letzteren nennen wir bei G. C., neben den Exacerbationen seiner Psychose, die oben näher geschilderte Affektivitätsmobilisation während der »technischen Phase«, in der er sich mit der Erstellung von Modellen seiner Erfindungen beschäftigte und bei P. O. die kurz dauernden Ausbrüche primitiver Affekte.

Ihre technischen Ideen bewegen sich vornehmlich bis fast ausschließlich im mechanischen Gebiete. Dies zeigt sich ganz besonders in ihren P. m.-Ideen. Alle drei behaupten die Möglichkeit des mechanischen P. m. und versuchen dessen Realisierung. Tsch. J. hebt diesen Tatbestand ausdrücklich hervor, indem er betont, daß das mechanische P. m. auf vierfache Art möglich sei. Seine eben erwähnte Starrheit manifestiert sich noch darin, daß er bei einer einzigen Erfindungsidee verharrt und diese wenig ausbaut. Bei ihm erinnert ferner das Hauptprinzip seines P. m., die »Drehung durch stillen Druck«, das sich in dem technischen Element des »Drehhebels«, der eine in sich (im Kreise) beharrende Bewegung darstellt, realisieren soll, an die Insichverschlossenheit seiner Persönlichkeit.

Sch. J. zeigt gegenüber diesen drei Fällen bezeichnende Verschiedenheiten. Er ist geistig sehr beweglich und ideenreich. Neue Anregungen ergreift er sofort und versucht sie für eigene Gedanken zu verwerten. Die verschiedenen, von ihm ergriffenen Ideen arbeiten in ihm immerwährend und lassen ihm keine Ruhe. Affektiv ist er sehr labil, und, wenn man die psychotische Veränderung berücksichtigt, relativ ausdrucksreich. Er reagiert lebhaft auf innere und äußere Reize.

Seine technischen Ideen sind zahlreich. Sie beschränken sich durchaus nicht auf das mechanische Gebiet, sondern umfassen in weitgehender Weise auch das dynamische. Im Vordergrunde seiner Bemühungen steht das dynamische P. m., dessen Möglichkeit er ausdrücklich betont, die des mechanischen gelegentlich direkt negiert.

Man könnte versucht sein, die Beschränkung der drei Patienten der ersten Gruppe auf das mechanische Gebiet aus ihrem nicht hohen Intelligenzniveau abzuleiten, ausgehend von der Tatsache, daß die mechanische Stufe der Technik in der Menschheitsentwicklung die ältere ist und daher, wenigstens in einem gewissen Umfange, auch einer primitiveren Intelligenz zugänglich ist. Das würde aber zur Erklärung hier nicht genügen, denn das präpsychotische Intelligenzniveau von P. O. war eher besser, als das von Sch. J., und auch bei Tsch. J. war es nicht tiefer. Die Hinzunahme der Vorbildung würde zur Erklärung auch nicht ausreichen, da diese bei P. O. am ausgiebigsten war. Ebenso genügt die Mitberücksichtigung der psychotischen Denkstörungen nicht, denn diese sind bei Sch. J. nicht geringer, als bei den anderen.

Es müssen demnach Momente herangezogen werden, die aus den übrigen psychischen Gebieten ihrer Persönlichkeit stammen, d. h. aus Charakter und Temperament. Welches diese Momente sind, haben wir in der Gegenüberstellung der beiden Gruppen angeführt. Geringe geistige Beweglichkeit, wenige Ideen, Einseitigkeit, Ausdrucksarmut der Affektivität verbindet sich mit der Beschränkung auf das mechanische Gebiet und Behauptung der Möglichkeit des mechanischen P. m. bei der ersten Gruppe, große geistige Beweglichkeit, Ideenreichtum, Vielseitigkeit und Ausdrucksreichtum der Affektivität mit Vorwiegen des dynamischen Gebietes und Behauptung der Möglichkeit des dynamischen P. m. bei der zweiten Gruppe.

Nun verbinden wir geringe geistige Beweglichkeit usw. mit Recht mit der Vorstellung von etwas Mechanischem bis Starrem, große geistige Beweglichkeit usw. mit der Vorstellung von etwas Dynamischem, an Bewegungsformen Mannigfaltigem.

Es ergibt sich demnach, daß bei unseren geisteskranken Erfindern das Vorzugsgebiet ihres technischen Eigenschaffens, insbesondere in bezug auf das P. m., im eben bezeichneten Sinne, Abbild oder Symbol der genannten Seiten ihrer Persönlichkeit ist.

Bezeichnen wir zum Zwecke einprägsamerer Formulierung die Persönlichkeiten der ersten Gruppe als technisch-mechanische oder kurz zum mechanischen Typus, die der zweiten als technisch-dynamische oder zum dynamischen Typus zugehörig, so können wir sagen: Das Vorzugsgebiet technischen Schaffens symbolisiert den Typus.[1])

Die von uns durch die Analyse gefundene Artung der Persönlichkeit unserer geisteskranken Erfinder spiegelt sich auch deutlich in ihren Reaktionen auf bestimmte Reize, die wir jetzt vorführen wollen.

Wir führen zwei Beispiele an, von denen nur eines in den Persönlichkeitsanalysen bereits Erwähnung fand.

Ich habe ihnen gelegentlich in einem Gespräch, in dem es sich ungezwungen ergab, die Aufgabe gestellt, indem ich sie auf die in unserer Papeterieabteilung in Betrieb befindliche, für Hand- und Fußbetrieb

---

[1]) Körperbaulich wären im Anschluß an die Kretschmersche Nomenklatur eindrucksmäßig (eine Messung wurde nicht vorgenommen) G. C. und P. O. gemischte Typen, wobei P. O. auch pyknische Züge hätte, Sch. J. wäre als leptosom, Tsch. J. als athletisch zu bezeichnen.

eingerichtete Kuvertmaschine hinwies, diese umzuändern oder ein
Projekt für eine andere zu suchen, welche automatisch arbeiten würde.

G. C. nahm die Aufgabe lächelnd entgegen. Sie reizte ihn sichtlich
nicht. Die Gleichgültigkeit ihr gegenüber blieb auch bestehen, als ich
seinen Ehrgeiz mit der Bemerkung anzufachen suchte, daß ein anderer
Patient (Sch. J.) bereits eine Lösung gefunden habe.

Sch. J. war sofort bereit, die Lösung in Angriff zu nehmen; sie
reizte ihn, und bald erklärte er, er habe eine Lösung im »Kopfe« gefunden. Es blieb aber dabei, er sprach weiter nicht davon, noch versuchte er eine Zeichnung zu machen.

An Tsch. J. war mit dieser Aufgabe überhaupt nicht heranzukommen.

P. O. tat zuerst so, als wolle er die Aufgabe in Angriff nehmen,
wünschte die Maschine zuerst anzusehen, verschob es auf später und
erklärte, als man ihm sie endlich zeigen wollte, er wolle zuerst seine
eigenen Sachen fertig machen.

Noch charakteristischere Resultate lieferte das zweite Experiment.
Es wurde damals (Nov. 24) in Zeitungen und Zeitschriften, auch solchen, die in die Hände der Patienten gelangten, viel von der Flettnerschen Erfindung des Rotorschiffes geschrieben. Ich stellte jedem in
Abwesenheit der andern und auch an verschiedenen Tagen, nur den
beiden G. C. und P. O., die mittags und abends im gleichen Aufenthaltssaal sind, am gleichen Vormittag bei der Arbeit die Frage: »Haben
Sie schon von der großen Flettnererfindung gehört?« Die Reaktionen
waren folgende: .

G. C. Er antwortet auf die Frage: Nein. (Das ist ein Schiff ohne
Segel.)[1] Und doch mit Luft getrieben? (Ja.) Dann sind so Flügel
daran? (Nein, keine Flügel.) Nein, ich weiß nicht wie das geht. (Studieren sie einmal und probieren Sie zu finden, wie es geht.) G. C.
(willig): Ja, ich will probieren.

Sch. J., der mich in den letzten Tagen mit finsterem Blicke mied
und mich kurz vorher unter dem Einflusse seiner Halluzinationen und
Wahnideen, die ihn wieder einmal stärker plagten, beschimpft hatte,
wird sofort lebhaft, und die Stimmung schlägt um. Er antwortet auf
die Frage: Ja, die Schiffe ohne Segel. Nach kurzem Besinnen, als ich
mich schon entfernen will: »Das habe ich schon viel besser.« Er beginnt
sofort zu erklären: Die Wasserverdrängung durch das Schraubenschiff
soll die Säule (den Rotor) in Umdrehung setzen, an ihr sind Kugeln.
Diese treiben durch die Zentrifugalkraft das Schiff vorwärts. So kann
das Schiff auch bei Windstille gehen, bei Wind geht es dann wie bei
Flettner. Er versuchte dann in einem lebhaften Wortschwall, der mir
unverständlich blieb, seine Idee weiter zu entwickeln. Vier Tage später
berichtete er mir spontan, es sei in der Konstruktion, die er mir erklärt

---

[1] Die Fragen, Bemerkungen, Antworten, des Untersuchers sind eingeklammert.

habe, ein Fehler. Er habe nicht bedacht, daß die Kugeln auch herum-
kommen und demnach auch entgegengesetzt ziehen. Man müsse eine
Vorrichtung anbringen, daß sie gegen den Zylinder zurückfallen, sobald
sie auf der einen Seite gezogen haben. Man sieht daraus, daß er etwas
Bestimmtes gedacht oder wenigstens gemeint hatte.

Tsch. J. Er sitzt wie gewohnt still und steif da und so, als küm-
merte er sich um nichts, was um ihn vorgeht, erfaßt aber meine Frage
sofort und erklärt als Antwort: »Das ist Unsinn.« Er habe seine eigene
Erfindung gemacht. Es sei Unsinn, weil doch die Luft 1000mal leichter
als Wasser und man daher nicht dieses 1000mal leichtere Mittel zum
Vortrieb benützen dürfe, sondern das Wasser, ähnlich wie man es bei
der Wasserschraube habe. Er erklärt mir dann die Vorrichtung, die
man nach seiner Ansicht anbringen solle und wiederholt, daß die Flettnererfindung Unsinn sei.

P. O. antwortet auf meine Frage: Ja. Man sollte einen Schnitt
durch den Zylinder haben (in einer Zeichnung ist gemeint), um zu
sehen, was darin ist. (Es ist nichts darin, als ein Elektromotor, der
den Zylinder (den Rotor) in Drehung versetzt. Der Zylinder ist einfach Blech von 2 mm Dicke.) So! Aber ich weiß nicht, was der »Magnus-
effekt« (das physikalische Prinzip der Flettnererfindung) ist. (Ich will
Ihnen einen Zeitungsartikel, worin das erklärt ist, bringen.) Gern.

Diese Erklärung wurde ihm dann zum Lesen gegeben. Er versteht
sie weiter nicht, während G. C. der Sache so besser »auf den Sprung«
kommt.

G. C. und Sch. J. reagieren lebhaft auf die Frage, wenn auch in
verschiedener, ihrer Persönlichkeit entsprechender Weise, G. C. nimmt
die Sache auf und will sie sich überlegen, ohne Eile, ohne Überstürzung,
er hat nicht den Ehrgeiz, es auch oder besser zu können. Sch. J. hat
sofort seine Erfindung, er will nicht zurückstehen. Tsch. J. weist es
kalt und starr von sich. Es ist Unsinn. P. O. zeigt mehr »akademisches«
Interesse dafür, was seiner wissenschaftlichen Selbstmeinung entspricht,
im übrigen läßt ihn die Sache kühl.

Zum Vergleiche sei hier noch das Ergebnis des gleichen Experimentes bei dem psychopathischen Sch. K. (Fall VI) angeführt. Er
antwortet auf die Frage mit »Ja«, geht sofort mit interessiert freudigem
Ausdruck darauf ein und sagt: Das ist »interessant«, genau weiß ich
nicht wie es geht, ich kann es mir nicht erklären. Vielleicht entsteht
ein luftleerer Raum um den rotierenden Zylinder, wenn er in der Wind-
strömung geht. Genau wie es geht kann ich nicht erklären, habe noch
keine richtige Zeichnung gesehen.

Er ist dann gerne bereit, eine bezügliche Erklärung zu lesen und
versteht sie, nachdem er es getan, richtig.

Im ganzen reagiert er also wie ein für die Technik sich interessie-
render geistig Gesunder.

9. Schluß. Die letzte Feststellung über die Beziehung von technischem Schaffen und Typus, die bei dem an Zahl nur kleinen Beobachtungsmaterial noch keine endgültige sein kann, regt zu zwei Fragen an: Es erhebt sich natürlich erstens die Frage, ob diese Beziehung auch bei einem an Zahl großen Beobachtungsmaterial bestätigt werden, und zweitens, ob sie sich auch bei geistig gesunden Erfindern aufweisen lassen wird bzw. mit welchen Modifikationen. In der letzteren Frage scheint mir ein interessantes psychologisches Problem zu liegen, dessen Verfolgung nicht nur die Beachtung des allgemeinen Intelligenzniveaus und der Vorbildung, sondern auch der Affektivitätsbedingungen für das Erfinden nach sich ziehen wird.

Ein weiterer Punkt, der sowohl für die Erfinder, wie für die Frage der Berufseignung überhaupt, von Bedeutung sein dürfte, ist die Beobachtung der Affektivitätsmobilisation unter dem Einflusse der Ermöglichung die eigenen technischen Ideen zu realisieren. Sie weist uns darauf hin, wie wichtig es sein kann, um Ausdauer und Fleiß bei der Arbeit, auch ohne äußeren Zwang, sowie Freude an ihr zu erzielen, den tiefer in der Persönlichkeit, insbesondere in ihrer Affektivität verankerten Neigungen und Regungen Rechnung zu tragen.

Ein Problem von theoretischer und auch praktischer Bedeutung, zu dem wir geführt wurden und das wir, neben anderen, aus mehr äußeren Gründen in diesem Buche nur kurz behandelt haben, ist jenes, welches uns in der Isolierung und Abspaltung von Fähigkeiten und Fähigkeitsgruppen innerhalb der praktischen Intelligenz von jenen der theoretischen Intelligenz beim Abbau durch die Psychose, entgegentrat. Hierfür ist die Bedingung in dem für das längere Erhaltenbleiben der praktischen Intelligenz aufgezeigten chronologischen und biologischen Grund zu suchen. Dieses längere Erhaltenbleiben gilt auch im allgemeinen gegenüber der Fähigkeit zu künstlerischem Gestalten.

Mit diesem Problem verknüpft ist die von uns behandelte allgemeine Frage nach der Einordnung von geisteskranken Menschen in technische Produktionsprozesse innerhalb und außerhalb des Irrenanstaltsbetriebes. Damit hängt das Problem der Arbeitstherapie Geisteskranker, insonderheit ihrer rationellen Gestaltung, zusammen und es ist leicht ersichtlich, daß zu seiner Lösung arbeitspsychologische Methoden und Gesichtspunkte herangezogen werden müßten.

Die in diesem Buche durchgeführte Untersuchung, welche vor allem auf möglichst eingehende Persönlichkeitsanalysen aufgebaut worden ist, eröffnet uns mannigfache Einblicke in das technische Schaffen geisteskranker Menschen. Sie sind aber, glaube ich, nicht nur für die Psychopathologie und Psychiatrie von Interesse. Wie die Psychopathologie uns überhaupt das Verständnis psychologischer Vorgänge geistesgesunder Menschen erleichtert, so dürften auch die Ergebnisse dieses Buches für das Verständnis des technischen Schaffens geistig Gesunder von Wert sein.

16*

Sachregister.

Berichtigung.

S. 84 Zeile 4 von unten muß es heißen: .... daß jenes psychische und psychophysische Gebiet ....

Angewandte Psychologie

Arbeitswissenschaft und Psychotechnik in Rußland
Von Fr. Baumgarten.
148 S., 9 Abb., 8⁰. 1924. Brosch. M. 3.60.

INHALT: Einleitung. — Das zentrale Arbeitsinstitut in Moskau, a) die Ideologie Gastews. b) Tätigkeit des Instituts, c) die Opposition gegen Gastew. — Die Taylorbewegung. — Die erste allrussische Konferenz der Initiativen für wissenschaftliche Arbeitsorganisation und Betriebsführung. — Die psychotechnische Bewegung. — Die Tätigkeit der Arbeitsinstitute in Petrograd, Kazan, Charkow. — Der gegenwärtige Stand der wissenschaftlichen Arbeitsorganisation außerhalb der wissenschaftlichen Institute, a) die Zeitliga, b) „Der neue Mensch". Schluß. — Beilagen. — Literatur.

Eignungspsychologie
(Employment Psychology.)
Anwendung wissenschaftlicher Verfahren bei der Auswahl und Ausbildung von Angestellten und Arbeitern.
Übertragung nach H. C. Link von I. M. Witte.
231 S. 8⁰. 1922. Brosch. M. 4.20, geb. M. 5.20.

Frankfurter Zeitung: Nach Münsterberg ist dies das erste amerikanische Werk über Eignungsprüfung, das ins Deutsche übertragen wird, und zwar mit Recht. Denn die Ausführungen (Werkstattarbeit, Bureauarbeit, Grundsätzliches und viele Anhänge) sind von wissenschaftlichem Ernst getragen, auch wird jeder Psychotechniker oder Praktiker aus dem Vergleich mit den andersartigen amerikanischen Verhältnissen sehr vieles lernen können. Während sich die Prüfung in Deutschland ganz auf die Fähigkeiten abstimmt, berücksichtigt man in Amerika neben den angeborenen Fähigkeiten auch die erworbenen Kenntnisse, was dort wegen des fehlenden Zeugnis- und Berechtigungswesens sowie wegen der mannigfaltigeren Fortbildungsmöglichkeiten nötig ist.

Intelligenzprüfung und psychologische Berufsberatung
Von Dr. R. Lämmel.
2. Aufl. 1923. 203 S. 8⁰. Brosch. M. 4.20, geb. M. 5.20.

Zentralblatt für die gesamte Hygiene: Neu und interessant ist dann die Aufstellung eines Ingenogramms, wie es Verfasser für den einzelnen und für ganze Gruppen entwirft nnd die Berufstypologie, wobei acht Gruppen von Berufen unterschieden werden. Im einzelnen kann auf diese Darstellungen hier nicht eingegangen werden. Das Buch bietet eine Fülle interessanter Anregungen und dem Praktiker Fingerzeige genug für sein Vorgehen.

Reklame-Psychologie

Ihr gegenwärtiger Stand — ihre praktische Bedeutung.

Von Dr. Th. König.

3. Aufl. 256 S., 39 Abb. 8⁰. 1926. Lw. M. 6.40.

Wissenschaftliche Leitung der Werbeabteilung: Ebenso wie jede andere Abteilung eines Unternehmens hat auch die Werbeabteilung ein Anrecht
darauf, wissenschaftlich geleitet zu werden. Darum gibt uns der Verfasser
in seinem Buche eine Methode, wie die Psychotechnik bei der Erzielung von Reklameerfolgen in der Praxis zu Rate gezogen werden soll
(V. D. J.-Nachrichten).

Psychotechnische Zeitschrift

Herausg. von Prof. Dr. H. Rupp

Erscheint jährlich 6 mal im DIN-Format A 4.
Preis halbjährlich M. 6.—. Probeheft kostenlos.

Das Arbeitsgebiet der Zeitschrift umfaßt Industrie, Gewerbe, Landwirtschaft, Handels-, Verkehrs- und Verwaltungswesen. Innerhalb dieser
Gebiete kommen alle Fragen, bei denen der Faktor „Mensch" eine Rolle
spielt, unter psychotechnischen Gesichtspunkten zur Sprache.
Eine hervorragende Stellung wird, ihrer grundlegenden Wichtigkeit entsprechend, die Eingliederung des arbeitenden Menschen in den Wirtschafts-
prozeß einnehmen, also: Eignungsprüfung, Berufsberatung, Arbeits-
gliederung und -spezialisierung. Ein zweites Gebiet bilden Studien über
die Arbeitsbedingungen (Arbeitsraum, Beleuchtung, Temperatur, Anpassung von Werkzeugen und Maschinen, Pausen, persönliches Verhältnis
von Vorgesetzten zu Untergebenen, von Arbeitnehmer zu Arbeitnehmer,
Arbeits- und Berufsfreude usw.). Ein drittes Gebiet stellen die Anlern-,
Ausbildungs- und Umlernverfahren von Lehrlingen, Qualitätsarbeitern,
Spezialarbeitern und Angestellten dar. Ferner werden die Arbeitsverfahren
auf Zweckmäßigkeit, Schnelligkeit, Billigkeit untersucht. Vom Bohrer
in der Werkstatt bis zur Büromaschine bleibt kein Arbeitsgang unbeachtet.
Weiterhin gehören zu unserem Arbeitsgebiet Untersuchungen über die
Organisation von Werkstätten und Büros sowie von Absatzeinrichtungen
(Werbedrucksachen, Verkaufspersonal, Käuferpsychologie usw.). Beson-
ders erwähnt seien noch die Probleme der Unfallverhütung und Verkehrs-
sicherung.
Auch an schwierigere und tiefer liegende, für die Praxis nicht weniger
wichtige Probleme geht die Forschung allmählich heran: Motive für
Arbeit und Beruf, Bedingungen der Arbeitsfreude, Antriebe und Anreize
zur Arbeit und die Auswirkungen dieser Faktoren auf die Leistung usw.
Man darf hoffen, daß die Forschung neue Hinblicke gewinnen und
praktische Fortschritte erreichen wird.

R. OLDENBOURG ✦ MÜNCHEN UND BERLIN

www.ingramcontent.com/pod-product-compliance
Lightning Source LLC
Chambersburg PA
CBHW030124240326

41458CB00121B/567

9783486752724